늙지 않는 뇌

THE AGELESS BRAIN

Copyright ⓒ 2025 by Dale E. Bredesen
Korean translation copyrights ⓒ 2025 by Prunsoop Publishing Co., Ltd.
All rights reserved.
Korean translation rights by arrangement with Park, Fine & Brower Literary Management, New York through Danny Hong Agency, Seoul.

이 책의 한국어판 저작권은 대니홍에이전시를 통한 저작권사와의 독점 계약으로
(주)도서출판 푸른숲에 있습니다. 신저작권법에 의해 한국 내에서
보호를 받는 저작물이므로 무단전재와 복제를 금합니다.

최신 신경과학이 밝힌
평생 또렷한 정신으로 사는 방법

늙지 않는 뇌

데일 브레드슨 지음 | 제효영 옮김

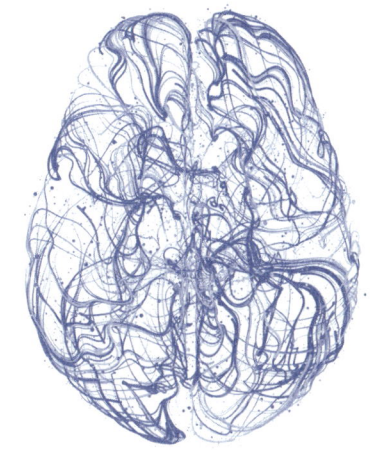

The Ageless   Brain

싱심

일러두기

- 단행본, 학술지, 신문은 《 》로, 영상 매체와 논문은 〈 〉로 묶었다.
- 본문에서 언급하는 매체의 제목은 국내에 출간·소개된 경우 번역된 제목을 따랐고, 국내에 소개되지 않은 경우 원어 제목을 우리말로 옮기고 원제를 병기했다.
- 의료인, 학자의 이름은 로마자로 병기했다.
- 본문에서 강조된 부분은 모두 원서에 이탤릭체로 표기된 부분이다.
- 옮긴이 주의 경우 끝에 '―옮긴이'로 표기했다.

용기와 통찰력, 연민을 다해 해묵은 의료에서 벗어나
환자가 최종적으로 얻는 결과에 중점을 두는
21세기의 새로운 개인 맞춤형 의료를 연구하고 실행 중인
의사, 과학자, 자연 요법 전문가, 간호사, 신경심리학자, 건강 코치 등
소수의 연구자와 의료인들께 이 책을 바칩니다.
이들이 구한 많은 이의 삶을 생각하며, 진심으로 감사합니다.

머리말

평생 젊고 건강한 뇌의 비밀

우리의 젊음과 활력이 차지하던 자리는 시간이 흐르면서 점차 경험과 지혜로 대체된다. 이 거래는 본질적으로 에너지와 정보의 맞교환이며, 교환율은 곧 생물학적인 노화 속도다. 그런데 이 교환율은 사람마다 천차만별이다. 나이가 들수록 지식과 역량이 가득한 사람들이 있는가 하면, 마흔 살에 벌써 일흔은 되어 보이고 자기 휴대전화 번호조차 바로 떠올리지 못하는 이들도 있다.

이 거래가 최상의 교환율로 성사되게 하려면 어떻게 해야 할까? 바꿔 말하면 뇌가 평생 젊고, 건강하고, 제대로 기능하게 하는 방법은 무엇일까? 그게 핵심이다. 최근까지도 이 질문의 답은 "알 수 없다"였지만, 몇 년 전부터 뇌의 노화에 맞서는 수단과 전략이 대폭 발전했다. 이 책에서는 그 이야기를 해볼 참이다.

당장 오늘부터 뇌를 보살피는 방식을 몇 가지만 바꿔도 생각이 또렷해지고 기억력이 선명해진다. 새로운 정보도 금세 배우고 기분과 감정을 조절하는 능력도 향상된다. 게다가 이런 능력을 백 세 혹은 그 이상까지 유지할 수 있다. 무슨 허풍이냐고 할 수도 있지만, 놀랍게도 진짜다! 여러분은 이 책에서 아직 주류 의학계에서는 다루지 않는 내용들을 접하게 될 것이다.

나는 그런 사실을 알리는 일에 기꺼이 앞장서려고 한다. 뇌의 노화와 질병을 예방하려면 어떻게 해야 하느냐고 물었을 때 이 책에 나오는 내용을 언급하는 의사는 거의 없다. 뇌의 노화는 불가피한 일이며 신경질환은 부모로부터 불리한 유전자를 물려받아서 생기는 것이니 그저 운명으로 받아들이라는 대답을 들을 확률이 가장 높다. 현재 널리 수용되는 견해가 그렇다.

아직은 수가 많지 않지만, 인간의 뇌를 그런 식으로 생각하지 않는 의사들이 계속해서 빠르게 늘고 있다. 나는 그중 한 사람이다. 다들 알다시피 널리 수용되는 견해가 반드시 진실은 아니다.

나이가 들면 심장이 약해진다는 견해가 진리처럼 받아들여지던 시절이 있었다. 한평생 수축과 팽창을 약 25억 회나 반복하느라 녹초가 되어, 더 이상 박동하지 못하는 때가 온다는 논리였다. 하지만 이제는 심장을 튼튼하게 지키고 더 오랫동안 기능하도록 하는 여러 방법이 있음을 모두가 안다. 식생활 관리와 운동처럼 되도록 일찍부터 시작해서 평생 꾸준히 실천해야 효과가 있는 방법도 있고, 영양 보충, 약물 치료, 의학적인 조치 등 뒤늦게 적용해도 효과가 있는 방법도 있다. 심장에 심각한 문제가 생기더라도 혈관 우회술이나 심장 이식 등 몇 가지 대처 방안이 있다. 인간의 심장이 더 오래 기능하도록 하는 방법은 절대 없다고 믿는 사람이 이제는 사실상 아무도 없다.

나이가 들면 세포에 돌연변이가 생길 확률이 높아지고 한 번 돌연변이가 생기면 다른 세포에 퍼질 확률도 높아진다는 주장 역시 마찬가지다. 건강한 세포보다 그렇지 않은 세포가 더 많아지면, 불가피하고 아주 고통스러운 결말로 가게 된다고도 했다. 암이라 불리는 이 문제도 여러 방법으로 예방할 수 있음을 모두가 안다. 문제를 조기에 발견해서 암세포의 성장을 늦출 수도 있고, 암에 걸리더라도 완치되는 사람이 많다. 심장 건강을 지키는 방법과 마찬가지로, 암 예방법도 일찍부터 시작해서 꾸준히 실천해야 도움이 되는 게 있고 좀 늦게 시도해도 효과가 있는 해결책도 있다. 상황이 아주 안 좋을 때 쓸 수 있는 비상조치도 있다. 중요한 건, 암은 도저히 어쩔 수 없는 문제라고만 생각하는 사람이 이제 거의 없다는 점이다.

나이가 들면 먹은 음식이 에너지로 전환되는 효율이 떨어진다는 주장도 한때 널리 받아들여졌다. 결국에는 혈당을 조절하는 핵심 호르몬인 인슐린이 바닥나서 혈관의 탄력이 떨어지고, 심혈관계는 제대로 기능하지 못하고, 다치면 잘 낫지도 않고, 신장은 노폐물을 잘 거르지 못하고, 몸 곳곳에 신호를 보내는 신경계 기능도 망가지는 때가 온다고 여겼다. 그러나 당뇨병이라 불리는 이 문제도 여러 방법으로 예방하고 해결 가능하다는 사실이 밝혀졌다. 심장과 세포에 생기는 문제처럼 당뇨병 역시 생애 초기부터 실천이 가능한 예방 조치도 있고, 문제가 생긴 후에 도움이 되는 방안도 있고, 문제가 재앙에 가까운 수준에 이르렀을 때 활용하는 위기 대처 방안도 있다.

정신 건강 문제도 마찬가지다. 한때는 오래 살면 인지 기능이 어느 정도 떨어지는 걸 당연하게 여겼다. 역사가 3천 년이 넘는 인도 전통 의학인 아유르베다에서는 치매를 질병이 아니라 나이가 들면 자연스럽게 생기는 현상으로 봤다. 일단 인지 기능이 떨어지기 시작하면 기억력 문제와 정신 혼란이 서서히 심해지고, 다시 좋아질 가능성은 없으며, 결국 말기에 이르러 사람에 따라 이 부정적인 변화가 급속히 진행되는 불운을 겪는다고 여겼다. 알츠하이머병을 포함한 치매 환자들은 기억과 꿈에 현재가 혼란스럽게 뒤섞인 무질서한 생각의 늪에 빠진 채, 현실을 인식하지 못하고 미래를 꿈꾸지도 못한다. 자녀와 인생에서 가장 중요한 사람들 대부분을 알아보지도 못한다.

하지만 인간이 누리는 수많은 멋진 능력, 즉 말하고, 읽고, 배우고, 기억하고, 계산하고, 추론하는 능력을 나이가 든다고 해서 어쩔 수 없이 잃는 건 아니라는 사실도 밝혀졌다. 오히려 그런 변화를 피하고 뒤집을 수 있다는 사실이 빠르게 드러나고 있다. 이제는 병이 깊어져 뇌에 되돌릴 수 없는 손상이 생기기 몇 년 전부터, 자신이 알츠하이머병일 가능성은 조금도 생각하지 못하는 이른 단계에서도 간단한 혈액 검사로 병의 조짐을 발견하는 황금기가 찾아왔다. 알츠하이머병이 생긴 이유, 발병에 영향을 준 요인도 찾을 수 있다. 그보다 더 중요한 변화는 병의 진행을 막고, 증상도 대부분 해결할 수 있게 됐다는 점이다. 마침내 인지 기능이 저하되는 기초적인 원리가 밝혀진 덕분에, 이제 그런 문제를 예방하고 성공적으로 치료하려면 어떻게 해야 하는지도 정확히 알게 됐다.

안타깝게도 이런 시대에 여전히 대다수는 인지 기능 저하를 피할 수 없는 일로 여기며, 치매는 전 세계 수천만 명의 정해진 운명이라는 생각을 받아들인다. 주변에 암을 이겨낸 생존자는 한 명쯤 있어도 알츠하이머병을 이겨낸 생존자는 없다는 이야기도 자주 들린다. 하지만 비밀을 하나 알려주자면, 알츠하이머병 생존자도 있다! 나는 그런 생존자를 아주 많이 알고 있다.

비밀이라고 했지만, 사실 비밀도 아니다. 나는 사람들에게 이 사실을 알리려고 그간 부단히 노력했다. 내가 얼마나 애썼는지 하늘은 알 것이다. 옥상에 올라가서 고함치기만 안 했을 뿐, 내가 할 수 있는 모든 방법으로 알렸다. 도움이 된다면야 옥상에서 고함도 얼마든지 지를 수 있다. 그러나 불행히도 내 말을 들으려 하지 않는 사람들이 많다. 그럴 만도 한 게, 최근까지도(정확히는 2012년) 나이가 들면 노화가 자연히 일어나고, 노화가 일어나면 현재를 있는 그대로 이해하는 능력과 과거를 기억하는 능력을 잃는다는 주장이 대세였다. 한마디로, 나이가 들면 자신을 잃는 게 노화의 자연스러운 한 부분이라고 다들 생각했다.

그러나 그건 사실이 아니다. 노화로 발생하는 신경학적 문제들의 치료 수준은 지금도 전 세계인의 목숨을 무참히 빼앗는 심장질환, 암, 당뇨병의 치료 수준과 비교하면 아직 갈 길이 아주 멀긴 하다. 인류가 거의, 또는 완전히 없앤 여러 질병과 비교한다면 뇌 건강 문제를 해결하러 가는 길은 더욱 첩첩산중이다. 확고한 낙관주의자도 알츠하이머병이 곧 해결되리라고 전망하지는 않는다. 그렇게 주장하면 어디 딴 세상에서 왔느냐는 소리를 들을지도 모른다.

하지만 심장질환과 암, 당뇨병처럼 뇌에 생기는 문제에 있어 우리가 할 수 있는 일이 아주 많다. 되도록 일찍 시작해야 하는 방법도 있고, 좀 더 늦게 적용해도 효과가 있는 방법도 있고, 최후의 보루도 있다. 여러 방법으로 신경퇴행질환을 예방하고, 늦추고, 심지어 환자가 병에서 회복할 수도 있다.

세계 곳곳의 사람들이 자신이나 가족이 겪는 기억력, 사고력 문제로 나와 동료들을 찾아오는 이유도 그래서다. 대부분이 다른 방법을 다 써보고, 앞으로 닥칠 일들에 대한 큰 걱정과 절망감을 안고 실의에 빠져 우리를 찾아온다. 자신이나 가족의 상태가 앞으로 더 나빠질 뿐만 아니라 문제의 진행 속도도 점점 빨라질 것이며, 돌이킬 수 없다는 말을 들었다고 이야기한다.

나도 한때 그렇게 믿었다. 그러면서도 한편으로 너무 궁금했다. 언젠가는, 어느 먼 미래에 누군가는 다들 "불가능하다"고 말하는 이 문제의 해결책을 찾아내지 않겠는가. 노화로 인지 기능이 저하된 환자들을 효과적으로 치료할 방법을 누군가는 분명 최초로 개발하게 될 텐데, 우리는 대체 뭘 놓쳤기에 그 방법을 못 찾고 있을까? 나를 비롯한 모두가 실패할 때 미래의 누군가는 어떤 차이로 성공을 거둘까? 인지 기능 문제를 바라보는 시각 자체가 우리와는 전혀 다를까? 지금은 생각지도 못한 혁신적인 접근 방식을 새로 개발하게 될까? 언젠가 이 문제를 해결할 사람들이 발견할 그 무언가를, 지금 우리가 찾아낼 수는 없을까?

나와 동료들은 이 의문을 붙들고 오랜 세월 해답을 파헤쳤다. 그리고 마침내, 알츠하이머병(노화로 인한 인지 기능 저하의 가장 큰 원인이 되는 질병)의 실체가 지금껏 의과대학에서 배운 내용과 크게 다르다는 사실을 알게 됐다. 따라서 치료 방법도 표준이라 여겨지는 방식과 달라야 한다는 것도 깨달았다.

'나빠진 인지 기능의 회복Reversal of COgnitive DEcline'을 뜻하는 리코드ReCODE 프로그램은 그 연구를 토대로 개발됐다(내 동료인 랜스 켈리Lance Kelly가 처음 제안한 이름이다). 나는 《알츠하이머의 종말》과 그 후속으로 쓴 《알츠하이머병 종식을 위한 프로그램》에서 리코드 프로그램을 통해 신경퇴행질환을 어떻게 치료할 수 있는지 폭넓게 설명했다. 세 번째 저서 《알츠하이머병의 최초 생존자The First Survivors of Alzheimer's》에서는 치매라는 나락으로 급속히 미끄러지던 사람들이 이 프로그램을 통해 그 흐름을 늦추거나 중단시킨 사례와 흐름을 뒤집어 회복된 사례를 실제 경험자들의 입을 빌려 소개했다. 감동적인 내용도 많았지만, 그건 모두 이미 신경퇴행질환의 고통을 겪은 사람들의 이야기였다. 내가 바라는 건 애초에 누구도 그런 고통을 겪지 않는 것이다.

현재 Z세대라면 노화로 인한 인지 기능 저하는 걱정할 필요도 없으리라 예상한다. 인지 기능 저하와 치매를 어떻게 예방할 수 있는지 밝혀졌고, 그 방법을 따른다면 사실상 모두가 그 문제를 겪지 않아도 된다는 사실을 뒷받침하는 근거가 차고 넘친다. 내가 속한 세대(베이비붐)까지만 해도 가장 염려했던 질병이 그간의 과학 연구 덕분에 이빨 빠진 호랑이가 되어가는 중이다. 나는 이 책에서 바로 그 방법을 설명하고자 한다.

이런 엄청난 발전에도 불구하고, 여전히 많은 사람이 10년 또는 20년이나 되는 긴 세월 동안 병이 계속 진행되도록 손 놓고 있다가 뒤늦게 치료를 시작한다. 그런 사람들에게 알려주고 싶은 좋은 소식과 나쁜 소식이 있다. 좋은 소식은, 늦게 치료를 시작하더라도 리코드 프로그램으로 놀라운 결과를 얻는 사람이 많이 있다는 것이다. 기억력이 돌아오고, 소중한 이들을 알아보고, 다시 사람들과 어울리고, 말하는 능력과 스스로 돌보는 능력, 주변 세상과 의미 있게 교감하는 능력도 회복할 수 있다. 나쁜 소식은 치료를 늦게 시작할수록 개선 가능성이 낮아지고, 치매가 더 많이 진행된 상태에서 치료를 시작하면 개선 효과가 수년간 지속될 수는 있어도 부분적인 회복만 가능하다는 것이다. 또한 병이 더 많이 진행된 후에 시작하는 치료는 더욱 광범위하고 까다롭다.

병이 초기 단계일 때 개선 방안을 실천하기 시작하는 사람들은 대부분 해야 할 일들을 매우 성실하게 따른다. 그리고 상당수가 인지 기능이 정상 수준으로 회복된다. 바로 이들이 세계 최초의 알츠하이머병 생존자이자, 같은 문제를 겪는 모두가 더 나은 삶을 살도록 앞장서서 길을 트는 선구자다. 인지 기능에 이상이 생긴 조짐이 처음 나타날 때(증상이 나타나기 전이라면 훨씬 더 좋고) 의사의 진료를 받아야 한다는 사실만 모두가 잘 지켜도, 현재 전 세계가 짊어진 치매의 막대한 부담을 크게 덜 수 있다.

《늙지 않는 뇌》는 인지 기능이 가파른 내리막길 초입에 선 사람들, 아직 그 위험한 길을 피할 기회가 있는 수많은 이를 위한 책이다. 그 내리막길로 미끄러져 거의 막바지에 다다른 사람들도 이제는 훨씬 더 나은 삶을 살 수 있고, 내리막길의 중간쯤에 이른 사람들은 길을 거슬러 올라올 방법이 있다. 그렇다면 아직 거기까지 가지 않은 사람들, 아직 아무 증상도 나타나지 않은 사람들은 당연히 인지 기능이 나빠지는 일 자체를 막을 수 있다(실제로 리코드 프로그램을 예방 목적으로 시작한 사람들 가운데 치매에 걸린 사람은 지금까지 한 명도 없다). 그래서 나는 인지 기능이 저하되는 내리막길과 아예 마주칠 일이 없도록 '뇌 수명'을 늘려서 평생 늙지 않고 활기찬 뇌 기능을 유지하는 방법을 소개하고자 한다.

평생 또렷하게 생각하고, 아무 문제 없이 배우고 기억하며 살 수 있다면 얼마나 좋을지 잠시 상상해보라. 나는 우리 모두 그렇게 되기를 바라고, 그럴 수 있다고 믿는다. 이 책을 읽는 모두가 그 목표를 이루는 데 도움이 되고 힘이 되는 정보를 얻어가는 게 내 가장 큰 바람이다.

차례

머리말 평생 젊고 건강한 뇌의 비밀 7

1 **젊고 현명한 뇌** 21

나이 들면 다 겪는 일이라는 착각 28 | 인지 기능 저하에 맞서는 과학적 발견 34 | 가파르게 늘어나는 치매 환자 37 | 기능을 한계까지 내몬 신경계의 진화 42 | 신경망에 필요한 세 가지 자원 48 | 뇌 수명을 늘리는 길 53

2 **뇌를 늙게 만드는 것들** 55

가장 달콤한 독, 당 59 | 치매를 유발하는 독소 어벤져스 65 | 생물학적 노화 속도를 높이는 감염 물질 67 | 뇌 기능에 필요한 네 가지 핵심 에너지 72 | 시대를 잘못 만난 유전자 76 | 영양인자와 진화가 덜 된 세포 81 | 코르티솔의 폭주 82 | 하나씩 표적을 제거해나가기 85

3 **늙지 않는 뇌의 특징** 87

인지 기능계의 북극성 95 | 눈 감는 날까지 또렷한 정신으로 98 | 백 세에도 건강한 뇌의 특징 101 | 우리 뇌를 늙지 않는 뇌로 만들려면 111

4 이윤이 지배하는 세상의 위협 115

정보를 가로막는 것 122 | 절박함을 이용하려는 사람들 126 | 당뇨병 치료에서 엿보는 가능성 131 | 더 나은 시스템을 향해 136 | 현재를 바꾸려는 노력 140

5 나만의 이유가 있어야 한다 143

뜻이 있는 곳에 길이 있다 149 | 그래야만 하는 이유 찾기 156 | 함께하면 더 빨리 더 멀리 간다 162 | 여러분의 삶의 이유는 무엇인가요? 167

6 내 상태를 정확히 파악하는 법 171

몸 상태를 알려주는 지표 176 | 뇌 건강을 판단하는 지표 184 | 검사 결과는 지루할수록 좋다 195

7 뇌가 좋아하는 식생활 199

채식 위주의 식생활이 뇌에 좋은 이유 210 | 단백질은 어떻게 먹어야 할까 215 | 필수 영양소 챙기기 218 | 보충제는 보충제일 뿐 224 | 가공식품과 초가공식품의 덫 226 | 장내 미생물의 중요성 231 | 설탕의 역습 233 | 적당한 케톤을 형성하는 식습관 235 | 위고비는 기적일까? 240 | 아주 작은 노력이 불러오는 변화 242

8 뇌가 좋아하는 운동 245

뇌 수명을 보존하는 유산소 운동 251 | 인지 기능을 키우는 근력 운동 257 | 고강도 인터벌 트레이닝 263 | 혈류 제한 운동 268 | 운동 산소 요법 273 | 지금 하는 운동이 뇌 건강에 가장 좋다 278

9 회복을 위한 휴식 281

뇌의 노폐물을 처리하는 글림프 시스템 287 | 숙면의 조건 292 | 신속한 스트레스 대처법 312 | 휴식과 회복 317

10 뇌의 유연성을 자극하는 시도 319

루틴 깨기, 일상 속 작은 변화 329 | 신경가소성을 키우는 감각 자극 334 | 유대 관계의 효과 336 | 사회적인 뇌와 인지 기능 339 | 다양한 감정을 경험하기 343 | 정서적 유연성 키우기 344 | 실망과 후회 349

11 독성물질 사이에서 살아남기 353

곰팡이와의 싸움 362 | 곳곳에서 쌓이는 중금속 367 | 결코 미세하지 않은 미세플라스틱 373 | 휘발성 유기화합물 뿌리 뽑기 376 | 해로운 물질로 가득한 세상에서 379

12 　미생물과의 공존과 대립 385

장내 미생물과 건강한 식생활 392 ｜ 구강 건강과 뇌 건강 396 ｜ 감염병의 여파 399 ｜ 뇌의 노화를 재촉하는 성 매개 감염병 404 ｜ 진드기 감염 407 ｜ 감염되기 쉬운 세상에서 우리가 할 수 있는 일 411

13 　미리 보는 뇌 건강의 미래 415

생체 동일 호르몬 422 ｜ 노화세포 파괴 429 ｜ 수백 가지 펩타이드 430 ｜ 뇌의 평생 건강과 성장인자 434 ｜ 역노화의 꿈 441 ｜ 인체의 노화를 되돌리는 재프로그래밍 445

14 　늙지 않는 뇌를 만드는 처방전 449

표 1 신경퇴행을 조기에 탐지하는 비침습적 검사 456 ｜ **표 2** 인지 기능과 관련이 있는 생화학적·생리학적 검사와 판정 기준 457 ｜ **표 3** 뇌를 젊게 유지하기 위한 일곱 가지 기본 수칙 464 ｜ **표 4** 뇌를 젊게 유지하기 위한 세부 방안 예시 465 ｜ 뇌를 젊게 지켜내기 477

감사의 말 491
후주 497

1
젊고 현명한 뇌

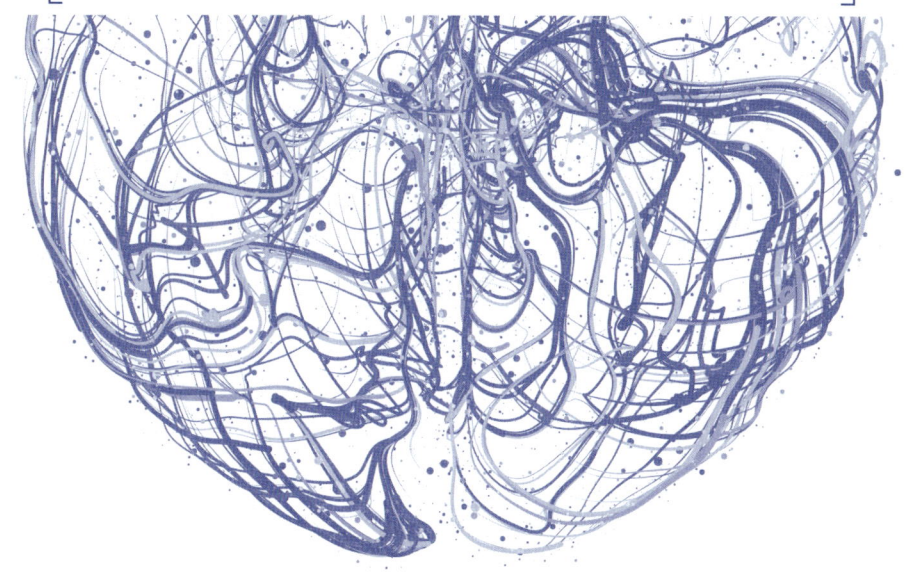

> 아름다운 것보다 더 오래가는 게 뭘까요? 똑똑한 거예요.
>
> **익명**

나이가 20대건 90대건 그 사이 어디쯤이건, 기능이 퇴화하지 않고 쌩쌩 잘 돌아가는 뇌는 정말 중요한 자산이다. 뇌가 평생 그렇게 유지된다면 더 말할 것도 없다. 아주 최근까지도 뇌 기능을 평생 지키는 건 현실적으로 불가능하다고 여겼지만, 이제는 대대적인 변화가 일어나고 있다. 나는 이 책을 통해 우리의 기나긴 생애 내내 뇌의 젊음을 지키는 방법을 설명하고자 한다.

뇌를 보호할 수 있는 일들을 미리미리 시작하면, 알츠하이머병은 걸릴 수도 있고 안 걸릴 수도 있는 병이 된다(이를 뒷받침하는 근거가 있다). 지금부터 여러분은 매일 일상생활에서 뇌 기능을 강화하는 방법과 더불어 뇌와 정신의, 그야말로 **'정신을 쏙 빼놓는'** 놀라운 관계에 관해 알게 될 것이다. 안전띠를 단단히 매고, 심호흡도 하고, 이제 처음 만나는 뇌의 세계로 즐거운 탐험을 떠나보자. 우리의 목적지는 '신경생물학으로 빚는 더 나은 삶'이다. 그리고 우리의 목표는 '더 젊고 더 현명한 뇌'다.

목표를 달성하려면 뇌 기능을 강화하는 **동시에** 보호해야 한다. 둘 중 하나만으로는 안 된다. 뇌를 보호하지 않고 기능만 향상시키는 건 쉽다. 가령 코카인, 애더럴^{Adderall}, 설탕은 단시간에 뇌 기능을 높이지만, 그 대가로 뇌를 장기적으로 보호하는 건 포기해야 한다. 기능과 상관없이 뇌를 보호하기만 하는 것도 쉽다. 뇌를 액체 질소에 넣고 얼려버리면 신경퇴행 걱정은 싹 사라진다. 대신 뇌 기능을 즐길 수도 없다. 그러므로 우리가 가야 하는 방향은 뇌 기능을 강화하는 동시에 평생 기능에 큰 문제가 생기지 않도록 보호하는 길이다.

그런데 뇌의 기능 향상과 보호에 있어서 가장 과소평가되는 특징이 하나 있다. 뇌에 생기는 문제는 쥐도 새도 모르게 슬쩍 시작된다는 것이다. 유명한 물리학자 리처드 파인먼^{Richard Feynman}도 그런 일을 겪었다. 파인먼은 뇌에 문제가 생기면 그 사실을 스스로 눈치채는 능력도 잃는다는 것을 깨달았다. 그는 1980년대 중반에 새 컴퓨터를 사러 갔다가 주차장에서 주차 방지턱에 발이 걸려 넘어지면서 벽에 머리를 세게 부딪혔다. 이후 몇 주간 난폭 운전을 일삼고 강의실에서도 앞뒤가 안 맞는 말을 하는 등 행동 문제가 나타났지만, 정작 파인먼은 뭐가 잘못됐는지 알지 못했다. 제발 병원에 가보라는 아내의 성화에 진료를 받고 나서야 두개골과 뇌 사이 공간에 있는 혈관 손상으로 경막하혈종이 생겼음을 알게 됐다. 혈종이 생기면 뇌의 압력이 높아져서 말에 두서가 없거나 어눌해지며 걷기, 운전 능력에 문제가 생기고 정신이 혼란해지는 등의 증상이 나타난다.

"가장 신기했던 건 뇌 기능이 약해진 것을 내가 합리화하려고 했다는 점이다." 파인먼은 그 경험에 관해 이렇게 전했다. "새로운 깨달음이었다. 정확히 왜 그런지는 모르겠지만, 흥미롭게도 우리는 뭔가 멍청한 일을 하면 자신의 어리석음을 알아채지 못하게 스스로를 보호하려고 한다."[1]

뇌의 노화에서도 그런 일이 벌어진다. 나는 "나이가 들면 원래 기억력이 떨어지기 마련"이라는 불평을 정말 자주 듣는데, 이는 시대에 뒤떨어질 뿐만 아니라 수많은 사람이 진단과 치료의 적기를 놓치게 한다는 점에서 위험한 생각이다.

니나라는 환자도 그렇게 될 뻔했다. 우리 팀은 뇌의 노화와 질병을 염려하는 사람들이 포괄적인 검사를 받고 자신의 신경학적 건강 상태를 확인할 기회를 제공하는 집중 점검 주간을 운영하는데, 니나도 참가자 중 한 명이었다. 처음 만났을 때 니나는 특별히 건강을 우려해서가 아니라 그저 호기심에 참가했다고 말했다. 그리고 자신은 뇌 건강을 부지런히 잘 챙기고 있다고 자평했다.

"가족 중에 알츠하이머병 환자가 많거든요." 니나는 내게 이렇게 설명했다. "저는 아직 괜찮다고 생각하지만, 몇 가지 걸리는 게 있긴 해요. 별건 아니고요. 아마 아무것도 아닐 거예요."

"어떤 게 걸리시나요?" 내가 물었다.

"좀 바보 같을 때 있잖아요." 니나가 대답했다. "가끔 물건을 엉뚱한 데 두고, 머릿속이 뿌옇게 흐려지는 것 같을 때도 있고요. 집중을 못 할 때도 있죠. 나이 들면 원래 그런 거죠?"

나는 니나의 차트를 흘깃 살펴보았고, 고작 40대임을 확인했다.

"네, **그럴 수도** 있죠." 나는 일부러 '그럴 수도'를 힘주어 말했다. "하지만 **반드시** 그런 건 아닙니다. 그러니 확인을 해봅시다."

"나이 들면 원래 기억력이 나빠진다"는 말은 오래전부터 당연하게 받아들여졌다. "나이 들면 원래 고혈압 환자가 된다"거나 "나이 들면 원래 인슐린 저항성이 생긴다"고도 한다. 이런 건강 문제가 흔한 건 안타깝게도 사실이지만, 흔하다고 해서 무조건 일어나지는 않는다. 이러한 질병이나 증상은 모두 충분히 치료할 수 있고 반드시 치료받아야 하는 다른 건강 문제가 있다는 징후인데, 그 기저 문제도 대부분 예방 가능하다.

집중 점검 주간 참가자들은 몬트리올 인지 평가Montreal Cognitive Assessment, MoCA를 받는다. 인지 기능을 평가해서 30점 만점으로 점수를 매기는 신속하고 간편한 검사다. 이 검사로 인지 기능의 손상 정도와 치매에 얼마나 가까워진 상태인지를 상당히 정확하게 확인할 수 있음이 수백 건의 전문가 검토 연구로 입증됐다. 몬트리올 인지 평가에는 주어진 정보를 빠르게 이해하는 능력과 정보 처리 능력, 정확하게 반응하는 능력 등 뇌의 다양한 능력을 평가하는 질문이 포함된다. 완벽한 검사는 아니지만, 의사는 10여 분 만에 환자의 인지 기능 상태가 꽤 정확하게 압축된 결과를 얻을 수 있다. 몬트리올 인지 평가를 개발한 캐나다의 신경학자 지아드 나스레딘Ziad Nasreddine은 기초 교육을 받은 사람(평균적인 고등학교 졸업자 등) 대부분이 26∼30점을 받을 수 있도록 검사를 설계했다. 총점이 19∼25점이면 인지 기능에 경미한 손상이 생겼다고 간주되며, 총점이 20점 미만이고 옷 입기, 개인위생 챙기기, 안경이나 콘택트렌즈 등 보조 기구의 사용이나 관리와 같은 일상적인 일에 문제가 있으면 이는 치매의 징후로 여겨진다. 지적 능력이 계속해서 저하되고 기억력 소실, 성격 변화가 특징으로 나타나는 다양한 질병이 치매로 분류되며, 그중 가장 흔한 것이 알츠하이머병이다.

나는 니나의 차트로 시선을 옮겼다. 한 장을 넘기자, 니나의 몬트리올 인지 평가 점수가 나와 있었다.

23점이었다.

모든 검사가 그렇듯 몬트리올 인지 평가의 결과도 부정확할 수 있다. 가장 확실한 결과를 얻으려면 몇 가지 다른 인지 기능 검사를 추가로 받고, 혈액 검사로 생체 지표도 확인하고, 뇌 영상 검사도 받는 게 좋다. 하지만 니나가 평소 깜박하거나 집중하지 못할 때가 잦다고 말한 점이나 뇌 건강 집중 점검 주간에 스스로 찾아왔다는 사실을 종합적으로 고려하면, 23점은 크게 우려할 만한 점수였다. 게다가 알츠하이머병 가족력이 있다고 했으므로 이미 신경퇴행이 진행 중일 가능성이 컸다. 보통 신경퇴행이 시작되면 되돌릴 수 없는 뇌 손상과 세포의 사멸이 일어난다고 알려져 있다.

그날 저녁, 퇴근하고 집에 와서도 니나의 말이 머릿속에 계속 맴돌았다. 도움을 받으려고 직접 찾아온 건 다행이지만, 나와 마주 앉은 그 순간까지도 자신이 겪고 있는 문제를 자연스레 일어나는 일로 여겼다. "저는 괜찮은 것 같아요. 아마 아무것도 아닐 거예요"라면서 말이다.

하지만 니나는 괜찮지 않았다. 아무것도 아닌 게 아니었다. 도움이 필요한 상태였다.

나이 들면 다 겪는 일이라는 착각

치매는 위장 실력이 뛰어나다. 죽음의 신이 광대처럼 꾸미고 찾아온 병이 바로 치매다. 무심코 엉뚱한 말을 뱉는 바람에 주변 사람들이 한바탕 낄낄대는 일은 누구나 겪는다. 스스로 '늙은이'처럼 느껴지는 순간들도 있다. 하지만 다들 그런 일들을 심각하게 받아들이지 않는다. 정말 많은 환자가 내게 자신의 인지 기능에 문제가 있다는 조짐을 처음 알아챈 순간을 같은 방식으로 설명한다. 잠시 부주의해서, 정신이 딴 데 팔려서, 또는 너무 지쳐서 잠깐 그런 줄 알았다는 것이다. 열쇠를 챙긴다는 걸 깜박하고, 동료 이름이 기억나지 않고, 창밖을 내다보다 고양이가 울타리 위를 총총 걸어가는 모습이 눈에 들어오기에 잠시 지켜보다가 뭘 하려고 했는지 잊어버리기도 한다. 외출하려고 집을 나섰는데 어디에 가려고 했는지 갑자기 생각나지 않고, 이메일을 확인하다가 회의에 참석해달라는 간단한 초대장을 봤는데, 아무리 읽어도 회의 장소며 일정, 가는 방법, 어떤 사람들이 모이고 무슨 논의가 진행되는 자리인지 머리에 들어오지 않는다. 우리는 이런 일들을 사소하게 여기고 웃어넘긴다. 다들 그럴 때가 있다고 하면서 말이다.

지극히 건강한 사람들도 겪는 일이다. 두통이 있다고 해서 전부 뇌종양은 아니듯이, 기억력과 집중력, 추론 능력이 떨어졌다고 해서 무조건 치매가 진행 중이라고 할 수는 없다. 실제로 그럴 확률이 높지도 않다. 정말로 갑자기 나타난 고양이에 정신이 팔리는 바람에 뭘 하려고 했는지 잊을 수도 있고, 누가 봐도 이해하기 힘들게 쓴 이메일이라 내용이 영 안 들어올 수도 있다. 정체를 숨긴 광대가 아니라 정말로 광대일 수도 있다.

하지만 내 경험상, 치매는 환자들의 귀에 이런 악마의 속삭임을 나지막이 읊조리는 경우가 많다. "걱정하지 마. 다들 그래. 잘못된 건 하나도 없어. 회사에서 과로했잖아. 어젯밤에는 잠도 잘 못 잤고. 가족 일은 또 좀 많냐. 그런데도 잘해내고 있어. 회사에서는 유능한 직원이라고들 하지, 친구들도 다 좋아하잖아. 넌 그대로야. 달라진 건 없어!"

그렇게 사소한 일이라며 웃어넘기고 지내는 동안, 신경세포 간에 전기 신호나 화학적인 신호가 오가는 접점인 시냅스의 구조와 기능이 처음에는 하나둘, 얼마 후에는 수십 개, 나중에는 수백 개씩 무너진다. 결국 더 이상 웃고 넘길 일이 아님을 스스로 깨닫는다. 또는 주변 사람들이 뭔가 이상하다는 사실을 알아채고 이야기해준 후에야 **정말로** 문제가 생겼음을 알게 되는 경우가 더 많다.

니나의 사례는 현실을 부정하게 하는 악마의 속삭임에 수긍하지 않는 것이 얼마나 중요한지를 잘 보여준다. 니나는 자신이 저지르는 실수들이 그저 '바보 같은 일들'이고 괜한 걱정이라고 생각하면서도, 알츠하이머병에 시달린 가족들이 겪은 일을 직접 봤기에 다소 과하다 싶을 정도로 조심하는 편을 택했다. 소중한 사람이 알츠하이머병에 시달리는 모습과 마주하는 경험은 누구도 겪지 않는 게 좋지만, 그 안타까운 경험이 니나의 삶을 구했다.

앞서 언급했듯, **일반적으로** 사람들은 신경퇴행이 진행되면 되돌릴 수 없는 뇌 손상과 세포사로 이어진다고 생각하지만, 나는 동의하지 않는다. 퇴행성 신경질환 증상도 회복될 수 없다고 보지 않는다. 실제로 그런 증상이 개선되는 상황을 직접 확인했기 때문이다. 증상만 나아진 게 아니라 인지 기능 검사 결과와 전기생리학적 뇌 기능 검사 결과, 심지어 뇌 자기공명영상MRI으로 측정한 뇌 부피도 개선되는 사례를 봤다. 그것도 여러 번 말이다.

알츠하이머병이 견디기 힘든 병이라는 점에는 동의한다. 또한 알츠하이머병을 앓는 모든 환자의 증상을 전부 없앨 수 있을 만큼 이 병이 속속들이 다 밝혀졌다고 생각하지 않는다. 그런데도 나아질 수 있다고 자신 있게 말하는 이유는, 우리가 만난 **수많은** 알츠하이머병 환자가 실제로 나아지는 현상을 목격했고, 그런 변화를 논문으로도 발표했기 때문이다.[2] 앞으로 수년 내로 그런 사례는 더욱 늘어나고, 사람들도 알츠하이머병이 영 희망이 없는 병이 아님을 알게 될 것이다. 우리 환자 중에 나빠진 인지 기능을 회복하고 지금까지 10년 이상 잘 지내고 있는 줄리는 뇌의 노화와 질환을 불가피한 일로만 여기는 구시대적 사고에서 벗어나지 못한 의사와 의료계 단체가 세상에 퍼뜨리는 암담한 전망을 '틀린 절망'이라 이름 붙였다.

이제는 희망을 품을 이유가 아주 많다. 니나는 그것을 입증하는 수많은 개선 사례 중 한 명일 뿐이다. 우리는 니나의 상태를 평가하고 진단한 후 여러 가지 의학적 검사를 철저히 진행했다. 주치의를 배정하고, 개선 계획을 수립하고, 이듬해까지 변화를 추적한 결과 니나의 인지 기능은 몬트리올 인지 평가에서 30점이 나올 만큼 개선됐다. 그보다 더 중요한 변화는 니나가 "나이 들면 다들 겪는 일"이라고 여겼던 문제가 전부 사라졌다는 사실이다. 이전처럼 물건을 잃어버리지도 않고, 해야 할 일을 깜박하지도 않고, 집중하지 못해 힘들어하지도 않았다.

니나의 사례는 인지 기능이 더 나빠져서 증상이 나타난 후에야 도움을 구하면 안 된다는 사실도 잘 보여준다. 니나는 일반적인 경우보다 상당히 일찍 자신에게 문제가 생겼을 가능성을 떠올렸다. 그 점이 내가 이 환자를 인상 깊게 기억하는 여러 이유 중 하나지만, 여러 검사에서 나온 증거상 니나는 이미 치매라는 내리막길에 진입한 상태에서 우리와 처음 만났다.

인지 기능의 저하는 20여 년에 걸쳐 진행된다. 치매는 전체 과정의 네 번째이자 마지막 단계이므로, 최종 단계에 이르기 전에 개입할 수 있는 시간이 아주 많다.

생화학적인 퇴행의 첫 단계에서는 아무 증상이 나타나지 않고 생활에도 아무런 문제가 없다. 이미 수년 전부터 양전자 방출 단층 촬영술PET, 뇌척수액 검사 등으로 첫 번째 단계가 시작됐는지 확인할 수 있고 이제는 특정 타우 단백질(217번째 아미노산이 인산화된 것)

을 측정할 정도로 감도가 우수한 혈액 검사도 생겼다. 6장에서 자세히 설명하겠지만, 기억력을 잃는 등과 같은 문제가 뿌리를 내리기 훨씬 전에 이런 방법들로 문제의 조짐을 파악할 수 있다.

　두 번째 단계는 주관적 인지 저하다. 인지 기능 검사에서는 정상 범위에 해당하는 점수가 나오지만, 당사자는 자신의 인지 기능에 이상이 있음을 아는 단계다. 많은 사람이 나이 들면 '원래' 그렇다고 여기고 40대나 50대쯤 자연히 시작된다고 생각하는 인지 기능의 문제들이 주로 이때 나타나는데, 최근 연구 결과를 보면 알츠하이머병의 가장 흔한 유전적 위험 요소를 지닌 사람들의 기억력 문제는 무려 10대 후반부터 나타났다. 고등학교를 갓 졸업한 즈음부터 인지 기능 검사 결과로 드러날 정도로 뇌에 손상이 발생한다는 소리다![3] 이것이 인지 기능을 최적화하고 보호하는 노력이 나이와 상관없이 모두에게 필요한 여러 이유 중 하나다. 주관적 인지 저하는 대부분 10년 정도 지속된다. 이 단계에 문제를 알아채면 쉽게 회복할 수 있다.

　세 번째 단계는 경도 인지 장애다(니나가 이 단계였다). 인지 기능 검사에서도 더 이상 정상 범위의 점수는 나오지 않지만, 아직 스스로 자신을 돌볼 수 있는 단계다. 개인위생, 운전, 휴대전화를 포함한 각종 기기 사용, 돈 관리와 같은 '일상생활 능력'도 유지된다. 하지만 인지 기능이 나빠지는 전체 단계로 보면 후반기에 해당하는 이 시기를 '경도'라고 부르는 건 부적절하다. 전이성 암에 걸린 환자에게 병이 아직 경미한 단계니까 걱정하지 말라고 하는 게 말이 안 되는 것처럼, 인지 기능이 경미하게 손상됐으니 걱정하지 말라는 건 말이 안 된다. 내가 만난 한 환자는 이런 말을 한 적이 있다. "제가 겪고 있는 인지 기능 문제 중에 경미하다고 표현할 수 있는 건 하나도 없어요." 해마다 경도 인지 장애를 겪는 환자의 약 5~10퍼센트가 마지막 단계인 치매에 이른다.

네 번째이자 마지막 단계인 치매에 이르면, 환자는 스스로 일상생활을 하지 못한다. 운전이 힘들어지고, 식당에서 팁을 계산하지 못하고, 옷도 제대로 챙겨 입지 못한다. 치매 환자의 모든 일상에 문제가 생기고 결국 자기 자신도 돌보지 못하는 안타까운 지경에 이른다. 그나마 한 가지 좋은 소식은, 이 마지막 단계에 들어서도 병세가 안정되고 심지어 어느 정도 개선된 상태가 수년간 지속되는 사례도 계속 나온다는 점이다. 그러나 이 단계에 이르기 전에 모두가 인지 기능 저하를 더 적극적으로 예방하고 최대한 이른 단계(즉, 주관적 인지 저하 단계)에서 치료를 받는다면, 치매는 아주 희귀한 병이 될 것이다. 그저 희망 사항이 아니라 **오늘부터** 당장 시작할 수 있다.

그것이 가장 중요한 본질이다. 대다수는 니나처럼 선제적으로 노력하지 않는다. 증상이 나타나기 시작하고 원래 다 그런 거라는 악마의 속삭임에 더 이상 속지 않을 때쯤이면 니나가 우리와 만났을 때보다 인지 기능이 훨씬, 훨씬 나빠진 경우가 많다.

인지 기능 저하에 맞서는 과학적 발견

증상이 나타날 정도로 인지 기능이 나빠지고 나서 대책을 세우려고 하면 안 된다. 인지 기능뿐만 아니라 어떤 병이든 환자가 증상을 겪을 때까지 내버려두는 건 의료의 모든 면에서 큰 실패로 간주해야 한다. 이런 주장을 두고 의료의 목적과 기능을 너무 급진적으로 재해석했다고 비판하는 사람들도 있다. 하지만 의료는 애초에 사람들이 병들지 않도록 예방하는 일보다는 병든 사람을 치료하는 일에만 너무 오랜 세월 몰두했다. 이제는 의료를 새롭게 정의할 때다. 그렇게 생각하는 사람은 나 혼자만이 아니다.

내가 패서디나의 캘리포니아공과대학교에 재학 중이던 1970년대 초, 의대 진학에 관심 있는 학생들의 상담을 맡은 교수님이 한 분 계셨다. 의학박사이자 생화학박사인 리로이 후드$^{Leroy\ Hood}$였다. 인간 유전체 프로젝트를 처음 시작한 사람들 가운데 한 명이자 사상 최초로 인간 유전체의 염기서열을 분석하는 기술을 개발한 과학계의 전설이었다. 리로이는 젊은 교수였던 시절부터 매우 남달랐다. 나는 무엇보다 그의 놀라운 위트와 지혜에 깊은 인상을 받았다. 리로이는 위대한 의사 되기를 넘어 위대한 과학을 하고 싶다면 의대에 진학해야 한다는, 정말 중요한 조언을 해줬다. "의대에 가면 최종적으로 연구에 매진하게 될 수도 있고, 환자들 치료에 매진하게 될 수도 있습니다." 리로이가 한 말이다. "과학과 의학은 둘 다 더 큰 전체의 일부분입니다. 인류의 건강은 이 둘 중 어느 하나가 아니라 둘의 결합으로 변화했고, 앞으로도 쭉 그럴 겁니다."

시간이 흐를수록 리로이를 향한 내 존경심은 커져만 갔다. 그는 의과학 분야의 가장 중요한 발전을 대부분 놀랍도록 예리하게 예측하고, 촉진했다. 공학과 생물학의 융합, 유전체의 중요성, 생물학과 다른 여러 분야 연구의 통합, 수요가 점차 늘고 있는 개인 맞춤형 의학까지, 이 모든 변화의 선봉에 리로이가 있었다. 그가 "자, 주목하세요. 곧 이런 변화가 일어날 겁니다"라고 하면 모두가 집중해서 귀를 기울였다. 그런 그가 2010년대 중반부터는 직접 '과학적 건강 관리'라고 이름 붙인 변화가 새로운 혁신이 되리라고 강조했다. 병이 들어 증상이 나타나기 훨씬 전에, 건강한 상태에서 병든 상태로 바뀌는 전환점을 찾아낼 수 있다면 전 세계에 퍼진 만성 질환을 거의 다 없앨 수 있다는, 급진적인 전제에서 출발한 개념이다.[4]

리로이는 그런 혁신이 일어나면 지금까지 치료할 수 없다고 여겨진 알츠하이머병과 그 외 치매를 치료할 수 있을 뿐만 아니라, 10년 혹은 20년 내로 이런 병들을 아예 없애는 일이 가능하다고 전망한다. 나도 그의 주장에 전적으로 동의한다.

이를 인지 저하에 적용하면 더 중요한 사실을 알게 된다. 인지 저하의 첫 단계보다 더 이전으로, 즉 건강하던 상태에서 병이 시작되는 전환점과 최대한 가까운 지점으로 거슬러 올라가 그때부터 병의 원인을 체계적으로 없애면, 신경퇴행질환을 아예 겪지 않아도 된다. 또한 인지 기능이 저하될 때 가장 흔히 나타나는 문제들, '나이 들면 원래 그렇다'고 받아들이느라 치매와의 연관성을 떠올리지도 못했던 일들을 겪지 않아도 된다.

나는 바로 그 이야기를 하고자 이 책을 썼다. 이제는 인지 기능이 떨어지는 병을 막을 수 있고 그렇게 될 테지만, 그러려면 나이 들면 정신이 '당연히' 불안정해진다는 끔찍한 오해부터 없애야 한다.

우리 모두의 노력으로 알츠하이머병을 완전히 끝낼 수 있다. 과거에는 없었던 정밀한 혈액 검사를 도입하고, 병을 예방하거나 최대한 일찍 치료받도록 사람들을 설득하고, 그간 개발된 정밀 의학 기술을 활용하면 충분히 실현 가능한 일이다. 목표까지 아직 갈 길이 멀지만, 계속 나아간다면 알츠하이머병만이 아니라 치매를 비롯해 가장 많이 발생하는 신경퇴행질환도 대부분 없앨 수 있다. 파킨슨병, 프리온질환, 근위축성 측색경화증(운동신경질환)과도 뜨거운 작별 인사를 나누게 될 것이다. 루게릭이라는 단어를 들었을 때 뉴욕 양키스에서 열일곱 시즌을 뛰며 월드시리즈 챔피언을 여섯 번이나 거머쥔 역사적인 야구 선수만 떠오르는 날도 올 것이다. 헌팅턴병, 척수성 근위축증, 척수소뇌성 운동실조증도 뿌리 뽑을 수 있다. 이 모든 일이 실현된다면 수억 명의 목숨을 구할 수 있다.

이 모든 질병을 증상이 나타난 후에 진단해서 없앨 수 있게 되더라도, 그 효과는 인지 기능이 어떤 형태로든 감소하지 않도록 예방해서 누구도 그런 문제를 겪지 않게 됐을 때 세상이 얻게 될 효과와는 비교할 수 없을 만큼 큰 차이가 있다.

도통 정신이 없거나 기억력과 집중력이 떨어지는 현상을 머리가 허옇게 세고, 얼굴에 주름이 생기고, 요즘 아이들이 즐겨 듣는 음악을 견디기 힘들어지는 것과 비슷한 변화로 여기는 사람들, 나이 들면 **불가피하게 생기는** 일일 뿐 건강에 이상이 생긴 건 아니라고 믿는 사람들은 내 말이 당혹스러울 수도 있다. 니나도 우리와 처음 만났을 때 그랬다.[5] 인지 기능에 이상이 생기는 건 부모에게서 물려받은 유전자에 좌우되며 '정해진 팔자'라고 생각하는 사람들은 **더욱** 그럴 것이다. 지금까지는 그게 보편적인 생각이었으니 말이다. 우리 모두 인지 기능 저하에 적극적으로 맞서야 하며 부모에게 어떤 유전자를 물려받았는지와 상관없이 어릴 때부터 인지 기능을 보호하는 습관을 들이고 성인기 초반까지 구체적인 노력을 해야 한다는 내 이야기가 낯설게 느껴진다면, 그럴 만도 하다.

하지만 모두가 그렇게 노력한다면, 수억 명이 인지 기능이 망가지는 병을 겪지 않아도 된다. '동시에', 전 세계 수십억 명 모두가 이 땅에 사는 동안 뇌를 보호하면서도 모든 기능이 최상인 상태로 살아갈 수 있다.

가파르게 늘어나는 치매 환자

아주 대범한 주장이라고 생각하겠지만, 나는 진심으로 그렇게 되리라고 믿는다. 인류가 인지 기능을 지키는 싸움에서 고전을 면치 못하는 현 상황을 생각하면, 반드시 달성해야 하는 일이기도 하다. 인지 기능 저하로 결국 치매에 이르는 사람들이 늘어난 현상은 고령 인구가 늘어서가 아니라 인지 기능에 이상이 생기는 나이대가 점점 더 앞당겨지고 있기 때문이다. 그 이유는 과학계 내에서도 의견이 엇갈린다.

내가 리로이의 조언을 새겨 듀크대학교 의과대학에 진학한 지도 수십 년이 흘렀다. 그동안 우리가 건강과 좋은 삶을 바라보는 방식도 크게 달라졌다. 그중 내가 가장 큰 충격과 두려움을 느끼는 변화는 바로, 30대나 40대는 물론 50대 알츠하이머병 환자를 의대생 시절에는 사실상 **전혀** 본 적이 없었던 반면 지금은 그 나이대 환자들을 꽤 자주 본다는 사실이다.

조기발병 알츠하이머병 환자가 발견되면 그 한 명을 집중적으로 분석해서 논문을 쓰고 그 사례 연구 결과가 학술지에 실리며 큰 관심을 얻던 때도 있었다. 그만큼 알츠하이머병이 조기에 발병하는 건 희귀하고 이례적인 난제였고, 그 외 일반적인 알츠하이머병은 환자의 초기 증상이 대부분 생애 후반기에 이르러서야 나타난다는 명확한 특징이 있었다. 그러나 지금은 다르다. 보통 직장에서 한창 경력을 쌓고 가정을 꾸리는 나이대의 사람들이 조기발병 알츠하이머병 진단을 받고, 그런 환자가 놀랍지도 않을 만큼 많아졌다.

내가 만나는 환자들만 그렇지도 않은 듯하다. 미국 전체 인구의 약 3분의 1이 가입한 지역 건강보험사 연합체 블루크로스 블루쉴드 협회Blue Cross Blue Shield Association의 조사에서도 조기발병 치매와 알츠하이머병 환자가 증가했다는 놀라운 사실이 확인됐다. 협회 측은 이 현상을 더욱 면밀히 추적 조사했고, 2020년에 충격적인 결과를 발표했다. 미국의 치매 환자는 대부분 65세 이상이지만, 2013년부터 2017년까지 55~64세 인구 중 치매 진단을 받은 환자가 143퍼센트 증가했다. 45세부터 54세 인구군에서는 치매 환자가 311퍼센트 증가했다. 30세부터 44세 인구군의 환자 증가세는 무려 373퍼센트였다![6]

조사를 진행한 연구진은 30세부터 44세 인구군의 증가세가 한 해 동안 30대 또는 40대 초반에 조기발병 알츠하이머병 진단을 받는 사람이 거의 2만 명에 이른다는 의미라고 설명했다.

이는 건강보험 상품에 가입한 인구를 조사해서 나온 결과인데, 미국에서 건강보험 가입 여부는 소득과 고용 상태에 크게 좌우된다. 이 두 가지 요인에 따라 알츠하이머병 발병률에도 큰 차이가 있으므로, 실제 조기발병 치매 환자는 더 많을 가능성이 크다.[7]

이런 결과가 이 보고서 하나에서만 나왔다면 나도 의구심이 들었을 것이다. 하지만 조기발병 치매의 급증을 지적하거나, 이미 오래 전부터 그랬으나 지금까지 깨닫지 못했을 뿐이라는 연구 결과가 최근 들어 계속 쌓이고 있다.[8] 나는 둘 다 어느 정도 일리 있는 주장이라고 생각한다.

이제는 신경퇴행질환을 수십 년 전보다 훨씬 잘 잡아낸다. 온라인에서 무료로 제공되는 간단한 검사로도 자신의 인지 기능을 평가할 수 있는 시대답게, 이상한 조짐을 느끼고 병원을 찾아가기 한참 전부터 자기 상태를 직접 점검하는 사람이 많아졌다. 초기 점검의 어려움이 크게 개선된 것이다. 또한 침습적인 검사를 최소화하고 혈액 검사로 생체 지표를 확인하면서 뇌 스캔까지 함께 활용하는 방법으로도 자꾸 깜박깜박하는 문제 등 인지 기능의 이상 조짐이 특정한 병의 증상인지 아닌지를 판단할 수 있다.[9] 치매 진단율이 폭발적으로 증가한 데에는 이런 변화도 어느 정도 영향을 줬을 것이다.

하지만 이것만으로는 조기발병 치매의 증가세를 다 설명할 수 없다. 일부 연구자들은 뇌의 발달 과정 중 가장 중대한 시기에 TV, 컴퓨터, 모바일 기기에 과도하게 노출되면 성인기 초기에 인지 기능이 손상되고, 이것이 조기발병 치매 발병률의 큰 증가로 이어진다고 주장한다.[10] 1980년 이후 출생자들의 전자 기기 화면 노출 시간이 이들의 건강에 여러 가지 영향을 준 사실도 입증됐는데, 실제로 이 나이대는 최근 수년간 대폭 늘어난 조기발병 치매 환자들의 나이대와 일치한다. 비만도 인지 기능 문제와 뇌 위축증, 시냅스 활성 이상과 관련이 있으므로[11] 지난 수십 년간 젊은 층의 비만율이 급격히 증가한 것도 조기발병 치매 환자의 증가와 맞물려 있음을 알 수 있다. 이같은 연구 결과들과 지금까지 환자 수천 명을 진찰한 내 경험을 종합할 때, 치매 증상이 과거보다 점점 더 이른 나이에 나타나고 있다는 건 명백한 사실이다.

하지만 의사들은 이 조기발병 치매 환자들을 대부분 고령 환자를 치료할 때와 같은 방식으로 치료한다. 환자들에게 정말 안타까운 일이지만 할 수 있는 게 많지 않다고 단언하고, '운이 나빠서' 신경퇴행질환에 걸렸다고 하는 의사도 많다. 특정한 조건에 부합하는 일부 환자에게는 어느 정도 효과가 있는 치매 치료제가 몇 가지 개발됐지만, 정직한 의사라면 그 약이 모든 치매 환자에게 효과가 있다거나, 인지 기능을 일시적으로 강화하고 병의 진행 속도를 약간 늦추는 수준 이상의 큰 효과가 있다는 낙관적인 주장은 절대 하지 않을 것이다. 그런 약을 쓰는 치료는 좋게 봐도 환자의 고통을 최대한 오래 가라앉히는 임시방편이고, 나쁘게 보면 환자를 호스피스 병동으로 천천히 보내는 것과 다름없다. 이런 치료의 바탕에는 환자의 뇌 기능은 앞으로 계속 나빠질 것이며 기분 변화와 성격 변화, 정신의 혼란, 의심, 우울, 극심한 두려움에 시달리면서 살 수 밖에 없다는 전제가 깔려 있다.

나는 오래전부터 의사가 60대, 70대, 80대 치매 환자들을 이런 식으로 치료하는 건 잔인한 처사라고 주장했다. 병이 든 것뿐인데 마치 환자가 당연히 받아야 할 벌을 받는다는 듯이 대하는 건 잘못된 일이다. 우리를 찾아오는 의사들이 인지 기능 문제를 겪다가 다시 좋아지는 사례를 직접 목격하고 그 변화를 논문으로도 발표하면서(다른 학자들도 비슷한 결과를 발표하고 있다) 내 생각은 다시 바뀌었다. 의사들이 30대, 40대, 혹은 어떤 나이대든 치매 진단을 받은 환자들에게 아무 희망이 없다고 말하는 건 그냥 잔인한 처사가 아니다. 그건 의료 과실이다.

"신경퇴행질환은 아무 희망이 없다"는 말은 "나이 들면 으레 깜박깜박하고, 집중력이 떨어지고, 새로운 정보를 이해하기 힘들어지게 마련"이라는 말과 별 차이가 없다. 굳이 차이점을 찾는다면, 전자는 특정 진단을 받은 사람들에게만 하는 말이고 후자는 누구에게나하는 말이다. 양심이 있는 의사라면 절대 할 수 없는 말이다. 우리는 이런 끔찍한 헛소리를 너무 오랫동안 충분히 들었다. 더 이상 참고 들어줄 필요가 없다.

인지 기능은 나이가 든다고 무조건 나빠지지 않는다. 50대와 60대가 되면 인지 기능이 떨어지는 게 아주 흔한 일처럼 여겨지지만 그렇지 않다. 70대나 80대에 인지 기능이 나빠지는 건 당연한 일이고 받아들여야 한다고까지 여겨지지만, 그것도 사실이 아니다. 심지어 90대에도, 백 세의 문턱에 이르더라도 마찬가지다. 뇌의 노화와 신경퇴행질환이 지금과 같은 속도로 발생하는 건 당연한 일이 아니다. 우리가 노력하면, 뇌 기능을 평생 보호할 수 있다.

그게 어떻게 가능한지 이해하려면, 나이가 들면서 뇌 기능이 떨어지는 가장 근본적인 원인부터 알아야 한다. 이 이야기는 진화와 관련이 있다. 그래서 시간을 멀리, 아주 멀리 거슬러 지구에 생명이 처음 등장했을 때로 되돌아가야 한다.

기능을 한계까지 내몬 신경계의 진화

지구에 생물이 맨 처음 어떻게 등장했는지 설명하는 몇 가지 이론이 있다. 아주 깊은 바닷속에서 열수분출공이 화산처럼 폭발한 것이 시작이라는 과학자들도 있고, 육지의 온천이 열과 산성 환경, 습도가 높고 건조한 기후에 반복적으로 노출되면서 생물이 생겨났다는 과학자들도 있다. 소행성이 지구와 충돌하면서 원시 지구 전반에 뿌려진 생물 관련 물질과 생물 발생 이전의 물질로부터 생물이 등장했다고 보는 범종설汎種說, panspermia hypothesis도 있다. 무엇을 가장 설득력 있다고 보는지와 상관없이, 그 **이후**에 발생한 일에 관해서는 거의 모든 과학자의 생각이 일치한다.

생물의 탄생은 경쟁으로 이어졌다. 먹이 경쟁, 서열 경쟁, 번식 경쟁이 벌어져 자원을 놓고 다른 생물과 다투고, 생존을 위해 가까운 종끼리 힘을 합치기도 했다. 경쟁에서 이긴 생물은 계속 진화해 자손을 남겼다. 지금 이 지구에 우리와 함께 살고 있는 생물은 모두 그렇게 살아남은 생물의 자손이다. 시간이 아주 오래 걸렸을 뿐, 인간도 비상한 존재가 되기까지 미생물에서 출발해 똑같은 과정을 거쳤다. 경쟁에서 진 생물은 사라지고 유전자를 남기지 못한다. 이런 상황에서 극히 작은 이점은 살아남아 계속 진화할 가능성을 높인다. 적시에, 적절한 곳에서 일어난 아주 작은 생리적 변화는 앞으로 계속 살아갈 존재와 영영 사라질 존재를 가르는 중대한 차이가 됐다. 하지만 어떤 변화든 그 변화에 쏟을 수 있는 에너지는 유한하고, 얻는 게 있으면 반드시 잃는 게 생기는 법이다. 생물이 한 단계 더 진화할 때마다 기능의 장기적인 보호보다는 기능의 즉각적인 개선이 선택됐다. 짧고 굵게 살고 일찍 번식하는 데 도움이 되는 "이기적 유전자"가 남은 것이다.[12]

진화생물학자 조지 C. 윌리엄스George C. Williams는 1957년에 기능을 보호하기보다 기능을 강화하는 쪽이 우선 선택된 현상을 **적대적**

다형질 발현이라는 개념으로 처음 설명했다. 생애 초기에는 적응에 필요한 유전자가 선택되고 그 대가로 생애 후반에 이르면 기능이 저하된다는 윌리엄스의 설명은[13] 몸의 크기, 개체 규모가 제각기 다른 다양한 생물 연구에서 근거가 확인됐고 현재는 노화의 진화를 설명하는 가장 설득력 있는 이론으로 여겨진다.[14] 뇌의 노화도 이 개념으로 설명할 수 있다. 특히 뛰어난 지각 능력과 계획 수립 능력 덕분에 지구상에서 막대한 힘을 갖게 된 인간의 뇌가 겪는 노화와 정말 잘 들어맞는다. 이 이론대로라면, 인류는 우수한 사고력과 전략으로 다른 생물들과의 경쟁에서 앞서는 대가로 뇌의 노화와 알츠하이머병, 파킨슨병, 루게릭병 같은 질병에 취약해졌다.

리처드 파인먼의 저서 《물리법칙의 특성》에는 이런 내용이 나온다. "자연은 가장 긴 실만 엮어서 자신을 만든다. 그래서 아주 작은 조각 하나도 자연 전체와 짜임새가 같다."[15] 파인먼은 중력법칙의 보편성을 설명하고자 이 비유를 들었다. 즉, 한 연구실에서 수행하는 아주 작은 규모의 실험에도 태양계 전체에 작용하는 규칙이 똑같이 적용되며, 태양계는 우리가 우주에서 관찰할 수 있는 무수한 은하에 적용되는 물리법칙을 똑같이 따른다는 의미로 한 말이지만, 이는 생물학에도 적용된다. 뇌의 노화와 신경퇴행을 촉진하는 선택은 인체 세포의 '배터리'라 할 수 있는 미토콘드리아 같은 극히 작은 세포 소기관에서도 똑같이 일어난다. 미토콘드리아 연구의 선구자인 세계적인 생리학자 데이비드 G. 니콜스(David G. Nicholls) 교수는, 미토콘드리아 연구 초창기에는 학자들이 이 세포 소기관을 트럭과 비슷하다고 생각했지만, 알고 보니 포뮬러 원에 출전하는 레이싱카와 훨씬 비슷하다고 설명했다. 튼튼하고 안정적인 기관인 줄 알았지만 실제로는 아주 세세한 부분까지 기능이 조정된 기관이라 그만큼 손상되거나 기능에 문제가 생길 위험에 굉장히 취약하다는 의미다. 고성능 레이싱카로 80만 킬로미터쯤 거뜬히 달릴 수 있다고 생각하는 사람은 아무도 없다.

미토콘드리아의 기능에서 나타나는 특성은 뇌의 기능에서도 똑같이 나타난다. 우리 신경망의 하위 체계는 그야말로 경이로운 수준의 유전공학적 기능을 발휘한다. 차를 운전할 때 한 발로 엑셀을 꾹 밟는 작은 힘이 엔진에서 생산되는 엄청난 마력으로 증폭되는데, 우리 뇌에서는 이보다 훨씬 큰 증폭이 일어난다. 목숨을 건 싸움을 벌일 때, 또는 헬스장에서 역기를 들어올릴 때처럼 우리가 최대치로 힘껏 짜내는 힘은 머릿속에 생각 하나를 떠올리는 데 필요한 에너지가 1만 배 이상, 그것도 눈 깜짝할 새 증폭된 결과다(생각을 떠올리는 데 필요한 힘은 초당 약 1백만 분의 1칼로리로, 뇌에서 소비되는 총에너지인 초당 수천 분의 1칼로리에 비하면 매우 작다. 육체적인 힘을 짜낼 때 드는 에너지는 초당 약 0.5칼로리다).

이처럼 에너지가 대대적으로, 거의 순식간에 폭발적으로 증폭되는 시스템이 진화의 선택을 받았다. 항공기 연료를 자동차에 넣고 시속 320킬로미터쯤 밟는다면 차가 폭발해도 이상하지 않을 텐데, 우리 몸속에서 일반 현미경으로는 볼 수 없는 단위로 바로 그런 일이 일어나고 있다! 뇌의 운동신경세포에서 사용되는 신경전달물질인 글루탐산glutamate은 '흥분 독성'으로 분류된다. 한 가지 생각을 떠올리는 데 필요한 에너지가 그보다 훨씬 강력한 물리적 힘으로 증폭되는 놀라운 기능이 발휘된 후 글루탐산이 즉시 제거되지 않으면 그 운동신경세포는 사멸한다. 글루탐산이 제거되는 속도가 느리거나 운동뉴런에 장기간 반복적으로 자극이 가해지면 에너지를 증폭시키는 시스템 전체가 소진되어 '고장' 난다. 그게 바로 루게릭병이다. 뛰어난 야구 선수였던 루 게릭Lou Gehrig이 자기 이름이 붙은 이 병에 걸릴 위험성이 컸던 이유도 짐작할 수 있다(게릭은 연속으로 가장 많은 경기에 출전한 기록을 세웠다). 루게릭병 환자들은 글루탐산 운반체 유전자에 돌연변이가 일어나 이 흥분독성물질이 제거되는 속도가 느리다.

기능이 미세한 부분까지 조정되는 시스템은 문제가 생기기 쉽다. 신경세포에 글루탐산이 작용하거나 제거되면서 기능하는 준안정 시스템은 납, 글리포세이트glyphosate 같은 제초제, 라임병을 일으키는 병원체, 글루탐산과 비슷하게 작용하는 세포 독소인 베타-메틸아미노-L-알라닌beta-Methylamino-L-alanine에 노출되면 균형이 깨질 수 있다. 그것이 뇌의 노화와 뇌 질환의 '원인'은 아니지만, 시속 수백 킬로미터로 내달리던 경주용 차 앞에 나타난 과속 방지턱처럼 기능에 '해가 되는 요소'로 작용한다.

뇌에서 일어나는 다른 문제도 비슷하다. 전 세계적으로 2억 명 이상이 앓는 황반변성도 그렇다. 미국에서 50세 이상 인구 열 명당 약 한 명이 겪는 황반변성도 기능이 한계치까지 증폭됐다가 나이가 들면 쉽게 망가지는 또 다른 신경계 시스템이다. 인체 시각계의 핵심인 황반은 사물의 색과 세밀한 시각 정보를 감지한다. 황반은 빛이 닿을 때마다 광수용체 세포가 쉴 새 없이 활성화돼 몸 전체에서 에너지 대사율이 가장 높은 곳이기도 하다. 따라서 에너지 공급에 차질이 생기거나(흡연, 혈관질환, 고도가 높은 지역에서 생활하는 등) 에너지 수요가 증가하면(빛, 특히 청색광에 장시간 노출되거나 염증이 생기는 등) 황반변성이 생길 위험성이 증가한다.

신경계의 모든 하위 체계는 머나먼 옛날부터 기능 보존보다 기능 향상을 우선시하는 방향으로 진화했고, 기능이 세밀한 부분까지 조정됐다. 그래서 나이가 들수록 문제가 생길 위험이 커진다. 신경가소성과 관련된 하위 체계가 망가지면 알츠하이머병이 생기고, 운동을 조절하는 하위 체계가 퇴행하면 파킨슨병과 진행성 핵상마비 같은 파킨슨병 관련 질환이 생긴다. 운동에 필요한 힘을 만들어내는 신경망이 퇴행하면 루게릭병이 생기고 정밀한 중심 시력을 담당하는 신경망이 망가지면 황반변성이 발생한다. 이 각각의 신경망은 기능의 수요와 공급 특성이 다르고, 기능을 망가뜨리는 가장 큰 원인도 제각기 다르다.

일종의 아킬레스건과도 같은 하위 신경망의 이 공통적인 약점은, 바꿔 생각하면 병을 효과적으로 예방하고 치료하는 좋은 출발점이 될 수 있다.

신경망에 필요한 세 가지 자원

이론적으로는 신경퇴행질환을 물리치기 위해 우리가 해야 할 일은 꽤 간단하다. 각 질병(노화와 관련된 변화들도 포함해서)의 수요와 공급 특성을 파악하고, 개인 맞춤형 정밀 의학의 원칙으로 공급을 수요에 맞추면 된다.

현실적으로는 아직 신경계의 기능을 망가뜨리는 수많은 요소와 그 각각의 비중 파악이라는 큰 산을 넘어야 하지만, 환자 데이터와 인공지능의 도움으로 해결될 가능성이 매우 높아졌다. 확실한 방법이 나오기 전에도 뇌의 다양한 신경망에 관해 지금까지 밝혀진 사실만으로 도움이 필요한 수많은 환자를 도울 수 있다.

예를 들어, 신경계의 여러 아킬레스건 중 운동을 조절하는 신경망 기능이 퇴행해 발생하는 파킨슨병은 미토콘드리아에 있는 호흡복합체 I이라는 특정 단백질과 관련이 있다. 호흡 복합체 I은 우리가 먹는 음식을 에너지로 전환해서 세포의 배터리인 미토콘드리아에 가득 충전하는 중요한 일을 담당한다. 이 과정에 조금이라도 문제가 발생하면 파킨슨병이 생길 수 있는데, 전자제품 생산 공정과 드라이클리닝에 탈지제로 쓰이는 트리클로로에틸렌TCE, 제초제 파라콰트paraquat 같은 독성 유기화합물, 많이 사용되는 또 다른 화학물질인 제초제 글리포세이트 등이 바로 문제를 일으키는 흔한 요인이다.[16] 이런 화학물질에 노출되지 않으려고 잔뜩 겁내면서 파킨슨병이 발병하도록 손 놓고 기다리는 대신, 검사를 통해 현재 체내에 독성물질이 얼마나 축적됐는지 최대한 일찍 확인하면 파킨슨병과 함께 다른 병도 막을 수 있다.

알츠하이머병도 마찬가지다. 신경가소성이 발달하도록 진화한 하위 신경망에 이상이 생기면 알츠하이머병이 발생한다. 신경가소성은 새로운 정보를 학습하고, 그 정보를 활용해서 행동을 바꾸고, 우리가 먹이로 삼는 생물과 우리를 공격하는 적보다 앞서 나가게 하는 뇌의 생화학적인 기능이다. 신경가소성이 발휘되는 신경망에는 2.5페타바이트(250만 기가바이트)에 달하는 엄청난 용량의 기억이 저장된다. 이는 작은 전구 하나를 밝히는 에너지로 가정용 컴퓨터 수천 대 분량의 일을 처리하는 슈퍼컴퓨터가 돌아가는 것과 같다. 그러나 엄청난 성능의 대가로 장기적인 기능 저하가 따르고, 나이가 들면 알츠하이머병의 가장 흔한 특징인 기억력 문제가 생긴다. 그 많은 기억을 생성하고 유지하던 기능이 삐걱대기 시작하는 것이다.

신경가소성과 관련된 신경망 기능에 필요한 자원 공급을 줄이거나 자원의 수요를 증가시키는 요소는 모두 신경퇴행 위험성을 높인다. 이 책 뒷부분에서 그러한 요소를 하나하나 상세히 설명하기로 하고, 우선 장기적인 기능 보호보다 고도의 기능을 즉각 발휘하도록 설계된 우리 뇌에서 자원의 수요와 공급이 어떻게 뇌 기능을 정교한 부분까지 조절하는지 살펴보자.

신경가소성이 발휘되는 신경망에 반드시 공급돼야 하는 첫 번째 자원은 에너지다. 혈류, 산소, 미토콘드리아(세포의 '배터리')의 기능, 세포 연료(포도당 또는 케톤^{ketone})는 알츠하이머병의 위험성과 직결된다. 즉, 혈류가 줄거나(심방세동 등으로), 산소 공급이 줄거나(수면 무호흡증으로 흔히 발생하는 문제), 미토콘드리아 기능이 저하되거나(수은이나 다른 독소에 노출되어서), 포도당의 체내 활용도가 감소하면(제2형 당뇨병, 인슐린 저항성 등으로) 알츠하이머병의 위험성이 높아진다. 그러므로 이런 공급 문제가 해결되면 인지 기능이 향상될 가능성이 있다. 2023년에 국제 연구진은 위약 대조군을 포함한 실험군에 참가자를 무작위로 배정하고 이중맹검 방식(실험군과 대조군을 나누는 과학 연구에서, 각 실험 참가자가 어느 그룹에 배정되는지 연구자도 알지 못하게 함으로써 연구자의 편향이 실험에 영향을 주지 못하게 하는 실험 설계를 뜻한다—옮긴이)으로 진행한 임상시험에서, L-세린L-serine, 니코틴아미드 리보사이드nicotinamide riboside, N-아세틸-L-시스테인N-acetyl-L-cysteine, L-카르니틴 타르타르산염L-carnitine tartrate과 같은 대사활성물질을 공급해 에너지 결핍 문제를 해결하자 인지 기능이 개선됐다고 밝혔다.[17]

두 번째 자원은 영양이다. 세포의 생존과 재생을 돕는 영양인자는 영양소(비타민 D와 같은), 호르몬(에스트라디올estradiol 등), 신경영양인자(뇌 유래 신경영양인자 등) 세 종류로 나뉜다. 이 가운데 어느 한 가지라도 공급이 줄면 알츠하이머병과 관련이 생기고, 충분히 공급되면 인지 기능이 개선될 가능성이 있다.

세 번째 자원은 신경전달물질이다. 기억력에 가장 중요한 신경전달물질은 아세틸콜린acetylcholine이다. 에너지, 영양과 마찬가지로 콜린choline(아세틸콜린의 기초 단위인 비타민 B_4를 말하며, 달걀, 간, 생선, 십자화과 채소 등에 들어 있다)의 공급이 줄면 알츠하이머병이 생길 가능성이 있다.[18] 현대인은 대부분 콜린을 충분히 섭취하지 않으므로 우려할 만한 요소다.

신경가소성과 관련된 하위 신경망 기능에 필요한 자원의 수요를 늘리는 요소는 무엇일까? 첫 번째는 염증이다. 30년도 더 전부터 알츠하이머병의 '원인'으로 지목된 아밀로이드amyloid는 사실 선천적 면역계(후천성 면역보다 더 오래전에 발달했고 반응의 특이성은 그보다 약한 면역 기능)(인체 면역 기능은 크게 두 가지로 나뉜다. 선천성 면역은 태어날 때부터 인체가 외부 침입 물질을 구분하고 없애는 자연적인 기능이고, 후천성 면역은 인체가 다양한 병원체에 노출되면서 학습을 통해 획득하는 기능이다.—옮긴이)의 구성 요소이자[19] 항균 기능이 있는 펩타이드peptide다. 아밀로이드 베타 펩타이드amyloid beta peptide가 무조건 알츠하이머병을 '일으키려고' 만들어지는 게 아니라 해로운 미생물이 나타나면 이를 둘러싸고 격리해서 제거하려고 만들어지기도 한다는 소리다. 알츠하이머병은 감염이나 자가면역 반응으로 뇌에 염증이 생기고, 그로 인해 신경망에 필요한 자원이 충분히 공급되지 않을 때 생기는 결과다. 이런 면역 반응이 일어나면 에너지 수요도 증가하므로 엎친 데 덮친 격으로 신경퇴행과 더욱 가까워진다. 구강 위생 문제, 장 누수, 대사 증후군, 재발성 단순포진 등 인체의 염증 수준을 높이는 모든 문제는 인지 기능이 저하될 위험성을 높인다. 반대로 면역 반응을 일으키는 병원체를 없애고 염증을 줄이면, 인지 기능 향상에 도움이 된다.

신경가소성과 관련된 하위 신경망의 자원 수요를 늘리는 두 번째 요인은 독소다(독소는 에너지를 잡아먹고, 염증을 일으키고, 영양물질의 기능을 약화하고, 신경전달물질에 영향을 주고, 스트레스를 늘리는 등 다른 여러 측면에서도 해로운 영향을 준다). 이러한 독소는 무기물(대기오염물질, 수은 등), 유기물(마취제, 글리포세이트 등)과 생물독소(곰팡이가 만드는 독소 등) 등 세 종류로 나뉜다. 해독은 인지 기능 저하를 예방하고 회복하는 중요한 방법이지만, 우리는 너무 많은 독소에 노출돼 있어 그 영향을 평가하고 치료하기가 극히 까다롭다는 사실도 입증됐다. 또한 해독에 수년씩 걸릴 수 있다. 현행 알츠하이머병과 관련된 치매의 표준 치료법에서는 생물독소를 발병에 영향을 주는 흔한 요인으로 인정하지도 않는다.

신경가소성과 관련된 신경망의 자원 수요를 늘리는 마지막 요인은 스트레스다. 스트레스의 일반적인 형태이자 원인인 불안, 우울증, 불면증은 모두 신경계에 과부하가 걸려 협응이 잘 이뤄지지 않고 있음을 나타낸다. 내가 동료들과 진행한 연구에서도 치료 효과가 좋던 환자들이 스트레스를 받으면 상태가 크게 나빠진다는 사실을 거듭 확인했다. 이런 특징은 독소가 인지 기능 저하의 주된 원인일 때 더욱 두드러진다. 밤 비행기로 장거리 비행하기, 대인관계 문제, 수술, 사고 등은 모두 인지 기능 저하를 더 부추긴다. 같은 원리로, 인지 기능을 회복하기 위한 치료 계획에서 명상, 요가, 수면 개선 등 스트레스를 줄이는 여러 방안이 치료 과정에 포함되면 효과를 높이는 데 중요한 몫을 한다.

뇌 수명을 늘리는 길

정리하면, 신경퇴행질환은 (조지 윌리엄스가 지난 세기 중반에 제시한 '적대적 다형질 발현'의 개념에서) 내구성보다 성능을 우선시하는 진화적 선택으로 신경망에 꼭 필요한 자원이 부족해지고 여기에 현대 사회에서 생겨난 각종 악영향이 더해진 결과라고 할 수 있다. 우리는 이 새로운 통찰을 토대로 신경퇴행의 위험성을 어떻게 평가하고, 증상이 나타나는 사람들을 어떻게 진단해야 하는지 판단할 수 있다. 왜 사람마다 위험 요인이 다른지, 병이 진행되는 경로를 반대로 틀려면 무엇을 어떻게 해야 하는지도 알 수 있다.

가장 중요한 핵심은, 건강하던 상태가 병든 상태로 전환되기 훨씬 전에 뇌의 노화를 방지하는 **동시에** 뇌 기능에 해가 되는 요소의 축적을 막는다면, 증상이 드러나는 수준까지 병이 깊어지지 않을 수 있다는 점이다. 병이 한참 진행돼 치료하기 힘든 단계에 이르러서야 방법을 찾는 현 상황(보통 이런 지경에 이르기 전에 할 수 있는 일이 많다고 해도 잘 믿지 못하는 사람들이 맞이하는 결말)과는 전혀 다른 관점이다.

뇌의 노화로 발생하는 증상을 예방할 수 있다는 게 너무 어렵거나 불가능한 일로 느껴질 수도 있다. 하지만 알츠하이머병이나 다른 신경퇴행질환을 예방하는 방법을 조금만 다듬으면 된다. 알츠하이머병의 증상과 이 병과 무관하게 뇌의 노화로 발생하는 증상의 가장 주된 차이점은, 알츠하이머병은 뇌의 염증이 일정 수준을 넘어서면 발생하고(이 병의 대표적인 특징인 아밀로이드도 염증 반응의 한 부분이다)

뇌의 노화로 인한 증상은 신경망 기능에 꼭 필요한 에너지의 부족이 더 큰 영향을 준다는 것 정도다. 그러므로 알츠하이머병을 막는 것과 나이 들어도 뇌를 건강하게 지키는 것은 사실상 한 끗 차이다.

    뇌의 노화로 발생하는 증상을 예방하고, 인지 기능에 해로운 여러 요소에 평생 덜 노출되면 알츠하이머병과 같은 질병을 염려할 필요가 없다. 이것이 '뇌 수명'을 백 년, 혹은 그 이상 지키는 길이다.

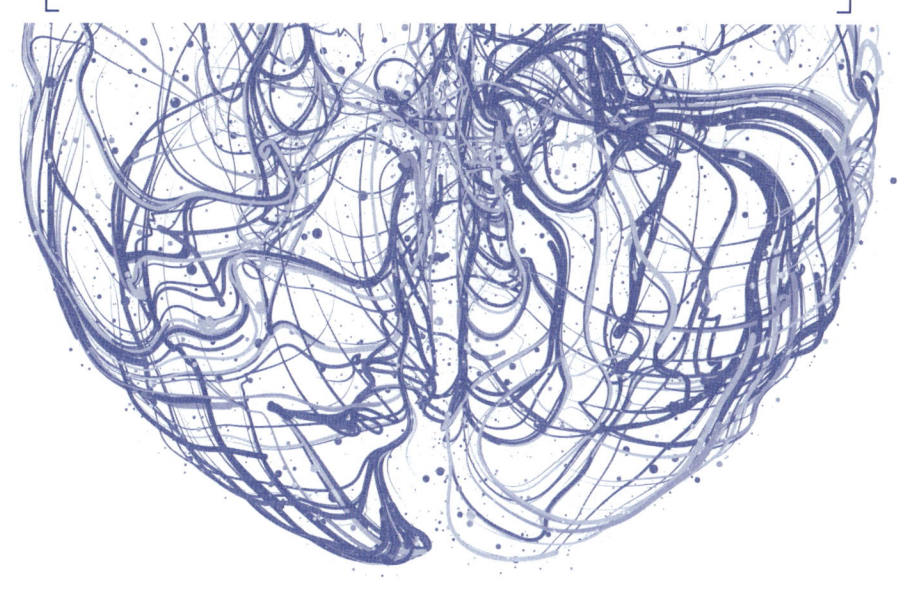

2
뇌를 늙게 만드는 것들

> 영혼을 해치는 건 쫓아내야 한다.
>
> **시인 월트 휘트먼**^{Walt Whitman}

노화는 피할 수 없다.

아주 오래전부터 모두가 아는 사실이다. 노화를 지금처럼 겪지 않을 방법이 있다고 주장하는 과학계 동료들도 있고, 그들의 견해를 깊이 존중한다. 하지만 인류가 가까운 미래에 노화를 뛰어넘으리라고 기대할 만한 **확실한** 근거는 아직 없다.[1] 그렇다고 노화를, 특히 뇌의 노화를 우리가 예상하는 대로만 겪어야 한다는 건 아니다.

노화는 생물학적 과정이며 대체로 우리가 각자 태어난 후에 흐른 시간과 상관관계가 있다. 그러나 세월이 노화의 **원인**은 아니다. 실제 나이보다 외모와 행동이 더 나이 들어 보이는 사람들이 있는가 하면, 요즘에는 외모와 행동이 모두 실제 나이보다 훨씬 젊어 보이는 사람도 많다. 그래서 우리는 나이와 노화가 동의어가 아님을 직관적으로 안다. 그러므로 이 책에서 노화는 정해진 속도로 일어나는 현상을 뜻하지 않는다. 그보다는 인체의 생리적 현상에 조정 가능한 이상이 생기는 상태를 뜻한다. 우리는 그중에서도 인지 기능이 나빠지는 변화에 주목할 텐데, 곧 알게 되겠지만 몸과 정신에 생기는 변화를 분리해서 생각하는 건 별로 도움이 안 된다. 우리 몸 어딘가에서 일어난 노화는 인지 기능에 금세 영향을 준다.

오랫동안 지구 최초의 생물은 나이가 들지 않는다고 여겨졌다. 그러나 세균도 분자 수준에서 노화와 매우 비슷한 과정을 겪는다는 사실이 밝혀졌다. 이 사실을 토대로 노화는 지구 최초의 생물 중 일부에서 적대적 다형질 발현의 원리에 따라, 즉 내구성과 기능 보호보다 즉각적인 기능 향상이 가능한 방향으로 머나먼 옛날에 처음 시작됐을 가능성이 매우 크다.[2]

1장에서 살펴봤듯이 병은 불균형에서 비롯되고 노화는 불균형을 일으키는 핵심 동력이다. 인체는 노화가 많이 진행될수록 인슐린을 원활히 처리하지 못하고, 독소의 유입을 막거나 배출하는 기능이 떨어진다. 병원체를 제대로 물리치지 못하고, 스트레스 반응을 통제하는 코르티솔cortisol을 비롯해 신경계의 모든 기능 조절에 필요한 신경영양인자도 충분히 만들어내지 못한다. 또한 현대 사회에서 생존하는 데 전혀 도움이 안 되는 유전자 돌연변이도 쉽게 생긴다. 그러므로 노화는 인체 모든 시스템에 가해지는 '포괄적 공격'이라 할 수 있다.

유념해야 할 점은, 인지 기능 저하와 그로 인한 신경퇴행이 노화와 무관하게 일어날 수도 있다는 것이다. 인지 기능은 다른 해로운 영향(감염, 독소 등)으로도 나빠진다. 노화를 막는 것은 인지 기능의 저하를 예방하는 좋은 출발점이지만, 사고력과 추론력, 기억력과 문제 해결 능력을 발휘하며 새로운 생각과 새로운 환경에 적응하고, 논리적 판단도 신속하게 내리며 백 세 이상 살려면 생물학적 노화에 대처하는 것만으로는 부족하다. 우리가 일생을 사는 동안 계속해서 맞닥뜨리고 누적되어 인지 기능에 악영향을 주는 요인들에도 대처해야 한다.

인지 기능을 보호하기 위해 그러한 요인들에 잘 대처하면, 노화를 늦추는 데도 좋은 영향을 준다. 즉, 그 대처 덕에 노화의 포괄적 공격이 힘이 빠지고, 인지 기능에 강력한 위협을 가하지 못하게 된다. 이런 사실은 우리 뇌가 80대, 90대, 백 세 이상이 되어도 인지 기능을 해치는 요인들에 대처할 수 있는 태세를 얼마나 잘 갖추고 있는지 보여준다.

가장 달콤한 독, 당

내가 정말 많이 듣는 질문 중 하나는 "뇌의 노화와 인지 기능 저하를 피하려면 뭘 하는 게 가장 중요할까요?"이다. 나는 이 질문을 받을 때마다, **한 가지**를 실천한다고 해서 모든 게 해결되지는 않는다고 말한다. 앞서 설명했듯이, 뇌에 반드시 필요한 세 가지 자원이 충분히 공급되고, 필수 자원의 수요를 증대시키는 세 가지 요인을 해결하는 등 총 여섯 가지에 잘 대처해야만 뇌 기능을 보호하면서도 모든 기능이 온전히 발휘되는 준안정 상태를 유지할 수 있다. 이 여섯 가지는 각각 수많은 구성 요소로 이뤄지고, 사람마다 수요와 공급의 균형이 깨지는 양상이 다르다. 그런데 이 여섯 가지 주요 인자에 모두 영향을 주는 요소가 하나 있다. 가장 큰 영향을 주는 한 가지, 반드시 물리쳐야 할 주적을 **굳이** 꼽자면, 바로 당이다(식생활과 영양은 7장에서 자세히 설명한다). 당이 우리 몸에서 쓰이는 방식은 백만 년에 걸쳐 일어난 인류의 진화 과정을 30분짜리 자료로 정리한 생화학적 축소판 같다. 오랜 세월에 걸쳐 인류의 DNA에서 내구성보다 기능을 향상시키는 선택이 일어난 것처럼, 당은 인체에 막대한 에너지를 단숨에 제공하는 대신 몸과 뇌의 수명에 타격을 입힌다.

당을 끊는 건 쉬운 일이 아니다. 당은 인체에 다량의 에너지를 놀랍도록 신속하게 공급하므로, 우리는 당을 좋아하게끔 진화했다. 치열한 생존 경쟁을 벌이며 진화적으로 기능의 장기적인 보존보다 단기적인 기능 향상이 더 중시되던 세상에 살았던 우리 조상에게는 당이 제공하는 에너지가 필요했다. 인체가 인슐린을 신속하게 만들어내고, 이 인슐린이 골격근의 미토콘드리아에서 인체 세포의 가장 큰 에너지인 아데노신삼인산^{ATP}의 생산력을 강화하는 진화가 일어나지 않았다면, 그러한 단기적인 기능 향상은 불가능했을 것이다. 문제는 당을 효율적으로 처리하는 법을 알게 된 현대인이 모든 먹을거리에 당을 그득그득 집어넣고도 "충분히 달지 않다"며 온갖 식품과 음료에 당을 더 추가해서 먹는다는 점이다.

당이 노화에 끼치는 영향은 인체의 가장 큰 장기인 피부에서 쉽게 드러난다. 피부는 인체에서 일어나는 일들을 고스란히 보여주는 경우가 많다. 포도당과 과당은 피부 구조를 이루는 주요 물질인 콜라겐collagen, 엘라스틴elastin과 같은 섬유성 단백질과 화학결합을 형성한다. 그 결과 이 단백질에 손상이 생겼을 때 원활히 복구되지 않고, 인접한 단백질과의 결합도 불안정해진다. 당과 단백질이 결합해 최종당화산물이 생기는 이 과정은 뇌를 포함한 몸 전반에서 일어난다. 특히 뇌에서 최종당화산물과 결합하는 수용체는 아밀로이드로 촉발되는 염증 반응에 관여하고, 기억력에 악영향을 준다. 최종당화산물의 영향이 피부에서 가장 뚜렷하게 나타나는 이유는, 이 물질의 해로운 영향이 자외선에 의해 더욱 강화되기 때문이다.[3] 당은 노화를 촉진하는 것만으로 해롭지만, 노화와 무관한 경로로도 병을 가속화한다.

대다수가 당을 과도하게 섭취할 때 발생하는 만성적인 문제로 당뇨병을 떠올린다. 그리고 당뇨병에 걸리면 눈이 침침해지는 증상과 더불어 팔다리 마비, 극심한 피로, 피부 건조, 상처가 잘 낫지 않고 수시로 감염에 시달리는 등 다양한 신체 증상이 나타난다는 사실도 대부분 정확히 안다. 현재 전 세계 당뇨병 환자의 수는 5억 명에 육박하고, 2050년이 되면 7억 2,500만 명까지 늘어날 것으로 예상된다.[4] 하지만 나는 당을 생각하면 이 **독**과 같은 물질이 우리 뇌에 극도의 혼란을 일으킨다는 사실이 가장 먼저 떠오른다(소아 내분비질환 전문가인 로버트 러스티그Robert Lustig를 비롯한 다수의 학자가 수십 년 전부터 당을 독이라고 표현했고 나도 깊이 공감한다).[5]

세포에 인슐린 자극이 반복적으로 가해지면, 세포는 인슐린에 제대로 반응하지 못하게 된다. 세포의 생물학적 반응이 감소하는 이 인슐린 저항성은 뇌 세포가 에너지원을 전환해서 활용하는 방식에 심각한 영향을 준다. 인슐린이 세포를 자극함으로써 일어나는 신호 전달에 문제가 생기면 세포 간 소통에도 이상이 생겨 결국 생존이 위태로워진다. 인슐린 결핍도 베타아밀로이드와 타우 단백질을 포함한 인체의 수만 가지 펩타이드와 단백질 기능에 걸림돌이 된다. 잘 알려진 대로, 베타아밀로이드와 타우 단백질의 축적은 알츠하이머병의 대표적인 특징이다.[6] 이처럼 당과 알츠하이머병은 여러 경로로 직접 연결되어 있다.

포도당이 체내에 유입되어 인슐린 농도가 급증하면 인체는 이 늘어난 인슐린을 파괴해야 저혈당증(혈중 당 농도가 감소하는 증상으로 뇌 손상을 일으킨다)을 막을 수 있다. 건강한 뇌에서는 이 일을 담당하는 인슐린 분해효소[IDE]가 아밀로이드 분해도 함께 담당한다. 인슐린 분해효소가 처리해야 하는 인슐린이 급증하면 인슐린 분해에 총력을 쏟느라 아밀로이드가 쌓이기 시작한다. 이것이 당과 알츠하이머병이 연결되는 첫 번째 경로다.

두 번째로, 인슐린 저항성이 생기면 일반적인 PET 검사(불소 방사성동위원소가 표지로 결합된 포도당을 이용한 PET)에서 알츠하이머병의 전형적인 특징이 나타난다. 측두엽과 두정엽의 포도당 이용률이 감소해 뇌 양쪽에 관자놀이를 따라 귀까지 나타난 알파벳 'L'자와 비슷한 패턴이 바로 그 특징이다.

세 번째, 제2형 당뇨병과 당뇨병 전단계, 전전단계(인슐린 저항성), 대사 증후군의 공통점은 인슐린을 통한 세포 간 신호 전달이 감소한다는 것, 그리고 모두 알츠하이머병의 위험성을 높인다는 것이다. 또한 알츠하이머병이 생기면 아밀로이드가 인슐린 수용체의 신호 전달을 차단하는데, 이는 아밀로이드가 미생물로부터 뇌를 보호하는 역할만 하는 게 아니라 인슐린 농도를 조절하기 위해 생성됨을 말해준다.

네 번째, 인슐린은 신경세포의 영양인자 중 하나다. 따라서 인슐린 저항성이 생겨서 인슐린 신호 전달에 문제가 생기면, 신경세포 기능을 강화하는 자원 공급이 끊긴다.

다섯 번째, 포도당은 '비효소적 당화 반응'을 통해 여러 단백질, 지방, 그 외 세포 분자와 결합해 그 분자들의 형태와 기능에 변화를 일으키고 면역 반응을 일으킨다(혈색소(헤모글로빈)도 포도당이 결합하는 분자 중 하나다. 그 결합으로 형성되는 당화혈색소 농도는 과거 수 개월간의 평균 혈당을 파악할 수 있는 좋은 지표다). 그 결과 염증이 발생하고 자가항체가 형성된다.

너무 많은 정보가 쏟아져서 버거울 수도 있다. 이 모든 내용의 핵심은, 당이 인지 기능에 이토록 막대한 해를 끼친다는 것이다. 게다가 이 다섯 가지 경로는 포도당의 영향과 인슐린 농도가 적절히 조절되지 않을 때 발생하는 신경퇴행의 수많은 경로 중 일부일 뿐이다.[7]

현대에 들어 고과당 옥수수 시럽이 사람들이 섭취하는 당에 상당한 비중을 차지하면서 상황은 더욱 나빠졌다. 이 찐득한 시럽을 두고 "설탕과 똑같다"고 좋게 이야기하는 사람들도 있는데, 이 말에는 일반 설탕(자당)은 건강에 별로 해롭지 않다는 생각이 깔려 있다. 설탕도 건강에 해롭고, 과당은 설탕보다 더 해롭다. 콜로라도대학교의 리처드 존슨Richard Johnson 교수는 과당이 대사될 때 뇌에 발생하는 영향이 알츠하이머병 초기에 나타나는 특성과 놀랍도록 일치하며, 뇌에서 가장 큰 영향을 받는 영역도 동일하다고 지적했다.[8] 과당은 노화를 가속화한다고 앞서 설명한 최종당화산물을 만들어내는 속도가 포도당보다 열 배 정도 빠르다.[9]

당은 체내에서 분해되어 에너지를 내고, 우리 뇌는 아주 많은 에너지가 필요하다. 그리고 에너지가 부족하면 과할 때 못지않게 문제가 생기기 때문에 이런 과도한 당 섭취의 문제를 역설적이라고 받아들일 수도 있다. 하지만 인체에 연료로 쓰이는 포도당은 건강한 식생활로 충분히 얻을 수 있다. 그런데도 굳이 당을 잔뜩 섭취하는 건, 차 연료통에 기름이 가득 찬 상태에서 차 후드를 열어젖히고 엔진 위에다 기름을 더 부어가면서 달리는 것과 같다!

당은 인지 기능에 엄청난 해를 끼친다. 하지만 인지 기능을 해치는 적이 당 하나만 있는 것도 아니다. 당부터 설명한 건, 적의 '우두머리'부터 제거하는 고달픈 첫 단계일 뿐이었다. 영화 〈존 윅〉 시리즈에서 주인공의 목숨을 노리는 암살자가 하나 죽고 나면 다음 편에 또 하나가 나타나듯이, 인지 기능을 해치는 적도 비슷하다. 늙지 않는 뇌를 만들려면 그 적들을 전부 물리쳐야만 한다. 키아누 리브스, 성룡, 이소룡 등이 여러 영화에서 멋진 무술 실력을 뽐내며 그려낸 인물들처럼, 우리도 반복되는 위협에서 살아남을 방도가 있다. 다행히 우리는 영화 속 인물들과 달리 모든 적을 단번에 물리치지 못해도 괜찮다. 인생은 길고, 인체는 회복력이 있으므로 천천히 싸우면 된다. 이 파란만장한 전투에서 물리쳐야 할 첫 번째 대상인 당 외에 또 어떤 적들이 인지 기능을 해치는지 차례로 살펴보자.

치매를 유발하는 독소 어벤저스

　치매를 일으키는 또 한 가지 흔한 요인은 독성물질 노출이다. 영화에는 '독성 화학물질이 가득 담긴 커다란 통에 악당이 뚝 떨어지는' 장면이 나오지만, 여기서 말하는 건 집에서, 출퇴근길에서, 일터에서 어김없이 겪고 있을 극소량의 노출이다. 앞서 설명했듯이 인지 기능에 영향을 주는 독성물질은 무기물(대기오염물질, 수은 등), 유기물(마취제, 글리포세이트 등), 생물독소(트리코테신^{trichothecene}, 오크라톡신 A$^{ochratoxin\,A}$, 글리오톡신^{gliotoxin}, 지랄레논^{zearalenone}, 시트리닌^{citrinin} 등과 같은 곰팡이 독소) 세 가지로 나뉜다. 각각은 11장에서 자세히 살펴보기로 하고, 지금은 중요한 사실 한 가지만 이해하면 된다. 독소도 당처럼 뇌의 노화에 직접적인 영향을 주며 우리 몸에 축적되어 병을 일으킨다.

　새로 산 가구나 카펫, 페인트, 의류에서 나오는 휘발성 유기화합물이 섞인 공기를 흡입하는 것, 야외에서 미세먼지에 포함된 화학물질을 공기와 함께 들이켜는 것도 우리가 독성물질에 노출되는 경로다. 미국에서는 대기 중 미립자 오염물질의 3분의 1이 화재 시 발생한 물질로, 근거리에 대기오염물질을 뿜어내는 원천이 없어도 이런 오염물질에 얼마든지 노출될 수 있다. 수돗물에서도 비소, 납, 질산염, 염소 소독제를 사용할 때 발생하는 부산물, 우라늄, 과불화화합물이 빈번하게 검출되며 살충제, 농약, 제초제 역시 우리가 노출되는 또 다른 독성물질이다. 이런 물질들은 뇌, 뼈, 그밖에 다른 장기나 혈액에 장기간 머무르며 치매에 걸릴 위험성을 높이는 잠재적 '치매 유발 물질'로 작용한다.[10]

이와 같은 독성물질이 분자의 메틸기에 변화를 일으킨다는 사실이 명확히 밝혀졌다. 메틸기는 DNA와 결합하여 유전자 발현을 조절한다. 많은 학자가 메틸기를 통한 '후생적' 기능 조절에 생기는 이상이 세포 노화의 핵심 원인이자 가장 주된 원인이라고 본다.[11] 후생적 변화는 DNA 해독에 영향을 준다. 즉, 세포마다 발현될 유전자가 정해지는 데 영향을 주며, 이러한 후생적 조절은 정자와 난자를 통해 자손에게도 그대로 전달된다. 독성물질에 노출되어 유전자 발현에 영향을 받으면 다음 세대와 그다음 세대, 또 그다음 세대까지 영향이 계속 이어진다는 의미다.[12] 세대가 바뀌어도 생활 환경에 큰 차이가 없으면 부모나 자신이 태어나기도 전에 살았던 세대에서 발생한 후생적 변화가 자신의 생존에 결정적인 영향을 줄 수 있다.[13]

예를 들어, 아동기에 겪은 트라우마로 발생한 변화는 다음 세대로 가장 많이 전달되며,[14] 이 변화를 물려받은 자손들은 불안 또는 불안과 비슷한 행동이 나타나는 경우가 많다. 후생적 변화가 다음 세대로 전달되는 이유는, 조상들이 위험천만한 세상을 살아내면서 생긴 변화가 자손에게 전해지면 그 자손이 같은 위험을 좀 더 잘 피하고 무사히 성인이 되어 자손을 낳을 확률을 높일 수 있기 때문으로 추정된다. 그러나 지금처럼 변화무쌍한 환경에서는(예를 들어 급속한 산업화로 새로운 독성물질이 갑자기 넘쳐나는 등) 과거의 경험을 '간직한' 후생유전체가 오히려 후대의 생존에 걸림돌이 된다. 오늘날 우리 뇌가 맞닥뜨리는 독성물질은 조부모나 증조부모의 사전 경험을 참고하지 않아도 무조건 피해야 할 만큼 아주 해롭기 때문이다.

세상에 존재하는 모든 독성물질을 완벽하게 피할 수는 없다. 다행히 인체는 동적인 시스템이다. 우리는 수많은 독성물질에 노출되며 살아가지만, 인체는 그런 물질을 끊임없이 몸 밖으로 배출하고, 활성을 없애고, 분리한다. 우리가 해야 할 일은 현재 자기 몸에 독성물질이 얼마나 쌓여 있는지 파악하고 더 쌓일 일을 자초하지 않는 것, 그래서 균형이 깨지고 건강이 더 나빠지지 않도록 중심을 잡는 것이다.

생물학적 노화 속도를 높이는 감염 물질

코로나19(코로나바이러스 감염증)가 대대적으로 확산되던 시기에 수백만 명이 '머릿속에 안개가 낀 듯 생각이 흐릿해지는 증상'을 겪었다. 혹시 여러분이 그중 한 명이라면, (전 세계에 퍼진 신종 코로나바이러스 같은) 병원체가 우리의 기억력과 집중력에 얼마나 큰 영향을 주는지 체감했을 것이다. 하지만 생각이 흐려지는 증상을 비롯해 인지 기능의 이상을 나타내는 여러 증상이 생물학적 노화 속도를 크게 높인다는 건 몰랐을 것이다. 실제로 상당수가 코로나19를 한바탕 크게 앓고 난 후에 그런 일을 겪었다.[15] 이는 바이러스, 세균, 균류, 기생충이 우리 몸을 '장악'해 노화의 주된 원인으로 작용하는 수많은 사례 중 하나일 뿐이다.[16]

코로나바이러스 같은 병원체는 노화를 가속화하는 데 그치지 않고 병을 유발하며, 기존에 앓던 다른 병을 악화시킨다. 예를 들어, 치매 환자가 코로나19 바이러스에 감염되면 뇌의 구조적·기능적 손상 속도가 더 빨라진다. 한 연구에서 코로나19 바이러스에 감염된 치매 환자들을 조사한 결과, 감염증이 다 낫고 1년이 지난 후에도 피로감과 우울증이 대폭 증가했다. 집중력과 기억력도 나빠지고 말하는 데에도 어려움을 겪었다. 뇌 스캔 결과, 신경세포와 뇌 세포 사멸률이 일반적인 치매 진행 과정과 판이한 양상으로 급증한 사실이 확인됐다.[17]

코로나19는 기존에 앓던 신경퇴행질환이 없는 경우에도 뇌 세포에 막대한 피해를 준다. 실제로 대유행기에 젊은 층과 겉보기에 건강한 사람들이 코로나19 바이러스에 딱 한 번 감염된 후 급성 신경퇴행 증상을 보인 경우가 많았다.[18]

코로나19와 알츠하이머병은 공통점이 많다. 코로나19 바이러스에 감염되더라도 면역계의 기능으로 바이러스가 일찍 제거되면 장기적인 영향은 대체로 경미하다. 그러나 이 바이러스에는 인체 세포에 위장 침입하는 메커니즘이 갖춰져 있다. 원래는 바이러스에 감염되면 초기에 우리 몸의 선천적인 면역 반응이 일어나지만, 그런 특성 때문에 나중에야 갑자기 강력한 면역 반응이 나타나는 경우가 많다.[19] 면역계가 마침내 대응을 시작할 즈음에는 바이러스의 영향이 감당하기 힘들 만큼 강해져서 이를 물리치려고 체내에 사이토카인cytokine이 폭발적으로 늘어난다. 사이토카인은 인체에 병원체가 침입했을 때 면역계에 지원을 요청하는 중요한 신호전달 단백질이다. 문제는 사이토카인이 과도하게 많아지면 면역계가 과잉 활성화돼 침입한 병원균만이 아니라 인체의 건강한 세포까지 공격하는 '사이토카인 폭풍' 현상이 일어난다는 점이다. 알츠하이머병에 걸리면 이와 비슷하게 적응 면역계(후천성 면역계)가 병을 유발하는 다양한 영향을 제대로 처리하지 못하게 된다. 알츠하이머병에 악영향을 주는 여러 원인 중에는 수많은 병원체도 포함된다. 하지만 죽음을 초래하는 건 사이토카인 폭풍이 아니라 '사이토카인 가랑비'로, 염증을 일으키는 인터류킨-1-베타interleukin-1-beta, 인터류킨-6interleukin-6, 인터류킨-8interleukin-8, 종양괴사인자 알파 등과 같은 사이토카인이 수년에 걸쳐 조금씩 늘어나는 현상을 말한다.

지난 몇 년 사이에 인지 기능에 이상이 생겨 치료를 받고 호전된 환자들이 코로나19에 걸린 후 인지 기능이 다시 나빠지는 사례가 많이 늘어났다. 그중에는 대다수에게 아무 문제가 없었던 백신을 맞은 후 면역계가 활성화돼 인지 기능이 다시 나빠진 사람들도 있다. 이는 우리 뇌가 멀쩡히 기능하다가도 별것 아닌 영향으로 '벼랑 끝으로 내몰릴 수 있다'는 사실을 분명하게 보여준다.

반대로 뇌의 노화, 인지 기능 저하, 신경질환은 불가피하고 해결할 수도 없다는 해묵은 관점을 뒤집는 사례들도 많다. 내가 최근에 이야기를 나눈 한 부부도 그런 경우였다. 남편은 알츠하이머병 환자였고 경도 인지장애로 판정됐는데, 우리 연구진이 개발한 리코드 프로그램을 시작하고 몇 개월만에 상태가 개선됐다. 그의 아내는 곁에서 남편의 인지 기능 개선을 도우며 자신의 인지 기능도 미리 관리하려고 리코드 프로그램을 함께 시작했는데, 아내 역시 코로나19에 감염된 후 끈질기게 따라다니던 머릿속이 뿌옇게 흐려지는 증상이 사라졌다고 했다.

코로나19 바이러스는 수많은 병원체 중 하나일 뿐이다. 최근 한 연구에서는 병원 치료가 필요한 다양한 감염증(폐렴, 요로감염증, 수술 부위 감염 등)을 앓은 후 치매가 생긴 170만 명을 조사했는데, 감염증과 치매 사이에 서로 밀접한 상관관계가 있음을 확인했다. 더욱 두려운 사실은 이 두 문제가 연달아 생긴 게 아니라, 감염증을 겪은 후 치매가 발병하기까지 평균 9년의 간격이 있었다는 것이다.[20] 세균이 혈류로 계속 유입되는 만성 감염증의 하나인 치주염도 알츠하이머병을 예고하는 시한폭탄으로 알려졌다.[21] 인체의 내재 면역을 활성화하고 염증을 일으키는 모든 것이 뇌의 노화와 뇌 질환에 영향을 준다는 사실을 생각하면 당연한 결과다.

이처럼 각종 감염증은 인지 기능을 떨어뜨리는 주된 원인임에도 불구하고 경시되고 있다. 신경과 의사 중에 인지 기능 문제로 병원을 찾아온 환자가 혹시 병원체에 감염되지는 않았는지 확인하거나 그런 가능성을 고려하는 사람은 거의 없다. 다행스럽게도 이제는 달라지고 있다. 장, 입안, 피부 등 인체 구석구석의 미생물군에 관해 더 많은 사실이 밝혀졌고, 인체에 우리 몸을 이루는 세포보다 더 많은 미생물이 존재한다는 점을 고려하면[22] 이 작디작은 유기체들이 우리와 공생하면서 인체와 함께 중요한 기능을 수행하고, 그러한 기능에는 인체에 침입한 병원체를 물리치는 것도 포함된다는 사실[23]을 의사들도 깨닫고 있다. 우리와 인체 미생물은 "어차피 이길 수 없는 상대라면 친해져라"는 많이 잘 어울리는 관계다. 우리는 인체 미생물이 **꼭 필요한** 생물로 진화했다. 몸에서 미생물이 전부 사라지면, 우리는 단 며칠도 버티지 못한다.[24] 우리 편이 되는 미생물과 우리의 적이 되는 미생물을 가르는 균형점 파악이 현재 가장 중요한 연구 주제로 떠오른 이유다.

원생동물 혹은 기생충, 잘못 접힌 전염성 단백질인 프리온, 균류는 최상의 기능을 발휘하는 뇌도 쑥대밭으로 만들 수 있다. 이 내용은 12장에서 자세히 설명하기로 하고, 지금은 한 가지를 기억하자. 미생물은 눈에 보이지 않아도 우리가 세상에 태어나기 전부터 함께했고, 우리가 세상을 떠난 후에도 우리 몸에 한참 남아있다. 이 무수한 존재가 장기적인 뇌 건강에 중요한 역할을 한다.

뇌 기능에 필요한 네 가지 핵심 에너지

자전거에 커다란 짐수레를 매달고 열심히 언덕을 오른다고 하자. 수레에는 온 가족이 먹을 일주일치 식료품과 산소호흡기에 의존해 살아가는 나이 드신 친척을 위한 산소통 하나, 앞뜰에 뿌리려고 산 큼직한 꽃씨 자루가 실려 있다. 힘닿는 데까지 열심히 페달을 밟는 중이고, 자전거는 언덕을 조금씩 오르며 집과 가까워지고 있다. 그런데 잘 달리던 자전거가 도로포장이 깨진 틈새로 자라난 잡초를 밟고 지나갔는데, 하필 그 풀이 질려자였다. 씨앗에 뾰족하고 딱딱한 가시가 돋아서 염소 머리, 악마의 뿔, 구멍 뚫는 덩굴로도 불리는 이 식물의 무시무시한 가시가 자전거 뒷바퀴에 펑크를 냈는지, 바람이 빠지기 시작한다. 아예 못 갈 정도는 아니지만, 집까지 1.6킬로미터는 족히 남은 상태라 바람 빠진 타이어로 계속 가기에는 힘에 부친다. 여기까지 올라오느라 에너지를 많이 써서, 짐 중에 일부를 내려놓고 일단 집에 갔다가 다시 가지러 와야 할 것 같다.

이런 상황이라면 여러분은 어떤 짐을 내려놓고 갈 것인가? 아마 나와 같은 생각일 것이다. 꽃씨가 가득 담긴 큰 자루를 아무도 훔쳐 가지 않기를 바라며 길 한쪽에 두고 가는 게 지금으로선 가장 좋은 선택인 듯하다. 다행히 나머지 짐을 집까지 끌고 갈 만한 에너지는 남아있으므로 가족들은 밥을 굶지 않아도 되고 산소가 필요한 친척도 무사할 것이다. 있으면 좋지만 없어도 생존에 아무 지장이 없는 것을 희생시키면 문제는 해결된다.

우리는 살면서 어쩌다 '뾰족한 가시를 밟는 바람에' 타이어가 터지는 상황과 비슷한 일들을 많이 겪는다. 살다 보면 어쩌다 오염된 공기를 들이마시거나, 해로운 화학물질에 노출되거나, 건강을 해치는 바이러스 혹은 세균에 감염되기도 한다. 이런 무수한 영향에 시달리면 삶이 힘들어지는데, 뇌의 젊음을 지탱하는 에너지는 바로 이럴 때 결정적인 역할을 한다.

다음 네 가지는 뇌 기능에 필요한 핵심 에너지다. 첫 번째는 충분한 혈류다. 뇌에는 1분마다 총 750밀리리터(와인 한 병 분량)의 혈액이 공급돼야 한다. 이 혈액은 좌우 경동맥(전두엽, 측두엽, 두정엽에 공급되는 혈액)을 통해 각각 분당 250밀리리터, 좌우 척추동맥(뇌간, 소뇌, 후두엽으로 공급되는 혈류)을 통해 각각 125밀리리터씩 공급된다. 노화로 혈관 구조와 기능에 변화가 생기면 혈액 공급에 차질이 생기고, 그 결과 뇌는 건강하게 기능하지 못한다.[25]

뇌로 공급되는 혈액에는 적혈구의 중요한 구성 성분인 혈색소가 있는데, 이 단백질은 평생 우리 몸 전체에 부지런히 산소를 운반한다. 뇌 기능의 관점에서 주목해야 할 두 번째 에너지는 적정 수준, 즉 96~98퍼센트의 혈중 산소포화도(줄여서 SpO_2라고 쓴다)다. 노화는 인체의 산소 이용도를 감소시키고[26] 이는 인지 기능에 또 다른 큰 타격을 준다. 수면 무호흡증, 폐질환, 심부전, 대기오염, 앉아있는 시간이 긴 생활 방식도 뇌의 에너지 공급에 중요한 부분을 차지하는 이 혈중 산소포화도에 악영향을 줄 수 있다.

세 번째는 앞서 1장에서 기능이 세밀한 부분까지 조정된 레이싱

카에 비유한 미토콘드리아에서 나오는 에너지다. 우리는 젊은 시절에 이 세포 소기관이 발휘하는 엄청난 기능의 대가를 장기적으로 치러야 한다. 나이가 들면 미토콘드리아의 크기, 부피, 견고성, 기능이 모두 줄어든다.[27]

마지막 네 번째로 중요한 에너지는 음식에서 얻는 탄수화물, 지방, 단백질 등 가공되지 않은 연료다. 노화는 이 연료 공급에도 문제를 일으킨다. 오래전부터 잘 알려졌듯이 나이가 들수록 대사 기능이 떨어져서 연료를 에너지로 전환하는 과정이 삐걱댄다.[28]

뇌에 에너지가 공급되는 이 네 가지 경로 모두 뇌 기능을 최대한 끌어올릴 수 있도록 수억 년에 걸쳐 진화했고 그 대가로 나이가 들면 뇌 기능이 떨어지기 시작한다고 전제한다면, 인지 기능 또한 나이가 들면서 약해지는 기능 중 하나라고 보는 게 매우 논리적인 결론인 듯하다. 전부 다 가져가기에는 힘에 부쳐서 뭔가를 내려놓고 가야 한다면, 꽃씨 자루처럼 '있으면 좋고', '필수는 아닌 것'을 두고 가는 게 가장 논리적인 선택일 것이다.

하지만 의문이 든다. '있으면 좋은' 기능에는 무엇이 포함될까? 새로운 것을 배우는 능력은 있으면 좋을 것 같다. 실제로 우리는 한 번 배워서 익힌 것은 오랫동안 잘 써먹으니 말이다. 다른 건? 아주 오래전 일들을 기억하는 능력, 바로 어제 일이지만 오늘을 살아가는 데 아주 중요하지는 않은 일을 기억하는 능력은 어떤가? 어떤 일이 어제 일어났는지, 아니면 아주 오래전 일인지를 구분하는 능력은?

뇌에 공급되는 에너지가 줄면 뇌는 이런 고민에 빠진다. 인체가 늘 가장 시급하게 여기는 생존을 가운데 두고, 생존에 가장 덜 필요한 기능을 추려서 버린다. 때로는 이 과정에서 정말로 중요성이 떨어지는 것들이 버려진다. 우리가 떠올리는 기억은 과거의 경험이 있는 그대로 고스란히 되살아나는 게 아니라 다른 정보들을 토대로 재해석된 것이다. 그리고 경험을 함께한 사람들이 있다면 더욱 그런 경향이 있다. 에너지가 없어서 뭔가를 길에 버리고 가야 한다면 남들과 공유하는 기억부터 수레에서 내려놓는다. 사회적 동물인 우리는 중요한 것을 잊더라도 남들의 도움으로 다시 떠올릴 수 있도록 진화했기 때문이다.

우리가 어제 점심때 뭘 먹었는지, 그저께 출근하거나 등교할 때 무슨 옷을 입고 갔는지, 그제 TV로 어떤 프로그램을 봤는지 허다하게 잊는 것도 그래서다. 이런 일들은 대부분 생존과 무관하고, 설사 생존에 필요한 일이 되더라도 주변의 누군가가 그 일을 상기하도록 도와줄 수 있다. 게다가 지금처럼 다들 주머니에 작은 컴퓨터를 한 대씩 가지고 다니는 시대에는 사진, 메시지, 달력에 써둔 일정 등이 기억을 되살리는 직접 증거나 정황 단서로 활용된다. 그래서 이런 기억은 나중에 다시 돌아와서 챙겨가거나, 다른 사람의 도움을 받아서 되살릴 수 있으므로 안심하고 수레에서 내려놓는다.

하지만 이런 자연스러운 노화의 특징은 악마의 속삭임에 쉽게 솔깃하는 원인이 된다. 실제로 기억력, 집중력, 유연한 사고력에 문제가 생겨도 걱정할 필요 없다는 악마의 말에 넘어가는 것이다. 뇌의 실행 기능과 기억력이 **크게** 떨어져도 그럭저럭 살아갈 수 있으므로 그 상태로 계속 가다가 자전거의 남은 바퀴마저 펑크가 나거나, 뒤에 매단 수레의 연결고리가 망가지거나, 핸들이 고장 나서 차체가 흔들리는 지경에 이르러서야 이대로는 집까지 갈 수 없음을 깨닫는다. 산소통과 식료품 중 하나만 선택해야 하는 상황까지 이른다! 심지어 이 선택은 의식적으로 일어나지도 않는다. 우리 뇌가 알아서 결정한다. 결국 최종적으로 수레에 남는 건 우리에게 정말로 필요한 게 아닐 수도 있다.

시대를 잘못 만난 유전자

예전에 크레이그 험버그라는 사람에 관한 감동적인 이야기를 들은 적이 있다. 목수로 살아온 크레이그는 50대 초반이던 2006년 6월에 근위축성 측색경화증(루게릭병) 진단을 받았다. 의사들은 그에게 루게릭병 환자의 평균 생존 기간은 3년에서 5년이라고 했지만, 크레이그는 끔찍한 운명에 가만히 굴복한 채 시간을 허비하고 싶지 않았다. 근육은 점점 위축되고 말하기조차 힘들어졌지만, 그는 일주일에 5일씩 밖으로 나가 자전거를 탔다. 미국 아이오와주 북부의 집 주변 도로를 그렇게 해마다 수천 킬로미터씩 돌아다녔다. "자전거는 제가 누리는 자유에요." 처음 진단대로라면 벌써 저세상 사람이 돼야 했을 2014년에 크레이그가 한 말이다.[29] 그는 운동 덕분에 예고된 시간보다 훨씬 오래 살 수 있었다.

운동은 신경퇴행과 맞서는 필수 도구다. 뒤에서 다시 자세히 설명하겠지만 운동은 신경퇴행과 지금까지 나이 들면 '원래 그렇다'고 여겨진 **모든** 형태의 인지 기능 저하를 **예방하는** 필수 도구이기도 하다. 도구라는 말이 나온 김에 크레이그의 굉장한 자전거에 관해 좀 더 이야기하자면, 그가 타고 다닌 건 누운 자세로 탈 수 있도록 팔 받침대가 있고 방향 전환과 브레이크 조절을 돕는 장치가 추가된 특수한 자전거였다. 비교적 평지가 많은 아이오와주 세로고도 카운티 도로에 꼭 맞게 설계된 이 자전거로 험준한 산길을 오른다면, 큰 곤경에 빠질 수밖에 없다. 산악자전거는 일단 내구성이 좋고 충격 흡수를 도와줄 서스펜션 포크와 더불어 돌기가 있어 접지력이 좋은 큼직한 타이어, 균형 잡기에 용이한 넓은 핸들 바를 갖춘 것이 좋다. 산길은 지형이 급격히 바뀌는 구간이 많아 그에 맞는 회전력이 필요하므로 기어의 크기도 일반 자전거와는 다르다.

누워서 달릴 수 있는 특수 자전거와 산악자전거는 각각 이용자에게 필요한 기능을 제공하게끔 설계되며, 특정한 환경에 적합하도록 수년에 걸쳐 기능이 거듭 개선된다. 따라서 각각의 용도에는 알맞지만, 서로를 대체할 수는 없다. 인체 유전자도 이와 비슷하다.

각 유전자는 저마다 고유한 염기서열로 이뤄지며, 흔히들 말하듯 '좋은 유전자' 또는 '나쁜 유전자'로 양분할 수 없다. 유전자 변이는 보통 특화된 기능이 있는 경우가 많으며, 그 유전자가 담당하는 기능에 도움이 되는 변이도 있고 해가 되는 변이도 있다. 수세대에 걸쳐 매우 중요한 기능을 담당하도록 진화한 변이 중에는, 과거에는 생존에 큰 영향을 주었으나 현대에는 더 이상 그렇지 않은 것도 있다.

다발성 경화증의 발병 확률을 크게 높이는 여러 유전자 변이형이 좋은 예다. 2024년, 전 세계 대학교와 연구소 20곳의 과학자들로 구성된 국제 연구진은 이 변이형의 상당수가 수천 년 전 동유럽의 흑해 지역 초원과 중앙아시아 전역에서 목축생활을 했던 사람들로부터 진화했다는 연구 결과를 발표했다.[30] 다발성 경화증의 기본적인 원인은 과도한 면역 반응이다. 먼 옛날 동물을 키우며 살았던 인류의 조상들에게는 인체에 침입한 병원체를 더 민감하게 알아채고 공격하는 능력이 강화되는 진화가 생존에 큰 도움이 됐을 것이다. 종이 다른 동물들과 가까이 붙어서 생활하면, 동물에게 있던 미생물이 인체로 옮겨와 인수공통감염병에 걸릴 수 있기 때문이다. 그런데 병원체에 관해 지금까지 밝혀진 사실을 종합할 때, 강화된 면역 반응은 목축생활을 하던 시절부터 인류의 인지 기능 저하를 막는 데에도 도움이 된 것으로 보인다. 면역 반응이 증대되면 염증도 늘어나므로 40~50대에는 그간 누적된 염증의 영향이 발휘되기 시작했을 테지만, 진화적으로는 그다지 중요한 일이 아니었다. 그때쯤이면 이미 부모 혹은 조부모가 된 후라 다음 세대로 유전자를 전달했고 인수공통 전염병을 막는 유전적 이점을 누리지 못한 사람들은 자손을 낳기 전에 세상을 떠났을 가능성이 크다. 자연히 생존한 사람들의 유전자, 즉 면역 반응이 강화되고 따라서 다발성 증후군의 발병 위험성을 높이는 유전자가 선택적으로 다음 세대로 전달됐다.

이제는 동물을 키우더라도 밀접하게 붙어 지내는 경우가 별로 없고, 그렇게 생활하는 극소수도 현대의 위생 수칙과 백신, 그 외 다양한 의학적인 도움을 받을 수 있다. 따라서 특화된 면역 반응은 더 이상 도움이 되지 않는다. 그러자 먼 옛날 인체에 끊임없이 유입되는 병원체를 공격하는 데 활용되던 유전자 변이형은 병원체 대신 자기 몸의 면역 체계를 초토화 전술로 직접 공격했다. 특히 뇌와 척수의 신경섬유를 감싼 보호막인 미엘린을 파괴하며, 다발성 경화증과 연관된 유전자가 됐다.

이와 관련해, 엡스타인바 Epstein-Barr 바이러스가 침입하면 이 바이러스 핵의 EBNA1 단백질을 직접 공격하는 인체의 항체에도 주목할 필요가 있다. 이 항체는 미엘린을 만드는 희소 돌기 아교세포의 아교세포성 부착 분자 Glial CAM 와도 교차 반응한다.[31] 엡스타인바 바이러스가 침입하면 뇌의 백색질을 공격하는 자가 항체가 만들어지는 면역 반응이 일어난다. 이러한 분자 모방은 다발성 경화증을 일으키거나 발병에 영향을 준다. 그런데 엡스타인바 바이러스는 거의 모두가 노출되는 병원체인데도 감염자 중 다발성 경화증을 앓는 사람은 극히 드물다. 왜 그런지는 아직 명확히 밝혀지지 않았다. 실제로 천 명을 무작위로 뽑아서 추적하면 약 940명은 생애 중 어느 시점에 한 번은 엡스타인바 바이러스에 노출되는데, 그중 다발성 경화증이 생기는 사람은 한 명 정도에 불과하다. 어떻게 된 일일까? 유전학적인 차이(앞서 설명한 인수공통전염병으로부터 인체를 보호하도록 특화된 유전자처럼), 바이러스에 노출되는 구체적인 방식, 또는 그 외 다른 무언가가 다발성 경화증의 발병에 영향을 준다고 짐작할 수 있다.

'나쁜 유전자', '결함 유전자', 또는 '불완전 유전자'로 치부되는 유전사들에서 이런 특성이 거듭 밝혀지고 있다. 이런 유전자들을 '병원성 변이형'이라고 부르는 의사나 연구자도 있는데, 그런 표현은 먼 옛날 구체적으로 어떤 방식이었는지는 명확히 알 수 없지만 인류의 선조들에게 유용했으리라 짐작되는 유전자의 가치를 깎아내린다. 물론 과거와 쓰임새가 달라진 유전자의 가치를 제대로 평가한다고 해서, 한때 특정한 용도로 생겨났지만 현대인에게 필요한 기능과는 거리가 멀거나 심지어 전혀 필요 없는 유전자가 됐다는 현실이 바뀌는 건 아니다. 인체에 해로운 영향이 발생했을 때 가동돼 인지 기능 저하와 신경퇴행을 일으키는 체계적 네트워크에는 이처럼 용도가 바뀐 유전자 변이형이 포함돼 있다.

신경계에 나쁜 영향을 주는 다른 요소들과 마찬가지로, '유전자를 고치는 것'만으로는 인지 기능 저하를 막을 수 없다. 유전자 조작 기술은 여러모로 흥미진진하고, 현대의 환경에서 살아가는 데 걸림돌이 되는 유전자 변이형을 가진 일부는 그 기술에 희망을 걸 수도 있다. 그러나 신경퇴행질환은 유전자가 (결정적) 원인인 경우가 극히 적다. 알츠하이머병을 예로 들면, 아밀로이드 전구체 단백질과 프리세닐린-1$^{\text{Presenilin-1}}$, 프리세닐린-2$^{\text{Presenilin-2}}$까지 세 가지 단백질이 암호화된 세 유전자 중 어느 하나에 돌연변이가 있을 때 발생하는 가족성 알츠하이머병 환자는 전체 알츠하이머병 환자의 약 5퍼센트에 불과하다. 그러므로 유전자 치료는 뇌 질환을 해결하는 마법 같은 방안이 될 수 없다.

영양인자와 진화가 덜 된 세포

1장에서 세포의 생존에 필요한 영양인자에 관해 살짝 다뤘다. 영양인자는 세포가 해로운 타격을 입어도 생존하도록 도와주는 일종의 방탄복이다. 1950년대에 리타 레비-몬탈치니$^{Rita\ Levi-Montalcini}$가 신경성장인자를 발견한 것을 필두로 지금까지 세포의 성장과 생존을 촉진하는 수십 가지 영양인자가 밝혀졌다. 뇌 세포로 범위를 좁혀서 살펴보면, 세포의 생존에 중요한 영양인자는 세 가지로 정리된다. 첫 번째는 신경성장인자로 작용하는 뇌 유래 신경영양인자. 알츠하이머병과 특히 깊은 관련이 있는 영양인자이고, 운동하면 증가하는 특징이 있다. 뇌 세포 생존에 중요한 두 번째 영양인자는 비타민 D와 같은 영양소. 세 번째는 에스트라디올, 테스토스테론^{testosterone}, 갑상샘 호르몬 등 영양인자처럼 작용하는 호르몬이다. 이 호르몬들은 우리가 잠들고 잠에서 깨어나는 적당한 시점, 다양한 자극에 대한 정서적 반응, 우리가 먹는 각종 음식의 처리 방식 등 인체의 복잡한 생리 기능을 담당하는 방대한 네트워크와 뇌의 소통을 돕는다. 13장에서 자세히 설명하겠지만, 뇌 기능에 도움이 되는 자극을 최적의 수준으로 유지하는 것도 뇌의 노화를 막는 방법이다.

노화가 일어나면 인체는 영양소를 예전만큼 효율적으로 처리하지 못한다. 영양인자의 기능과 세포 간 신호 전달에 필요한 연료가 충분히 확보되고 나이가 들어 현명해진 덕분에 건강에 이로운 음식을 먹어서 연료의 품질이 전보다 **향상**돼도 그 음식을 처리하는 인체의 설비가 쌩쌩 돌아가지 않는다. 이 문제도 수억 년에 걸쳐 일어난 진화의 맥락에서 설명할 수 있다. 종의 생존 측면에서 볼 때, 어떤 연료든 효과적으로 활용해야 하는 시기는 자손을 낳고 키울 때다. 그러므로 40대, 50대가 되면 영양인자를 활용하는 인체의 설비가 진화적으로 꼭 필요한 시기를 지났기 때문에 계속 삐걱대며 기능한다. 그보다 장수하는 건 물론이고 인지 기능도 건강하기를 당당히 소망하는 현대인에게 있어 영양인자의 활용도가 떨어지는 건 꽤 심각한 일이다. 이런 설비가 현대인의 기대에 부합하도록 진화가 이뤄져야 하는데, 아직 그만큼의 시간이 흐르지 않아서 생기는 문제다.

코르티솔의 폭주

《해리 포터》 시리즈에는 시간을 거슬러 과거로 돌아가는 마법 장치가 등장한다. 등장인물들은 이 장치를 이용해 과거로 돌아가서 현재를 바꾼다. 시간 여행이 중요한 축이 되는 이야기는 이외에도 많다. 시간을 거스르는 신기한 능력이 생긴 가상의 인물들은 수백 년 전으로 가기도 한다. 하지만 현실에서는 아직 시간을 되돌려 과거로 돌아갈 방법이 없으므로 현재에 닥친 위험을 완전히 피하지 못한다. 대신, 진화는 위험이 닥쳤을 때 시간을 거스르는 능력 다음으로 유용하다고 할 만한 것을 선사했다. 바로 혈당을 즉시 높여서 코앞에 닥친 위험과 정면으로 맞서거나 재빨리 달아나는 데 필요한 큰 에너지를 공급하는 호르몬이다. 코르티솔의 기능은 마법 못지않게 신기하다.

코르티솔의 기능은 정말 대단하지만, 어쩌다 한 번 발휘돼야 그 가치가 빛난다. 뇌가 이미 레이싱카처럼 내달리는 상태에서 코르티솔의 작용으로 에너지가 갑자기 과도하게 늘어나면, 기능이 아예 망가질 수 있다. 종의 생존 측면에서는 큰 문제가 아니다. 자손을 낳을 때까지, 단기간 살아남는 데 도움이 되기만 한다면 장기적인 문제는 뒷전이 된다. 그러나 현대인은 수명이 늘어나 코르티솔의 작용으로 에너지가 급증을 하는 현상을 더 빈번하게 겪는 데다, 인류 진화 역사상 그 어느 때보다 코르티솔이 활성화되는 빈도도 높다.

소란스러운 현대 사회는 코르티솔의 활성이 잦아진 여러 이유 중 하나다. 비유가 아니라, 말 그대로 소음이 심하다는 의미다. 인류가 발생시키는 소음이 전부 사라지면 자연에서 나는 소리는 아무리 커도 40데시벨을 넘는 경우가 매우 드물다. 심지어 일부 지역은 자연에서 나는 가장 큰 소리가 고작 20데시벨에 그친다. 인간 세상은 일반적인 음식점 내부의 소음도 80데시벨 정도이고, 록 콘서트장은 90~120데시벨이다. 식당에서 '딱 한 번' 식사하는 것만으로 인류의 조상이 평생 한 번도 경험한 적이 없고, 따라서 대처 방안이 진화할 필요도 없었던 수준의 소음에 노출되는 셈이다. 게다가 음식점은 현대인의 생활 환경에서 가장 시끄러운 축에 들지도 않는다. 스포츠 경기장, 공사장, 공항, 콘서트홀에서 발생하는 소음에 노출되면 코르티솔 농도는 인류의 진화 역사를 통틀어 거의 전례가 없는 수준까지 치솟는다.

소음은 스트레스 호르몬을 급증시키는 수많은 원인 중 하나일 뿐이다. 직장에서 겪는 극심한 압박, 경제적인 스트레스, 대인관계 문제는 물론이고, TV 시청 등 보통 휴식으로 여겨지는 방법들도 코르티솔 농도를 급증시킨다는 연구 결과가 있다. 특히 TV 프로그램이나 영화를 보면서 코르티솔이 증가하는 경우, 전자기기 화면을 장시간 볼 때 발생하는 수면 방해와 장시간 앉아있는 생활 방식의 악영향까지 더해져 코르티솔 농도가 적정 수준으로 유지되지 못하는 문제가 더 심화된다고 밝혀졌다.

이렇듯 현대인의 삶에는 스트레스 요인이 가득하고, 그만큼 체내 코르티솔 농도도 높다(게다가 코르티솔과 비슷한 기능을 담당하도록 진화한 다른 몇몇 스트레스 호르몬도 현대 사회에서 과도하게 활성화된다). 노화가 일어나면 인체 모든 호르몬에 변화가 생긴다.[32] 그간 누적된 스트레스와 인체가 이에 적절히 대처하는 데 필요한 생화학적 도구인 호르몬을 예전만큼 효과적으로 만들어내지 못하는 문제까지 가중되는 것이다.

이런 상황은 어느 정도 나이가 들면 인지 기능이 감소하는 건 당연하다고 보는 게 논리적인 생각이라고 생각할 수 있다. 현대인은 먼 옛날 선조들처럼 검치호랑이와 맞닥뜨릴 일이 없는데도, 신경계의 활성이 과도하게 폭주하는 상황이 반복되고 있다!

하나씩 표적을 제거해나가기

지금까지 인지 기능에 악영향을 주는 요소들을 쭉 살펴봤다. 너무 많아서 다소 버겁다고 느낄 수도 있고, 도저히 손쓸 수 없는 문제라고 생각할 수도 있다. 내가 만나는 환자들도 설탕을 너무 많이 먹지 말라는 것까지는 할 수 있다고 수긍한다. 하지만 독성물질 노출을 줄이고, 병원체의 공격을 예방하고, 시대를 잘못 만난 유전자의 영향도 극복하고, 세포에 필요한 영양인자에도 신경 쓰고, 스트레스도 줄여야 한다는 사실까지 다 듣고 나면 그걸 다 해내라는 건 정신 나간 소리라고 반발하는 경우가 많다. 나이 들면 다 자연히 일어나는 일이고 피할 수 없는 변화인데 어떻게 맞서라는 거냐고 따지기도 한다.

그러면 나는 이 모든 걸 다 해낸 사람들이 있다고, 내가 직접 봤다고 말한다. 내가 그들을 도왔고, 지금도 돕고 있다. 그러나 이런 변화가 너무 엄청난 일로 느껴진다는 사실을 잘 알기에, 우리는 사람들이 좀 더 수월하게 실천하려면 어떻게 해야 할지 매일 고민한다.

심지어 리코드 프로그램을 시작한 사람들의 상당수는 인지 기능이 이미 **크게** 나빠진 상태에서 이런 일들을 해냈다. 그들이 해낼 수 있다면, 인지 기능이 아직 괜찮은 사람들도 훌륭한 예방 수단으로 삼아 얼마든지 실천 가능하다.

생애 모든 단계에서 뇌가 건강하고 모든 기능을 온전하게 발휘하도록 하는 방법은 그리 간단하지 않다. 뚝딱 해낼 수 있는 일처럼 꾸밀 생각도 없다. 다만 일찍 시작할수록 수월하고, 간단한 조치와 반복적인 실천으로 자신에게 꼭 맞는 방식을 찾기만 해도 큰 효과를 얻을 수 있다는 사실을 꼭 말해주고 싶다. 못 견딜 정도로 힘든 일도 아니다.

한 가지 더 강조하고 싶은 점은, 인지 기능을 해치는 여러 문제 중 어느 한 가지만 극복한다고 해서 인지 기능 저하를 원천 차단하거나 이미 나빠진 기능이 완벽하게 회복될 가능성은 희박하다는 것이다. 그러나 여러 문제 중 한 가지만 표적으로 삼아 그 하나를 없애는 노력만 잘 실천해도 거의 예외 없이 인지 기능이 어느 정도 개선된다. 작은 성공이 모여 다음 단계로 가는 힘이 되고, 그렇게 다른 문제를 하나씩 해결하며 꾸준히 나아간다면 평생 젊은 뇌, 평생 쌩쌩 기능하는 뇌라는 궁극적인 목표를 이룰 수 있다.

3
늙지 않는 뇌의 특징

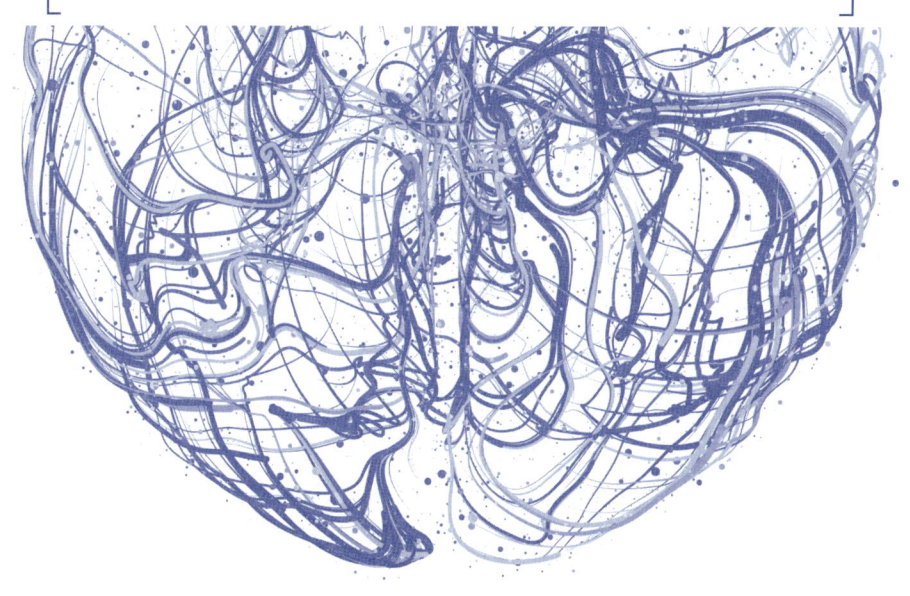

> 열정이 이미 죽어버린 사람만큼 늙은 사람은 없다.
>
> 헨리 데이비드 소로 Henry David Thoreau

2024년, 전 세계 수백만 명을 경악하게 만든 연구 결과가 발표됐다. 스페인과 미국의 유전학자, 신경과학자, 슈퍼컴퓨터 전문가로 구성된 연구진은 미국인 약 7백만 명을 포함한 전 세계 1억 5천만 명이 아포지단백^{ApoE} 유전자의 여러 변이형 중 하나인 아포지단백 E4^{ApoE4} 유전자 한 쌍을 갖고 있다고 밝혔다. 그리고 암울한 결론을 내렸다. 이 유전자를 한 쌍으로 가진 사람들은 거의 다 알츠하이머병을 앓게 되며, 증상이 처음 발현되는 평균 나이는 65세라는 내용이었다.[1]

하지만 '거의 다'와 '전부 다'는 다르다. 헨리는 그 차이를 분명하게 보여줬다. 헨리는 미국인 7백여만 명과 전 세계 수많은 사람처럼 ApoE4 유전자를 동형접합으로, 즉 변이형 유전자를 한 쌍으로 갖고 있다. 2024년에 문제의 논문이 발표됐을 때 헨리의 인지 기능은 아무 이상이 없었다. 그때 헨리는 앞으로도 그 상태가 유지되기를 바란다고 했다. 현재 헨리는 백 세다. 나는 ApoE4 유전자를 동형접합으로 가진 헨리의 뇌가 백 세까지도 젊음을 유지할 수 있다면, 우리 모두 그렇게 되리라고 확신한다.

그 이상도 가능할까? 그럴 수도 있다! 절대 변할 수 없다고 여겨지던 인간 수명의 상한선이 늘어날 수도 있고, 심지어 그렇게 될 확률이 높다는 의견이 몇 년 전부터 부쩍 많아졌다. 일부 연구자들의 예상처럼 인간의 수명이 최대 150세까지 늘어날까?[2] 인간을 제외한 포유동물의 최대 수명은 현재까지 2백 세로 알려졌는데, 인간의 수명이 그것도 뛰어넘을 것이라는 학자들의 주장이 현실이 될 수 있을까?[3] 인간의 먼 친척뻘인 북극고래의 수명이 실제로 2백 년 정도이고,[4] 인간과 별로 가깝지 않은 척추동물 중 그린란드상어의 수명은 5백 년에 이른다.[5] 인간의 수명도 그 엄청난 수명에 버금가는 수준까지 늘어날까? 우리는 인간이 지구상에 존재하는 어떤 생물보다 특별하다고 착각하는 경향이 있지만, 사실 생물의 가장 기본적인 특성으로 보면 인간은 지구에서 함께 살아가는 9백만 종의 다른 진핵생물들, 즉 세포에 핵이 따로 분리돼 있고 그 안에 염색체의 형태로 DNA가 있는 생물 전체에서 그리 특별할 게 없다. 이 진핵생물 중에는 수명이 수천 년에 이른다고 알려진 생물도 있고,[6] 포식자를 잘 피하고 서식지에 재앙과 같은 변화가 생기지만 않으면 사실상 불멸한다고 여겨지는 생물도 있다.[7] 그래서 일부 사람들은 우리 손으로 인간도 그렇게 만들 수 있는지 궁금해한다.

바보 같은 궁금증도 아니고, 흥미진진한 상상에만 그치지도 않는다. 나는 그게 **절대 불가능하다**고는 생각하지 않는다. 충분한 시간과 노력이 있다면, 인류는 과거의 조상들이 꿈도 꾸지 못한 수준까지 오래 사는 법을 찾아낼 수 있다. 불가능하다고 여겨진 수많은 일을 해낸 인류가 지구에 좀 더 오래 머물 방법을 찾지 못하란 법은 없다.

인간의 수명이 전례 없는 수준으로 늘어나는 것과 관련해, 나는 다음 세 가지를 확신한다.

첫째, 지금 살아있는 모든 사람은 인류의 수명이 지금껏 알려진 최대치를 훌쩍 뛰어넘는 시대를 살게 될 가능성이 있다. 인류 수명의 한계를 넘어서기 위한 혁신적이고 급속한 변화가 일어날 것이고, 현재 큰 병을 앓고 있는 사람을 제외한 모두가 그 혜택을 누릴 수 있으리라 전망한다. 30~40대부터 많은 사람이 겪기 시작하고 나이 들면 원래 그렇다고들 이야기하는 인지 기능 저하 문제도 계속해서 개선되고 있으므로, 건강을 얼마나 유지하느냐에 따라 인류 전체의 수명이 크게, 혹은 기하급수적으로 늘어날 가능성이 있다. 생물학적 노화의 수준은 수명 연장을 좌우하는 주요 요소 중 하나, 혹은 가장 중추적인 인자가 될 것이다.

둘째, 이미 밝혀진 인류의 잠재력을 더 적극 활용하는 것만으로도 대다수의 수명에 혁신적인 변화가 일어날 수 있다. 아무것도 바꿀 필요 없이, 이미 가진 능력을 활용해서 수명을 늘린다는 의미다. 현재 거의 모든 선진국 인구는 지구에 평균 80년 정도 머무르지만, 인간의 최대 수명은 약 120세다. 잠재적 수명과 실제 평균 수명에 이렇게 엄청난 차이가 있다.

셋째, 나는 정신이 건강하지 않은 채로 장수하기를 바라는 사람은 사실상 없다고 확신한다. 셀 수 없이 많은 사람이 내게 합리적인 사고 능력을 잃고, 제대로 기억하지 못하고, 사랑하는 이들을 알아보지 못하고 노년기를 보내는 게 세상에서 가장 두려운 일이라고 이야기했다(이런 두려움에 공감한다면, 안락사의 윤리성에 관한 개인적인 입장이 어떻든 알츠하이머병 진단을 받은 지 얼마 안 된 환자들 사이에서 왜 안락사가 큰 화두인지 이해할 수 있을 것이다. 정신이 온전하지 않은 채로 지속되는 삶은 그만큼 암담하다).

희망 수명은 120세, 150세, 혹은 각자 바라는 만큼 꿈꿀 수 있다고 생각한다. 꿈 좀 꾼다고 해서 해가 되지도 않는다. 목표는 기한을 정해놓은 꿈일 뿐이라는 유명한 말도 있지 않은가. 더군다나 그 꿈을 현실로 바꿀 사회적·과학적 경로를 합리적으로 찾아내 차근차근 따라간다면, 그 꿈은 정말 실현될 수 있다. 각자가 생각하는 희망 수명이 **몇 살**이든, 그때까지 온전한 정신으로 장수하려면 실현 가능성이 이미 입증된 최대 수명부터 잘 넘겨야 한다. 그러므로 이번 장과 이 책의 남은 부분에서는 백 세를 기준으로 설명한다. 우리의 목표는 백 년이라는 시간 동안 정신 능력에 아무런 손상도 일어나지 않는 것, 뇌 수명이 백 년간 훌륭하게 지속되는 것이다.

그것만으로도 엄청난 변화다! 오래전부터 대부분 40대가 되면 인지 기능이 어느 정도 떨어진다고 여겨졌고, 1장에서 설명했듯이 인지 기능 저하를 촉발하는 여러 자원의 결핍과 각종 해로운 영향의 **축적은 40대보다 훨씬 일찍** 시작된다. 인슐린 저항성, 독성물질의 축적, 병원체 노출, 에너지 감소, 유전적 위험 요인과 유전자 손상,

영양인자의 변화, 건강에 해가 되는 스트레스는 모두 우리가 자궁에 있을 때부터 인지 기능을 떨어뜨리는 요인으로 작용한다. 생물학적 노화가 시작되는 시점도 그때로 봐야 한다는 최신 연구 결과도 많다.[8] 이런 점들을 고려하면, 정신 능력을 최상으로 유지하면서 백 세에 도달하는 건 결코 작은 목표가 아니다. 앞서 소개한 헨리와 같은 사례는 매우 드물고, 그와 같이 신경퇴행질환의 위험성을 높이는 유전자를 한 쌍으로 갖고 있지 않아도 건강하게 백 세에 이르는 사람은 많지 않다. 하지만 뇌 수명을 백 년간 건강하게 유지하기가 실현 가능한 목표인 것도 사실이고, 헨리 혼자만 그 목표에 도달한 것도 아니다.

헨리는 유니콘 같은 사례라고, 그런 사람이 정말로 있느냐고 되묻게 될 만큼 너무 희귀한 일이라고 생각할 수도 있다. 스스로 인지 기능이 건강하다고 밝힌 백 세 이상 노인 2백 명 이상을 연구한 네덜란드의 한 연구진도 실제로 그럴 가능성은 희박할 거라고 예상했다. 하지만 스스로 인지 기능이 건강하다고 생각하는 사람은 실제로도 그럴 가능성이 크다. 그런 점에서 이 연구에 참여한 노인들이 백 세 이상 인구를 대표한다고 보기는 힘들다. 그러나 우리의 관심사는 백 세 이상인 사람들의 **평균적인** 인지 기능이 아니라, 백 세에 이른 사람들의 **잠재적** 인지 기능을 합리적으로 추론하는 것이다. 이 연구에서 스스로 인지 기능이 건강하다고 밝힌 사람들은 정말로 그런 경우가 많다고 밝혀졌다.

연구진은 몬트리올 인지 평가와 비슷한 (그러나 축약어는 덜 멋진)

간이 정신상태 검사MMSE로 참가자들의 인지 기능을 평가했다. 간이 정신상태 검사는 인지 기능을 구성하는 여러 요소 중 기억력, 집중력, 실행 기능을 신속하게 평가하는 도구다. 몬트리올 인지 평가와 마찬가지로 만점이 30점이며 평가의 감도는 몬트리올 인지 평가보다 떨어진다. 일반적으로 이 간이 정신상태 검사에서 25점 이상이 나오면, 나이와 상관없이 인지 기능이 건강하다고 간주한다.[9] 참가자 중에는 인지 기능이 부족해서가 아니라 시력이나 청력 문제로 검사를 다 마치지 못한 경우가 있었고, 이들 외에 검사를 모두 마친 151명 중 약 절반이 26점 이상을 받았다. 의사들은 수십 년 더 젊은 나이대에서 이 정도 점수가 나와도 인지 기능이 우수하다고 해석한다. 게다가 30점 만점자가 검사를 마친 참가자 20명당 한 명꼴로 나왔다.[10] 일생 중 인지 기능이 가장 건강하다고 여겨지는 시기에 나올 법한 결과가 백 세를 넘긴 이들에게서 이만큼이나 나온 것이다!

참가자들이 일반적인 백 세 이상 인구군을 대표하는 집단은 아님을 고려할 때, 이 결과는 무엇을 시사할까? 인지 능력을 평가한 점수는 일상생활과 얼마나 관련이 있을까? 백 세에 이르러도 인지 기능이 완벽하게 유지되는 게 정말로 가능할까? 마지막 질문부터 답하면, 가능하다. 그게 어떻게 가능한지 지금부터 살펴보자.

인지 기능계의 북극성

레 사비노는 61세에 펜실베이니아주 하노버의 한 헬스장에 처음 회원으로 등록했다. 그리고 그때부터 거의 매일 출근 도장을 찍었다. 미 공군 조종사로 복무한 뒤 제조업체 경영진으로 일한 레는 등록 시점에 이미 그 헬스장의 최고령 회원 중 한 사람이었음에도 이후 40년간 꾸준히 운동했다. 헬스장에서 '근력 운동'을 하는 날이면 보통 열다섯 가지 기구를 사용하고 모든 동작의 총 반복 횟수는 9백 회가 넘는다. 유산소 운동을 하는 날에는 실내자전거로 약 13킬로미터, 러닝머신으로 3킬로미터 이상 달린다.[11]

"대부분 나이가 들면 그냥 포기합니다." 2022년에 레는 이렇게 말했다. "아침마다 헬스장에 오려면 노력해야 합니다. 굉장한 노력이 필요하죠. 사람들은 그렇게까지 힘들게 살지 않으려고 합니다. 가만히 앉아서 TV 보는 게 편하니까요."[12] 레는 스스로 '황금기'라 부르는 노년기를 그렇게 보내고 싶지 않았다. 헬스장 직원들, 함께 운동하는 사람들은 백 세 노인이 매일 세 시간씩 운동할 수 있다는 사실에도 놀라워하지만, 그의 칼같이 정확한 기억력과 비상한 지혜, 허를 찌르는 위트에 더더욱 놀라움을 금치 못한다. 이들은 레가 몸과 마음이 따로 노는 노인들과는 거리가 멀고 백 세인데도 인지 기능이 30~40대 같다고 말한다.

하워드 터커는 백 번째 생일날에도 오하이오주 클리블랜드의 세인트 빈센트 자선병원에 출근했다. 신경외과 전문의인 그는 그날도 여느 때와 같이 환자들을 진료하고, 증손자뻘 되는 의사들의 멘토로 활약했다. 코로나19 대유행기에 하워드의 나이는 90대 후반이었다. 세계 곳곳에서 고령자는 사람들과 접촉하면 안 된다고 경고할 때 하워드는 이렇게 말했다. "저는 일을 해야 합니다. 마스크도 잘 착용하고 있고요. 우리 병원에서도 제게 나오지 말고 집에 있으라고 하지 않아요. 의료진은 전부 출근해서 일하라고 합니다. 우리는 의료인으로서 주어진 책임을 다해야 합니다. 그 책임을 진지하게 받아들인다면, 그에 맞는 행동을 해야죠."

하워드와 그보다 열 살이 젊은 아내는 쉬는 날이면 집에서 아침 식사를 하며 신문을 읽었다. 하워드는 윈스턴 처칠Winston Churchill부터 시인 도로시 파커Dorothy Parker 등 다양한 인물의 말을 곧잘 인용하는 사람으로도 유명했다.[13] SNS에서 팔로워 수도 상당히 많았다. 특히 인상 깊었던 점은, 그가 뛰어난 인지 능력을 자신만을 위해서 쓰는 게 아니라 정말 많은 사람에게 봉사하는 데 활용한다는 사실이었다.

자매지간인 루스 스위들러와 셜리 호즈는 함께 백 세를 훌쩍 넘길 때까지 늘 가까이 지내며 삶의 소소한 일들, 주변에서 일어나는 변화에 관해 이야기를 나누었다. "제 의사는 저랑 대화하는 걸 참 좋아해요." 루스는 2023년에 이렇게 말했다. "저에게 '정말 대단하세요'라고 하기에 제가 '나이가 많아서요?'라고 했더니, 의사 선생님 말씀이 '아니요! 세련된 분이셔서요'라고 하더군요." 루스보다 세 살 많은 셜리는 나이에 관한 통념을 접할 때면 "저 그렇게 안 늙었어요!"라며 발끈하곤 했다. 106번째 생일이 지난 직후에도 셜리는 호기심이 있다면 늙은 게 아니라고 강조했다. "자기 자신 외에는 누구에게도 별 관심이 없는 사람들이 있어요." 셜리의 말이다. "저는 사람들 이야기, 그들이 살아온 삶이 늘 재밌어요. 그런 이야기 속에는 놀라움이 가득하거든요."¹⁴

이들은 모두 우리에게 목적지를 알려주는 북극성과 같다. 도달할 수 있는 목표를 알려주고, 우리가 그곳을 향해 잘 가고 있는지 각자의 여정을 점검하는 기준점이 되어준다. 게다가 이들은 일부일 뿐이다! 2024년 기준으로 전 세계 백 세 이상 인구는 약 75만 명으로 집계됐고, 이 숫자는 향후 30년간 다섯 배 늘어날 것으로 추정된다.¹⁵ 백 세까지 장수하는 사람이 전부 인지 기능이 완벽하지는 않겠지만 (그런 사람들은 앞으로도 한동안은 소수에 머무를 것이다), 헨리나 레, 하워드, 루스, 셜리와 같은 사람은 분명 점점 더 많아질 것이다.

책이나 뉴스, TV 프로그램, SNS에서 큰 화제가 된 사람들은 다른 세상 사람처럼 느껴져 동질감을 느끼기 힘들 수 있다. 그러므로 이렇게 많이 알려진 사례 중에 좋은 영감을 얻을 만한 본보기를 찾으려는 노력과 더불어 각자의 가족, 지역 시민 들 속에서도 백 세까지 건강한 뇌 수명을 유지하려는 우리 목표에 최대한 부합하는 사람을 찾아볼 필요가 있다. 잘 살펴보면 인지 기능에 아무 문제 없이 80대, 또는 90대가 된 사람이 많을 것이다. 자신과 가까운 사람 중에 그런 좋은 본보기가 있으면 인지 기능에 문제 없이 그 나이대에 이르는 게 달성 가능한 목표임을 더욱 체감할 수 있을 뿐만 아니라, 그 나이에 이르기 **훨씬 전**에 무엇을 **더 잘했다면** 백 세까지 건강한 뇌 수명을 유지할 수 있었을지 가늠할 수 있다. 나도 요즘 그런 생각을 자주 한다.

눈 감는 날까지 또렷한 정신으로

　필립은 92세가 됐다. 친구들은 대부분 은퇴한 지 오래고 몇몇은 세상을 떠났다. 1880년대 초, 미국으로 대거 건너온 노르웨이 이민자들 속에 필립의 가족도 있었다. 미국 중서부 지역에 정착한 이민자들은 이후 10여 년간 이 지역의 인구 증가에 크게 기여했다. 이들을 통해 뿌리내린 견실한 농업 방식은 지금까지도 미국 중서부 지역을 대표하는 특징으로 여겨진다. 필립도 평생 그 가치를 마음속 깊이 지니고 살았다.

　학창 시절부터 사회 초년생이 될 때까지 필립은 응용물리학 분야에서 꾸준히 두각을 나타내며 정교한 해결책을 잘 찾아낸다는 명성을 얻었다. 공무원이 된 후에도 문제 해결을 즐기는 성향을 발휘하며 살았고, 제2차 세계대전 시기에는 연합군의 미사일 기술을 개선하는 일에 힘을 보탰다. 종전 이후 미국은 산업 성장과 상업화 시대에 들어섰다. 공학적으로 해결해야 할 일이 많았던 이 시기에 필립은 미국의 패스트푸드 판매점에서 햄버거 패티를 구울 때 사용하는 장비와 비슷한, 컨베이어가 달린 직화 구이 장비를 개발했다. 꼭 길쭉한 사다리를 눕혀 놓은 것처럼 생긴 이 기계는 작업 속도도 조절할 수 있었다. 그때부터 수년간 필립은 여러 회사를 설립했다. 남들보다 건강한 편이긴 했지만, 그가 70세, 80세 생일에 이어 90세 생일을 지나서도 일을 놓지 않고 계속할 수 있었던 건 정신도 건강했기 때문이었다. 일을 하지 않을 이유가 없었다. "할 수 있는 일이 있는데, 그만둘 이유가 있을까?" 내가 필립에게 은퇴를 생각해본 적 있느냐고 물었을 때, 그는 이렇게 답했다.

나는 필립의 명철한 정신력에 늘 감탄했고, 의논할 일이 생기면 기대곤 했다. 필립은 의학이나 생물학을 정식으로 공부한 적이 없지만, 그의 관점과 조언에는 깊은 통찰은 물론 앞을 내다보는 예리함도 담겨 있었다. 필립이 이 지구에서 한 세기 가까이 사는 동안 무엇을 어떻게 했기에 이토록 깊은 대화를 나누는 게 가능할 만큼 뇌 건강을 지킬 수 있었는지, 나는 자연히 궁금해졌다. 필립은 항상 머리 쓰는 일에 적극적으로 나섰고, 새로운 문제를 먼저 찾아내서 해결했다.[16] 주변에 늘 사람이 끊이지 않는 매력도 겸비했다. 공동체 속에서 끈끈한 유대를 형성하며 살면 뇌 수명이 길어진다는 사실은 여러 연구로 입증됐다.[17] 책벌레이기도 했던 그는 만날 때마다 새로운 책을 읽고 있었다. 사업에서 꽤 성공을 거둔 덕에 필요한 건 다 갖추고 살았고 원하는 게 있으면 대부분 가질 형편이 됐지만, 사치를 부리는 법이 없었다. 건강한 식생활을 실천했고[18] 나이가 들어도 살이 찌지 않았다.[19] 틈날 때마다 집 마당에서 운동하며 늘 날씬한 체형을 유지했다. 정기적으로 병원 진료와 검사도 받았다.[20] 혈압은 평생 정상 범위를 벗어나지 않았다.[21] 모두 노년기에 인지 기능 감소를 예방하는 데 도움이 된다고 입증된 습관이다. 실제로 90세 생일을 맞이한 필립은 꼭 60대처럼 보였다.

　그는 93번째 생일이 지난 직후에 병으로 세상을 떠났다. 세상을 떠나기 두어 달 전까지도 정신은 변함없이 건강했다. 생의 마지막을 수년 혹은 수십 년에 걸쳐 기능이 서서히 퇴행하는 고통 속에서 보내지 않을 수도 있다는 것, 삶을 마감하기 직전까지 충만하고 건강하게 살다가 단시간에, '고통 없이 빠르게' 생을 마무리할 수 있음을 나는 필립을 통해 생생하게 확인했다. 모두가 생을 이렇게 마감할 수 있다면, 의료는 물론이고 우리가 평생 할 수 있는 일, 바람직한 삶의 개념 자체에도 대대적인 변화가 일어날 것이다. 필립은 그 가능성을 보여준 훌륭한 본보기였다.

　그런데도 나는 필립이 세상을 떠난 후 꽤 오랫동안 그가 무엇을 **더 잘했더라면** 좀 더 좋은 결말을 얻었을지 고민했다. 필립은 살면서 고생을 정말 많이 했다. 제2차 세계대전에 참전했고, 그때의 일들이 평생 그를 짓눌렀다. 두 번 실패한 결혼생활도 큰 후회를 남겼다. 이혼 경험은 사망 시기를 앞당기는 강력한 요인이며 특히 남성이 입는 타격이 크다는 연구 결과도 있다.[22] 필립의 동년배 상당수가 그렇듯 그도 과하지는 않았으나 가끔 술을 마셨다. 술을 적당히 마시면 심혈관질환의 위험률이 낮아진다고 여겨지던 시절도 있었지만, 최근에 실시된 연구들에서는 인체 시스템 중 특정 부분에 도움이 되는 영향이 다른 시스템에 어떤 결과로 나타나는지를 고려한다면 건강에 해가 되지 않는 적정 음주량 같은 건 없다고 밝혀졌다.[23]

　과거는 누구도 바꿀 수 없기에 다 부질없는 생각이지만, 90대 초반까지 놀랍도록 건강한 정신을 유지했던 필립이 일생에서 어떤 선택을 다르게 했더라면 생의 마지막에 그가 겪은 병도 물리치고 10년쯤은 거뜬히 더 살지 않았을까, 하는 아쉬움을 떨칠 수 없었다. 아마 앞으로도 그럴 것 같다.

필립은 내 아버지였기 때문이다.

백 세에도 건강한 뇌의 특징

우리보다 먼저 지구에 살았던 인류는 천백 억 명에 이른다.[24] 그들의 뒤를 따르는 우리가 지구에 머무는 시간은 80년에서(전 세계 선진국의 대략적인 평균 수명) 현재까지 수명의 상한선으로 알려진 120년 사이가 될 가능성이 크다.[25]

자식, 손주, 증손주 들은 먼저 떠난 이들을 그리워한다. 선하고 부끄럽지 않은 삶을 살다 떠나간 이들은 친구와 가족 들의 애도를 받는다. 인간의 최대 수명이 늘어나더라도 뇌 수명이 함께 늘어나지 않는다면, 사랑하는 이들에게 끔찍한 폐가 될 것이다. 정신이 건강하지 않으면 몸이 함께 있어도 이미 떠난 것이나 다름없다. 모두의 애도 기간만 더 길어질 뿐이다. 그러므로 각자가 인지 기능을 건강하게 지키는 건 미래의 자신을 위한 일이기도 하지만 지금도, 앞으로도 나를 아끼고 보살펴줄 사람들을 위한 의무이기도 하다. 그러려면 몸과 정신이 모두 건강하게 나이 든 사람들, 그 목표를 먼저 이룰 가능성이 있는 사람들을 우리의 북극성으로 삼아, 그들보다 조금 더 잘하려고 노력해야 한다.

백 세가 돼도 건강한 뇌는 다음과 같은 중요한 기능을 잃지 않는다.

선명한 기억력

백 세가 돼도 인지 기능에 아무 이상 없는 사람은 과거를 세세한 부분까지 생생하게 기억한다. 어린 시절의 일들도 마찬가지다. 앞서 설명했듯이, 알츠하이머병 환자나 노화로 인해 인지 기능이 저하된 사람들은 과거의 일들은 기억하면서도 새로운 기억이 형성되지 않는 경향이 있다. 우리 뇌는 주어진 과제를 해결하기 힘들어지면 이미 학습한 것을 지키는 전략을 택하며, 대부분은 그게 도움이 된다. 내가 만나는 환자들도 평생 학습한 기능은 매우 높은 수준으로 발휘하면서도 새로운 정보는 배우지 못하는 사람이 많다. 물론 새로운 기억을 오래 유지하는 것도 우리가 목표로 삼아야 할 일이지만, 뇌가 이미 학습한 것을 우선 선택한다는 사실이 거듭 입증되는 건 이 전략이 그만큼 성공적이라는 의미다.

새로운 것을 배우는 건 수술 과정과 비슷한 면이 있다. 여러 단계로 구성되고, 각 단계가 올바르게 순서대로 이뤄져야만 예상한 결과를 얻는다. 집중력도 필수다. 주의력결핍 과잉행동장애가 있으면 학습이 부진한 경우가 많은 것도 그래서다. 또한 새로운 학습이 이뤄지려면 다양한 자극이 주어질 때 중요도에 따라 순서를 정할 수 있어야 한다. 뜨거운 난로에 손을 덴 기억은 결코 쉽사리 잊히지 않는 이유다. 시냅스를 통해 신경세포 간에 신호가 다양한 형태로 오가는 것도 중요하다(알츠하이머병 환자는 '기억을 만드는 신경전달물질'로도 불리는 아세틸콜린이 감소한다). 영양인자도 충분히 공급돼야 한다. 뇌 유래 신경영양인자를 비롯한 신경성장인자, 에스트라디올과 같은 호르몬, 비타민 D와 같은 영양소가 잘 공급돼야 시냅스가 형성되고 유지되며 세포 간 신호전달물질인 고리형 아데노신일인산$^{cyclic\ AMP}$, 티아민^{thiamine}도 충분히 공급된다. 특정한 이온 통로에 변화를 일으켜 신경 홍분성을 조절하고, 미토콘드리아의 기능도 유지되고,[26] 수상돌기의 돌출부(밖으로 작게 튀어나와 시냅스가 형성되는 부분)가 형성되는 신경세포의 구조 변경도 일어나야 하며, 염증도 과하게 발생하지 않아야 한다. 또한 베타아밀로이드 중합체도 과도하게 형성되지 않고(이 중합체가 있으면 시냅스의 C1q 단백질과 작용해 가지치기하듯 시냅스가 제거된다),[27] 독성물질의 과도한 유입을 막고, 신경계의 해부학적 구조(특히 해마와 관련 구조들)도 온전하게 유지돼야 한다.

골치 아픈 내용을 이렇게 줄줄이 나열한 것은, 우리 기억력이 한결같이 발휘되는 게 얼마나 놀라운 일인지 강조하기 위해서다. 기억력을 유지하려면 갖춰야 하는 요건이 이렇게나 많다!

캐서린 월터는 107세의 고령에도 누군가 제1차 세계대전이 발발한 시절에 관해 물어볼 때마다 시카고 리버데일 인근에서 보낸 어린 시절 이야기를 자세히 들려줄 만큼 기억력이 좋았다. 앞서 설명한 내용을 보면, 뇌의 세세한 기능이 모든 면에서 얼마나 **잘 발휘돼야**

기억력이 이 정도가 될 수 있는지 이제 조금은 짐작이 갈 것이다. 캐서린은 전쟁이 발발한 지 백 년 가까이가 지난 때에도 당시에 살았던 집 근처 리틀캘러멧강의 다리를 사수하려고 군인들이 왔던 일을 또렷하게 기억했다. "군인들은 매일 식량을 구하러 시내로 걸어갔습니다. 그때마다 우리 집 앞을 지나갔죠." 캐서린이 2017년에 들려준 이야기다. "저 같은 아이들이 밖에 나와 있으면, 군인들은 가던 길을 멈추고 잠시 집에 들르곤 했어요. 집집마다 돌아가면서 군인들 손에 먹을 것을 들려 보냈어요."[28]

백 세가 넘어도 기억력을 또렷하게 유지하는 사람들은 이런 큰 사건 몇 가지만 기억하는 게 아니라 수많은 일을 기억한다. 특히 최근에 일어난 일뿐만 아니라 새로 알게 된 정보도 거의 잊지 않고 기억한다는 점이 중요한 특징이다.

복잡한 문제도 거뜬히 해결하는 능력

백 년이 넘도록 그간의 기억을 간직하는 건 경이로운 일이지만, 그 지식을 현실에 제대로 활용하지 못한다면 빛을 발하지 못한다. 하지만 백 세가 넘어도 복잡한 과제에 적극적으로 뛰어들고 정보를 분석해서 효과적인 해결책을 제시하며 인지적 유연성과 적응력을 유감없이 발휘하는 사람들이 있다. 최고령 체스 그랜드마스터의 자리에 등극한 유리 아베르바흐도 백 세까지 평생을 그렇게 살았다. 늘 해결사로 살아온 그는 공학을 전공하고 제2차 세계대전 시기에는 탱크를 수리했다. 백 세가 되어도 변함없이 체스를 두며 까다로운 게임을 어떻게 헤쳐나갈지 골몰했다.[29] 동료 선수들과 만나서 자신이 떠올린 아이디어를 공유하곤 했다. "저는 가끔 체스의 마무리 전략을 분석합니다." 아베르바흐가 백 세가 된 2022년에 한 말이다. "지금 같은 컴퓨터 시대에는 이런 분석이 무의미할 수도 있죠. 하지만, 제가 정신을 명민하게 유지하는 데에는 그런 분석이 도움이 됩니다."[30]

새로운 기술을 배우는 능력

인지 기능이 건강하면 백 세에도 얼마든지 새로운 것을 배울 수 있다. 언어, 악기 연주, 최신 기술까지, 무엇이든 가능하다. 심지어 복잡한 비디오 게임도 즐길 수 있다. 키트 코넬은 96번째 생일에 딸이 선물한 휴대용 콘솔 게임기의 사용 방법을 금세 익혀 다양한 게임을 시작했다. 백 번째 생일에도 여전히 게임을 즐기고 있는 그는 신경과학자 가와시마 류타Ryuta Kawashima가 개발한 인지 훈련법을 토대로 제작된 '브레인 에이지Brain Age'를 특히 좋아한다. 가와시마 박사는 인지 기능의 저하를 막으려면 '두뇌 훈련'이 필요하다고 초창기부터 가장 적극적으로 알린 인물이다. "이 닌텐도 게임기가 얼마나 마음에 드는지 모릅니다." 키트가 2012년에 한 말이다. "저같이 나이 많은 사람도 뇌를 계속 쓰도록 도와줘요. 장수에 비결이 있다면, 긍정적인 마음과 계속 활발하게 생각하는 것이라고 봅니다." 처음 선물 받은 게임기는 하도 많이 사용해서 망가지는 바람에, 키트는 새 기기를 마련했다고 한다.[31]

게임을 새로 배우는 것처럼 새로운 기술을 학습하는 능력은, 신경가소성이 건강하다는 증거다. 즉, 백 세가 돼도 뇌 구조와 기능이 새로운 목표를 해내도록 조정될 수 있음을 의미한다.

고도의 추론 능력

뇌가 건강하면 백 세가 돼도 비판적으로 사고하고 견실한 판단을 내린다. 또한 논리적으로 추론한다.

나는 이런 인지 능력을 두루 갖춘 사람으로 스탠리 색스를 자주 언급한다. 제2차 세계대전에 미 공군으로 참전했고, 이후 변호사가 된 스탠리는 75년 넘게 개인 상해 사건을 주로 맡으며 미국에서 현직에 가장 오래 머무른 변호사다. "이 일을 처음 시작했을 때, 변호사들 간에 오가는 언쟁이 흥미로웠습니다. 꼭 전쟁 같았어요. 저는 그런 치열한 논쟁을 아주 좋아합니다."[32] 스탠리가 2023년에 한 말이다.

스탠리가 101세가 되어서도 여전히 즐긴다는 그 "치열한 논쟁"은 뛰어난 실행 기능은 물론이고 계획 수립, 체계화, 문제 해결, 한곳에 집중하는 능력, 감정 조절 능력과 목표 달성을 위해 충동을 자제할 줄 아는 능력도 우수해야 가능한 일이다. 이런 다양한 기능을 능수능란하게 발휘하며 사는 사람은 평생 사회적으로나 직업적으로 성공한 삶을 누릴 확률이 매우 높다. 이들은 뛰어난 정신 기능을 요구하는 직업에서 물러나고 수십 년이 지나도 대부분 그 능력을 고스란히 발휘한다.

정서적 유대 관계를 유지하는 능력

아름답고 멋진 아내 에이다와 함께 백 세를 맞이할 수 있다면, 내 삶은 그 이상 충만할 수 없을 것이다. 만약 내가 그 나이까지 살게 된다면 누구보다 아내에게 고마운 마음이 들 것이라 확신한다. 통합의학 의사인 에이다는 내게 노화에 관해 누구보다 많은 걸 가르쳐줬다. 백 세까지 건강한 인지 기능을 유지하는 사람은 자신에게 정서적 버팀목이 되고 정신적 자극이 되는 사람과 의미 있는 관계를 맺고 그 관계를 유지할 줄 안다.

뇌 수명을 오랫동안 건강하게 유지할 수 있음을 보여주는 산증인들 가운데 특히 정서적 유대를 맺고 유지하는 능력을 잘 보여주는 사람이 점차 많아지는 듯하다. 결혼 후 80년 가까이 부부로 살며 함께 백 세를 맞은 모리 마크오프와 베티 마크오프가 떠오른다. 2017년에 모리가 "우리는 아직 서로를 죽이지 않았다"고 농담을 던지자, 베티는 "시도는 여러 번 했다"고 받아치며 이렇게 덧붙였다. "참 많이 싸웠어요. 말도 마세요."[33]

백 세까지 사는 사람도 드물지만, 사랑하는 사람과 함께 그 나이까지 사는 사람은 더더욱 드물다(현시점을 기준으로 1퍼센트의 천분의 1 정도에 불과하다). 서로 정서적·사회적 유대가 단단해야만 그때까지 함께 지낼 수 있으므로 정말 쉽지 않은 일이다. 모리와 베티가 보여주듯이 인지 기능이 건강하면 백 세가 돼도 그러한 유대 관계를 얼마든지 유지할 수 있다.

정서적 안정

백 세에도 뇌가 건강한 사람은 정서적 회복력과 자기 주변에서 발생하는 스트레스를 효과적으로 관리하는 능력, 그리고 삶의 이런저런 문제에 건설적으로 대처하는 능력을 한 세기 동안 직접 증명한 것이나 다름없다. 우리가 일생을 사는 동안 얼마나 많은 변화가 일어나는지 생각하면, 그런 능력이야말로 백 년이라는 긴 세월을 사는 핵심임을 알 수 있다.

가령 2025년에 백 세가 된 사람은 어린 시절에 전 세계에 몰아친 경제 공황의 영향을 일부나마 직접 겪었을 가능성이 크다. 그 경험에서 겨우 빠져나와 성인기에 접어들었을 무렵에는 세계가 전쟁에 휩싸였을 것이고, 성인기 초기에는 세계화와 대량 살상 무기의 등장, 테러가 전 세계에 일으킨 변화에 맞닥뜨렸을 것이다. 많은 사람이 손주를 보는 나이가 됐을 때는 버튼 하나만 누르면 지구 전체를 파괴할 수 있는 두 초강대국을 중심으로 세계가 둘로 쪼개진 형국을 지켜봤으리라. 손주들이 자기 아이들을 낳을 즈음에는 정보 혁명으로 세계가 급격히 변화해 서로 간의 연결성이 강화되고, 이는 잘못된 정보가 삽시간에 무섭게 번질 기회를 낳았다. 백 번째 생일이 얼마 남지 않았을 때는 전 세계 수백만 명의 목숨을 앗아가고 큰 고통과 사회적 격리를 유발한 대유행병을 경험했다. 이 모든 일은 백 년의 세월 동안 일어난 지정학적인 스트레스 요인일 뿐이다. 거기다가 개인적으로 겪었을 일들, 조부모, 부모, 형제자매, 친구의 죽음과 생활 터전인 지역 사회에서 일어났을 많은 변화, 사회적 관습의 변화도 더해야 한다.

뇌가 건강하면 백 세에 이르도록, 그리고 그 이후로도 이 모든 일을 견뎌낼 수 있다. 힘든 일을 겪고 괴로워하는 사람들을 연민하고 그들에게 공감할 수도 있다. 헤다 볼가는 백 번째 생일을 훌쩍 넘기고도 그런 능력을 보여줬다. 심리학자였던 헤다는 백 세를 넘긴 나이에도 일주일에 4일은 환자를 만나 상담하고, 신입 심리치료사를 교육하고, 전국을 돌며 강연도 했다. 미국 정신분석학회의 교육 분과에서 주최한 한 강연에서는 환자들의 경험이 세대마다 큰 차이가 있음을 강조하면서, 정설을 거부하고 유연성을 강화할 필요가 있다는 말로 사람들에게 큰 인상을 남겼다.

인지 기능이 건강하면 세상의 변화에 서글퍼하거나 괴로워하지 않는다는 말이 아니다. 헤다는 남편이 세상을 떠났을 때 "세상이 끝난 듯한 기분이 아주 오래 지속됐다"고 말했다. "끝이 보이지 않는 슬픔에 잠겼습니다. 도저히 끝날 것 같지 않았지만, 어느 날 살아보자고 마음먹었습니다." 그때부터 헤다는 다른 사람들에게 헌신하며 살기 시작했다. "사람들이 달라지고, 이전보다 나은 삶을 살게 되는 모습을 보는 것이 저의 가장 큰 관심사입니다." 헤다가 2011년에 한 말이다.[34]

정신적·육체적 창의성

백 세가 돼도 인지 기능이 건강한 사람은 창의성을 발휘하고 참신한 아이디어를 떠올리며 예술적 재능을 표출한다. 또한 삶의 여러 측면에서 틀에 박히지 않은 사고를 한다. 사람들은 백 세까지 뇌 수명이 건강한 사람의 여러 특징 중 이 내용에 가장 쉽게 수긍하는데, 아무래도 백 세 노인들은 주로 앉아서 생활하고 창의력은 몸을 많이 움직이지 않아도 발휘된다고 생각해서 그런 듯하다. 실제로 백 세가 넘은 나이에도 그림을 그리거나 목공예, 뜨개질을 하고 글을 쓰는 사람들의 이야기를 쉽게 접할 수 있다.

유념할 점은, 스포츠나 춤처럼 신체의 협응 능력과 균형 능력, 몸을 움직이는 기술을 창의적으로 발휘하는 활동을 하려면 몸만 건강한 게 아니라 정신도 건강해야 한다는 것이다. 탭댄서인 셜리 굿맨보다 이 사실을 잘 보여주는 예도 없다. 가족들은 셜리가 춤추는 모습을 영상으로 촬영해 "댄싱 나나"라는 제목으로 온라인에 게시했고, 셜리는 90대 후반에 SNS에서 유명 인사가 됐다. 격렬하게 발을 끌고 바닥을 쾅쾅 내려찍는 셜리의 화려한 춤 솜씨는 백 번째 생일에도 어김없이 볼 수 있었다. "사람들에게 꼭 말해주고 싶어요. 음악을 좋아한다면, 삶에 음악이 늘 함께해야 한다고요. 집 안에 틀어박혀 흔들의자에만 앉아있지 마세요." 셜리가 2023년에 한 말이다.[35]

셜리가 춤추는 영상을 꼭 한번 보길 바란다. 셜리는 8세 때 음악홀에서 공연하던 아버지에게 탭댄스를 처음 배운 후부터 평생 춤을 춘 사람답게 발놀림이 매우 능수능란한데, 그게 다가 아니다. 춤을 추면서 주변 사람들과 마주치는 눈빛과 표정, 밴드가 연주하는 곡이 바뀔 때마다 그에 맞춰 달라지는 춤, 노래를 따라 부르는 셜리를 유심히 보라. 우리 뇌의 여러 기능이 한꺼번에 활성화될 때 나올 수 있는 그 모습은 좋은 자극이 된다.

우리 뇌를 늙지 않는 뇌로 만들려면

　백 세가 돼도 캐서린 월터처럼 어린 시절의 일까지 똑똑히 기억할 수 있고 유리 아베르바흐처럼 어려운 문제도 척척 풀 수 있다. 키트 코넬처럼 새로운 기술을 배우고 스탠리 색스처럼 고도의 추론 능력을 발휘할 수 있다. 모리와 베티 마크오프 부부처럼 그 나이까지 정서적 유대 관계를 지키고, 헤다 볼가처럼 정서적 안정을 유지하고, 셜리 굿맨처럼 정신적·육체적으로 창의적인 삶을 살 수 있다.

　이들이 내게 큰 영감을 주었듯, 백 세에 이런 특성 중 '어느 한 가지'가 나타나는 사람은 주변의 수많은 이에게 좋은 영감을 준다. 이 긍정적인 특성이 '전부' 나타나는 백 세 이상 노인들은 우리가 이 책에서 세운 목표를 달성한 사람들, 즉 늙지 않는 뇌의 혜택을 누리며 사는 사람들이다. 여기서 중요한 사실은, 백 세가 돼도 이런 훌륭한 특성이 나타날 수 있다면 90대에도 그럴 수 있다는 것이다. 그리고 인지 기능이 건강한 상태로 90대를 맞이할 수 있다면 80대도, 그 이전에도 얼마든지 그럴 수 있다. 인지 기능이 떨어져도 회복할 수 있지만, 나이와 상관없이 인지 기능이 건강하고 그 상태가 지속되는 것이야말로 누구나 바라는 일일 것이다. 뇌 수명을 백 세 이상 지키는 목표의 진짜 의미는 바로 그것이다.

　그게 가능한 일이라는 건 밝혀졌고, 이제는 가능한 일을 가능성 높은 일로 만들 때다. 물론 노력이 필요하다. 하지만 몇 살에 시작하든, 혹은 신경퇴행이 어느 단계일 때 시작하든 나는 그 노력 끝에 인지 기능이 조금이라도 개선되지 않은 사람은 한 명도 본 적이 없다. 문제가 생기기 전에 미리 노력한다면 60대, 70대, 80대, 90대에도 인지 기능 저하를 대부분 막을 수 있다. 헨리처럼 알츠하이머병에 걸릴 위험성이 큰 나쁜 유전자를 가진 사람, 헤다처럼 살면서 불운한 일을 겪은 사람, 내 아버지처럼 건강에 해로운 몇 가지 습관이 있었던 사람도 그럴 수 있다.

뇌 수명을 백 세 이상 유지하기가 상상하기도 힘든 목표처럼 느껴질 수도 있다. 현재 건강이 좋지 않다면 더욱 그럴 것이다. 하지만 건강이 완벽하게 좋은 사람은 아무도 없다는 사실도 잊지 말자! 나도 예외가 아니다.

뒤에서 자세히 설명하겠지만, 수면은 건강한 인지 기능의 절대적인 요소다. 지난 세월, 나는 밤늦도록 환자를 돌보고, 전 세계 연구자들과 의견을 나누고, 신경퇴행질환이라는 까다로운 문제를 해결할 방법을 찾으려고 책상 앞에 홀로 앉아 무수한 시간을 보냈다. 인지 기능에 중요하다고 여러 번 언급한 스트레스 관리를 잘 못하거나, 좋은 식습관을 적절히 유지하지 못한 적도 있다. 그 결과 혈압이 이상적인 범위에 들지 못한 적이 여러 번 있었다. 혈압 문제는 잘 알려진 대로 신경학적인 문제와 연관성이 있다.[36]

내가 인지 기능의 본보기로 삼는 내 아버지가 잘 실천하며 사셨던 몇 가지를 나는 제대로 지키지 못하고 살았고, 지금도 고치려고 계속 노력 중이다. 반대로 아버지는 끝내 고치지 못하셨지만 나는 잘 해내고 있는 부분들도 있다. 이번 장에서 소개한 사람들처럼, 나는 백 세 이상 뇌 수명을 유지하며 좋은 본보기가 될 만한 분들을 계속 찾고 있다. 그들의 삶과 현재까지 밝혀진 과학적 지식을 토대로 내 삶에 어떤 선택이 필요한지 고민한다. 우리는 내년이나 다음 주는 물론 불과 몇 분 뒤에 무슨 일이 일어날지도 모른 채로 살아가지만, 70대인 지금 내 인지 기능은 꽤 건강한 편이고 나는 앞으로도 이 상태를 유지할 수 있다고 확신한다. 우리의 목표는 모든 면에서 완벽해야만 도달할 수 있는 게 아니다. 그건 불가능한 기대이고, 내가 여러분에게 그런 걸 요구한다면 위선이다.

완벽한 노력에 목매기보다는 각자 자신만의 훌륭한 본보기를 거울삼아 한 걸음씩 차근차근 나아가자. 일단 한 걸음 내딛고, 잘 되면 다시 한 걸음을 가면 된다. 인지 기능이 더 건강해지도록 하는 작은 실천 하나하나를 통해 다른 일도 실천할 수 있다. 그 실천이 모이면 다음에 내딛는 한 걸음은 대체로 전보다 조금은 수월해진다. 나는 부모님의 삶을 보면서, 그리고 내 인생을 살면서 정말로 그렇다는 것을 재차 확인했다. 노력 없이 되는 일은 아니다. 그러나 계속하다 보면, 노력에 따른 보상을 체감하게 되면 이내 **자연스러운 일**이 된다. 가야 하는 곳으로 잘 가고 있다는 기분이 든다.

4

이윤이 지배하는 세상의 위협

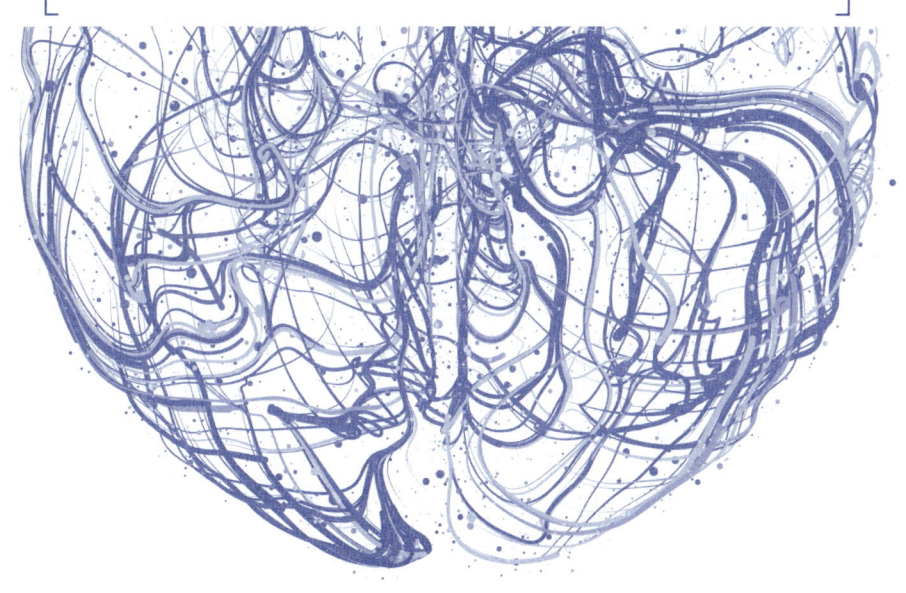

> 지위가 올라갈수록 자신의 좁은 시야에 관대해진다.
> 완벽한 멍청이가 되고 싶다면, 전문가가 되면 된다.
>
> **로버트 프레더릭 러브** Robert Frederick Loeb

브라이언은 교향곡과 현대 음악을 작곡하고 여러 악기를 연주할 줄 아는 내 멋진 조카다. 밴드 활동을 하며 음반도 여러 장 냈다. 별문제 없이 잘 자라던 브라이언은 세 살 때 옆집에 살던 형 폴리로부터 거친 욕을 배워서 따라 하다가 혼자 방에 몇 시간씩 갇히는 벌을 받았다. 누구보다 이 아이를 아꼈던 내 어머니는 그 끔찍한 말버릇을 고치길 바라는 마음으로, 브라이언을 앉혀놓고 이렇게 타일렀다. "애야, 잠시만 생각해보렴. 폴리에게서 배운 그 못된 말들을 계속하는 바람에 네가 방에 혼자 얼마나 오래 갇혀 있었는지를 말이다."

브라이언의 얼굴에 뭔가를 깨달은 듯한 기색이 떠오르자, 어머니는 확신을 갖고 물었다. "자, 어떤 생각이 드니?"

브라이언은 중요한 사실을 처음 깨달은 듯 두 눈을 가늘게 뜨더니, 갑자기 외쳤다. "맞아요! 이게 다 빌어먹을 폴리 때문이에요!"

이때 브라이언은 겨우 세 살이었으니 사태를 파악하지 못한 게 이해가 되지만, 우리는 의료계에서도 이와 똑같이 현실을 제대로 통찰하지 못해 아픈 사람들이 끔찍한 일을 겪는 안타까운 상황을 본다. 의료가 이윤 중심으로 돌아가는 바람에 빚어진 이러한 현실은 최근 세 건의 다큐멘터리로도 제작됐다. 세 편 모두 의학이 놀라운 발전을 거듭해도 의료 현실이 개선되는 속도는 속이 터질 만큼 느린 실상과 이 답답한 현실이 지속돼야 돈을 잔뜩 버는 사람들로 인해 가중되는 혼란을 훌륭하게 보여준다. 주제로 다루는 질병은 각각 다르지만, 공통적으로 더 나은 치료법을 찾으려는 고투를 다룬다. 나는 세 편 모두에서 놀랍도록 비슷한 감정을 느꼈다.

첫 번째 다큐멘터리는 만성 라임병 환자들의 이야기를 다룬 〈조용한 전염병The Quiet Epidemic〉이다. 여기서 주목해야 하는 표현은 '만성'이다. 라임병은 감염자 일부가 사망에 이르기도 하는 위험한 병이지만, 일반적으로 장기적인 후유증 없이 단기간에 낫는 급성 감염병이라는 것이 주류 의학계의 의견인데, 이 다큐멘터리는 라임병에 걸려 오랫동안 고통받는 사람들의 이야기를 인상적으로 전한다. 휠체어 생활을 하는 환자들도 있고 심장 이식을 받은 환자들도 있다. 죽음에 이르는 사람도 있다. 〈조용한 전염병〉은 환자들이 거치는 진단 과정과 혈액 검사, 전기생리학적 검사 등을 세밀하게 따라가면서 라임병이 건강에 어떤 만성적인 피해를 일으키는지 보여준다.

만성 라임병 분야의 세계적인 전문가로 꼽히는 리처드 호로비츠Richard Horowitz는 책도 쓰고 치료법도 개발하면서 환자들이 무사히 살아남아 감염 이후에도 잘 살아갈 수 있도록 돕고 있다. 라임병 환자의 규모가 늘어나고 증상, 검사와 진단에 관해서도 더 많이 알려지는 한편 치료가 까다롭다는 사실도 밝혀졌고, 호로비츠처럼 임상 경험을 토대로 라임병이 만성 질환이 될 가능성을 제기하는 의사가 점차 늘어나는 상황인데도 미국의 건강보험업계는 이 병의 **존재 자체를 인정하지 않는다!** (낮 기온이 60도에 육박해도 기후 변화 같은 건 없다고 강연하는 사람들과 비슷하다.) 여기에 하던 대로 해야 한다는 압박이 강한 주류 의학계의 분위기까지 건강보험업계의 주장을 거들고 있다.

〈조용한 전염병〉은 만성 라임병 때문에 지출이 늘어날 수 있음을 재빨리 간파한 건강보험업계가 이 병의 존재를 부인하는 것이 지출을 막는 가장 좋은 방법이라는 전략을 세웠다고 강하게 주장한다. 보험업계가 이런 전략을 쓰려면 자신들을 거들어줄 '의료계 전문가들'이 필요하다. 알츠하이머병에서도 볼 수 있듯이 돈만 주면 그런 일을 해주는 전문가들이 꼭 있다. (한 라임병 환자 단체는 이 문제를 제기하며 미국 감염병협회를 상대로 장기간 소송을 벌였다. 이 단체는 해당 협회가 보험업계와 짜고 치료 지침을 멋대로 만들었다는 의혹을 제기했는데, 그 지침에는 라임병은 28일간 항생제로 치료하면 사실상 완치가 가능하다고 적혀 있다. 소송을 제기한 환자들은 보험사가 이를 보험급 지급 여부를 판단하는 근거로 삼는 바람에, 일부 환자는 보험사가 보장해야 할 수십만 달러의 치료비를 자비로 부담해야 한다고 주장했다. 미국 연방고등법원은 2023년 11월, "만성 라임병에 관한 주장에 법적인 판단을 내리기에는 의학적 의견이 부족하다"는 이유로 이 소송을 기각했다.[1] 라임병이 만성화되고 있다는 근거가 압도적인 상황에서도 이토록 효과적으로(또한 공격적으로) 병의 존재 자체를 부인하는 모습을 보면, 보험업계가 암이나 심혈관질환 같은 다른 질병들에도 같은 주장을 펼칠지 모른다는 의구심이 절로 생긴다. 나는 그러고도 남는다고 생각하지만, 보험업계는 다른 꼼수로 돈주머니를 틀어쥐고 있다. 가령 암과 심혈관질환은 건강보험이 등장하기 전부터 존재한 병이고, '기저질환'은 보장 범위에 포함되지 않는다는 약관을 내미는 식이다.

답답한 의료 현실을 다룬 다른 두 편의 다큐멘터리도 이와 굉장히 비슷한 시선으로 각기 다른 질병의 실태를 전한다. 〈살아있는 증거Living Proof〉에서는 효과적인 다발성 경화증 치료법이 새로 개발됐음에도 누구보다 절실한 환자들이 이용하지 못하는 현실을 보여주고, 〈삶의 기억들: 알츠하이머병을 되돌리다Memories for Life—Reversing Alzheimer's〉에서는 루시, 샐리, 데버라, 프랭크 등 내가 상담하거나 수년간 연락을 주고받은 실제 환자들이 직접 기록하고 남긴 자료를 통해 병이 호전되는 과정을 보여준다. 이 마지막 다큐멘터리에서도 보험 정책을 책임지는 사람들의 노골적인 부정과 반발을 볼 수 있다.

미국 건강보험업계는 소비자가 자신이 지불한 돈을 일부 돌려달라고 요청해도 돌려줄지 말지를 일방적으로 결정하고, 그 요청을 거부하면 이미 받은 돈을 그대로 가질 수 있는 시스템으로 버젓이 굴러가고 있다. 세상 어디에 이런 시스템이 또 있을까? 이건 보험이 아니라 사기다.

다양한 보험사나 의료기관으로부터 돈을 받고 그들의 이익을 지키는 대변인 역할을 하는 소위 질병 전문가들은 '증거 기반' 의료를 추구할 뿐이라고 주장한다. 또한 보험회사가 치료비를 보장하지 않는 치료법도 유망할 수는 있으나 정말 효과적인 치료법이 맞는지 확인하려면 대규모로 검증해야 한다고 말한다. 이건 타당한 우려일 수도 있다. 그렇다면 의료의 발전과 이윤 추구 중에 정말로 바라는 게 무엇인지는 어떻게 알 수 있을까? 간단하다. 발전을 원하는 사람은 논쟁과 토의를 환영하고 더 나은 결과를 공동의 목표로 삼는다. 이윤이 우선이면 반대 의견을 틀어막아 밖으로 새어 나오지 못하게 하거나, 그런 의견을 낸 사람을 제재한다. 알츠하이머병 '시장'에서도 이런 일들이 벌어졌다. 시장이 아니라 '분야'라고 해야 맞겠지만, 내 생각에 현 상황은 시장이라는 표현이 더 알맞다.

대형 식품업계와 제약업계, 의료보건업계의 비열한 민낯을 다룬 로버트 러스티그의 훌륭한 저서 《메타볼리컬Metabolical》에 이러한 속임수와 발뺌이 어디서부터 시작됐는지가 나온다. 그 내용을 보면, 누구의 소유도 아닌 바다에서 잔혹함으로 악명을 떨친 해적도 사람들의 건강을 약탈하는 현대판 해적들에 비하면 훨씬 신사적이었다는 생각이 들 정도다. 식품업계는 음식이라고 부를 수도 없는 초가공 '식품'으로 대사질환이 전염병처럼 번지게 하고(이런 식품은 뇌 건강과 노화에도 악영향을 준다), 제약업계는 치료 효과가 극히 미미한(뇌의 노화나 신경퇴행질환으로 한정하면 효과가 전혀 없는) 약을 엄청나게 비싼 값에 팔고, 의료계는 병의 원인을 찾아 예방하고 치료하기보다 제약업계가 만든 그런 효과 없는 약들이 팔리도록 돕는다(뇌의 노화를 늦추는 치료는 보험금을 청구해도 거의 예외 없이 거절당한다). 그 결과 우리가 전 생애 중 건강하게 살아가는 기간과 뇌가 건강한 기간, 전반적인 수명이 전부 단축됐다. 미국은 전 세계 평균 수명 순위에서 30위권 안에도 들지 못하면서 의료비 지출 규모는 전 세계 어느 나라보다 훨씬, 훨씬 크다!

오해라고 할 수도 없다. 미국은 의료에 있어서 환자가 얻는 결과보다 상업적 수익을 더 중시한다는 입장을 늘 분명하게 밝힌 나라다. 이런 상황에서 백 세까지 명민한 정신을 유지하려면 '대형업계'에 떠밀리지 않으려는 더 큰 노력이 필요하다. 내가 이 책을 쓴 이유이기도 하다. 나는 여러분이 병이 생기고 나서야 치료받는 현행 의료 방식에서 벗어나, 뇌의 건강과 기능을 오랫동안 지킬 수 있는 방법을 알고 실천하도록 돕고 싶다.

정보를 가로막는 것

캐서린 월터, 유리 아베르바흐, 키트 코넬, 스탠리 색스, 모리와 베티 마크오프 부부, 헤다 볼가, 셜리 굿맨처럼 우리가 훌륭한 본보기로 삼을 만큼 뛰어난 인지 기능을 유지한 사람들은 예외 중에서도 가장 드문 경우다. 백 세까지 장수하고, 그 긴 세월 인지 기능이 놀랍도록 건강하게 유지되는 사람은 그만큼 극히 드물다. 하지만 앞으로 수십 년간 이런 사례가 더욱 많아지리라 예상된다. 그렇게 내다볼 만한 근거도 많다.

현재 백 세를 넘긴 사람들은 1900년대 초반에 태어났다. 전 세계 인구 통계의 추세를 살펴보면, 1900년대 중반에 태어난 사람들은 백 세에 이를 가능성이 그보다 더 크고 1900년대 후반 출생자들은 그럴 확률이 더욱 높다. 21세기로 전환되는 시기에 태어난 사람들은 그 확률이 더더욱 높다. 2000년 이후 출생자는 절반 정도가 백 세까지 살 것이라는 추정치도 있다.[2] 21세기 말까지 인류의 잠재적 수명이 어떻게 변화할지 예측한 연구자들은 그만큼 낙관하지는 않아도 전 세계적으로 수명이 늘어나리라고 전망한다. 2017년에 영국 임페리얼칼리지 런던의 연구진이 35개국의 수명을 조사한 결과를 보면, 향후 수십 년간 전 세계 인구의 기대 수명이 대폭 늘어나는 변화가 느리게 진행되리라고 추정된다. 그와 달리, 이 연구진이 조사한 35개국 중 지금까지 늘어난 기대 수명이 다시 줄어들 것으로 예상되는 곳은 단 한 곳도 없다.[3] 지구촌 어디에 살든 모두가 수명이 길어지고 있다. 이런 추세는 앞으로도 지속될 전망이다.

그러나 수명이 늘어난다고 해서 뇌의 수명도 반드시 함께 늘어나지는 않는다. 사람들과 이야기를 나눠보면 대부분 이런 사실을 잘 안다. 내가 최근에 만난 프라카시도 그랬다. 프라카시는 56세에 인지 기능 저하가 중간 수준에서 심각한 수준 사이라는 진단을 받고 치료를 시작했다. 지금까지 수많은 환자가 그랬듯 프라카시도 치료 후 그간 겪던 증상이 사라졌다. 더 이상 직장 동료들 이름이 생각나지 않아 머뭇거리지도 않고, 회의 일정과 개인적인 약속을 잊지도 않는다. 불과 몇 년 전만 해도 매일 같이 꼬리에 꼬리를 무는 생각에 빠지곤 했지만 그런 일도 없다. 인지 기능이 감소했다는 진단을 받은 후에 나타나기 시작한 우울증과 불안 증상도 사라졌다. 운동량을 늘리고, 식생활을 개선하고, 잠을 더 잘 자는 등 생활 방식의 변화가 이 모든 개선에 큰 몫을 차지했고, 자연히 뇌 기능뿐만 아니라 몸 전체가 더욱 건강해졌다. 프라카시가 앞으로 수십 년은 건강하게 살 것이라고 확신하게 된 나는, 어느 날 그에게 백 세 생일날 케이크에 꽂을 그 많은 초를 사려면 지금부터 열심히 저축하셔야겠다고 무심코 농담을 던졌다. 그런데 프라카시는 내가 지구 핵으로 여행이라도 다녀오라고 말한 것처럼 황당한 표정으로 나를 쳐다봤다.

"선생님, 그런 악담이 어딨습니까!" 그는 이렇게 항변했다.

"악담이라니요?" 내가 되물었다.

"오해하지 마세요, 지난 1년간 제게 생긴 변화가 기쁘지 않다는 건 아닙니다." 그의 설명이었다. "지금처럼 건강하고 정신도 맑은 기분은 정말 오랜만이에요. 하지만 백 살 넘은 사람들을 저도 만나봤는데요, 그분들 상태가……." 프라카시는 최대한 점잖은 표현을 찾는 듯 잠시 말을 멈추었다.

"별로 좋아 보이지 않던가요?" 내가 웃으며 말을 받았다.

그도 덩달아 웃었다. "그게 딱 알맞은 표현이네요." 프라카시의 말이었다. "어쩌면 그 나이까지 잘 지낼 수도 있겠죠, 하지만 그럴 가능성은 없어 보여요. 몸이 건강하고 정신도 건강하다면야 85세, 90세까지 살아도 좋을 겁니다. 그 정도만 돼도 제가 예전에 생각한 것에 비하면 수십 년은 더 오래 사는 것이고요."

"몸도 건강하고 정신도 건강하게 그 이상 장수하는 건 불가능하다고 생각하시나요?" 내가 물었다.

"물론 가능성이야 있겠죠." 그가 대답했다. "뭐든 가능할 수는 있으니까요. 하지만 그럴 확률이 높을까요? 저는 아니라고 봅니다. 저도 해당이 안 되고, 누구도 그건 힘들다고 생각해요."

"예전에는 그랬습니다. 가능하긴 해도 가능성이 높지는 않았죠." 내가 설명했다. "하지만 만약에 제가 아주 건강한 인지 기능을 유지하면서 백 번째 생일을 맞을 수 있고 그럴 가능성이 높다고 한다면, 제 말을 믿으시겠어요?"

프라카시는 잠시 생각하더니 대답했다. "선생님이 그렇게 말씀하신다면 믿어야 할 것 같아요." 그의 대답이었다. "진료를 처음 시작했을 때, 저는 정신이 지금처럼 좋아질 수 있다고는 생각하지 않았거든요. 그때도 그랬고 지금도 참 이상하다는 생각이 드네요."

"무엇이 이상한가요?"

"선생님 말씀대로 그게 정말로 가능하고 심지어 가능성이 높다면, 모두가 알아야 하잖아요. 그런데 왜 그렇지 않을까요?"

나 역시 아주 오래전부터 같은 의문을 떠올렸다. 알츠하이머병 환자들을 치료하고 크게 호전되는 모습을 직접 확인했을 때부터 궁금했고,[4] 최근에는 나이 드는 것과 관련이 있는 인지 기능 저하를 사실상 **전부** 예방할 수 있는데도 왜 그런 사실을 모두가 알지 못하는지 궁금해졌다. 이런 사실이 대중에게 가닿는 게 대체 왜 이렇게 힘들까? 이미 짐작한 분들도 있겠지만, 답은 간단하다. 이윤이 가로막아서다.

절박함을 이용하려는 사람들

새로 설립된 어떤 회사에 투자할 기회가 생겼다고 하자. 업체명은 '이자에'이고, 공모가는 한 주당 26.5달러이다. 좀 더 실감 나는 상상을 위해, 이 업체가 분명 잘 되리라는 확신이 있다고 가정하자. 지금까지 어느 업체도 한 적이 없는 사업을 하는 데다, 같은 분야에서 비슷한 일을 추진하는 사람들을 통틀어 성공한 경력이 많은, 아주 똑똑한 사람들이 경영진에 포진했다. 투자 설명서는 이미 꼼꼼히 다 읽었고 계산기도 두드려본 결과 내년쯤이면 주가가 최소 37.6달러로 오를 것이라는 강한 확신이 든다. 그 정도면 공모가보다 42퍼센트 정도 오르는 수준이고 지난 반세기 동안 미국 주식시장 전체의 평균 수익률과 비교해도 약 네 배에 이른다. 예상대로만 된다면, 좋은 투자가 될 것이다.

그런데 이 새 회사에 투자할 돈이 현재 '신당'이라는 다른 업체 한 곳에 전부 묶여 있다. (상상을 돕기 위해 상황 설명을 추가하자면, 투자금을 이렇게 한 곳에만 집중하는 건 아주 어리석은 투자 전략이지만 투자를 처음 시작할 때 아주 괴짜인 조부모로부터 원금은 반드시 보존한다는 조건으로 지원을 받았다. 그래서 딱 한 곳만 골라 투자할 수밖에 없었다.) 다행히 지금까지는 해마다 주식시장의 전반적인 수익보다 조금 더 많이 벌었다. 그러나 최근 들어 수익이 예전만 못하더니 곧 망할 조짐이 보이기 시작했다. 주가가 점점 하락하다가 결국에는 휴지 조각이 될 것 같다.

이런 상황이라면, 누구든 기존 투자금을 서둘러 회수하지 않을까? 사실 이 시나리오는 2023년에 에자이Eisai라는 업체에서 실제로 일어난 일이다. 에자이의 경영진은 투자자들이 다른 곳에 넣어둔 돈을 빼와서 자사에 투자하기를 기대했다. 미국 식품의약품청FDA은 에자이가 개발한 알츠하이머병 치료제 레카네맙lecanemab(상표명은 레켐비Leqembi)의 판매를 신속 승인하겠다고 밝혔고, 에자이는 레켐비의 1년 치 가격을 2만 6,500달러로 책정하고는 이 약의 '사회적 가치'는 연간 3만 7,500달러에 이른다고 주장했다. 오랫동안 아무 희망이 없다는 말만 들어야 했던 알츠하이머병 환자들은 더 잃을 것도 없다는 심정이었다. 게다가 이 약을 개발한 일본 제약업체의 경영진이 나서서 한 푼도 아깝지 않을 치료제라고 했으니 말 다 한 것 아닌가!

눈치챘겠지만, 앞서 상상 속 기업인 '이자에'와 '신당'은 '에자이'와 '당신'을 거꾸로 쓴 것이다. 당시 에자이 측이 내놓은 레켐비의 가격과 전망을 보고 계산에 오류가 있고 전체적으로 좀 이상하다고 지적하는 의견이 많았다. 레켐비는 많은 환자에게 큰 효과가 있는 치료제가 아닌 데다, 위험한 부작용이 따를 수 있는 약이기 때문이다.

미국 미시간주 웨인주립대학교 의학·유전학센터의 마르쿠 쿠르키넨Markku Kurkinen 교수는 두 건의 임상시험 결과를 보면 레켐비로 치료받은 환자의 뇌에서 실제로 아밀로이드가 감소했다고 밝혔다. 아밀로이드는 알츠하이머병의 대표적이고 중요한 지표이므로 이 병의 치료법을 찾아 나선 수많은 연구자가 오래전부터 이 물질을 치료의 표적으로 삼았다. 그러나 쿠르키넨은 발병 위험성이 남성보다 두 배 더 높은 여성 환자들에서 나온 결과를 보면, 레켐비로 치료한 후 인지 기능의 저하 속도가 느려지지 않았다고 경고했다. 또한 알츠하이머병의 발병 위험성이 가장 높은 유전학적 지표인 ApoE4 동형접합형 보유자(가장 심각한 고위험군, 미국인 약 7백만 명)도 레켐비로 치료 시 인지 기능 저하 속도가 느려지지 않았으며 **위약군보다도 효과가 없었다**고 지적했다.

쿠르키넨 교수의 분석에서 모든 참가자 중 레켐비로 알츠하이머병의 진행이 **중단**된 환자는 한 명도 없었고, 기껏해야 진행 속도가 다소 느려진 정도였다. 쿠르키넨은 2024년에 이러한 분석과 다른 연구 결과를 종합할 때 "레카네맙의 판매 승인은 FDA가 내놓은 역대 최악의 결정이라는 의구심이 든다"고 밝혔다. 그리고 FDA가 2년 앞서 판매를 승인한 또 다른 알츠하이머병 치료제 아두카누맙aducanumab(제품명 아두헬름Aduhelm)이 근소한 차이로 FDA의 역대 두 번째 최악의 결정이었다고 덧붙였다. 아두헬름의 출시 가격은 레켐비보다 훨씬 대범한 연간 5만 6천 달러로 책정됐다.[5]

레켐비와 아두헬름을 판매한 업체들이 한 가지는 정확히 맞혔다. 알츠하이머병 환자들이 너무 오랫동안 아무 희망이 없다는 말만 들었다는 것이다. 내가 동료들과 함께 진행한 여러 연구에서 아무 희망이 없는 게 아니라는 사실이 확인됐지만,[6] 일단 설명을 위해 그들의 주장이 맞다고 치자. 알츠하이머병 환자들 가운데 연간 2만 6,500달러의 약값을 감당할 형편이 되거나 그 비용을 대주는 보험에 가입한 극소수는 기꺼이 그만한 돈을(또는 그중 일부를) 낼 의향이 있을 것이다. 그 치료제로 조금이라도, 또는 간간이라도 효과를 본 사람들이 있다면 기적을 바랄 수도 있다. 그 효과라는 게 어차피 겪게 될 일을 미루는 정도에 그치더라도 말이다.

환자들은 이처럼 '지푸라기라도 붙잡고 싶은 절박한 심정'이 될 수 있지만, 2023년 7월에 네덜란드 암스테르담에서 개최된 알츠하이머협회(수년간 에자이를 단일 규모로는 가장 크게 후원한 단체)의 연례 국제회의에서는 이해하기 힘든 제안이 나왔다. 스무 명의 전문가단은 약 만 천 명의 의사와 과학자가 참석한 당시 회의에서 기존에 쓰이던 것과 급진적으로 다른 새로운 알츠하이머병 진단 방안을 권장했다. 환자에게서 인지 기능 감소를 나타내는 증상이 나타나는지와 상관없이 체내 아밀로이드(또는 이 병과의 관련성이 오래전부터 제기된 또 다른 물질인 타우 단백질) 농도가 증가했음이 확인되면 알츠하이머병 '1단계'로 진단하자고 한 것이다. 알츠하이머병 1단계는 의사가 레켐비, 아두헬름, 또는 이 두 가지와 비슷한 치료제인 키순라^{Kisunla}(성분명 도나네맙^{donanemab})를 처방받으라고 강요할 수 있는 의학적인 기준이다. 그러나 이 세 가지 치료제 모두, 알츠하이머병 증상이 없는 사람에게 썼을 때 치매 위험성이 낮아진다고 입증된 적이 없다.[7]

오랜 기간 제약업계를 감시한 《로스앤젤레스타임스》의 탐사 기자 멜로디 피터슨$^{Melody\ Petersen}$은 2023년도 회의에서 이런 파격적인 제안을 한 전문가단이 어떤 사람들로 구성됐는지 파헤쳤다.

피터슨의 취재 결과, 그중 최소 일곱 명이 제약업체 또는 의학적 검사와 관련된 업체의 직원이며 다른 일곱 명 이상은 그러한 업체들로부터 자문 또는 연구 명목으로 돈을 받았다는 사실이 드러났다. 또한 스무 명의 전문가단 중 '외부 자문가'로 알려진 최소 네 명은 에자이 또는 에자이가 개발한 치료제와 비슷한 약을 판매하거나 개발 중인 업체의 경영진이었다. 피터슨은 이 전문가단이 발표한 제안서 표지에 포함된 미국 국립노화연구소의 이름에도 의문을 던졌다. 알츠하이머병을 비롯한 치매 연구를 선도하는 미국 정부 산하 연구소가 이들의 뒤를 받치고 있다는 의미인가? 기자가 이에 관해 묻자, 국립노화연구소는 제안서에서 연구소 이름을 서둘러 빼버렸다.

이런 취재 내용에 큰 충격을 받았다면 얼마나 좋았을까. 하지만 익숙한 일이었다. 꽤 오래전에 나는 한 대형 제약업체가 주최한 알츠하이머병 전문가 회의에 초청받은 적이 있다. "전 세계 전문가들을 모시고자 합니다." 당시 행사의 대표자 중 한 사람이 내게 이렇게 설명했다. "회의는 샌프란시스코에서 열립니다. 전문가분들의 전망을 듣는 자리에요. 선생님 의견도 듣고 싶습니다."

그때는 내가 좀 순진했던 것 같다. '굉장히 좋은 행사군! 내가 하는 일과 딱 맞기도 하고! 미래 전망을 이야기하다 보면, 변화를 만들 방안도 떠올릴 수 있을 거야!' 이렇게 생각했으니 말이다.

하지만 행사 당일, 스무 명 남짓한 다른 과학자들과 자리에 앉자마자 토의 주제가 변경됐다는 공지를 들었다. "여러분의 미래 전망을 듣고자 하는 건 변함없습니다." 행사를 연 제약업체의 대표로 나온 사람이 우리에게 설명했다. "다만, 그 전망에 우리가 개발한 알츠하이머병 신약 후보 두 가지가 반드시 포함돼야 합니다."

자사 신약을 최대한 빨리 유통해서 얼른 수익을 내는 방법을 찾는 것이 그 업체의 최대 관심사였다. 그들이 가장 우려하는 문제(주최 측이 행사 목적이라고 밝힌 것)는 자사 치료제를 자신들의 기대만큼 신속하게 처방하는 신경과 전문의가 많지 않다는 점이었다. 당시에 이 업체가 개발 중이라는 치료제가 일단 판매 승인을 받으면 환자들의 처방 요구가 빗발쳐서 신경과 의사들만으로는 다 감당할 수가 없을 것이라고 누군가 말하자, 환자들과 가장 먼저 만나는 1차 진료 의사들도 처방할 수 있게 하자는 전략도 제시됐다. 신약을 더 많이 처방할 수 있게 하자는 소리였다.

나는 행사에 초청받을 때 들은 취지와 전혀 다른 이야기가 오가는 데도 개의치 않는 듯한 다른 참석자들의 반응이 놀라웠다. 그 행사는 알츠하이머병의 전망이나 미래에 관해 이야기하는 자리가 아니라, 어떻게 해야 약을 더 많이, 더 빨리 팔 수 있을지 의논하는 자리였다.

그날 소개된 두 가지 신약은 나중에 임상시험에서 모두 탈락했다. 그 제약업체 경영진들이 우리를 초청해서 한번 말해보라고 요구했던 회사의 미래는 실현될 기회도 얻지 못한 것이다. 참 안타까운 일이다.

당뇨병 치료에서 엿보는 가능성

대형 제약업체 관계자들이 포진한 알츠하이머협회 전문가단의 제안이 정말 망신스러운 이유는, 약을 더 많이 팔려는 속셈을 어설프게 감춘 시도임에도 제대로 짚은 부분이 있다는 것이다.

오래전부터 뇌에 생기는 질환은 인지 기능이 나빠지고 증상이 점점 심해져서 결국 환자가 "원래 다들 그렇다"는 악마의 속삭임을 마침내 물리치고 병원을 찾아와야 치료가 시작됐다. 그 바람에 손상 정도가 미미한 시기를 다 흘려보내고, 치매가 단단히 뿌리를 내린 다음에 치료를 시작하는 경우가 많다. 대부분 그 단계에 이르면 할 수 있는 게 아무것도 없다는 생각이 오랫동안 당연시됐다. 몇 년 전부터 일부 의사들은 **일부 경우** 뭔가 **해볼 수도 있겠지만** 기껏해야 증상의 진행 속도를 늦출 뿐 병을 막지는 못한다고 이야기한다. 이제는 그들의 말과 달리 증상의 진행 속도를 늦추고, 증상 진행을 멈추고, 심지어 환자가 회복할 수도 있다는 사실이 밝혀졌으나, 가장 낙관적인 의사들도 증상이 심할수록 병을 막기가 더 힘들다고 말한다. 그러므로 증상이 나타나기 한참 전에, 건강하던 인지 기능에 이상이 생기는 전환점을 찾는 게 핵심이다. 과학적으로 검증된 예방 조치로 그런 전환점을 아예 경험하지 않는다면 더욱 좋다.

그런 관점에서 본다면, 알츠하이머병의 주요 생체 지표가 검출된 사람은 전부 알츠하이머병 '1단계'로 진단하는 게 합리적인 듯하다. 최근 들어 의료계는 당뇨병 전단계는 물론이고 그 이전 단계(인슐린 저항성이 나타나는 단계)까지 과거보다 훨씬 공격적으로 구분하고 당뇨병 진단 시 적용되는 다양한 해결 방안을 더 광범위하게 적용하는데, 알츠하이머병을 생체 지표에 따라 진단하는 것은 여러 면에서 그와 비슷해 보인다. 진단이 내려지면 다양한 방안에는 치료제도 포함되겠지만, 처방약을 써야 할 만큼 병이 깊어지기 전에 할 수 있는 일들도 아주 많다. 예를 들어 메트포르민metformin은 원래 제2형 당뇨병의 진단 기준을 충족하는 환자 중 대사 기능에 이상이 생긴 환자에게만 거의 처방됐으나, 이제는 아직 당뇨병 기준을 완전히 충족하지 않아도 의사가 판단하기에 별도의 조치가 없으면 '그렇게 되리라 예상되는' 환자에게도 처방할 수 있게 됐다.

그러나 약물 치료 외에도 채식 비중이 높고 케톤 형성을 유도하는 식단이나 운동, 보충제 섭취(베르가못bergamot, 베르베린berberine 등) 등 다른 해결 방안도 많다. 실제로 나와 동료들은 인지 기능이 저하된 환자가 정밀의학적인 치료 프로그램을 시작한 후 기존에 복용하던 당뇨병 치료제나 고혈압 치료제, 콜레스테롤 저하제가 더 이상 필요하지 않을 만큼 건강이 개선되는 경우를 꽤 흔하게 접한다.

알츠하이머병의 생체 지표가 검출되면 전부 '1단계' 환자로 보는 새로운 진단 기준이 확립된다면, 에자이를 비롯해 알츠하이머병 치료제를 판매하는 제약업계는 크게 반길 것이다. 자신들이 파는 치료제를 처방받을 사람이 조금이라도 늘어난다면 그들로서는 당연히 기뻐할 일이다. 게다가 이 업체들이 책정한 약값을 생각하면, 처방받는 환자가 그렇게 크게 늘지 않아도 충분히 큰 수익을 낼 수 있는데, 일찍 진단을 받는 환자가 늘어나서 약을 팔 수 있는 기간이 수년이 아니라 수십 년으로 늘어나면 더더욱 수익이 늘어난다. 하지만 메트포르민과 알츠하이머 치료제는 큰 차이가 있다. 메트포르민은 지금까지 80년 넘게 처방된 약이고, 부작용도 잘 알려져 있으며 사소한 수준이다. 또한 건강보험이 없는 사람도 아주 저렴한 가격에 이용할 수 있다. 그런데도 의사들은 당뇨병 전단계 환자에게조차 메트포르민을 웬만하면 처방하지 않으려고 한다. 약부터 쓰기보다는 생활 방식을 바꾸고 다른 생리학적인 변화로 병이 완전히 자리 잡지 못하게 예방하는 게 당연히 더 낫다는 인식이 작게나마 있는 것이다. 당뇨병의 경우 혈당 모니터링, 식단 제한, 운동도 그러한 방안이 될 수 있다.

우리도 인지 기능이 감소한 환자를 치료할 때 손상 단계와 상관없이 먼저 그와 같은 방식부터 적용한다. 생화학적인 진단 검사법(알츠하이머협회 전문가단이 새로운 1단계 진단 기준으로 주장한 것)이 광범위하게 쓰이게 된다면 우리 치료에도 큰 도움이 될 것이다. 우리가 환자들에게 적용하는 치료 방식은 인지 기능이 점차 나빠지다가 치매의 나락으로 떨어지기 한참 전에, 즉 영향이 강력한 만큼 몸에 변화를 일으키고 출혈성 부작용도 따르는 치료제를 꼭 써야 하는 단계가 되기 훨씬 전에 인지 기능의 저하 속도를 늦추고, 중단시키고, 인지 기능 저하에서 회복하는 데 도움이 되는 방법이 정말 많다는 사실을 전제로 한다.

한 가지를 분명히 해두고 싶다. 나는 약물 치료에 반대하지 않으며, 환자에게 가장 도움이 되는 방법이 가장 좋은 치료법이라고 생각한다. 미래의 질병 치료는 개인 맞춤형 정밀의학과 표적화된 약물 치료가 합쳐진 형태가 될 것이다. 훨씬 좋은 결과를 얻을 수 있는 치료법이 있는데도 효과가 미미한 치료제 처방 하나로만 치료법을 제한하는 것은 환자가 얻는 최종 결과가 아니라 수익을 우선시하는 것이다.

나는 과거에도 환자들에게 약을 처방했고, 약물 치료가 가장 효과적인 방법이라 판단되는 환자에게는 앞으로도 약을 처방할 것이다. 의사가 환자를 치료할 때 가장 효과적인 방법을 찾는 것보다 중요한 게 있을까?

알츠하이머병 1단계로 진단된 환자들에게도 당뇨병 전단계 환자들에게 제공되는 것과 같은 해결 방안부터 제시돼야 한다. 이 단계의 환자에게 구역질, 혈압 변화, 독감 유사 증상, 어지럼증, 두통, 시력 변화, 의식장애 악화, 뇌부종, 뇌 미세혈관 출혈, 뇌 위축증 같은 끔찍한 부작용에 드문 확률로 사망 위험성까지 동반되는 방법부터 제시하면 안 된다. 지금 나열한 이 문제는 모두 레켐비의 부작용으로 알려진 것들이다. 제한적인 조건에서 고작 몇 건의 임상시험을 거쳤고, 살날이 몇 년 남지 않은 사람들에게만 처방되는 약을 아직 살아갈 날이 훨씬 많이 남은 사람들에게 병의 조짐이 보이자마자 일차적인 치료법으로 제공한다면, 저것보다 훨씬 더 많은 부작용이 드러날 게 분명하다. 그런 일이 벌어진다면 그리 멀지 않은 과거에 여러 번 반복됐듯 뒤늦게 두고두고 후회하게 될 것이다.

더 나은 시스템을 향해

제약업체 경영진을 지낸 사람이 이런 말을 한 적이 있다. "예전에 우리 업계에서는 '뜻이 있는 곳에 길이 있고 청구서 보낼 곳이 늘어나면 돈 낼 사람도 늘어난다'라고들 했습니다." 어쩐지 익숙한 말처럼 느껴진다면, 또한 대형 제약업계가 효과가 미미한 알츠하이머병 치료제를 더 많은 사람에게 팔 수 있도록 시장 문턱을 더 낮출 계획을 세운다는 이야기가 영 불길하게 느껴진다면, 아마도 생소한 이야기가 아니기 때문일 것이다.

대표적인 예가 퍼듀 파마^{Purdue Pharma} 사태다. 존 퍼듀 그레이^{John Purdue Gray}가 창립자 중 한 명인 이 회사는 글리세린과 셰리 와인, 꽃 추출물, 인산, 몇 가지 화학물질을 섞어 강장제로 판매하고 큰 성공을 거둔 악명 높은 제약사다. 그런 엉터리 약의 효능에 관해 허위 주장을 펼치지 못하도록 단속하는 연방법이 마련되기 전에 일어난 일이었다. 제품 라벨에는 식욕을 촉진하고 소화에 도움이 되며 비타민 흡수율을 높이고 영양 상태가 개선된다는 주장이 버젓이 적혀 있었다. 그 말이 다 사실이었다면 백여 년이 지난 지금도 잘 팔리고 있을 테지만, 당연히 전부 허위 주장이었다. 이런 식의 주장을 펼칠 수 있었던 시대에 설립된 퍼듀 파마는 이후 모르핀 판매라는 더 대범한 사업에 뛰어들었다. 1984년에는 아편제인 모르핀이 체내에서 서서히 방출되도록 설계된 제품을 판매했다. 그리고 1996년에는 이를 업그레이드한 옥시콘틴^{OxyContin}이 FDA 승인을 받았다. 옥시콘틴은 출시 직후

진통 효과가 탁월한 약으로 큰 사랑을 받았다. 그때까지도 이 약의 장기적인 효능과 부작용을 파악하는 연구는 진행되지 않았다.

나중에 밝혀진 사실이지만, 당시 퍼듀 파마는 FDA의 검토서 작성 과정에 개입했고 이를 도운 FDA 의료 부문 담당자는 그 대가로 퍼듀 파마에서 적게 일하고 많이 버는 일자리를 얻었다. 퍼듀 파마가 옥시콘틴을 통증 환자에게 가장 먼저 제공하는 치료제로 삼고자 열심히 노력했다는 사실 또한 드러났다. 게다가 옥시콘틴의 중독성에 관해 거짓말을 했고, 이 약을 가장 많이 처방한 의사들에게는 포상 휴가와 두둑한 돈이 따라오는 강연 기회를 제공하기도 했다. 퍼듀 파마의 운영 실세인 새클러Sackler 집안 사람들은 해외 계좌에 수십억 달러를 은닉하고는 부채를 갚을 여력이 없다며 파산 신고를 했다가 추가적인 사법 조치를 피하는 조건으로 부채를 다 갚는 데 동의했다. 그러고도 "상상할 수 없을 만큼 어마어마한 부를 누리며 풍족하게 살았다."[8]

이런 일이 퍼듀 파마 사태 하나로 끝났더라도 끔찍한데, 그 이후로도 퍼듀 파마의 수법을 모방하고 더 다듬어서 연방 규제기관의 승인 절차를 겨우(많은 경우 부당한 방식으로) 통과한 치료제가 시중에 나오는 일들이 반복되고 있다. 그런 식으로 치료제를 개발하고 승인받은 업체들은 이를 발판 삼아 의사들에게 접근하고, 그런 업체들과 손잡은 의사들은 승인 근거로 제시된 임상 연구의 내용과 거의 무관한 환자들에게도 복음을 전파하듯 약의 효능을 설파한다. 그런 업체 중 한 곳인 인시스 테라퓨틱스Insys Therapeutics는 의사들에게 암 환자들의 통증 치료용으로 개발된 고 중독성 펜타닐fentanyl 스프레이를 암 환자가 아닌, 다른 무수한 건강 문제에 시달리는 환자들에게도 표시 외 처방(허가 외 처방이라고도 하며, 적절한 치료제가 없거나 환자의 상황이 특수한 경우 의사의 소견에 따라 약을 원래 허가된 처방 용도나 연령, 용량, 투여 방식과 다르게 처방하는 것을 일컫는다—옮긴이)하도록 권했다. 이들 역시 문제의 펜타닐 스프레이를 가장 많이 처방한 의사들에게 강연 초청 명목으로 막대한 돈을 선사했다.[9]

미국에서는 지난 20년간 아편유사제 과용으로 수십만 명이 목숨을 잃었다. 옥시콘틴이 FDA 승인을 받기 전과 비교하면 최대 여덟 배에 달하는 규모다. 사망 원인은 헤로인이 큰 비중을 차지하지만, 헤로인 이용자의 최대 80퍼센트는 퍼듀 파마, 인시스 테라퓨틱스 같은 업체들이 내놓은 치료제를 의사에게 처방받은 것을 시작으로 치명적인 아편유사제 중독의 길에 들어섰다.[10]

오늘날 FDA와 아편유사제를 판매하는 업체들, 의사들은 유착 관계만큼 갈등 관계도 많아진 듯하지만, 그런 과거의 실수 중 상당 부분이 알츠하이머병 치료제를 둘러싸고 다시 반복되고 있다. 다행히 알츠하이머병 치료제는 아편유사제와 달리 약에 중독되는 환자가 대폭 늘어날 가능성은 별로 없다. 그러나 제약업계가 지금처럼 이 병을 앞장서서 막겠다고 주장하면서도 실제로는 허위 주장을 퍼뜨리는 데 열과 성을 쏟는다면 그 피해는 약을 처방받는 환자들의 몫이 된다. 대표적인 허위 주장은 오직 자사 치료제만이 알츠하이머병에 아주 작게나마 "효과가 있다"는 것인데, 이는 헛소리다. 그런 약에 쓰는 돈과 허비하는 시간이 늘어날수록 정말로 효과가 있는 방법으로 치료할 기회를 더 많이 놓치게 되고, 신경퇴행질환이 없는 세상을 만들려는 우리의 여정은 지연된다.

대형 제약업계는 환자가 더 오래 아프고 치료제를 달고 살수록 재산이 불어나고 더 행복해진다. 그런 업체들은 효과가 위약과 별반 차이가 없는 약을 치료제라고 판매할 뿐만 아니라, 유일무이한 **최신** 해결책이라고 주장한다. 그 최신이라는 표현에는 그 제품보다 아주 조금 더 나은 신제품이 곧 출시될 것이라는 의미가 담겨 있다. 이런 주장을 곧이곧대로 믿고 병을 없애줄 약이 **반드시** 나오리라 기대한다면, 지금 당장 시작할 수 있고 문제가 시작되기도 전에 예방할 수 있는 다른 수많은 조치를 등한시하게 된다. 그리고 제약사의 (아주 오랜) 단골이 될 확률이 더 높아진다.

프라카시처럼 누군가 내게 "더 성공적이고 검증된 치료 방안이 있다면 왜 다들 그걸 모를까요?"라고 물으면, 나는 우리 의료 체계는 오래전부터 병든 사람을 치료하기 때문이라고 설명한다. 지금도 그 방식을 유지하려고 막대한 돈을 쏟아붓는다. 사람들이 건강하게 살아가도록 하는 것을 의료의 중심으로 만들기 위한 변화는 이제 막 시작됐고, 나는 결국 그렇게 바뀔 것이라고 생각한다. 우리가 건강할 때 그리고 병이 들었을 때 나타나는 생리적인 차이는 광범위하고 복잡하다. 그러나 개개인의 건강 데이터가 더 많이 수집되고 인공지능을 이용한 분석과 개인 맞춤형 정밀의학이 합쳐진다면, 우리의 건강과 의료 체계는 지금보다 나아질 것이다.

그게 진실이다. 나는 우리가 그 목표에 도달하리라고 진심으로 확신한다. 조금 더 일찍 목표에 이르고 싶다면, 인지 기능을 해치는 무수한 요인들과 나이 들면 원래 다들 그렇다고 안심시키는 악마의 속삭임을 이겨내야 한다. 장기적인 건강보다 생애 초기의 건강이 우선시되는 인류의 진화와도, 나이 들면 인지 기능이 떨어지는 건 불가피한 일이라는 의사들의 주장과도 맞서야 한다. 주변에 백 세까지 건강한 인지 기능을 유지한 좋은 본보기가 없어서 그런 일은 상상 속에서나 가능한 일처럼 느껴지는 혼란스러운 마음과도 맞서야 하며, 아프면 가장 먼저 약물 치료부터 시작하거나 안 되면 차선책으로, **유일한** 치료 방법으로 만들려고 애쓰는 힘센 업계와도 싸워야 한다.

현재를 바꾸려는 노력

알베르트 아인슈타인^{Albert Einstein}이 상대성 이론을 수립하고 웜홀, 닫힌 시간 곡선 같은 개념을 제시하며 특정한 조건이 갖춰진다면 시간 여행이 가능하다고 밝힌 후부터, 과거로 돌아가서 **변화**를 일으키고 그로써 현재를 바꿀 수도 있다는 기대가 생겼다. 그러나 그 가능성은 아무리 좋게 봐도 추측의 영역에 남아있다. 나는 환자들에게도 지나간 일은 어쩔 수 없다고 늘 말한다. 인지 기능을 해치는 영향을 받았다면 이미 일어난 일이다. 의지와 상관없이 겪은 일, 스스로 한 일, 모두 마찬가지이다. 들로리안^{DeLoreans}과 핵에너지로 작동하는

'플럭스 캐시터flux capacitor'가 정말로 생긴다고 해도(각각 영화 〈백 투 더 퓨쳐〉에서 시간 여행에 쓰인 자동차와 주요 장치의 이름―옮긴이), 과거로 돌아가 이미 일어난 일을 바꿀 수는 없다.[11]

인류의 건강과 행복을 지켜야 하는 사람들이 원칙은 고사하고 이윤을 우선시하느라 벌어진 일들도 이미 일어난 일이고, 없던 일로 할 수는 없다. 1900년대 초 생물의학 모형이 의학 교육의 이상적인 표준으로 확립된 후, 전 세계 의료보건 체계는 증상이 확실하게 나타나는 경우에만 치료제를 개발하고 찾는 방식에 매달렸다. 먼 우주에서 어느 별이 붕괴하며 방출된 에너지로 시간 여행을 하는 경찰용 전화 부스가 정말로 나타나도(영국 드라마 〈닥터 후〉에 '타디스'라는 이름으로 등장하는 시간 여행 우주선―옮긴이), 과거로 돌아가 전 세계적으로 의료가 기업화된 그간의 궤적을 바꿀 수는 없다.[12]

역사와 대중문화까지 거론하며 자칫 엉뚱한 소리로 들릴 수도 있는 이런 이야기를 하는 이유는, 과거는 이미 지나간 시간이지만 미래는 불확실할지언정 현재에 좌우되기 때문이다. 그러므로 우리는 과거가 아닌 **지금**, 즉 현재를 바꾸려고 노력해야 한다. 인지 기능 저하를 확실하게 예방해서 신경퇴행과 치매라는 구렁텅이로 미끄러질 가능성을 거의 원천 차단하는 노력이 가시밭길인 건 사실이다. 그런 만큼 우리가 동원할 수 있는 모든 수단과 도구를 철저히 준비해야 한다.

이 싸움이 **왜** 필요한지 스스로 분명하게 안다면, 그것이 평생 지속될 이 싸움의 가장 강력한 무기가 될 것이다.

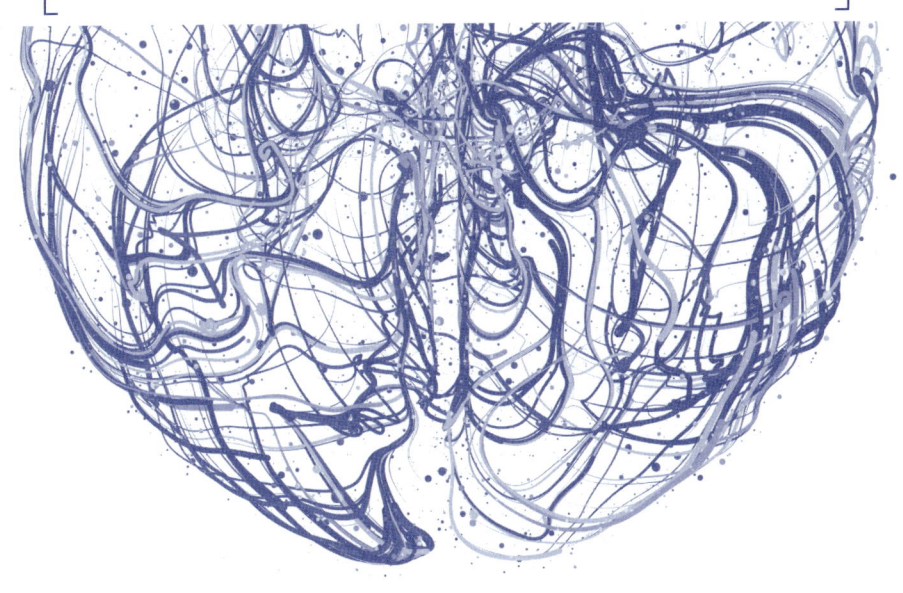

5
나만의 이유가 있어야 한다

> 인간이 존재하는 비결은, 그냥 사는 게 아니라
> 살아갈 이유를 찾으려 한다는 것이다.
>
> 표도르 도스토옙스키 Fyodor Dostoevsky

뇌 수명이 백 세를 넘기는 걸 마다할 사람은 없을 것이다. 하지만 사람들의 행동과 건강의 관계를 분석한 여러 연구에서 확실하게 드러난 사실이 하나 있다. 다들 오래오래 건강하게 살고 싶다는 마음이 분명히 있지만, 생활 속에서 실천하는 행동이 그 목표에 무조건 부합하지는 않는다. 심지어 전체 행동 중에 그 목표에 맞는 행동의 비중이 그렇게 크지도 않다.

가장 좋은 예가 식생활이다. 채식이 식생활의 중심인 사람은 더 오래, 더 건강하게 살고 무엇보다 혈관이 막힐 위험성이 크게 줄어서 심장질환이나 심장 발작, 뇌졸중 위험성도 자연히 줄어든다는 사실이 수십 년 전부터 수많은 연구에서 거의 일관되게 입증됐다. 과학자와 임상의사로 구성된 코펜하겐대학교 연구진은 1982년부터 2022년까지 발표된 30건의 연구 결과를 메타 분석했다. 참가자들을 다양한 식생활 그룹에 무작위로 배정하고 식생활에 따라 노화, 체질량지수, 건강 상태에 어떤 변화가 일어나는지 조사한 여러 연구였는데, 결과는 상당히 명확했다. 주로 채식하거나 엄격히 채식만 하는 사람들은 아포지단백B^{ApoB}(혈중 콜레스테롤 농도보다 심혈관질환 위험성을 훨씬 정확하게 알 수 있는 지표. 6장에 설명이 나온다) 점수가 훨씬 우수했다.[1] 구체적으로는 콜레스테롤 저하제인 스타틴^{statin}을 저용량으로 계속 복용한 것과 같은 수준이었는데, 당뇨병 위험성이 증가하는 등 여러 부작용이 따르는[2] 스타틴의 효과를 채식으로, 부작용을 염려할 필요 없이 얻을 수 있다는 의미다.

그리 새삼스러운 결과는 아니었다. 채식이 수많은 건강 지표를 개선하는 효과가 있다는 사실은 대다수가 잘 안다. 가공된 곡류나 육류, 유제품을 채소로 대체한 후 건강이 거의 즉각적으로 좋아지는 경험을 하거나, 위와 같은 연구 결과의 산증인인 사람들도 많다.[3] 그런데도 미국 질병통제예방센터의 조사에 따르면, 미국 성인 인구 중에 채소, 과일, 콩, 콩과 식물, 견과류가 식생활에서 가장 큰 부분을 차지하는 건 고사하고 채소를 일일 권장 섭취량만큼 먹는 사람도 열 명 중 한 명 정도에 불과하다.[4]

몸에 좋은 식생활을 실천하고 싶어도 무수한 사회경제적 걸림돌로 인해 그러지 못하는 사람들이 많다는 건 나도 알고 있다. 그들의 사정을 무시할 의도는 전혀 없다. 그러나 미국의 경우, 신선식품을 구하고 싶어도 파는 곳이 없는 소위 식품 사막에 사는 인구가 최근 몇 년간 꾸준히 감소했다. 인구 통계 자료를 기준으로 할 때, 미국 국민의 약 95퍼센트는 연구자들이 식료품점, 지역 시장, 농산물 직판장 등의 접근성이 적정 수준 이상이라고 평가하는 지역에 살고 있다.[5] 신선식품이 더 비싼 경우도 많고 그것이 그러한 식품을 많이 먹지 못하는 걸림돌 중 하나라는 사실도 절대 경시해서는 안 되겠지만, 포만감과 만족감의 측면에서는 신선식품을 사 먹는 게 돈이 덜 든다는 사실 또한 입증됐다.[6] 대부분은 건강한 식생활과 덜 건강한 식생활, 누가 봐도 건강에 해로운 식생활이 오로지 각자의 선택에 달려 있다는 의미다. 실제로 미국인 대다수는 간편하게 먹을 수 있는 포장된 간식들, 잘 팔리는 아침 식사용 시리얼 등 설탕, 트랜스지방, 포화지방이 가득 함유된 음식과 초가공식품을 더 많이 **선택**한다.

이 모든 사실은 사람들이 건강한 식생활을 잘 실천하지 못하는 이유가 그러한 식생활의 효과가 과학적으로 충분히 검증되지 않아서가 아니라, 행동심리학적인 걸림돌 때문임을 시사한다. 무엇이 자신에게 좋은 일인지 알면서도 그와 상반된 행동, 즉 자신에게 해가 되는 행동을 하는 것이다. 그러므로 영양의 중요성을 비롯해 뇌를 평생 건강하게 지키려면 확실하게 지켜져야 하는 원칙을 자세히 설명하기에 앞서, 더 나은 삶을 살기 위한 개개인의 행동 변화를 심리학적으로 들여다볼 필요가 있다. "그래, 직관적으로도 참 유익한 조언이고 과학적인 근거도 있으니까, 이제부터 꼭 그렇게 해야겠다"라는 결심이 반드시 실행으로 이어지지 않는 건 분명해 보인다.

그 전에 꼭 밝혀야 할 중요한 사실이 하나 있다. 인간의 심리는 내 전문 분야가 아니다. 나는 주로 문제가 있으면 해결에 몰두하는 사람이고, 감정과 심리적 요소가 큰 비중을 차지하는 일에 논리나 수학적 계산이 별로 도움이 안 되는 듯하다.

"이건 IQ로 되는 일이 아니야." 세상에서 가장 인내심이 많은 내 아내는 자신이나 우리 가족, 우리와 가까운 사람들에게 일어난 중요한 일을 내가 도무지 이해하지 못한다고 느낄 때면 이렇게 말하곤 한다. "EQ를 좀 써 봐." 정확한 지적이다. 인간의 심리는 내가 힘겨워하는 분야이고, 더 잘해보려고 계속 노력 중이다.

이번 장의 주제는 어떤 심리적 습관이 우리가 인지 능력을 개선하기 위한 노력을 지금 당장 시작하고 뇌 수명을 백 세 이상으로 늘리는 목표 달성에 도움이 될지 살펴보는 것인데, 위와 같은 이유로 내가 이 주제를 다루기에는 무리가 있다. 나는 심리학자가 아닌 데다 의사로서 환자와 정서적으로 교감하는 능력도 부족하다고 느낀다. 또한 나 역시 삶에서 맞닥뜨리는 여러 선택의 순간에 내게 유익한 쪽이 아닌 엉뚱한 쪽을 선택하고 크게 좌절할 때가 있다. 그러므로 이번 장은 내가 나서서 설명하기보다는 다른 전문가들이 건강에 유익한 선택의 과정을 과학적으로 연구해서 알아낸 사실들과 치료 후 가장 큰 결실을 얻은 내 환자들의 사례를 중심으로 설명하고자 한다.

인지 기능이 이미 나빠진 상태에서는 개선 노력이 더욱 힘들 수밖에 없는데, 그런 상황에서도 끝내 문제를 극복한 환자들의 이야기는, 뇌 기능을 보호하고 평생 유지하려는 노력은 다 쓸데없다고 주장하며 절망의 씨앗을 뿌려대는 사람들의 주장을 시원하게 깨부순다. 인지 기능이 어느 정도 감소한 사람들, 많은 경우 심각한 손상이 일어난 사람들도 해낼 수 있다면 아직 내리막길에 들어서지도 않은 사람들은 훨씬 좋은 결과를 얻을 수 있다!

뜻이 있는 곳에 길이 있다

2010년대 말까지 수백 명의 환자가 리코드 프로그램을 통해 인지 기능을 회복했다. 그 외에 인지 기능이 더 나빠지지 않고 오랫동안 안정적으로 유지된 사람들도 많았다. 그즈음부터 우리는 가장 좋은 결과를 얻은 환자들에게서 공통적인 패턴을 발견했다. 우리가 제공하는 인지 기능 개선 계획을 성실하게 잘 따라오는 환자들은 대부분 나빠진 인지 기능이 회복된다는 것, 치료를 일찍 시작할수록 대체로 더 확실하게 개선된다는 것이다. 개선된 인지 기능을 유지하는 가장 좋은 방법은 지속적으로 치료 계획을 최적화하는 것이므로, 나는 환자들에게 "계속 조정합시다"라는 말을 자주 한다. 몇 년간 인지 기능이 계속 좋아진 후에 별다른 변화가 없거나, 다시 조금 감소하는 사람들도 많다. 후자는 인지 기능을 해치는 새로운 요인이 생겼거나 이전에 드러나지 않았던 원인이 뒤늦게 발견되는 경우가 대부분이다. 그래서 문제가 해결되고 새로 조정한 개선 프로그램을 환자가 잘 따라오면 인지 기능은 다시 좋아진다. 인간의 뇌는 생리적 특성이 복잡한 기관이고, 필요한 모든 노력을 완벽하게 다 해내는 사람은 아무도 없다. 하지만 걱정할 필요 없다. 내가 만난 숱한 사람들이 **불완전한** 노력에도 불구하고 인지 기능이 크게 좋아졌다!

솔직히 말하면, 리코드 프로그램을 시작한 후 힘들다고 토로하는 사람이 많다. 회복세가 뚜렷하지 않거나 전혀 호전되지 않는 경우, 십중팔구 정해진 지침을 잘 따르지 않았다는 사실이 발각된다.

인지 기능은 단번에, 또는 단기간에 달라질 수 없으며 전반적인 건강이 개선되는 선순환 속에서 계속 그때그때 상태에 맞게 조정해야 한다. 그러므로 인지 기능이 개선되는 과정은 끝이 없다. 부분 부분 수정하고, 변경하고, 새로운 방법을 써보고, 노력의 강도를 바꾸는 등 계속해서 조정해야 한다.

많은 사람이 개선 프로그램을 시작하고 힘들어하는 반응을 접했으므로, 나는 브루스와 처음 만났을 때도 솔직히 걱정이 앞섰다. 브루스의 인지 기능은 치매 1단계 직전까지 손상된 상태였다. 인지 기능 외에는 다 건강해 보이는 사람도 건강에 다각도로 해로운 영향이 발생했고 그로 인해 건강의 필수 요건이 채워지지 않은 상태라는 진단 결과가 나오면, 정확히 무엇이 문제인지 찾아내고 해결하기가 어렵다. 그런데 브루스는 건강해 보이는 사람도 아니었다. 오히려 정반대에 가까웠다. 체중은 표준보다 족히 45킬로그램은 더 나가고, 피부 곳곳에 붉은 반점도 보였다. 그러한 반점은 보통 전신 염증을 나타내는 지표인 경우가 많다. 진료실에 들어와서 나와 만나기 전에 몇 분 정도 자리에 앉아 쉴 시간이 있었는데도 숨을 계속 가쁘게 내쉬었다. 실제 나이는 50세였지만 열 살쯤 더 많아 보였다. 나는 브루스를 보며 이 사람을 치료한다면 결과는 끝을 모르고 하락하는 그래프가 될 것이라고 생각했다. 이미 일어난 손상을 되돌리는 건 불가능하며 인지 기능이 손상되는 속도를 늦출 수는 있더라도 손상을 막지는 못할 거라는 편견 어린 생각들이 자꾸 떠올랐다.

의사라면 절대 해서는 안 되는 생각이고 판단이었다. 나는 브루스와 대화를 시작하자마자, 스스로 변화를 택하고 뇌 기능을 되찾는 능력을 함부로 과소평가하면 안 된다는 사실을 깨달았다. 겉으로 드러나는 모습은 그 사람의 극히 일부인 경우가 있다. 브루스가 바로 그런 사람이었다.

"선생님 책을 읽었습니다." 그는 나와 처음 악수를 나누면서 이렇게 말했다. "사실, 다 읽는 데 시간이 오래 걸렸어요. 요즘 갈수록 집중하기가 힘들거든요. 하지만 굳게 마음먹고 읽었습니다. 한 쪽을 읽고, 메모를 하고, 좀 쉬었다가 다시 읽는 식으로요. 이미 잘못된 걸 바로잡으려면 큰 노력이 필요하다는 것도 알게 됐습니다. 저는 그럴 준비가 됐어요."

나는 브루스의 결연한 말에 깊은 인상을 받았지만, 말하는 것과 실천하는 건 다른 문제라고 생각했다. 그래서 그렇게 대답하려다가, 마음을 바꾸었다. 당사자가 노력할 준비가 됐다고 하는데, 내가 그걸 깎아내릴 이유가 있을까?

"좋습니다." 나는 이렇게 대답했다. "시작해봅시다."

비만과 신경퇴행질환의 연관성은 학계의 단골 연구 주제다. 참가자 수가 최소 천 명이고 연구 기간이 수년 이상인 13건의 연구를 메타 분석한 결과를 보면, 브루스처럼 중년기에 비만인 사람은 알츠하이머병과 치매 위험성이 거의 백 퍼센트 증가한다는 결론이 나온다.[7] 이는 이 책 앞부분에서 설명한 인슐린 저항성과 관련이 있다. 인지 기능을 개선하려면, 뇌에 공급되는 에너지를 감소시키는 요소부터 전부 없애야 한다. 게다가 체지방은 전신 염증과 관련이 있고 그

또한 치매에 영향을 주기에, 비만인 상태에서는 인지 기능을 개선하기가 더더욱 힘들다.[8]

그래서 브루스의 인지 기능 개선을 위한 첫 번째 과제는 체중 감량으로 정했다. 꾸준히 지속할 수 있고 안전한 방법으로 최대한 빨리 체중을 줄여 '대사의 유연성'을 높이는 것, 즉 케톤과 포도당이 인체 에너지원으로 모두 활용되도록 하는 것을 첫 번째 목표로 정했다. 이를 위해 리코드 프로그램의 실천을 도울 수 있도록 교육을 이수한 영양사를 배정하고, 브루스가 비만 수술에 관해서도 찾아봤다고 하기에 루와이 위 우회술과 조절형 위 밴드 삽입술, 위 소매 절제술 등으로 뇌 기능의 추가적인 손상을 막을 수 있을지 함께 살펴봤다.[9]

체중 문제가 해결되면 염증 수준에도 큰 변화가 생길 것으로 예상됐다.[10] 염증 수준은 혈중 C 반응성 단백질 농도로 확인한다. 간단한 혈액 검사로 확인할 수 있으며 적정 농도는 데시리터당 0.3밀리그램인데, 검사 결과 브루스는 이 단백질 농도가 데시리터당 3.8밀리그램이었다. 염증이 전신에 침투한 상태라고 판단할 만한 수치였다. 일반적으로 체지방이 많으면 다른 거대 영양소도 남아돌아서 지방조직에 저장되고, 이것이 단백질, 펩타이드, 사이토카인, 그 외 혈액에 떠다니며 몸 곳곳에 침투하는 다른 염증 매개 물질을 자극한다.[11] 따라서 비만이 해결되면 대체로 염증 수준이 낮아진다. 염증은 인지 기능을 해치는 요인으로도 잘 알려져 있으므로[12] 체중을 줄이면 인지 기능을 떨어뜨리는 여러 요인이 한꺼번에 사라지는 효과를 얻을 수 있다.

하지만 염증은 비만 하나로만 생기지 않는다. 염증 수준을 낮추려면 위장 기능을 회복하고, 스트레스를 관리하고,[13] 잠을 푹 자고,[14] 술을 끊는 것도 중요하다.[15] 나는 브루스가 즐겨 마신다는 탄산음료를 항염 효과가 있는 녹차로 바꾸면[16] 어떤 점이 좋은지 알려주고, 만성 염증 치료에 많이 쓰이는 여러 약물에 관해서도 설명했다. 이부프로펜ibuprofen 같은 비스테로이드성 항염제(심각한 부작용이 따를 수 있으며 장기 복용 시 특히 그렇다), 프레드니손prednisone과 같은 코르티코스테로이드(면역 억제제로, 역시나 단기간만 사용하는 게 가장 안전하다), 아달리무맙adalimumab과 같은 생물제제(좀 더 표적화된 면역 억제제로, 감염 위험성이 높아질 수 있다) 등이 만성 염증 치료에 쓰이지만 각각의 부작용 때문에 인지 기능이 저하된 환자는 이런 약물 치료가 부적절하다. 다행히 염증은 몸의 생리 기능을 정상화하는 것만으로도 거의 누구나 줄일 수 있고 생리 기능은 다양한 방법으로 정상화할 수 있다.

먼저 브루스의 염증 수준이 높아진 구체적인 원인부터 찾기로 했다. 큰 비중을 차지하는 체중 문제를 제외하면 장 누수나 아직 발견되지 않은 만성 감염, 치은염이나 치주염, 만성 부비동염, 다른 건강 문제로 염증이 악화했을 가능성이 있었다. 그래서 두 번째 조치로 장 내벽을 회복하고, 구강 미생물군을 개선하고, 라임병 같은 진드기 매개 감염을 치료하는 등 염증의 원인을 없앨 방안을 마련했다. 그리고 염증 해결을 위한 세 번째 조치로 하버드대학교의 찰스 세란Charles Serhan 교수가 발견한 오메가-3 관련 물질인 레졸빈resolvin으로 염증을 줄이기로 했다. 더불어 과도한 내재 면역 반응을 막고, 인체의 자연적인 염증 치유 기능을 강화하고, 각 장기를 보호하는 조치도 마련했다.[17] 네 번째 조치로는 지속적인 염증을 최소화할 수 있도록 커큐민curcumin과 함께 연어 등 지방 함량이 높은 생선에 함유된 DHA, EPA 같은 오메가-3 지방산, 전통적으로 염증을 해결하는 데 쓰인 약초인 고양이 발톱,[18] 그밖에 생강, 프레그네놀론pregnenolone 등 항염 효과가 있는 물질을 쓰기로 했다.[19]

비만과 만성 염증 문제를 동시에 겪는 사람은 운동하기가 힘들어서 심폐 기능 문제가 지속돼 브루스처럼 호흡이 가쁜 증상을 보인다. 폐 기능에 이상이 생기면 치매의 진행 속도가 빨라지고[20] 운동은 신경퇴행과 반비례하는 요소이므로[21] 운동은 여러모로 브루스에게 꼭 필요했다. 우리는 체중을 건강하게 줄일 수 있도록 전문적으로 이끌어줄 개인 트레이너의 도움을 받아 운동을 시작하기로 했다.

마지막으로 다룬 문제는 노화였다. 나는 브루스가 대다수보다 노화 속도가 훨씬 빠를 것이라고 예상했고, 브루스도 나와 같은 생각이었다. 당시에도 생체 시계 역할을 하는 후생유전학적 표지를 활용하거나 혈관 탄성도 검사 등으로 생물학적 노화 상태를 평가할 수 있는 몇 가지 유망한 방법이 있었으므로, 나는 이러한 검사 결과가 신경퇴행질환과 어떤 상관관계가 있는지 설명했다.[22] 이제는 모두 생물학적 나이를 확인하는 방법으로 많이 쓰이며,[23] 우리가 개발한 인지 기능 회복 프로그램과 매우 흡사한 원리로 식습관과 생활 방식을 개선하기만 해도 생물학적 나이가 감소하는 경우가 있음을 증명한 연구에도 활용된 적이 있다.[24] 내가 뇌의 생물학적 나이를 줄일 수 있고 나아가 뇌 수명을 늘리는 게 가능하다고 낙관하는 바탕에는 이런 연구 결과들이 있다. 이렇게 식습관을 개선하고, 운동량을 늘리고, 수면을 개선하고, 비만을 해결하고, 염증을 줄이고, 폐 건강을 회복하면 브루스의 전반적인 노화 상태와 노화 속도에 긍정적인 변화가 생기리라 예상했지만, 나는 그에게 추가적인 전략을 제시했다. 노화와 질병의 발달을 막는 데 큰 영향을 주는 니코틴아마이드 아데닌 디뉴클레오티드 nicotinamide adenine dinucleotide, NAD의 체내 농도를 강화하는 전략이었다.[25]

나는 브루스에게 여기까지 전부 성공하더라도 다른 건강 문제가 남아있을 것이고 그것도 찾아내야 한다고 덧붙였다.

"할 일이 정말 많군요." 그의 대답이었다.

"많죠." 보통 여기까지 상담하고 나면, 환자들은 이게 얼마나 힘든 일인지 깨닫고는 절망감을 드러낸다. 나는 브루스도 그런 말을 시작할 때가 됐다고 느끼며 대답했다. "버겁다고 느끼실 텐데, 그러실 만도 합니다. 너무 힘들겠다 싶으시면……."

"아뇨, 그건 아닙니다." 브루스가 끼어들었다. "정말 많긴 한데요, 제가 정말 견딜 수 없는 건 우리 딸이 아빠 없이 클 수도 있다는 생각이 들 때입니다. 제 몸이 아이 곁에 있어도 정신이 함께 있지 않다면 더 최악일 거고요."

"아이가 몇 살인가요?" 내가 물었다.

"네 살이에요, 선생님." 브루스가 대답했다. "많이 늦은 나이에 생긴 아이죠. 하지만 남들보다 늦었다고 해서 아빠가 되지 못하란 법은 없다고 생각합니다. 저는 할 수 있습니다. 지금까지 말씀하신 것, 전부 다요." 그는 잠시 말을 멈추고 내 얼굴을 똑바로 바라봤다. 두 눈에 눈물이 가득 맺혀 있었다. "저는 해낼 겁니다."

흔히 "뜻이 있는 곳에 길이 있다"고들 한다. 하지만 브루스 같은 환자들과 만나면서, 나는 그 말이 얼마나 불완전한지 깨달았다. 뭔가를 해내려는 의지력은 원한다고 마음대로 소환할 수 있는 게 아니다. 해야 한다는 사실을 **아는 것**과 **실제 행동**을 일치시키려면 자기 행동, 감정, 욕구를 조절해야 하고, 그러려면 젖 먹던 힘까지 끌어내야 한다. 지금부터 당장 뇌를 더 건강하게 만들고 80세, 90세, 백 세, 그 이상까지 쭉 건강하게 유지하겠다는 의욕을 실행하게 만드는 원인, 이유, 혹은 목적이 있어야 한다. "뜻이 있는 곳에 길이 있다"는 해묵은 말의 앞에 "그럴 만한 이유가 있어야 뜻을 품게 되고"가 붙어야 한다.

그래야만 하는 이유 찾기

인지 기능을 회복하기 위한 노력에서 가장 큰 성공을 거둔 환자들의 심리적 특성에 주목하기 전까지, 나는 일상적인 결정을 가장 잘 내리는 방법은 그것이 장기적 목표에 부합하는 결정인지를 따져보는 것이라고 생각했다. 스티븐 코비Stephen Covey의 유명한 저서《성공하는 사람들의 7가지 습관》에는 시작할 때 끝을 생각하라는 조언이 나오는데, 그것과 일맥상통하는 방식이다.

예를 들어 은퇴하기 전까지 예금잔고를 5백만 달러로 만드는 게 목표라면(그리고 투자 계좌에 넣어 둔 돈이 수백만 달러쯤 있는 게 아니라면), 일상생활에서 돈과 관련이 있는 결정을 할 때마다 이 야심 찬 목표 달성에 도움이 되는지가 중요한 판단 기준이 될 수 있다. 그 기준에 따라 승진 기회가 오면 업무 시간이 늘어날 게 뻔하더라도 수락하고, 무모한 지출은 피하고, 다른 지역이나 해외에서 일자리를 찾을 수도 있다. 선뜻 결정하기 힘든 일도 "이 선택으로 내 장기 목표에 더 가까워질 수 있을까?"를 자문하면 답이 나오는 경우가 많다.

인생의 궁극적인 목표가 돈이 아니라도 마찬가지다. 가족들과 최대한 많은 시간을 보내는 게 장기적인 목표라면, 그 기준에 따라 월급이 오르더라도 근무 시간이 늘어나는 기회는 거절하고, 대신 목돈이 들어가는 휴가는 가족들이 졸라도 꼭 필요한 게 아니면 자제하는 게 합리적인 선택일 수 있다. 또한 그 기준에서는 해외에서 일할 기회가 생겨도 사랑하는 가족들과 더 가까이 지내는 쪽을 택하게 된다.

하지만 딱 한 가지만 최종 목표로 삼는 사람은 없다. 대다수는 대체로 좋은 삶의 기준으로 여겨지는 다양한 조건이 충족되도록 만드는 것을 장기적인 목표로 삼고, 그중 한 가지에 몰두한다고 해서 다른 목표들을 포기하지는 않는다. 오프라 윈프리Oprah Winfrey는 1950년대와 1960년대 초 미국 미시시피주 시골에 살았던 어린 시절에 자신이 꿈꿀 수 있는 미래가 제한적이었다고 이야기했다. "흑인 학교 교사가 되거나, 가사 도우미가 되거나, 요리사, 설거지하는 주방 보조, 하인 정도가 될 수 있었다." 오프라가 2009년에 쓴 글이다. 오프라는 어려서부터 무엇을 행동으로 옮길지 정할 때 자신이 해도 되는 일, 할 수 있는 역할을 기준으로 삼았다. "나는 선생님을 꿈꿨다. 학생들이 스스로 가능하다고 생각하는 것보다 더 많은 걸 할 수 있다고 일깨워주는 선생님이 되고 싶었다."[26] 그건 사회가 수년 내에 급격히 바뀌지 않더라도 오프라가 충분히 달성할 수 있는 목표였다. 테네시주 내슈빌의 어느 지역 라디오 방송국으로부터 뉴스 읽는 일을 해보겠냐는 제안을 받았을 때, 오프라는 늘 그랬듯 자신의 목표를 떠올렸다. 그리고 언론의 역할도 교사가 하는 일과 다르지 않다고 판단해 그 일을 수락했다. 시간이 흘러 전 세계인이 시청하는 TV쇼와 유명한 독서 토론 클럽의 진행자, 남아프리카공화국에 리더십을 교육하는 여학교를 설립한 사람, 다양한 주제(학생들에게 영감을 주는 교사가 되고 싶었던 오래전 삶의 뚜렷한 목표와 잘 어울리는 행복해지는 법 등)로 책을 쓰는 저술가로 살게 된 오프라의 여정은 그렇게 시작됐다. 세계에서 가장 영향력 있는 사람 중 하나가 된 그녀는 처음 인생 목표를 세울 때 상상하지도 못했던 방식으로 수백만 명에게 깨달음을 주는 사람이 됐다.

끝을 염두에 두고 시작하면 목적이 더 뚜렷해지고, 방향성과 회복력이 생긴다. 그래서 나는 지금 내리는 결정이 내가 만들고자 하는 미래에 부합하는지 생각하는 이 방식이 가진 강점을 여전히 굳게 믿지만, 얼마 전부터 뇌 수명을 백 세 이상 지키는 목표를 달성하려면 이것만으로는 부족하다는 사실을 깨달았다. 인지 기능이 **아직** 손상되지 않은 상태라면 특히 그렇다. 나이 들면 원래 다들 그렇다는 악마의 속삭임에 더 이상 속지 않고 뇌가 간곡히 도움을 청하고 있음을 직시하게 되면, 뭔가 바꾸려는 의욕도 더 쉽게 생긴다. 리코드 프로그램을 시작하는 환자들도 마찬가지다. 인지 기능 개선을 위한 노력의 결과가 뚜렷한 개선으로 나타나려면 정해진 일들을 6개월, 혹은 그 이상 엄격히 실천해야 하는데, "이걸 안 하면 곧 죽을지도 모른다"고 느끼는 사람들이 가장 성실히 따른다. 그와 달리, 지금 당장 사는 데 별 지장이 없는 사람은 인생의 최종 목표를 중간에 어떻게 돌아가든 상관없이 가기만 하면 되는 목적지로 여기기 쉽다.

브루스와 같은 환자들과 만나면서, 나는 **무엇을** 이루고 싶은지 정하는 것만으로는 그런 노력을 지속하기에 부족하다는 사실을 알게 됐다. 그 목표를 달성하고 싶은 **이유**가 있어야 한다.

예를 들어, 인지 기능을 잘 지킬 수 있음을 보여준 산증인들과 같은 삶을 최종 목표로 삼는다고 하자. 즉 평생에 걸쳐 명확한 기억력, 복잡한 문제도 해결하는 능력, 새로운 것을 배우는 학습 능력, 수준 높은 추론 능력, 사람들과 정서적 유대를 맺고 관계를 유지하는 능력, 정서적 안정성, 정신적·육체적으로 창의성을 발휘하며 사는 게 인생의 목표라고 가정하면, 이게 전부 이루어진다면야 환상적인 '결말'이 되겠지만, 목표 달성을 위해 해야 하는 일들은 쉽지 않다. 매일매일 올바른 선택을 해야 하고, 그게 수십 년간 꾸준히 지속돼야 한다. 그러나 우리는 지금 당장 해야 하는 일임을 **알고**, 그 일이 장기적으로 자신의 목표 달성에 도움이 된다는 사실을 이해하면서도 실행에 옮기는 걸 힘겨워한다. 몸에 좋은 음식을 먹고, 잠을 푹 자고, 운동 습관을 들이는 것이 장기적으로 자신에게 얼마나 도움이 되는 일인지 몰라서 실천하지 않는 게 아니다. 그 노력이 가져올 결말을 떠올리는 것만으로는 '지금'의 희생을 잘 견디지 못한다.

브루스는 진단 이후 1년간 체중을 줄이고, 염증을 해결하고, 심폐 기능을 개선하고, 생물학적 노화 속도를 줄이려고 열심히 노력했다. '지금' 이걸 꼭 해야 할까, 라는 생각이 끼어들 때마다 그렇게 애써야 하는 '이유'인 딸 브리아나를 모든 결정의 맨 앞과 중심에 두면서 이겨냈다.

"솔직히 처음 몇 달 동안은 음식 생각을 많이 했습니다." 브루스가 나중에 한 말이다. "하지만 채식 위주에 케톤 생성을 유도하는 식단은 효과가 정말 좋았어요. 몸에 에너지가 금세 늘어나는 게 느껴지기 시작했거든요." 브루스는 그런데도 오랜 습관을 떨쳐내기가 정말 힘들었다고 했다. "뇌 기능을 예전 수준으로 되돌리려면 체중을 줄이는 게 가장 중요하다는 사실을 알면서도, 이 정도는 먹을 자격이 있다거나 이건 진짜 먹어야겠다. 식단을 오늘만 어기고 내일 두 배로 운동하자, 이런 생각을 계속했어요. 그래서 매일 '안돼, 브리아나를 생각해'라고 되새겨야 했습니다. 하루에 몇 번이나 그랬는지 다 셀 수도 없을 정도로 수없이요."

한 가지 꼭 짚고 넘어가야 할 사실은, 브루스의 식욕이 그런 생각만으로 마법처럼 싹 사라지지는 않았다는 것이다. 하지만 브루스는 자신과 브리아나의 미래를 그려보았다. 아이가 아빠 없이 클 수도 있고, 자신이 곁에 있어도 인지 기능이 손상돼 아이를 돌보지 못할 수도 있고, 몸도 정신도 건강하게 아이 곁에 있을 수도 있었다. 두 사람의 미래가 이 세 가지 중 하나라는 생각을 자꾸 상기하면, 인지 기능을 망가뜨린 무수한 악영향을 이겨내기 위해 자신이 해야 하는 일들에 조금 더 의지를 다질 수 있었다. 체중이 줄자 염증 수치가 크게 떨어져서 운동을 더 많이 할 수 있게 되고, 그 결과 산소 공급이 원활해져 운동량을 더 늘릴 수 있었다. 동시에 영양 상태가 개선되어 체중은 더 감소했다. 생물학적 노화를 평가하는 여러 방법이 브루스가 이 모든 노력을 시작한 즈음에 막 나오긴 했으나 브루스는 그런 평가를 받지는 않았다. 하지만 그는 몸이 수십 년 전으로 되돌아간 것처럼 젊어진 **기분**이라고 거듭 말했다.

기억력과 집중력도 처음에는 천천히, 나중에는 점점 더 빠른 속도로 회복됐다. 지금까지 내가 만난 환자들, 환자들과 가까이 지내는 사람들이 공통적으로 이야기하는 회복의 과정을 브루스도 거쳤다. 회복이 시작되면, 처음에는 인지 기능이 떨어지는 속도가 느려진다. 이어 인지 기능이 더 이상 내리막길로 치닫지 않게 됐음을 알게 된다. 세 번째 단계로 가족들, 친구들과 더 자주 만나는 등 작지만 긍정적인 변화가 일어난다. 마지막으로 어휘력과 사람들과의 교류, 방향 찾기, 계획 수립 등의 능력에 큰 변화가 생긴다.

브루스도 바로 그 단계를 밟아나갔다. "처음 시작할 때부터 쉽지 않겠다고 생각했어요. 힘들 때면 브리아나를 생각했습니다. 그때는 전부 딸아이를 위한 일이라고 생각했어요." 브루스의 말이다. "하지만 아이가 저에게 선사한 일임을 깨달았습니다. 힘들 때 떠올릴 사람이 없었다면 전 끝까지 해내지 못했을 겁니다. 그냥 늘 살던 대로 살다가 죽었을 거예요. 죽느니만 못한 지경이 됐으리라고 생각합니다."

인지 기능이 가장 성공적으로 회복된 내 환자들은 자녀나 가족을 그 모든 노력의 '이유'로 삼은 경우가 많다. 인지 기능을 너무 늦지 않게 개선하고 뇌 수명을 장기적으로 크게 연장하는 것이 최종 목표라면, 하루하루 그 목표에 맞는 결정을 내려야 한다. 그리고 그 결정은 그래야만 하는 이유에서 나온다.

함께라면 더 빨리 더 멀리 간다

신경학은 19세기에 크나큰 발전을 거듭했다. 1817년에 파킨슨병의 정체가 밝혀진 데 이어 1838년에는 다발성 경화증, 1869년에는 근위축성 측색경화증, 1872년에는 헌팅턴병이 밝혀졌다. 그로부터 얼마 지나지 않은 1906년, 임상 정신의학자이자 신경 해부학자 알로이스 알츠하이머Alois Alzheimer가 독일 튀빙겐에 모인 동료들 앞에서 "대뇌피질에 발생하는 기이한 중증 질환의 발생 과정"을 보고했다. '알츠하이머병'으로 불리게 된 그 병은 곧 전 세계 의학 교과서에 한 자리를 차지했다.[27] 이러한 발견과 함께, 파리의 살페트리에르 병원과 런던 퀸 스퀘어의 국립신경과 및 신경외과 병원 등 여러 훌륭한 기관에서도 신경학 연구가 활발히 이어졌다.

그때는 신경학과 정신의학이 신경정신의학이라는 하나의 분야였다. 교육도, 치료도 그렇게 한 덩어리로 이루어졌다. 지크문트 프로이트Sigmund Freud도 당시 세계 최고의 신경정신의학 연구자이자 교수였던 장 마르탱 샤르코Jean-Martin Charcot의 가르침을 받았다.

그러나 프로이트의 정신분석 연구가 다른 분야의 연구자들, 임상 현장의 실무자들로부터 인정받기 시작하고 신경병리학 연구에서 뇌에 변화가 발견되는 병(뇌졸중)도 있지만 그렇지 않은 병(신경증)도 있다는 사실이 알려지면서, 신경정신의학은 뇌를 다루는 신경학과 정신에 중점을 두는 정신의학으로 쪼개졌다.[28] 이후 지금까지 그렇게 분리된 상태가 거의 그대로 유지되고 있다.

하지만 조현병 같은 정신의학적인 질병이 뇌로 공급되는 에너지 부족으로 발생할 수 있다는 사실이 밝혀지는 등, 정신의학적인 질병에서 신경학적 요소가 계속 발견되고 있다. 하버드대학교 의과대학의 크리스토퍼 팔머Christopher Palmer와 스탠퍼드대학교 의과대학의 셰바니 세티Shebani Sethi, 옥스퍼드대학교의 니콜라스 노르비츠Nicholas Norwitz 등이 발표한 최신 연구 결과도 이를 뒷받침한다.[29] 이러한 사실이 지금까지 신경학과 정신의학의 경계에서 이루어진 연구들에 설득력 있는 근거를 더하자, 행동신경학이라는 새로운 분야가 탄생했다.

미국의 신경학자 D. 프랭크 벤슨D. Frank Benson은 이 행동신경학 분야의 초창기 리더 중 한 사람이다. 내가 1989년 로스앤젤레스 캘리포니아대학교UCLA에 부교수로 부임했을 때, 벤슨은 그곳에서 세계적인 수준의 연구 사업을 추진하며 뇌 영상 연구를 선도하고 있었다. 다정하고, 기품 있고, 통찰력도 뛰어난 벤슨은 뇌 손상으로 언어 능력에 문제가 생기는 새로운 유형의 실어증을 밝혀내는 등 신경학자로서 많은 성취를 거두었다. 1988년에는 동료들과 함께 진행성 시력 문제를 겪던 환자 다섯 명을 연구하여 벤슨 증후군으로도 불리게 된 후부 대뇌피질 위축이라는 병을 밝혀냈다. 이름 그대로 뇌 뒤쪽, 주로 두정엽(양쪽 귀 위쪽에 수직으로 이어지는 부분)과 후두엽(뇌 뒤편을 대부분 차지한다)에서 공간 지각, 복잡한 시각 정보 처리, 계산을 담당하는 영역에 문제가 생기는 병이다. 이 후부 대뇌피질 위축은 일반적으로 발병 초기까지 기억력에는 이상이 없고 젊은 나이대에 발병하는 경향이 있다는 점에서 알츠하이머병과 큰 차이가 있지만, 나중에 이 두 질병의 뚜렷한 연관성이 밝혀졌다. 후부 대뇌피질 위축 환자의 5~10퍼센트는 이 병을 시작으로 알츠하이머병을 앓게 된다.[30]

후부 대뇌피질 위축에 관한 주류 의학계의 견해는 알츠하이머병에 관해 지금까지 내놓은 견해들과 겹치는 부분이 많다. 메이오 클리닉에서는 이렇게 설명한다. "후부 대뇌피질 위축은 치료법이 없고 병의 진행을 늦출 방법도 없다."[31] 그러나 몇 년 전부터 나는 후부 대뇌피질 위축과 원발성 진행 실어증처럼 발병 초기에 언어 문제가 나타나는 비기억상실형 알츠하이머병(기억 상실이 가장 먼저 나타나거나 가장 큰 문제가 아닌 알츠하이머병이라는 의미다)은 독성물질과 병원체의 영향과 관련된 경우가 많다는 점에 주목했다.[32] 그래서 뇌 기능 훈련 코치인 케리 밀스 러틀랜드Kerry Mills Rutland가 후부 대뇌피질 위축을 앓는 이브라는 환자에 관해 의논하고 싶다고 연락했을 때도 나는 케리에게 이브는 여러 독성물질과 병원체에 노출됐을 가능성이 있다고 설명했다. 그리고 이브의 담당 의사와 면밀히 협력해서 그것을 찾아내고 해결해야 한다고 조언했다. 그간 노출됐을지 모를 그런 원인을 찾는 건 쉽지 않은 일인데, 이미 신경퇴행질환의 증상이 나타나기 시작된 환자라면 그 과정은 더더욱 힘들다. 다행히 이브의 남편 에릭이 치료를 돕겠다고 적극적으로 나섰다. 에릭은 아내의 치료를 돕는 동안 어떻게 해야 뇌의 노화를 최대한 줄일 수 있는지 알게 됐고, 그렇게 두 사람은 힘든 노력을 견디는 서로의 중요한 '이유'가 됐다.

지난 3년간 이브와 에릭은 케리와 함께 이브의 건강을 해친 요인들을 꾸준히 찾아서 해결했다. 이브는 진드기를 통해 인체에 감염되는 바르토넬라Bartonella라는 병원체와 독성검은곰팡이속Stachybotrys, 누룩곰팡이속Aspergillus 균류 등 일부 균류에서 만들어지는 특정 진균 독소에 큰 영향을 받은 것으로 밝혀졌다. 리코드 프로그램을 시작하기로 한 후에는 진드기 매개 질환과 진균독소 관련 질병의 대표적인 전문가인 닐 네이선Neil Nathan 박사와도 상담했다.

후부 대뇌피질 위축 환자들은 대부분 인지 기능이 점차 감소하지만, 다행히 이브는 그 내리막길로 가지 않고 인지 기능이 크게 개선됐다. 처음 치료를 시작할 때만 해도 글을 읽지도 못하고 컴퓨터도 사용하지 못했으나 이제는 전부 다시 가능해졌다. MRI로 평가한 뇌 각 부위의 부피도 대폭 개선됐다. 첫 번째 백분위수 수준에도 들지 못했던 두정엽의 부피는 21번째 백분위수 수준으로 늘어났고, 부피가 11번째 백분위수 수준이던 후두엽도 25번째 백분위수 정도로 증가했다. 해마의 부피도 5번째 백분위수에서 32번째 백분위수 수준으로 증가했다. 이제 이브는 그룹 치료가 있는 날이면 다른 환자들을 도와주는 역할도 한다. 아직 완전히 다 낫지는 않았지만, 정말 많이 회복됐다. 또 한 가지 중요한 성과는, 에릭도 뇌 기능을 최적화하는 과정을 아내와 함께 밟으며 도움을 받아 앞으로도 오랫동안 이브를 든든하게 받쳐줄 수 있게 됐다는 것이다.

내가 이 부부의 이야기에 특히 깊은 인상을 받은 이유는, 리코드 프로그램은 이처럼 환자의 주변 사람들이 함께 노력할수록 훨씬 큰 성과를 얻는 포괄적인 해결 방안인데도 환자의 배우자 중에는 이 프로그램을 그저 매일 시간 맞춰 환자가 혼자 꿀꺽 삼키면 되는 알약처럼 여기는 사람들이 많기 때문이다. 심지어 프로그램의 효과를 의심하고, 환자가 건강해지려고 하는 여러 노력을 자꾸 방해하는 사람들도 있다. 금연할 때 배우자나 연인이 함께하면 성공률이 높아지고, 운동과 건강한 식습관도 그렇다.[33] 뇌 수명을 늘리는 일도 다르지 않다.

이런 현상을 조사한 연구 결과들을 보면, 같은 목표를 향해 함께 노력하는 사람이 있을 때 목표 달성의 성공률이 높아지는 바탕에는 사회적 압력과 책임감, 한집에 사는 사람이 시작한 일에 손쉽게 동참할 수 있다는 장점이 있다는 해석이 많다. 나도 전적으로 동의한다. 더불어 나는 성공을 좌우하는 다른 요소도 있음을 알게 됐다. 힘들어도 노력해야 하는 자신만의 '이유'가 얼마나 가까이에 있느냐다.

이브에게도 유난히 힘들 때가 있었지만, 자신이 계속 노력해야 하는 '이유'를 한참 찾아 헤맬 필요가 없었다. 바로 곁에 있는 에릭이 그 이유였기 때문이다. 에릭 역시 왜 변화가 필요한지를 망각하고 힘들다고 느낄 때마다 바로 곁에 그의 이유인 이브가 있었다.

여러분의 삶의 이유는 무엇인가요?

내가 힘들어도 애쓰는 이유는 단순하다. 멋진 설계도대로 집을 짓는 중이라고 하면, 아직 일부만 지어졌을 때부터 자꾸만 완성된 모습을 머릿속으로 그려보고 다 만들어지면 얼마나 마음에 쏙 들지 상상하게 된다. 나는 불가해한 병으로 여겨지던 신경퇴행질환을 합리적으로 설명할 수 있게 되고, 어떤 병인지 정체가 밝혀지고, 예측할 수 있는 병이 되고, 이제는 치료할 수 있고 예방할 수 있으며 불가피한 병이 아니라는 사실이 밝혀지는 모든 과정이 벽돌이 한 장 한 장 쌓여 집이 되듯 진행되는 것을 모두 지켜봤다. 우리가 얻은 연구 결과들과 임상 경험을 토대로, 신경퇴행질환과 뇌의 노화는 이제 완전히 사라질 때가 무르익었음을 분명하게 알 수 있다. 천연두와 소아마비를 막아낸 것처럼, 전 지구적인 사업을 통해 모두가 평생 우수한 뇌 기능을 유지하며 살 수 있도록 해야 한다.

나는 그렇게 되는 것을 보고 싶다. 여기까지 오는 동안 겪은 모든 실패를 하나하나 전부 기억한다. 지금도 무엇을 더 잘했다면 그 실패를 막을 수 있었을지 자주 생각한다. 신경퇴행으로 고통받는 환자의 자녀들과 내 아이들, 그리고 모두에게 이제 신경퇴행질환은 지금까지처럼 두려움에 떨며 걱정할 문제가 아니라고 말해주고 싶다.

다음 장에서는 우리가 달성해야 할 목표를 세우고 그 목표에 무사히 도달하기 위한 중간 지점들도 정한다. 그런 다음, 늙지 않는 뇌를 가능성 있는 일에서 현실로 만들려면 무엇을 꼭 실천해야 하는지 구체적인 단계로 나눠 살펴본다. 고생문이 코앞까지 다가왔다. 그러므로 다음 장으로 넘어가기 전에 그토록 힘들어도 계속 노력해야만 하는 자신만의 '이유'를 찾는 게 좋다.

이번 생의 목적은 무엇이라고 생각하는가? 무엇이 여러분을 계속 노력하게 하는가? 기억력 보존이 삶에서 꼭 지키고자 하는 원칙, 최선을 다해 잘 해내고 싶은 일에 어떤 도움이 되는가? 여러분은 무엇을 위해 살아가는가? 현재는 물론이고 앞으로 남은 생에도 어떤 문제와 맞닥뜨리든 온전한 정신으로 맞설 수 있고 괜찮은 삶을 오래 이어갈 수 있다면, 그 목적을 이루는 데 어떤 도움이 될까?

이런 질문의 답이 각자가 힘들어도 이겨내야만 하는 '이유'일 테고, 그 이유는 우리의 여정에서 가장 힘든 구간도 견디는 힘이 될 것이다. 지금 떠오르는 답이 불확실해도 괜찮다. 이 질문들을 계속 떠올리자. 갈 길이 멀게만 느껴지고 다 그만두고 싶을 때일수록 더욱이 질문들을 생각해야 한다. 그래야 원래 나이 들면 다 그런 거라고 악마가 속삭여도 반박할 수 있다.

필요하다면, 힘들어도 계속 노력해야 하는 이유를 스스로 꾸준히 상기해야 한다. 그럴 만한 이유가 있어야 나아지겠다는 뜻을 품게 되고, 뜻이 있는 곳에 늙지 않는 뇌로 향하는 길이 있다.

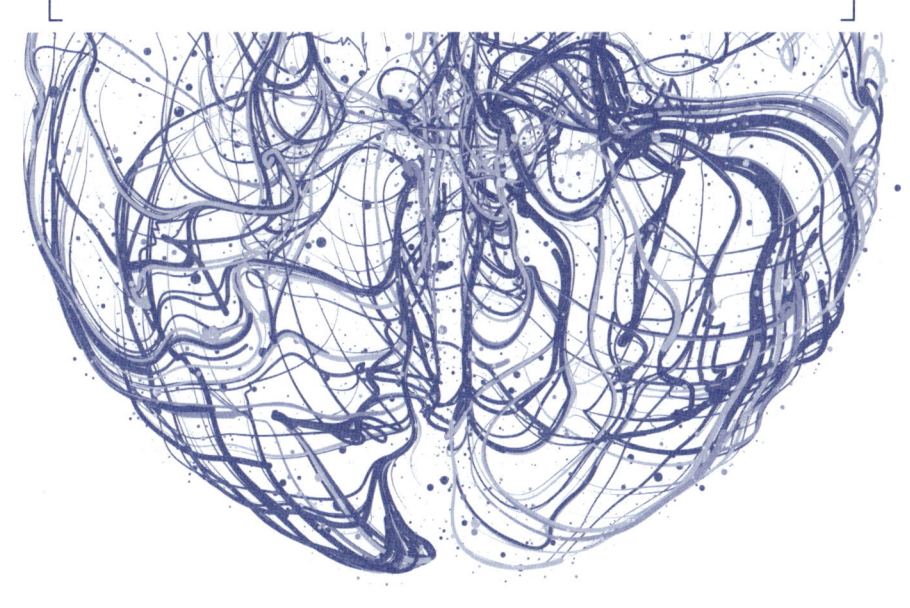

6
내 상태를 정확히 파악하는 법

> 우리는 자신이 찾는 것만 보고, 자신이 아는 것만 찾으려 한다.
>
> 괴테 Goethe

정보가 많으면 유익할 때가 많다. 대부분 그렇다는 사실을 직관적으로 안다. 학자들이 연구할 때도 마찬가지다. 이미 나와 있는 문헌을 포괄적으로 검토하면 자신이 앞으로 연구하려는 주제를 더 깊이 알게 된다. 개인의 재정 계획도 그렇다. 수입과 지출, 경제적 목표가 무엇인지 상세히 알면 예산과 투자 계획을 더 구체적으로 세울 수 있다. 스포츠에서도 경쟁 상대에 관한 정보가 많을수록 경기를 더 효과적으로 풀어나갈 계획을 마련할 수 있다.

최근 들어 센서가 내장된 반지, 팔찌, 시계, 피부 패치 등으로 개개인의 생체 측정 데이터를 꾸준히 수집하고 추적하는 장치가 점점 늘어나는 추세인 것도 비슷한 이유다. 몸에 착용하는 이런 생체 측정 기기가 우리의 건강 수명을 늘리는지는 아직 과학적으로 완전히 검증되지 않았다. 그런데도 많이 팔리는 이유는 이런 기기로 수집하는 건강 데이터가 많아질수록 건강 관리에 유용하게 쓰일 수 있다고들 생각하기 때문일 것이다.

이런 기기로 수많은 건강 지표를 점검하면, 병이 임박하기 훨씬 전에 그 조짐을 알아챌 수 있다. 심박 변이, 혈압, 심지어 중심 동맥 혈압도 스트레스 상태를 확인하는 의미 있는 지표로 활용될 수 있고, 체온을 지속적으로 측정하면 몸에 열이 날 때 일찍 이상 조짐을 포착할 수 있으므로 코로나19 같은 감염병의 발생 가능성을 조기에 알 수 있다. 심박과 심박 리듬, 산소포화도, 수면 단계와 수면 시간, 혈당, 체내 케톤 농도도 지속적으로 모니터링할 수 있는 지표다.[1] 인체의 노화 수준도 염색체 말단의 보호 마개와 같은 텔로미어telomere 길이, 몸 안팎의 다양한 미생물군 구성과 규모의 변화, 후생유전체의 메틸화 패턴을 추적해서 더 정확하게 알 수 있다. 집 안에 곰팡이가 얼마나 있는지 등 생활 환경의 미생물과 독성물질도 측정할 수 있다. 알츠하이머병의 가장 초기 단계에 일어나는 변화까지 포착할 정도로 민감도가 우수하고 검사 결과를 집에서 편안히 받아볼 수 있는 최신 검사법도 개발됐다.

하지만 현재 자신의 건강 데이터를 이 정도 수준까지 측정하는 사람들은 대부분 각자 알아서 결정하고 비용도 직접 부담하는 데다, 이 모든 데이터를 제대로 활용하지 못한다. 개개인의 생체 측정 데이터를 수집하고 활용하면 무엇이 병을 일으키거나 키우는지를 획기적으로 통찰할 수 있다는 사실을 모르는 의사들이 여전히 많기 때문이다. 이런 의사들은 그러한 데이터가 있으면 아직 증상이 나타나지 않은 환자들에게 병의 진행을 막는 활동을 조언할 수 있다는 사실도 모른다. 이제는 달라져야 한다. 뇌 건강에는 단순한 법칙이 있다. 바로 뇌 수명은 데이터의 규모와 직결된다는 것이다.

다행히 생체 측정 데이터가 유용하다는 사실을 깨닫는 의사들이 계속 늘고 있다. "지금까지 수집한 건강 정보가 있으시다고요? 정말 잘됐군요! 제가 당장 살펴보겠습니다"라며 반기는 의사는 많지 않지만, 생체 추적 기술의 혁신적 발전이 어떤 혜택을 가져왔는지 이해하는 의사들이 나날이 느는 중이다. 특히 의사가 자신의 건강 데이터를 직접 추적해보면 그 가치를 단박에 깨닫는다!

하지만 현시점에는 뇌 건강을 지금부터 강화하고 앞으로 남은 생에도 인지 기능을 건강하게 지키려는 노력을 기꺼이 도와주려는 의사를 찾기 힘든 게 사실이다. 혼자서 해내야 할 수도 있다. 나는 모든 의사가 환자의 생체 측정 데이터를 치료에 적극 활용하는 날이 오기를 누구보다 바라지만, 그때까지 마냥 손 놓고 기다릴 필요는 없다고 생각한다. 우리는 측정된 데이터를 토대로 자기 몸과 뇌의 건강 상태를 얼마든지 더 깊이 이해할 수 있다. '활용할 수 있는 최상의 변수' 몇 가지를 잘 이해하고 실천하면, 바로 지금부터 인지 기능을 개선하고 앞으로도 쭉 뇌 기능을 온전하게 유지하기 위한 방안을(구체적인 내용은 이 책 나머지 부분에서 상세히 설명한다) 각자의 상태에 맞게 최적화해서 자기 삶에 막대한 변화를 일으킬 수 있다.

몸 상태를 알려주는 지표

앞서 설명했듯이 뇌의 노화와 신경퇴행에 큰 영향을 주는 핵심 요소는 여섯 가지로 정리할 수 있다. 에너지 공급, 염증, 독성물질, 영양, 신경전달물질 그리고 스트레스다. 그러므로 우선 이 각각의 상태를 알려주는 생체 지표가 무엇인지부터 정확하게 알아야 한다.

눈치챘을 수도 있지만, 이 여섯 가지를 확인하는 검사 중 어느 것도 뇌를 직접 측정하지는 않는다. 뇌는 우리 몸에서 철저히 보호되는 기관이고, 최대한 가만히 두는 게 좋다. 그렇다고 만화 《닌자 거북이》 시리즈의 악당 크랭이나 세르게이 스네고프Sergey Snegov의 3부작 소설 《신과 같은 인류Humans as Gods》의 베이그런트라는 인상적인 캐릭터처럼 뇌가 인간의 전부인 건 아니다. 뇌는 우리 몸에서 중요한 부분이지만 몸의 일부이며, 뇌의 기능은 몸의 다른 부분에서 일어나는 일에 영향을 받는다. 따라서 뇌 수명의 관점에서는 뇌 건강의 여섯 가지 핵심 요소를 확인하는 생체 지표를 '전체 시스템 속 하위 시스템'의 전반적 상태를 알려주는 지표로 활용하면 큰 도움이 된다. 이제부터 소개할 검사들은 주관적인 건강 상태와 무관하게 해마다 건강검진과 함께 받는 게 좋다.

포도당 대사

뇌에 에너지를 공급하는 필수 기능인 포도당 대사는 뇌 건강에 영향을 주는 여섯 가지 핵심 요소에 모두 영향을 준다. 앞서 설명했듯이 뇌 기능이 오래오래 건강하게 유지되려면 에너지 공급이 너무나 중요한데, 현대에는 인체의 주요 에너지원인 포도당의 대사 조절에 심각한 이상이 발생한 사람이 정말 많다. 그러므로 인슐린 저항성의 조짐이 조금이라도 있는지 확인하고 계속 추적할 필요가 있다. 어릴 때부터 설탕이 가득한 음식이나 음식이라 부르기 힘든 것을 건강에 큰 해가 될 만큼 많이 섭취한 무수한 사람들은 젊을 때부터 인슐린 저항성 문제를 겪는다. 또한 인슐린 대사가 정상적으로 조절되지 않을 때 인체에 발생하는 영향은 나이가 어릴수록 겉으로 잘 드러나지 않는다. 이런 현실을 고려할 때, 나는 오래전부터 주장한 대로 아동들도 해마다 인슐린 저항성 검사를 받아야 한다고 생각한다. 성인도 모두가 인슐린의 기능 상태를 반드시 점검해야 한다.

포도당 대사는 공복 혈당이나 당화혈색소(헤모글로빈 A1c) 농도, 공복 인슐린 농도로 확인할 수 있다. 14장에 뇌 수명 연장에 가장 이상적인 범위가 나와 있지만, 사실 수치를 아는 것보다 그 수치가 무엇을 의미하는지를 아는 게 중요하다.

공복 인슐린 농도로 포도당 대사 수준을 측정하는 경우, 나는 결과가 '이상 없음'으로 평가되는 범위의 최저 농도에 얼마나 가까운지 확인한다. 건강한 범위에 들어가면 그만이지, 그것까지 따져야 하냐고 생각할 수도 있다. 하지만 결과를 판정하는 참조 범위는 일반적으로 비교적 적은 사람들에게서 얻은 평균값을 기준 삼아 그보다 큰 표준편차와 작은 표준편차의 범위를 나타낸 것이고, 그 적은 수의 사람들이 인구 전체를 충분히 대표한다고 치더라도(그럴 확률은 거의 없지만), 건강하지 않은 사람들에게서 얻은 데이터인 경우가 많다는 게 또 다른 문제다. 현대인은 대부분 건강 상태가 좋지 않은 게 사실인데, 그 평균치가 건강을 평가하는 참조 범위로 쓰인다는 소리다!

당화혈색소 검사는 산소를 운반하는 적혈구 단백질인 혈색소와 결합한 포도당의 평균적인 양을 측정하며, 이 결과로 포도당 대사를 확인하는 다른 검사 결과를 보완할 수 있다. 이 검사 결과도 건강하다고 판정되는 범위의 최저치에 얼마나 가까운지 확인하는 게 좋다.

공복 혈당 역시 정상으로 판정되는 범위 중 낮은 쪽에 가까울수록 좋지만, 너무 낮으면 안 된다. 왜 그럴까? 짐수레가 달린 자전거를 타고 언덕을 오르는 사람의 이야기를 다시 떠올려보자. 그 이야기에서 우리는 자전거 바퀴에 펑크가 나기 전까지, 언덕을 겨우 올라갈 만한 에너지가 있다고 가정했다. 언덕을 오르기 시작할 때 그 정도의 에너지도 없다면 바퀴가 멀쩡해도 펑크가 났을 때처럼 목적지에 무사히 못 갈 수도 있다. 우리 뇌는 에너지를 엄청나게 먹어 치우는 기관이고, 이 기관은 연료가 없으면 기능하지 못한다. 포도당은 바로 그 연료다.

제2형 당뇨병의 가족력이 크게 염려되는 사람은 인슐린 농도와 함께 경구 포도당 부하 검사도 추가로 받는 것이 좋다. 감도가 매우 우수한 검사이며, 공복 혈당이 아니라 포도당이 체내에 유입된 시점의 인슐린 반응을 확인할 수 있다.

일반적으로 인슐린 저항성은 일정한 단계를 거쳐서 생긴다. 가장 먼저 포도당 부하 검사에서 인슐린 반응성이 증가하는 양상이 나타나고, 공복 인슐린 수치가 높아진다. 이어 인슐린이 제 기능을 하지 못함에 따라 당화혈색소 수치가 올라간 다음 마지막으로 공복 혈당이 높아진다. 이렇게 시간이 걸리므로, 인슐린 저항성이 생기기 몇 년 전부터 이상 조짐을 거의 확실하게 알 수 있다. 그런 조짐이 나타날 때 바로잡으면 길고 긴 생이 끝날 때까지 건강한 뇌로 살아갈 수 있다!

인슐린 저항성이 장기적인 뇌 건강에 얼마나 중요한지를 아는 나로서는 사람들이 연속 혈당 측정 검사에 거부감을 드러낼 때마다 당혹스럽다. 지금은 일반화되고 접근성도 계속 좋아지고 있지만, 처음 이 검사가 개발되고 이용되기 시작할 때는 당뇨병 환자들만 받는 검사로 여겨졌다. 지금도 그렇게 생각하는 의사들이 정말 많아서 당뇨병 환자가 아닌 사람은 이 검사를 받고 싶어도 해주겠다는 병원을 찾기가 힘들 정도다. 나는 연속 혈당 측정 검사를 당뇨병 환자만 받으면 된다고 하는 건 X선 검사는 폐암 환자만 받으면 된다고 하는 것과 같다고 생각한다. 건강이 아니라 질병(그리고 보험금 청구와 지급)에만 초점을 맞추는 구시대적인 태도다. 다행히도 점점 더 많은 의사가 꼭 당뇨병 환자가 아니라도 연속 혈당 측정 검사가 건강 관리에 도움이 된다는 사실을 깨닫고 있다. (미국에서는 최근 의사 처방 없이 직접 구입해서 사용할 수 있는 검사 기기도 나왔다. 업체 덱스콤^{Dexcom}이 출시한 스텔로^{Stelo} 등이 그런 예다.)

연속 혈당 측정 검사는 보통 약 2주 동안 혈당을 연속으로 측정해서 혈당이 언제 급격히 변하는지 확인한다. 혈당의 급작스러운 증가와 감소는 모두 뇌에 악영향을 준다. 대부분 탄수화물 섭취량이 많을 때 이런 롤러코스터 같은 혈당 변화가 일어나지만(7장에서 자세히 설명한다) 사람마다 식품 종류별로, 또한 식사 패턴에 따라 혈당의 반응 양상이 제각기 다르다. 또한 혈당 반응은 시간이 흐르면 이전과 크게 달라지기도 한다. 그러므로 몇 년 단위로, 한 번에 몇 주씩 연속 혈당 측정 기기를 착용하면 혈당의 급격한 변화에 관한 값진 데이터를 얻을 수 있다.

케톤 농도

포도당은 우리 몸과 뇌가 사용하는 두 가지 연료 중 하나다. 바로 사용할 수 있는 포도당이 없으면, 인체는 저장된 지방에서 에너지를 추가로 얻는다. 또는 아예 지방이 주된 에너지원으로 사용되기도 한다. 지방 대사가 일어나면 부산물로 케톤이 발생한다. 따라서 혈중 케톤 농도를 측정하면 지방 대사의 상태를 확인할 수 있다.

캐나다 셔브룩대학교의 임상 연구자 스티븐 커네인Stephen Cunnane 교수가 이끈 연구에서, 지방이 에너지원으로 쓰이는 것이 인지 기능에 매우 중요하다는 사실이 밝혀졌다. 이 연구에서는 인지 기능이 경미하게 손상된 사람들에게 케톤 공급을 보충하는 것만으로 인지 기능이 개선될 수 있음을 입증했다.[2] 일반적으로 케톤은 체내에서 당화혈색소와 인슐린의 기저 농도가 낮을 때, 특히 금식할 때(다음 장에서 자세히 다룬다) 형성된다고 추정된다. 그러나 당화혈색소 농도와 케톤 형성이 무조건 직결되는 건 아니며, 인슐린 대사가 제대로 조절되지 않는 상태라면 더욱 그렇다.³ 따라서 케톤을 간접적으로 측정하기보다 직접 측정하는 게 좋다.

체내 케톤 농도는 손가락 끝을 찔러서 피 한 방울을 얻어 분석하는 혈액검사나(케톤 대사체 중 하나인 베타-하이드록시뷰티르산 β-hydroxy butyrate의 농도를 측정하는 방법) 호흡 측정 기기(다른 케톤 대사체인 아세톤 acetone을 측정하는 방법)로 누구나 간단하게 확인할 수 있다. 체내 케톤 농도는 하루 동안에도 다양하게 바뀐다. 운동할 때, 식간에 음식물을 먹지 않을 때도 달라지고 먹는 음식의 종류, 특히 탄수화물에 따라서도 달라진다. 그러니 손가락이 좀 얼얼하더라도 하루에 여러 번 검사하는 게 좋다. 현재 전 세계 곳곳의 연구자, 개발자들이 앞서 설명한 연속 혈당 측정 검사 기기처럼 체내 케톤 농도도 연속 측정할 수 있는 기기를 만들고자 애쓰고 있다는 소식이 들려온다.⁴ 케톤 농도를 연속으로 측정할 수 있게 되면, 인체가 포도당과 케톤을 어떻게 바꿔가며 에너지원으로 활용하는지 알고 싶은 사람들에게 큰 도움이 되리라 확신한다.

인체의 에너지원이 손쉽게 전환되는 '대사의 유연성'이 갖춰지면 뇌 기능이 향상되고 뇌 수명도 늘어난다. 그래서 내가 치료하는 환자들에게도 하루에 최소 한 번은 체내에서 케톤이 저농도로 생성되도록 유도할 방안을 제시한다. 케톤이 고농도로 끊임없이 생성되는 건 좋은 게 아니다. 우리 뇌는 연료가 필요하고, 저농도의 포도당(포도당 대사 조절에 이상이 없다는 전제로)과 다량의 케톤(쫄쫄 굶어서 억지로 이런 상태를 유도하면 안 된다)이 균형을 이루는 것이 이상적이다.

아포지단백 B

인체 순환계를 구성하는 혈관에 생기는 병이 알츠하이머병,[5] 치매,[6] 인지 기능 저하[7]와 관련이 있음은 오래전부터 알려진 사실이다. 그러므로 뇌 건강을 위해서는 저밀도 지질단백질 같은 '나쁜' 지질을 몸 곳곳에 운반하는 아포지단백 B-100(줄여서 ApoB)의 혈중 농도도 점검해야 한다. ApoB의 농도는 심혈관질환을 예측할 수 있는 강력한 지표이고[8] 심혈관계 건강은 인지 기능의 손상을 예측할 수 있는 지표다.[9] 따라서 ApoB의 농도가 조치를 요할 만큼 높다면 나이와 상관없이 뇌의 건강 상태를 더 적극적으로 점검할 필요가 있다.

미국에서는 21세기 첫 20년의 꽤 상당한 기간 동안 젊은 층의 ApoB 농도가 감소했다. 다른 흐름과는 엇갈리는 결과인데, 이유는 정확히 파악되지 않았다. 노스웨스턴대학교의 소아 심장 전문의 어맨다 페락Amanda Perak 연구진도 이러한 희망적인 변화를 확인했으나, 이들의 연구 마지막 해인 2016년에는 미국 청년층 인구 중 혈중 지질 농도가 이상적인 범위인 비율은 절반에 불과했다.[10] 그러므로 ApoB 수치는 성인기 초반부터 시작해 평생에 걸쳐 꾸준히 측정할 필요가 있다.

고감도 C 반응성 단백질

뇌에 발생하는 염증이 인지 기능에 얼마나 해로운 영향을 주는지는 이미 살펴봤다. 그런데 염증은 뇌에서만 일어나는 게 아니라 몸 어디에서나 일어날 수 있고, 시간이 흐르면서 점점 증가해 혈액

뇌 장벽을 구성하는 혈관이 손상될 수 있다. 몸 어딘가에 감염이 일어나면, 혈액뇌 장벽은 건강에 도움이 되는 염증 반응을 유도하는 신호를 보내 신경세포를 보호하는 중요한 역할을 한다. 따라서 이 장벽의 혈관이 손상되면 만성 염증의 악순환이 시작되므로[11] 뇌 건강을 위해서는 몸 전체의 염증 상태를 측정하는 것이 중요하다.

고감도 C 반응성 단백질(줄여서 hs-CRP) 검사는 바로 그런 점에서 예방 지표로서의 가치가 매우 높다. 이 단백질의 체내 농도가 낮으면 전신 염증 수준이 매우 낮다고 볼 수 있고, 반대로 농도가 우려할 만한 수준으로 높으면 면역계의 과도한 반응성을 잠재우는 조치가 필요하다. 젊은 성인 인구의 10퍼센트 이상은 고감도 C 반응성 단백질 농도가 매우 높다는 여러 연구 결과를 고려할 때(노스캐롤라이나대학교의 심리학자 릴리 섀너핸Lilly Shanahan은 인체에 발생하는 만성 질환이나 정신질환 연구에 자원하려다가 이 문제가 확인돼 실험 참가 요건을 충족하지 못하는 사람들이 많다고 밝혔다).[12] 고감도 C 반응성 단백질 검사는 20대부터 해마다 받는 게 좋다.

호모시스테인

뇌 건강을 위해 매년 반드시 검사해야 하는 마지막 한 가지는 호모시스테인homocystein이다. 호모시스테인은 육류, 생선, 유제품에 많은 필수 아미노산인 메티오닌methionine의 대사 과정에서 생기는 부산물이다. 호모시스테인 검사에서 농도가 지나치게 높게 나오면, 인체가 그러한 단백질을 적절히 처리하지 못한다는 의미다. 호모시스테인 농도가 증가하면 혈관 세포에 악영향이 발생하고 세포 산화, 신경 독성, 후생학적 기능 이상 등 복잡한 문제가 여러 갈래로 발생하지만, 최종 결과는 하나로 모인다. 바로 인지 기능 저하와 뇌 손상, 뇌 위축 그리고 알츠하이머병과 같은 퇴행성 치매다.[13] 높아진 호모시스테인 수치가 감소하면 추가적인 손상을 막을 수 있다는 연구 결과도 있다. 그러므로 건강을 지키는 수문장과 같은 호모시스테인 검사도 매년 받기를 권장한다.

뇌 건강을 판단하는 지표

지금까지는 몸속 상황을 알려주고 그것을 토대로 뇌 안에서 무슨 일이 일어나고 있는지 통찰할 수 있게 도와주는 지표를 소개했다. 혈당을 비롯한 이러한 생체 지표는 모두 우리 건강을 지키는 수문장과 같다. 이 지표들이 불균형하면 뇌 기능이 떨어질 위험성이 심각하다는 경고로 볼 수 있다.

뇌 기능에 특화된 검사 중에도 이와 같이 뇌 건강을 지키는 예방 지표로서의 가치가 우수한 것이 몇 가지 있다. 크게 두 가지 유형이 있는데, 첫 번째는 알츠하이머병이나 진행성 뇌 노화에 해당하는 변화의 **발생 유무**를 알려주는 검사이고 두 번째는 알츠하이머병이나 진행성 뇌 노화가 발생한 **이유**를 알려주는 검사다. 뇌 수명을 백 세 이상 연장하고 싶다면, 또한 인지 기능에 스스로 인식할 만한 문제가 생기지 않기를 바란다면 이 검사들을 통해 무엇을 집중적으로 관리해야 하는지 알 수 있다. 뇌의 잠재적 문제를 미리 알아차리는 데 어떤 도움이 되는지 하나씩 자세히 살펴보자.

신경아교원섬유 산성 단백질

우리 뇌는 세포 간 소통을 담당하는 신경세포, 뇌를 지키는 성상세포, 뇌의 전기 기술자인 희소돌기아교세포, 청소 담당 미세아교세포 등 여러 종류의 세포가 한 팀을 이룬다. 뇌에 해로운 영향이 발생하면 뇌를 지키는 성상세포가 신속히 대응에 나서는데, 놀랍게도 이 세포의 활약을 혈액 검사로 확인 가능하다! 우리가 열심히 일하면 땀을 뻘뻘 흘리는 것처럼 성상세포도 한창 바쁘게 일할 때 신경아교원섬유 산성 단백질(줄여서 GFAP)을 만들기 때문이다. 따라서 혈류에 포함된 이 단백질의 농도를 토대로 뇌에 염증이 발생했는지, 복구하려는 시도가 진행 중인지 알 수 있다.

혈중 GFAP 농도는 치매와 연관성이 가장 높은 여러 질병의 진단 시기를 앞당길 수 있는 지표다.[14] 2023년에는 알츠하이머병의 전형적인 증상이 나타나기 10년 앞서 이 GFAP의 농도가 치솟기 시작한다는 사실이 밝혀졌고,[15] 그때부터 GFAP는 극히 중요한 생체 지표로 널리 인정받고 있다. 체내 GFAP 농도가 급증하기 시작할 무렵에는 인지 기능이 떨어지기 시작할 때라 대부분 초기 징후를 알아채지 못한다. 인지 기능 평가를 받아도, 경미한 손상의 진단 기준에도 아직 해당하지 않을 수 있다. 게다가 인지 기능 저하의 초기 증상은 "나이 들면 원래 다들 그렇다"는 악마의 속삭임에 크게 휘둘린다. 그래서 이 단계에서는 사람들이 인지 기능에 이상이 있는지 진단을 받아 보는 것조차 꺼리는 경향이 있다. 이 초기 단계에 측정된 GFAP 농도는 인지 기능 손상이 얼마나 진행될지, 궁극적으로는 얼마나 심각한 수준으로 손상될지 내다볼 수 있는 강력한 예측 지표라는 사실이 추가 연구들로 확인됐다.[16] 현재 GFAP 검사는 감도는 우수하나 특이성은 떨어져서, 체내 농도가 증가한 것만 확인할 수 있을 뿐 크로이츠펠트-야콥병과 같은 프리온질환과 알츠하이머병을 구분하진 못한다. 앞으로 이 검사도 더 개선되리라 생각한다.

50세쯤 되면 모두가 대장 내시경 검사colonoscopy를 받는다. 나는 사람들에게 인지 기능 검사도 그와 같은 필수 검사라는 인식을 심어주고 싶어서 '인지 기능 검사cognoscopy'라는 표현을 만들었다. 대장 내시경 검사를 반기는 사람은 한 명도 본 적이 없지만, 꼭 필요한 검사라고 생각하는 사람들이 계속 늘고 있다(대장 내시경을 대체할 수 있는 다른 새로운 검사들도 많아졌다). 환자 규모로 보면 대장질환 환자보다 신경퇴행질환 환자가 훨씬 많으므로, 나는 뇌 건강을 **더욱** 선제적으로 챙겨야 한다고 설득하기 시작했다. 처음에는 45세부터 인지 기능 검사를 받으라고 권장하다가, 얼마 지나지 않아 그 나이가 되면 이미 인지 기능을 해치는 무수한 영향에 노출돼 뇌 기능에 필요한 요소들이 충분히 공급되지 않아 신경퇴행이 심각한 수준에 이르는 사람들이 많다는 사실을 깨달았다. 게다가 앞서 언급했듯이 인지 기능 저하를 겪는 나이대가 점점 젊어지고 있다는 점도 고려해서 나는 40세부터 인지 기능 검사를 받아야 한다고 조언하기 시작했는데, 곧 그것도 너무 늦은 경우가 많음을 알게 됐다. 나날이 쌓이는 데이터를 토대로 할 때 인지 기능 저하를 막고 뇌 수명을 오랫동안 지키려면 35세부터 GFAP 검사 등 인지 기능 관련 검사를 받는 게 좋다.

처음에는 45세부터 인지 기능에 신경 쓰라고 했다가, 더 앞당겨 40세부터 챙기라고 했다가, 그것도 늦다고 했으니 35세도 너무 늦지 않은지 궁금할 수도 있다. 더 일찍, 30세나 25세 또는 20세부터 GFAP 검사를 받는 게 낫지 않을까? 나도 그런 의문이 생겨서 조사했고, 그 결과 일부는 더 일찍 인지 기능을 챙기는 게 나을 수도 있다는 결론을 내렸다. 우리 몸은 대체로 성인기 초기부터 노화가 상당 부분 진행되므로 선택은 각자의 몫이다(지금 이 글을 쓰는 시점을 기준으로 미국의 GFAP 검사 비용은 약 150달러다). 내가 보기에는 35세에 GFAP 검사를 처음 받은 다음 5년 주기로 받으면 된다. GFAP 검사와 함께 217번째 아미노산이 인산화된 타우 217 단백질과 신경미세섬유 경쇄 단백질neurofilament light chain, 줄여서 NfL의 체내 농도(둘 다 뒤에 설명이 나온다) 등 다른 보완 검사를 함께 받는 것도 좋은 방법이다. 첫 검사에서 GFAP 농도가 낮게 나오고 이후 인지 기능에 의심스러운 증상이 전혀 나타나지 않더라도 5년 주기로 꼬박꼬박 검사받을 필요가 있다.

GFAP 농도가 높게 나오더라도 너무 걱정할 것 없다. 차차 설명할 방법대로 과도한 염증을 해결하면 다시 정상으로 되돌릴 수 있다. 남들보다 건강 관리에 훨씬 신경 썼는데도 농도가 높게 나오기도 한다. 섣불리 사형 선고라도 받은 것처럼 해석하면 안 된다. 높은

GFAP 농도만으로는 인지 기능 저하는 물론 신경퇴행이 일어났다고 할 수 없다. GFAP 농도는 뇌의 염증 상태를 나타내는 지표이고, 염증이 무조건 나쁜 건 아니다. 우리는 이 지구에 사는 동안 건강에 해로운 영향을 숱하게 겪고, 염증은 그럴 때 나타나는 인체의 자연스럽고 건강한 반응이다. 백 세까지 건강한 뇌 수명을 유지하려는 목표를 달성하는 데 우리가 우려해야 하는 문제는 염증이 **증가**하고 그 상태가 **만성적으로** 지속되는 것이다. 따라서 유의미한 증상이 나타나거나 GFAP 검사에서 급증한 수치가 확인되면 (5년 주기가 아닌) 해마다 검사를 받아보는 게 바람직하다. 인지 기능이 저하됐다는 진단을 받은 사람도 저하된 정도와 상관없이 GFAP 검사를 더 자주 받는 게 좋다. 다만 내 경험상 GFAP 농도가 만성적으로 높은 사람이 치료 후 농도가 떨어지기까지는 6개월 정도가 걸리므로, 인지 기능을 회복하려는 노력을 시작한 초기에는 검사 주기를 1년 미만으로 좁혀도 큰 의미가 없다.

인산화된 타우 단백질

나는 뇌의 정교한 신호 전달 체계를 들여다볼 때마다 늘 매혹된다. 그중에서도 뇌에 해로운 영향이 발생하면 '연결 모드'가 '보호 모드'로 즉각 전환되는 과정이 정말 경이롭다. 이 전환 과정에서 신경 안정성에 핵심 기능을 하는 타우라는 단백질의 구조에 변화가 생긴다. 따라서 뇌가 지속적으로 수많은 악영향을 받으면, 구조가 달라진 타우 단백질, 구체적으로는 인산화된 타우 단백질도 자연히 더 많아진다! 뇌에 인산화된 타우 단백질이 늘어났는지는 척수액이나 혈액 검사로 확인이 가능하다.

타우 단백질 농도를 측정해야 한다는 말이 다소 의아할 수도 있다. 아밀로이드 플라크와 엉킨 타우 단백질이 알츠하이머병의 원인이라는 이론에 너무나 큰 관심이 쏠렸고, 지금까지 그 이론을 토대로 알츠하이머병을 해결하려는 시도에 엄청난 시간과 돈, 희망이 투입됐지만 결국 부실한 이론임이 드러났다. 그 과정을 지켜본 나도 크게 절망했다. 아밀로이드 플라크와 엉킨 타우 단백질을 없애면 치매로 고통받는 사람들의 삶의 질이 유의미하게 개선되리라는 추정을 입증하려는 시도들도 거듭 실패했다. 그러나 아밀로이드 플라크와 엉킨 타우 단백질이 알츠하이머병과 진행성 뇌 노화의 중요한 생체 지표인 건 사실이며, 무엇보다 뇌 수명을 백 세 이상 지키고 싶다면 인산화된 타우 단백질을 모니터링하는 것이 큰 도움이 된다.

타우 단백질에는 인산화(인산기와 산소족이 타우 단백질과 결합하는 것)가 일어날 수 있는 부위가 많다. 그중 알츠하이머병과 특이적으로 연관성이 있는 인산화 부위는 타우 단백질 분자의 217번째 아미노산이다(181번째 아미노산의 인산화도 알츠하이머병의 생체 지표로서의 가치가 비슷하게 우수해서 검사에 많이 활용된다. 둘 중 하나만 확인해도 충분하지만, 나는 217번째 아미노산의 인산화를 검사하는 게 더 정확하다고 본다). 타우 단백질의 217번째 아미노산에 인산화가 일어났는지 확인하고자 개발된 초기 검사법들은 감도가 좋지 않아서 알츠하이머병 증상이 나타나고 한참 지난 뒤에야 인산화 여부를 확인할 수 있었다. 하지만, 이제는 감도가 매우 우수한 검사법이 개발돼 증상이 나타나기 훨씬 전에 인산화를 확인할 수 있다(미국 업체 뉴로코드Neurocode가 ALZ패스ALZpath라는 특수 장비와 시모아SIMOA 기술(항원항체 반응을 이용한 기존의 단백질 정량 기술을 더욱 발전시켜, 단일 분자 단위로 단백질을 더욱 정밀하게 검출할 수 있는 기술—옮긴이)을 활용하는 검사를 제공한다). 감도가 더 우수한 검사법도 계속 개발 중이며, 검사의 접근성도 개선 중이다. 2024년에는 전 세계 4개 대륙, 10개국의 전문가들이 한 팀을 이뤄 바늘로 손가락 끝을 한 번 찌르기만 하면 217번째 아미노산이 인산화된 타우 단백질을 확인할 수 있는 혈액 검사법을 공동 개발 중이라고 발표했다. 이들은 이 새로운 검사로 질병과 관련이 있는 타우 단백질의 유무를 97퍼센트의 정확도로 확인할 수 있다고 밝혔다.[17] 비슷한 시기에 정확도와 접근성이 그와 같은 수준으로 우수한 몇 가지 다른 검사법도 개발 중이라는 사실이 알려지는 등, 누구나 더 저렴하고 손쉽게 이용 가능한 검사법을 서로 먼저 개발하려는 업계 경쟁은 이미 시작됐다.

언젠가는 수백만 명이 이렇게 말하는 날이 올 것이다. "아직 증상은 없는데, 인산화된 타우 단백질 농도가 높대. 대책을 세워야 할 때가 된 것 같아." 인산화된 타우 단백질의 검사 결과는 사람들이 뇌의 노화를 막고자 스스로 팔을 걷어붙이는 좋은 동기가 될 것이다. 질병과 연관된 타우 단백질은 애초에 조금도 축적되지 않도록 예방하는 게 가장 좋지만, 인지 기능을 지키려는 노력을 그렇게 시작하는 것도 괜찮은 방법이다. 내가 진료실에서 만나는 사람들은 대부분 인지 기능이 어느 정도 저하된 상태로 찾아오고 심지어 인지 기능이 심각하게 나빠진 사람들도 많지만, 그런데도 치료 후 성공적으로 개선되는 사람이 많다는 사실을 생각하면 더욱 그렇다. 인산화된 타우 단백질을 비롯해 인지 기능과 관련된 다른 생체 지표를 확인하는 검사가 더 확대되면(예를 들어, 아미노산이 각각 40개, 42개로 이루어진 아밀로이드 베타 단백질의 비율도 알츠하이머병과 깊은 연관성이 있으며 217번째 아미노산이 인산화된 타우 단백질과 비슷한 정보를 제공한다) 수백만 명이 더 일찍 조치에 나설 것이고, 그만큼 뇌 수명을 건강하게 지키는 사람들도 훨씬 많아질 것이다.

인산화된 타우 단백질 농도가 증가하기 전에 GFAP 농도가 먼저 급증하는 경우가 대부분이지만 무조건 그런 건 아니다. 이 두 가지 검사 결과는 상호보완적이라고 보는 게 정확하며, 나는 환자들에게 이 두 검사를 비슷한 주기로 받아보라고 권한다. 35세에 처음 검사를 받고, 이후에는 5년마다 검사를 받다가 인지 기능에 특별한 증상이 나타나거나 다른 검사에서 이상이 발견되면 더 자주 검사하면 된다. 35세를 넘긴 지 오래인데 아직 이런 검사를 한 번도 받은 적이 없더라도 낙담할 필요 없다. 이제는 인산화된 타우 단백질을 줄이고 치매를 예방하는 방법들이 방대하게 마련돼 있다. 인지 기능 저하 증상을 오랫동안 겪고 나서야 처음으로 GFAP와 인산화된 타우 단백질 검사 등 다양한 인지 기능 검사를 받고 성공적으로 회복된 사례도 많다. 그러므로 나이와 상관없이 증상이 더 깊어지기 전에 검사를 받자. 증상이 시작되기 전에 받는다면 더더욱 좋다.

신경미세섬유 경쇄 단백질

존스홉킨스대학교의 신경학자 레아 루빈Leah Rubin 연구진은 대학 미식축구팀 선수들이 머리에 반복적으로 충격을 받을 때 뇌가 어떤 영향을 받는지 조사하기로 하고, NfL의 도움을 받기로 했다. NfL의 가운데 f를 소문자로 쓴 건 미국 프로미식축구협회NFL와 구분하기 위해서다. NFL은 선수들이 뇌 손상을 겪는다는 사실을 인정하지 않기로 악명이 높고, 루빈이 진행한 것과 같은 연구가 활발해지던 초창기에는 조사를 방해하기도 했다.[18] 루빈 연구진이 도움을 받은 건 이 단체가 아니라 신경미세섬유 경쇄 단백질이다.

신경세포의 내부를 구조적으로 지탱하는 단백질인 신경미세섬유는 아미노산 사슬 길이에 따라 중쇄NfH, 중간NfM, 경쇄NfL로 나뉜다(아미노산 사슬의 길이에 따라 분자량이 다르고, 사슬이 짧을수록 가벼우므로 '경쇄'라고 한다—옮긴이). 루빈 연구진은 선수들에게 가속도 센서가 내장된 입 보호대를 착용시켜서 한 경기당 머리에 충돌이 발생하는 빈도와 강도를 측정했다. 그리고 혈액 검사로 신경미세섬유 경쇄 단백질의 체내 농도를 확인해서 두 결과를 비교했다. 그러자 머리에 더 빠른 속도로, 더 강한 충돌이 일어날수록 체내 NfL 농도가 증가했다.[19] 머리 손상이 일어나면 거의 **곧바로** NfL이 급증한 것이다.

그런데 NfL 농도는 즉각적인 머리 손상만이 아니라 알츠하이머병, 다발성 경화증, 전두·측두엽 치매, 근위축성 측색경화증을 포함한 일부 신경퇴행질환의 견실한 생체 지표로도 밝혀졌다. 이에 따라 나는 환자들의 인지 기능을 평가하기 위해 진행하는 검사 목록에

NfL 검사를 넣고, 다른 의사들에게도 그렇게 하라고 조언한다. 건강한 상태가 병이 시작되는 상태로 바뀌는 중요한 전환점이 다가오기 전에 혹시 모를 신경학적 문제를 최대한 일찍 파악하고 싶다면 이 검사를 받는 게 좋다.

GFAP 농도로는 뇌의 염증과 회복 상태를 알 수 있고, 217번째 아미노산이 인산화된 타우 단백질로는 뇌가 받은 해로운 영향으로 시냅스를 통한 신호 전달 체계가 무너졌는지(즉 신경세포 간 연결이 끊어지고 사라진 상태인지) 파악할 수 있다. NfL의 농도는 신경에 발생한 **실제** 손상을 나타내는 지표다. 대학 미식 축구팀 선수들을 대상으로 한 연구에서 이 지표로 급성 뇌 외상을 확인할 수 있었듯이, 신경 손상은 만성 염증이나 인산화된 타우 단백질과 무관하게 발생한다. GFAP 검사와 인산화된 타우 단백질 검사는 수치가 높게 나와도 대부분 실제 신경 손상이 일어나기 전에 조치할 기회가 있지만, NfL 검사는 이미 벌어진 손상을 나타내므로 정상 범위를 벗어나는 결과가 나오지 않기를 바라야 한다. 그만큼 NfL 수치가 높게 나오는 것은 매우 심각한 일이지만, 그래도 미리 알면 작은 손상이 더 큰 손상으로 이어지지 않도록 막을 기회가 생긴다.

수많은 해로운 요소들로 인해 오랜 시간 만성적인 뇌 손상이 누적됐는지도 NfL 농도로 알 수 있다. 이런 특성상 NfL 검사는 GFAP 검사나 인산화된 타우 단백질 검사보다 조금 늦게 받아도 되지만, 이 두 가지 검사와 마찬가지로 증상이 나타나기 전에, 건강할 때 첫 검사를 받는 것이 좋다. 뇌의 물리적 외상은 NfL 농도에 큰 영향을 주로, 강한 신체 접촉이 많은 운동을 하거나 뇌진탕 등 뇌 손상 병력이 있는 사람은 더 일찍, 더 자주 검사를 받는 게 좋다.

뇌 스캔 기술

위의 세 가지 생체 지표 검사 외에, 뇌에 관한 정보를 실시간으로 다량 얻는 방법도 생겼다. GFAP 검사로는 뇌에 염증이 있는지 확인할 수 있고, NfL 검사로는 신경세포가 손상됐는지 알 수 있다. 217번째 아미노산이 인산화된 타우 단백질 검사 결과는 뇌의 신호 전달 기능에 알츠하이머병과 관련된 해로운 변화가 일어났는지 알려준다. 대부분 이 세 가지 정보만으로도 조치가 필요한지 판단할 수 있다. 이 세 가지 검사는 뇌 기능을 직접적으로 평가하고, 여기에 먼저 소개한 기본 생체 지표 검사 결과를 더해서 종합적으로 평가하면 뇌 건강 상태를 더욱 확실하게 파악할 수 있다.

그러나 생체 지표의 수치가 '위험' 범위에 들지 않는데도 원인을 알 수 없는 증상이 나타나기도 한다. 그럴 때 MRI나 PET, 단일 광자 방출 컴퓨터 단층 촬영SPECT과 같은 뇌 스캔 기술을 활용하면 뇌 구조에 발생한 실질적인 변화를 엿볼 수 있다.

뇌 스캔으로 해마, 뇌실 등 뇌의 주요 구조가 3차원 공간에서 차지하는 용적을 측정하고 이를 이전 스캔 결과나 의료 기록, 표준과 비교하면 뇌에 관한 중요한 정보를 얻을 수 있다. 또한 혈류가 감소한 곳이나 뇌의 무수한 연결 지점 중 문제가 생긴 곳을 찾아서 더 정확한 진단을 내릴 수 있다.

검사 결과는 지루할수록 좋다

최근 들어 생체 지표 검사가 폭발적으로 늘어나고, 그러한 검사의 이용성도 대폭 확대됐다. 이는 중요한 변화다. 병원에 가서 의사가 이러저러한 검사를 받아야 한다고 하면 무조건 따르는 게 당연시되던 때도 있었지만(미국에서는 그나마도 보통 건강보험의 보장 범위에 들어가는 검사여야 받을 수 있었지만), 앞서 소개한 검사들은 대부분 가정에서 각자 측정할 수 있는 도구가 이미 개발됐거나, 조만간 온라인으로 또는 지역별로 지정된 검사소에서 큰 비용 부담 없이 받을 수 있으리라고 예상된다. 향후 몇 년 내로, 보통 1년간 커피값으로 쓰는 돈보다 적은 비용으로 이번 장에서 언급한 모든 검사를 대부분 받을 수 있게 될 것이다.

마지막으로 강조하고 싶은 검사가 하나 있다. 초반에 소개한 몬트리올 인지 평가다. 이 검사는 무수한 요인이 뇌 건강에 일으킨 영향을 처음 본격적으로 파악할 때 가장 간편한 출발점으로 활용 가능하다. 온라인에 몇 가지 버전이 무료로 제공되므로 언제든 직접 검사를 받아볼 수 있지만, 30대 중반부터는 인지 기능 저하가 의심되는 자각 증상이 전혀 없더라도 심리학자의 전문적인 안내와 진단을 받을 수 있는 인지 검사를 5년 주기로 받아보는 게 좋다. 아무 증상이 없을 때, 일찍 시작하는 게 좋다.

몬트리올 인지 평가의 개발자는 허가받은 전문가에게만 이 검사를 유료로 제공할 수 있는 법적 권한을 준다. 따라서 심리학자라도 아무나 이 검사를 제공하지는 못하지만, 몬트리올 인지 평가와 매우 비슷한 세인트루이스대학교 정신 상태 검사는 무료로 활용할 수 있다. 이 검사도 인지 기능 손상과 치매 진단에 유용하다.[20] 감도가 더 우수한 인지 검사로는 우리 연구진이 임상시험을 진행할 때 몬트리올 인지 평가 결과를 보완하고자 활용한 전산화 신경 인지 기능 검사 Cognitive Neuroscience Society Vital Signs(영문 명칭에는 빠져 있지만, 50종 이상의 임상 평가법을 전산화해 평가하는 검사법이라 국문명에는 '전산화'라는 표현이 들어갔다—옮긴이)가 있다. 인지 기능의 평가 범위를 동적으로 확장한 검사법이다. 그 외에 미국에서는 케임브리지 코그니션Cambridge Cognition이 개발한 디지털 인지 기능 평가 플랫폼 브레인체크BrainCheck도 인지 기능에 관한 연구와 임상 현장에서 활용된다. 인지 기능의 이상이 의심되는 증상이 있거나 인지 기능이 크게 손상된 상태에서도 활용할 수 있는 효과적인 검사도 많다. 어떤 검사를 택하든 인지 기능을 **처음** 점검하기에는 유용하지만, 그걸로 끝내면 안 된다. 인지 기능이 건강하다는 결과를 꾸준히 받은 사람도, 이러한 검사는 모두 뇌의 노화와 질병의 **증상**을 측정하는 검사라는 사실을 기억해야 한다. 우리의 목표는 그런 증상이 나타나기 전에 대처하는 것이다! 이번 장에서 소개한 생체 지표 검사도 마찬가지다.

원한다면 지금 이용할 수 있는 인지 기능 검사를 **모조리** 받아볼 수도 있다. 파산하는 한이 있더라도 모든 돈을 쏟아부어서 그렇게 할 수도 있지만, 이번 장에서 자세히 소개한 검사들로도 충분하다. 나이 들면 원래 다 그렇다고 안심시키며 현실을 부정하게 만드는 악마의 속삭임이 시작되기 훨씬 전에 인지 기능의 문제를 거의 다 찾아낼 수 있다는 의미다. 그 사악한 속삭임이 아닌 우리 뇌가 알려주는 증거에 기꺼이 귀를 기울이는 한, 뇌를 지키는 여러 겹의 철저한 방어막을 슬그머니 뚫고 갑자기 증상이 나타날 확률은 희박하다. 인지 기능 저하를 방지하는 것도, 이미 나빠진 기능을 회복하는 것도 이제는 그리 어려운 일이 아니다. 물론 아무 노력도, 조치도 없이 가만히 있는다고 나빠진 기능이 좋아질 리는 없다.

페르시아만에 파견된 항공모함에서 근무했던 한 친구는 당시 전투정보실에서 레이더로 해상의 모든 선박을 감시하고 정찰기에서 보내는 보고들과 다른 정보원에서 나오는 정보들을 종합하던 이야기를 들려줬다. 그는 이 방대한 모니터링 네트워크가 제대로 돌아가려면 그 모든 정보가 전부 모이는 중심점인 자신이 집중력을 유지하고 위협이 될 만한 요소를 찾아내야 했다고 말했다. 상급자들도 이 친구에게 위험 요소를 하나라도 놓치면 수천 명의 목숨이 위태로워질 수 있다고 경고했다. 끝없이 쏟아져 들어오는 정보 속에서, 친구는 가장 큰 위협이 될 만한 징후를 포착하는 데 거의 모든 신경을 집중했다. 대체로 '모두 이상 없음'을 나타내던 지표들에 간간이 한두 가지 변화가 생기면, 다른 정보원에게서 나온 데이터를 찾아서 정말 문제가 되는 사안인지 재차 확인했다. 우려할 만한 사항으로 확인돼 상부에 보고한 일도 가끔 있었다. 그러나 미국의 항공모함과 전투 부대가 지키고 있다는 사실을 뻔히 알면서 큰 사고를 치는 정신 나간 사람들은 거의 없었다. 그래서 내 친구는 대부분의 시간을 지루하게 보냈지만, 그건 좋은 일이었다.

여러분의 인지 기능 검사도 그렇게 되기를 바란다. 지루할 정도로 특별할 게 없는 결과가 나올수록 좋다. 그러려면 검사 결과에 조금이라도 우려할 만한 징후가 나타날 때 적극적으로 조치하는 게 중요하다. 그보다 더 좋은 건 검사 결과에 뭔가 이상한 조짐이 나타나기 전에 문제가 될 만한 요인을 대부분 없애는 것이다. 이 책의 나머지 부분은 바로 그 전략을 집중적으로 설명한다.

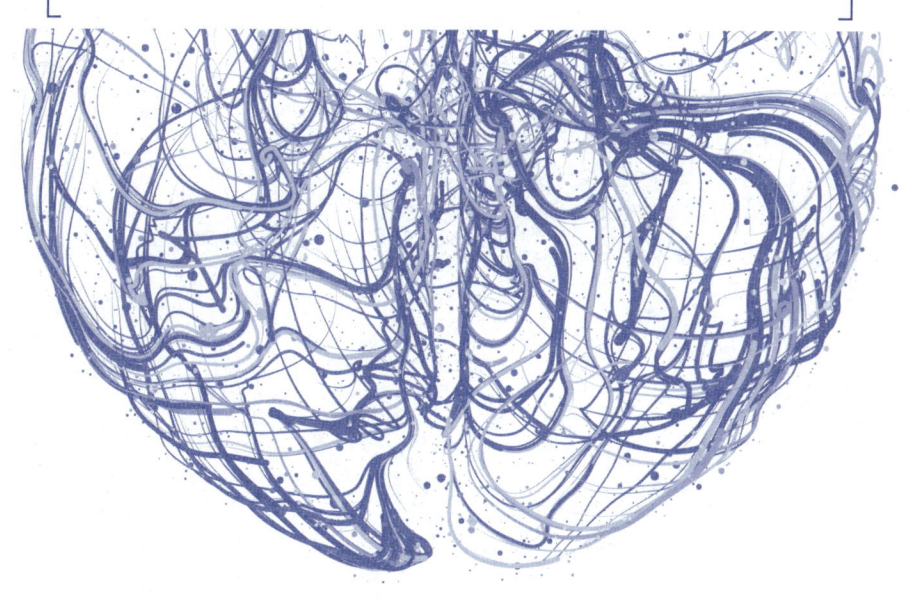

7
뇌가 좋아하는 식생활

> 입에 들어갈 음식이 있는 동안에는 해결할 문제도 없다.
>
> 프란츠 카프카 Franz Kafka

　우리 가족은 두 딸 타라와 테스가 각각 대여섯 살, 서너 살일 때 캘리포니아 남부에 살았다. 동그란 원반 모양 그네에 아이들을 태우고 밀어주며 몇 시간씩 놀던 기억이 난다. 그네에 앉은 아이들은 거의 직각에 가깝도록 날아오르며 깔깔 웃음을 터뜨리곤 했다. 차고 문을 골대 삼아 온 가족이 축구도 하고, 아이들이 세발자전거에서 시작해 나중에는 두발자전거로 진입로를 오가는 모습을 지켜보기도 했다. 세상이 우리에게 준 선물과도 같은 아이들의 웃음소리가 내내 끊이지 않았다. 그 시절 우리 집 마당에는 네이블오렌지 나무 다섯 그루가 있었다. 그때는 모두가 그랬듯이, 나도 갓 짠 오렌지주스가 몸에 좋다고 생각했다. 우리 가족도 마당의 농구 골대를 지나면 우뚝 서 있던 오렌지 나무에서 바로 열매를 따다가 즙을 내서 잔뜩 마시곤 했다.

　지금 아는 걸 그때도 알았더라면, 오렌지주스를 짜는 대신 다른 일을 하면서 시간을 보냈을 것이다. 오렌지주스 한 컵에는 오렌지가

4개 정도 들어간다. 오렌지 하나에 당이 12그램 정도 들어 있으므로, 한 컵을 다 마시면 당을 50그램 정도 먹는 셈이다. 그 당분의 절반은 자당, 4분의 1은 포도당, 나머지 4분의 1은 과당이다. 모두 천연 당이지만, 과육과 섬유질은 다 버리고 그렇게 즙만 짜서 마실 때 우리 몸에서 일어나는 생화학적 반응은 설탕으로 단맛을 낸 다른 음료를 마실 때와 별 차이가 없다.[1] 장기적인 영향은 똑같이 나쁘다는 연구 결과도 있다.[2]

심지어 그 시절에는 아이들이 마시는 음료에 어른이 직접 반짝이는 하얀 정제 설탕을 잔뜩 넣어서 주기도 했다. 탄산음료가 장기적으로 건강에 얼마나 해로운지 다 밝혀진 지금, 그때를 떠올리면 나도 모르게 움찔한다. 요즘도 아이들이 그런 음료를 마시는 모습이 보이면 깜짝 놀란다. 하지만 예전에는 나도 우리 아이들에게 그런 걸 먹이곤 했다. 과일에서 짜낸 즙이 몸에 좋은지, 해로운지는 오랜 논쟁 끝에도 아직 풀리지 않은 의문이 많지만,[3] 내게는 답이 자명하다. 인류는 과일을 그런 식으로, 즉 물과 순수한 설탕을 섞은 거나 다름없는 음료로 먹고 살도록 진화하지 않았다.

우리 뇌와 몸을 건강하게 보호하는 방법에 관한 새로운 지식이 늘어나는 건 환영할 일이다. 우리가 먹고 마시는 음식의 단기적인 영향과 장기적인 영향, 그것이 우리 건강에 주는 영향에 관해서도 꽤 많은 정보가 쌓였다. 물론 지금까지 밝혀진 정보가 다 완전하지는 않고 앞으로 훨씬 더 많은 사실이 밝혀지겠지만, 현재까지 쌓인 근거들을 종합해서 어떤 식생활이 뇌 수명을 지키는 데 유익한지 어느 정도 상식적인 결론을 내릴 수 있다. 의도는 좋았어도 큰 실수로 판명 난 지난 일들을 이제 와서 되돌릴 수는 없다. 하지만 "익숙해서", "좋은 추억이라서", "지금까지 그렇게 먹고 살아도 멀쩡하니까"와 같은 이유로 해로운 습관을 버리지 않는 건 부끄러운 일이다.

이번 장은 부디 마음을 열고 읽기를 바란다. 평생 고수한 식생활, 사랑하는 이들의 식사를 챙겨준 방식이 뇌를 해친다고 지적당할 수도 있다. 우리는 건강에 해로운 음식을 완벽하게 피하기가 너무나도 힘든 세상에 살고 있다. 그러므로 내 설명은 "제대로 좀 하라"는 훈계가 아님을 미리 밝힌다. 지난 과거를 한탄하기보다 앞으로 나아갈 길을 새로 만들어가는 데 요긴한 정보를 제공하는 게 내 바람이다. 어쨌거나 우리 일생에서 더 나은 방향으로 바꿀 수 있는 건 다가올 미래밖에 없다. 음식이 뇌에 끼치는 영향을 바꾸는 건, 우리 스스로 보다 나은 미래를 만들 수 있는 가장 강력한 방법이다.

우리의 목적지인 늙지 않는 뇌로 가는 길은 여러 갈래지만, 가장 좋은 출발점은 뇌 기능을 지키는 식생활로 최대한 빨리 바꾸는 것이다. 식생활 이야기에도 지금까지 살펴본 중요한 요소가 그대로 등장한다. 뇌의 기능을 강화하고 보호하는 여섯 가지 주요 요소인 에너지 공급, 염증, 독성물질, 뇌 기능에 필요한 영양 공급, 신경전달물질, 스트레스를 중심으로, 시냅스 기능을 생화학적으로 최적화하는 식생활이 핵심이다. 인체의 영양, 특히 무엇을 언제 먹느냐는 이 모든 요소에 긍정적인 영향을 준다.

누구에게나 효과적인 '만병통치약' 같은 식생활은 없다는 말을 많이 들었을 것이다. 우리 한 명 한 명은 유전학적으로 모두 다르므로 건강에 이로운 식생활도 사람마다 다르다는 의미인데, 넓게 보면 맞는 말이지만 그렇게 압축하기에는 무리가 있다. 특정한 상황마다 건강에 도움이 되는 식생활이 다양한 건 사실이다. 예를 들어, 고기만 먹는 식단은 대다수에게 권장할 만한 식생활이 아니지만, 자가면역질환을 앓는 환자들에게는 도움이 된다.[4]

하지만 인지 기능을 최적화하고 뇌 기능을 보호하는 우리의 목표를 달성하는 데 큰 도움이 될 만한 식단은 한 가지로 정리할 수 있다. 바로 채식의 비중이 크고(채식만 하는 게 아니다), 적당한 케톤 형성을 유도하는 식단이다. 이 식단의 구체적인 특징은 다음과 같다.

- 식물영양소(폴리페놀polyphenol, 안토시아닌anthocyanin 등)를 다량 섭취한다.
- 식이섬유(수용성, 불용성 모두)를 다량 섭취한다.
- 아보카도, 견과류, 씨앗 등에 함유된 단일 불포화지방과 오메가-3 지방을 다량 섭취한다.
- 곡류, 유제품은 먹지 않는다.
- 단순 탄수화물은 먹지 않는다.
- 수은 오염도가 낮은 야생 어류(참치, 창꼬치고기, 상어는 제외), 풀을 먹고 자란 닭에서 얻은 고기와 달걀, 풀을 먹고 자란 소에서 얻은 고기를 섭취한다.
- 방울양배추, 양배추 등 십자화과 채소를 섭취해서 해독 효과

를 얻는다.
- 살충제, 제초제가 사용된 채소는 먹지 않고 유기농 잎채소를 다량 섭취한다.
- 비트, 사워크라우트 등 발효한 채소를 적당량 먹는다.
- 잠자리에 들기 전 최소 3시간, 저녁 식사 후 다음 날 아침 식사나 늦은 아침 겸 점심 식사 전까지 최소 12시간 공복을 유지한다.

인지 기능이 저하된 수많은 사람이 우리가 케토플렉스 12/3 KetoFLEX 12/3이라고 부르는 이 식단을 실천한 후 건강을 회복했다. 그래서 나는 이 식단이 뇌 수명을 건강하게, 오래 유지하기 위한 좋은 출발점이라고 믿는다. 그 이유를 자세히 설명하면 이렇다.

- 현재 미국 인구의 약 4분의 1에 해당하는 8천만 명 이상이 인슐린 저항성 문제를 겪는다. 또한 인체의 주요 에너지원 두 가지를 모두 유연하게 활용하지 못한다. 뇌가 기름이 떨어져 시동이 꺼지기 일보 직전인 자동차와 같은 상태다! 탄수화물 섭취를 줄이면 인슐린 반응성이 회복되고, 체내 인슐린 농도가 감소하면 다시 케톤이 형성돼 대사 기능이 유연해진다.
- 양질의 지방과 단백질을 섭취하면 혈당 지수가 급변하는 문제가 해결된다. 즉 그래프로 나타냈을 때 뇌의 노화를 나타내는 급격한 증가세와 감소세가 모두 사라진다.

- 수용성, 불용성 식이섬유는 장내 미생물군의 먹이가 된다. 그 결과 장 내벽이 튼튼해지고 인체의 지질 구성과 혈관질환도 개선된다. 혈당의 급격한 변화도 완화한다.
- 십자화과 채소를 섭취하면 글루타티온^{glutathione} 농도가 증가하여 해독에 도움이 된다.
- 다채로운 색깔의 채소와 과일을 많이 섭취하면 인체를 보호하는 항산화 물질을 얻을 수 있다.
- 발효 채소에는 프로바이오틱스가 함유돼 있어 장내 미생물군이 더욱 건강해진다.
- 단순 탄수화물을 섭취하지 않는 식단이므로, 구강 미생물군이 개선돼 인지 기능 저하의 중대한 위험 요인 중 하나인 치주염이 감소한다.
- 이 식단으로 티아민[비타민 B_1], 콜린[비타민 B_4], 피리독신^{pyridoxine}[비타민 B_6], 엽산[비타민 B_9], 코발라민^{cobalamin}[비타민 B_{12}], 비타민 C, 비타민 D, 비타민 E, 마그네슘 등 뇌 건강에 꼭 필요한 비타민과 무기질, 영양소를 모두 공급할 수 있다.
- 오메가-3 지방을 섭취하면 염증과 혈관질환이 감소한다. DHA는 시냅스 형성을 돕는다.

식단 하나로 이 모든 효과를 얻을 수 있다는 게 허풍처럼 들릴 수도 있다. 하지만 사실이다. 내가 이 부분을 쓴 오늘만 하더라도 뇌 건강 코치들과 화상 회의로 이 식단 이야기를 나눴다. 모두 많은 환자의 인지 기능 개선을 도운 의사들과 함께 일하는 코치들이었다.

회의 중에 한 코치가 인지 기능이 감소한 어느 남성 환자의 이야기를 꺼냈다. 인슐린 저항성을 측정하는 지표 중에 항상성 모델 평가 HOMA-IR가 있는데, 이 지표는 점수가 1.2보다 낮아야 정상으로 간주한다. 그 코치가 말한 환자의 점수는 3.47이고 공복 인슐린 농도도 목표 범위인 3.0~5.5를 크게 웃도는 13.8이라고 했다. 공복 혈당도 목표 범위인 70~90보다 훨씬 높은 102였다. 인슐린 저항성이 심각한 상황이었다.

이 환자는 채식을 실천 중이라고 했으므로, 의사들은 대부분 식단에는 문제가 없다고 여겼다. 하지만 우리 팀이 보기에는 여러 검사 데이터상 이 환자는 뇌가 건강하게 기능하려면 꼭 필요한 많은 요소가 부족한 상태였다. 대사 기능이 유연하지 않아 케톤도 형성되지 않았다. 알고 보니 이 환자는 그간 수면 무호흡증을 앓고 있었다. 수면 무호흡증은 탄수화물의 비중이 큰 식단이 일으킨 염증이 원인인 경우가 많다. 이 환자는 생물독소에도 노출된 사실이 확인됐는데, 십자화과 채소를 섭취하면 해독에 도움이 된다. 이런 사실을 종합하면, 이 환자가 치료를 받고 있는데도 왜 개선되지 않고 점점 더 나빠지는지, 이런 상황을 해결하려면 무엇을 해야 하는지 알 수 있었다. 내가 보기에 인슐린 민감도를 회복하고 뇌에 공급되는 에너지가 향상되려면, 채식 비중이 높으면서 케톤이 적당량 만들어지는 식단이 필요했다.

"삶은 즐겁고, 죽음은 평화롭다. 그 둘 사이의 전환기가 문제다." 저술가 아이작 아시모프$^{Isaac\ Asimov}$가 한 말이다. 케토플렉스 12/3 식단을 시작하는 사람들도 그와 비슷하게 느끼는 경우가 많다. 꾸준히 실천하면 결국에는 컨디션이 좋아지고 인지 기능이 개선되며 뇌 건강을 보호할 수 있지만, '표준 미국 식단$^{Standard\ American\ Diet,\ SAD}$'이라 불리는 미국인의 일반적인 식생활을 새로운 식단으로 바꾸는 과정은 괴로울 수 있다.

그 전환이 힘들게 느껴지는 이유는, 표준 미국 식단이 **인지 기능**이 아니라 식품의 **판매량**을 늘리게끔 진화했기 때문이다. 앞서 설명한 대로 인류는 내구성보다 필요한 기능이 선택적으로 강화되도록 진화했으므로, 생존과 인지 기능을 장기적으로 지키기보다 단기적으로 필요한 기능부터 우선시하는 게 우리 몸의 타고난 특성이다. 거대 식품업계는 바로 이 점을 상업 전략으로 활용했다. 단순 탄수화물이 코카인이나 니코틴, 알코올만큼 중독성이 강한 이유도 그래서다.[5] 그런 음식은 뇌, 심장, 혈관, 신장 건강에 전부 해로운데도 끊기가 너무나 어렵다. 우리는 설탕에, 초가공식품에 중독된 채로 살아간다! 하지만 꼼짝없이 붙들려 있어야만 하는 건 아니다.

너무 심한 중독에 빠져서 도움이 꼭 필요한 사람들도 있다. 실제로 '익명의 알코올 중독자들'을 본뜬 '익명의 설탕, 탄수화물 중독자들' 같은 온라인 공동체도 생겼다. 이 공동체에서는 총 열두 단계로 설탕과 건강에 해로운 탄수화물을 끊고 그 상태를 유지하고자 서로 협력한다. 표준 미국 식단에서 뇌 기능을 최적화하는 케토플렉스 12/3 식단으로 바꾸는 건 쉬운 일이 아니지만, 이 전환을 시작한 대다수는 그런 도움 없이도 새로운 식단에서 느낄 수 있는 다양한 풍미와 이점을 결국 진심으로 즐기게 된다. 꾸준한 실천으로 해마의 시냅스 밀도가 증가하는(즉 기억력이 향상되는) 추가적인 이점을 누리기 전에 이미 이 식단을 좋아하게 되기도 한다.

식생활을 바꾸는 건 당연히 힘들다. 하지만 대부분 할 수 있음을 안다. 인지 기능이 나빠진 사람들도 뇌를 보호하는 식단에 잘 적응하는 모습을 거듭 지켜보면서 내린 결론이다. 심지어 의지상실증이라는 심리적 증상을 겪은 사람들도 해냈다. 우리가 어떤 목적을 이루려면 무엇을 어떤 순서로 해야 하는지 파악하고 실행에 옮기는 과정이 필요한데, 의지상실증은 생각을 길게 할 수 없어서 그 과정을 마치지 못해 의지력을 상실하는 것을 말한다.[6] 임상에서 발견되는 의지상실증은 증상의 정도가 광범위한데, 경험상 인지 기능이 저하되기 시작하는 초기 단계에도 이 문제가 증상으로 나타나 의지력을 예전만큼 발휘하지 못하는 사람들이 있다. 그런 사람들도 식생활을 바꿀 수 있으므로, 나는 누구나 할 수 있다고 믿는다.

막상 인지 기능이 나빠지고 증상이 나타나면 뇌를 구할 수 있는 변화에 더 적극적으로 나선다. 그러나 뇌가 그만큼 손상되기 전에 식생활을 바꾸는 게 훨씬 수월하다. 건강한 식생활로 일찍 바꾸면 인지 기능이 나빠지는 일을 **전혀** 겪지 않을 확률이 대폭 커진다. 나는 여러분이 이 책에서 소개하는 뇌 건강 원칙을 전부 실천하기를 바라지만, 한 가지 알려주고 싶은 사실이 있다. 뇌 수명에 도움이 되는 다른 노력은 아무것도 하지 않고 오로지 뇌 건강에 좋은 식생활만 철저히 지키는 사람들도 최종 목적지인 늙지 않는 뇌에 꽤 가까이 다가간다는 점이다.

채식 위주의 식생활이 뇌에 좋은 이유

채소, 과일, 견과류, 씨앗, 콩류 중심의 식단이 몸에 좋다는 사실을 이 책에서 처음 알게 된 사람은 아마 거의 없을 것이다. 예전에도 많이 들었을 것이고, 앞으로도 곳곳에서 줄기차게 듣게 될 것이다. 심장질환 위험성 감소[7]부터, 당뇨병 예방,[8] 암 발생 위험성 감소[9]까지, 채식 위주의 식생활이 건강에 장기적으로 주는 영향은 지금까지 그 어떤 식단보다 철저히 연구됐다. 그러니 혹시 이번 장은 '슬쩍 건너뛰기로' 했다면, 식생활은 뇌 건강에 필수임을 기억하고 절대 그냥 지나치지 않기를 바란다. 식물을 많이 먹고 동물 단백질은 적게 먹는 게 왜 뇌 건강에 특별히, 특이적으로 중요한지는 시간을 들여 살펴보고 생각할 만한 가치가 분명 있다.

한 가지 유념할 점은, 채식 위주의 식생활과 '엄격한 채식주의(비건)' 또는 '채식주의'는 다르다는 것이다. 고기를 식단에서 완전히 제외한다고 마법 같은 변화가 일어나지는 않는다. 그 기준에서는 애플 잭 시리얼도 비건 식품이고, 프리토스 과자도 비건 식품이다. 허쉬 초콜릿 시럽, 코카콜라도 마찬가지다. 미국 오리건주 포틀랜드에는 간판에 '비건 불량식품'이라고 떡하니 써 붙인 식당이 있다. 동물성 재료는 전혀 들어 있지 않은 핫도그와 산더미처럼 쌓은 나초, 체더치즈 맛 소스에 버무린 마카로니 같은 메뉴를 주문할 수 있는 곳이다. 믿을 만한 소식통에 의하면 이 식당에서 파는 음식은 전부 맛이 좋다고 한다. 하지만 식당 주인이 가게 이름으로도 밝혔듯이 비건 식품이 무조건 건강에 좋은 건 아니다. 전혀 그렇지 않다.

신선한 과일과 채소, 견과류, 씨앗, 콩류 중심의 비건 식단이라면 뇌 건강에 좋은 식단이 맞다. 마찬가지로 꼭 비건이 아니라도 일반적인 채식주의나 해산물은 섭취하는 채식주의 식단, 그 외 채식과 육식이 혼합된 어떤 식단이든 채식이 큰 비중을 차지하고, 뇌 기능에 필요한 모든 영양소를 공급할 수 있으면 뇌 건강에 좋은 식단이다. 핵심은 동물 유래 식품보다 식물을 훨씬 더 많이 먹는 것이다. 내가 권장하는 채식 비중은 전체 섭취 열량의 최소 80퍼센트다. 대체로 그렇고, 몇 가지 예외도 있다. 그 내용은 이번 장 뒷부분에서 자세히 설명하기로 하고 지금은 채식의 다양한 이점부터 알아보자.

왜 채식이 뇌 건강에 그토록 중요할까? 이 질문의 '가장 간단하고 확실한 답'은, 채식이 몸 전체 구석구석에 이롭기 때문이다. '하위 시스템들로 구성된 하나의 시스템'인 인체에서 뇌는 가장 중요한 시스템이고, 그 표현 그대로 혼자 뚝 떨어져 있는 게 아니라 다른 여러 시스템과 연결돼 있다. 식생활에서 채식의 비중이 높아져서 심장 건강이 개선되면(그냥 가정이 아니라 정말로 그런 효과가 있다[10]) 뇌에도 그 영향이 미친다. 채식을 늘려서 전신 염증이 감소하면(이것도 진짜다[11]), 그 결과 역시 뇌에 영향을 준다. 인체 모든 부분이 마찬가지다!

채식이 뇌에 직접적으로 주는 영향 또한 매우 강력하다. 특히 과일과 채소에 듬뿍 함유된 항산화 물질의 영향이 크다. 세포 대사 과정에서 자연적으로 발생하는 자유 라디칼free radical은 세포막의 지질 등 인체의 여러 분자를 망가뜨릴 수 있는데, 우리가 음식에서 얻는 항산화 물질은 이 불안정한 분자를 파괴한다. 몸 전체로 보면 지질의 비율이 15퍼센트에 불과하지만, 뇌만 따로 떼서 보면 무려 50퍼센트 정도가 지질이다. 뇌가 우리 몸의 어떤 곳보다 산화 스트레스에 취약한 이유와 항산화 물질이 뇌 기능의 보호, 유지, 개선에 핵심적인 기능을 하는 주된 이유를 모두 알 수 있는 특징이다.[12] 다행히 이런 항산화 물질을 잔뜩 공급하는 방법은 아주 간단하다. 식단의 세부 구성이 어떻든 채식의 비중이 크면 된다(그래도 구체적인 조언을 원한다면, 아티초크, 콩류, 베리류, 브로콜리, 당근, 잎채소, 견과류가 특히 항산화 물질이 많은 식품으로 꼽힌다).

채식으로 항산화 물질을 얻는 게 좋은 주된 이유 중 하나는, 식물의 항산화 물질 중 상당수가 폴리페놀의 주요 원천이기 때문이다. 자연적으로 생성되는 화합물인 폴리페놀은 인체를 병원체와 자외선의 영향으로부터 보호하고, 자유 라디칼을 중화한다. 게다가 폴리페놀은 항산화 물질일 뿐만 아니라 면역 기능을 강화하고 항염 작용도 한다.[13] 폴리페놀이 그러한 효과를 발휘할 수 있는 건 분자 크기가 작아 혈액뇌 장벽을 통과할 수 있기 때문일 가능성이 크다. 혈액뇌 장벽은 중추신경계를 보호하는 세포 방어벽으로, 뇌에 이로운 분자라도 크기가 크면 이 벽을 뚫지 못한다. 폴리페놀은 지금까지 수천 가지가 발견됐고 아직 발견되지 않은 종류도 수천 가지에 이를 것으로 추정된다. 그중 지금까지 가장 많이 연구된 폴리페놀이 뇌 건강에 어떤 영향을 주는지 살펴보면 상당히 놀랍다. 안토시아닌(블루베리, 체리, 가지, 자두, 석류, 색이 짙은 당근, 적색 양배추 등 청색, 보라색 과일과 채소에 함유돼 있다), 카테킨catechin(코코아, 녹차), 플라본flavone(사과, 브로콜리, 케일, 양파, 토마토), 이소플라본isoflavone(병아리콩, 깍지째 먹는 풋콩, 땅콩, 대두), 페놀산phenolic acid(사과, 베리류, 감귤류, 자두, 망고), 스틸베노이드stilbenoid(블루베리, 포도, 땅콩, 오디, 라즈베리), 커큐미노이드curcuminoid(강황, 커리 분말)의 섭취량이 증가하면 각성도, 주의력, 집중력, 학습력, 기억력을 포함한 인지 기능이 강화된다는 사실이 연구로 일관되게 밝혀졌다.[14]

이로운 성분을 하나하나 따져가며 먹어야 하나, 싶어서 버겁게 느껴질 수도 있지만 그럴 필요가 없다. 하루에 섭취하는 열량 중에 생으로, 또는 살짝 익힌 식물로 섭취하는 열량이 대부분을 차지하면 된다. 식물을 그렇게 먹으면 풍미도 좋으므로 매일 여러 종류를 다양하게 즐기며 섭취하면 폴리페놀을 꾸준히, 충분하게 얻을 수 있다. 뇌 건강에 가장 이로운 식물의 종류(그리고 섭취량)에 관한 훌륭한 조언도 많지만, 내 생각에는 일단 식생활에서 폴리페놀을 충분히 섭취하는 가장 좋은 첫걸음은 스키틀즈 사탕의 오랜 광고 문구처럼 "무지개처럼 다채로운 맛"을 즐기는 것이다. 설탕과 옥수수 시럽, 각종 화학 첨가물이 들어 있는 이 사탕이 뇌 기능을 강화하고 보호한다는 게 아니라, 형형색색의 스키틀즈 색깔처럼 다양한 색깔의 식물을 섭취하라는 의미다.

　예를 들어, 하루 동안 하얀 무와 노란 복숭아, 빨간 라즈베리, 보라색 양파, 녹색 아보카도를 골고루 먹는 것도 무지개처럼 다채로운 채소를 먹는 좋은 방법이다. 그리고 다음 날에는 하얀 콜리플라워와 노란 피망, 빨간 딸기, 보라색 양배추, 녹색 방울양배추를 먹고, 그다음 날은 하얀 버섯, 노란 레몬, 빨간 비트, 보라색 가지, 녹색 오이를 먹는다. 어떻게 하면 되는지 감이 좀 잡힐 것이다. 내가 예로 든 채소와 과일을 하나하나 따지면 전부 폴리페놀이 잔뜩 들어 있는 건 아니지만, 이런 전략을 꾸준히 실천하면 무수한 폴리페놀을 부족함 없이 섭취할 수 있다.

　예시에 과일이 꽤 많이 포함된 점이 의아할 수도 있는데, 분명히 밝히건대 과일이 없어야만 뇌 건강에 좋은 식단은 아니다. 자전거를 타고 언덕을 오르는 이야기에서도 설명했듯이 '언덕을 오를 수 있는 에너지'를 얻되, 너무 과해서 대사 조절에 이상이 생겨 타이어에 펑크가 나는 사태가 일어나지 않도록 균형을 유지하는 게 인지 기능 저하를 막는 핵심이다. 그래서 나도 건강에 이롭고 혈당 지수가 낮은 유기농 과일(특히 파인애플 같은 열대과일을 제외한 베리류)을 즐겨 먹는다. 이제는 오래전 내가 아이들과 우리 집 마당에서 바로 따서 먹던 오렌지처럼 달콤하고 즙도 풍부한 맛있는 오렌지를 구하기 힘들지만, 오렌지를 먹는 것 자체는 문제가 없다고 생각한다. 단, 즙만 내서 마시지 말고 전체를 다 먹어야 식이섬유까지 빠짐없이 얻어서 과일이 혈당에 주는 영향도 크게 줄일 수 있다.

우리 뇌가 필요로 하는 당은 베리류, 살구, 복숭아, 체리, 아보카도처럼 혈당 지수가 낮은 과일로 충분히 얻을 수 있고 잎채소, 콩류, 렌틸콩, 브로콜리, 방울양배추, 호박 등 천연 당의 함량이 매우 낮을 뿐만 아니라 체내에서 분해돼 혈당에 영향을 주기까지 시간이 훨씬 오래 걸리는 무수한 채소로도 얻을 수 있다.

단백질은 어떻게 먹어야 할까

비건 식단과 육류를 어느 정도 섭취하는 식단 중 어느 쪽이 건강에 더 이로운지는 아직 확실한 결론이 나지 않았다.[15] 비건 식단이 더 이롭다고 하더라도, 그와 별개로 전 세계 인구 대부분은 고기를 먹으며 산다. 또한 대다수에게 육류는 생존의 필수 요건인 모든 필수 아미노산을 가장 간편하고 가장 저렴하게 얻는 수단이다. 그러나 육류라고 해서 다 똑같지는 않으며, 뇌에 끼치는 영향은 더욱 그렇다. 육류의 품질과 섭취량이 모두 중요하다.

먼저 품질부터 살펴보자. 이 일을 시작한 초창기에, 수년간 일주일에 여러 번 먹을 정도로 참치회에 푹 빠진 환자와 만난 적이 있다. 그는 다른 병원에서 알츠하이머병 초기라는 진단을 받았다고 했다. 원인은 알 수 없으며, 효과가 미미한 치료제를 써보는 것 외에는 방도가 없다는 말도 들었다고 했다. 가망 없으니 포기하는 수밖에 없다고 결론 내려진 수많은 환자 중 하나였다. 하지만 우리 팀이 그의 체내 독소를 확인한 결과(11장에서 자세히 다룬다), 수은 농도가 평균적인 수준을 훌쩍 넘어섰다. 또한 일부 곰팡이가 만드는 생물독소인 곰팡이독소 농도도 높았다.

그 많은 수은은 다 어디서 왔을까? 참치는 수은 농도가 높은 어류이므로, 그간 먹은 참치회가 가장 유력한 범인이었다. 치매가 한 가지 악영향으로 발생하는 경우는 드물지만, 이 환자는 그게 큰 영향을 준 것이 분명했다. 그리고 해결할 수 있는 문제였다. 식생활을 바꾸고 독소가 제거되자, 이 환자의 인지 기능은 크게 개선됐다.

모든 생선이 뇌 건강에 나쁜 건 아니다. 전혀 그렇지 않다. 참치, 상어, 창꼬치고기 등 입이 커다랗고 수명이 긴 어류는 생체 조직에 수은이 많이 축적되므로, 이런 어류를 많이 먹으면 다량의 수은에 노출된다. 그러나 연어, 고등어(삼치는 제외), 멸치, 정어리, 청어 등 크기가 작은 어류는 소화가 잘될 뿐만 아니라 우리 몸에 빠르게 흡수되고 뇌 건강에도 좋은 지방이 함유돼 있다. 또한 각종 필수 비타민과 무기질 농도도 높고 수은 함량은 낮다. 생선은 오염물질이 가득한 물에서 키운 양식 어류보다 자연에서 어획된 것을 강력히 권장한다.

풀을 먹고 자란 닭과 소에서 얻은 고기, 달걀도 훌륭한 단백질 섭취원이다. 각종 영양소가 농축된 사료를 먹여 키운 동물은 생체 조직에 일일이 다 거론하기 힘들 만큼 다양한 독성물질이 있고, 병원체도 많다. 풀을 스스로 뜯어 먹을 수 있는 환경에서 자라지 않은 닭은 생체에 비소가 있고 살모넬라 같은 병원균에 오염됐을 가능성이 크므로, 먹지 말아야 한다. 소도 마찬가지다. 스스로 풀을 뜯어 먹을 수 있는 환경이 제공되지 않고 사육된 소의 소고기에는 인체에 염증을 일으키는 지방이 많다. 그러한 환경에서 사육된 닭이 낳은 달걀에서는 때때로 난연제가 검출되며 일부는 살모넬라도 검출된다.

육류의 섭취량 문제는 품질만큼 간단하지 않다. 단백질을 적게 먹어야 수명이 길어진다고 알려져 있으나, 대신 치매 위험성이 증가한다.[16] 여기서도 오랜 옛날부터 인류의 뇌 기능을 보호하는 방향과 기능을 강화하는 방향이 맞부딪힌다는 점이 여실히 드러난다. 단백질이 함유된 식품이 뇌에 중요한 건 분명한 사실이다. 다양한 신경전달물질과 신경조절물질이 만들어지려면 트립토판tryptophan, 티로신tyrosine, 히스티딘histidine, 아르기닌arginine과 같은 아미노산이 있어야 하고, 이런 아미노산이 공급되지 않으면 중추신경계는 기능하지 못한다.[17] 동시에 단백질은 'mTOR'이라는 효소를 활성화하는데, 이 효소는 세포 성장에 중요한 역할을 하므로 노화를 촉진할 수 있다. 종합하면 단백질은 균형 있게 적정량을 섭취하는 게 중요하며, 여러 요인으로 인해 이 균형점은 사람마다 각양각색이다.

균형을 고려한 일일 단백질 섭취 권고량은 체중 1킬로그램당 하루 0.8그램에서 2.2그램 정도다. 최근 설치류를 대상으로 한 연구에서는 하루 섭취 열량의 35퍼센트를 단백질로 섭취하면 대사 기능을 나타내는 여러 지표가 최상이 된다는 결과가 나왔다.[18] 하루에 2천 칼로리를 섭취하는 사람을 기준으로 하면 하루에 단백질 175그램을 섭취하라는 것인데, 이는 미국 농무부가 권고하는 일일 단백질 섭취량인 50그램을 훌쩍 뛰어넘는 양이다.

뇌가 필요로 하는 단백질이 얼마나 되는지는 어떻게 알 수 있을까? 우선 각자의 상황을 고려해야 한다. 근육을 키우는 중이거나(근감소증이 생겨 치료 중인 경우를 포함해서), 수술 또는 질병에서 회복 중이거나, 독성물질에 노출된 후 회복 중이거나, 염증성 장질환이 있거나, 몸이 전체적으로 허약하거나, 체질량지수가 20 미만이거나,[19] 단백질 흡수율이 낮은 사람(예를 들어 소화 효소가 부족하거나 위산이 감소하면 그럴 수 있다. 둘 다 60세 이상 인구의 상당수가 겪는 일이며 쉽게 치료할 수 있다)은 단백질 섭취량을 일반적인 기준보다 더 늘릴 필요가 있다. 보통 이런 경우 단백질 일일 섭취량은 체중 1킬로그램당 1.2~2.2그램 정도가 적당하다. 체중이 68킬로그램이라면 하루에 82~150그램의 단백질을 섭취해야 한다.

단백질을 체중 1킬로그램당 1그램 정도만 섭취해도 근 감소증을 예방하고 뇌 건강을 지킬 수 있다. 체중이 68킬로그램이라면 단백질을 하루에 70그램 정도 섭취하면 된다. 이는 생선 25그램, 닭고기 35그램, 달걀 6그램, 견과류나 씨앗 5~10그램으로 채울 수 있다.

필수 영양소 챙기기

뇌와 인체의 전반적인 건강을 위한 필수 비타민과 무기질은 다채로운 색깔의 과일과 채소, 약간의 동물 단백질을 섭취하면 대부분 얻을 수 있다. (비건 식단을 선택한다면, 육류에 많이 들어 있는 아홉 가지 필수 아미노산과 특정 비타민(코발라민[비타민 B_{12}], 비타민 D 등), 영양소(콜린 [비타민 B_4])를 식물로 충분히 얻을 수 있도록 신경 써야 한다.) 여기에 영양이 풍부하고 특히 뇌 기능을 장기적으로 촉진한다고 알려진 식품을 집중적으로 섭취하면, 필수 영양소를 더 확실하게 얻을 수 있다.

비타민 B군

가장 먼저 살펴볼 필수 영양소는 비타민 B군으로 통칭되는 다양한 비타민 B다. 티아민(비타민 B_1, 각종 콩류와 생선, 렌틸콩, 완두콩, 해바라기씨에 함유되어 있다), 리보플라빈riboflavin(비타민 B_2, 아몬드, 달걀, 우유, 동물의 내장, 시금치, 요구르트), 엽산(비타민 B_9, 달걀, 색이 짙은 잎채소, 땅콩, 간), 코발라민(비타민 B_{12}, 대합조개, 간, 송어, 연어, 요구르트) 등이 포함된다. 인지 기능의 관점에서 이 비타민 B군이 필요한 이유는 여러 가지다. 옥스퍼드대학교 약학과에서 오랫동안 학과장을 역임하며 옥스퍼드 기억·노화 연구 사업을 이끈 A. 데이비드 스미스A. David Smith는 비타민 B군이 호모시스테인의 분해에 관여한다고 설명한다. 필수 아미노산인 메티오닌의 대사산물인 호모시스테인은 뇌의 백색질 손상과 뇌 위축, 신경섬유다발의 형성, 혈관 염증, 치매와 관련이 있다.[20] 체내 비타민 B군 농도가 부족하면 인체는 호모시스테인을 제대로 분해하지 못하고, 반대로 이 비타민이 충분하면 호모시스테인이 인체에 필요한 다른 화학물질로 쉽게 전환된다. 생물학적으로 젊은 몸과 뇌에서는 이러한 전환이 쉽게 일어난다. 비타민 B군은 에너지 생산과 미토콘드리아 기능에도 도움이 된다.

비타민 C

이번 장 첫머리에 나온 오렌지주스 이야기 때문에 내가 비타민 C의 과도한 섭취를 우려한다고 생각한다면 오산이다. 그 이야기의 골자는 영양소가 아니라 당분이다. 비타민 C는 인지 기능과 관련이 있는 영양소를 통틀어 연구가 가장 많이 이뤄졌고, 연구 결과도 매우 명확하다. 비타민 C는 신경의 분화와 뇌 세포의 발달 과정, 신경 보호와 더불어 뇌 건강, 나아가 인지 기능에 영향을 주는 그 외 여러 과정에서 중요한 역할을 한다. 수십 건의 연구로 체내 비타민 C의 평균 농도가 높을수록 장기적으로 인지 기능에 도움이 된다는 사실도 밝혀졌다.[21] 오렌지주스가 비타민 C를 섭취할 수 있는 좋은 음식이라고 하기는 힘들지만, 과육과 식이섬유를 제거하지 않고 통째로 먹는다면 오렌지 자체는 가끔 먹어도 문제 되지 않는다. 브로콜리, 방울양배추, 커런트, 피망, 딸기 등 비타민 C 함량이 높은 다른 식품으로 섭취해도 된다.

비타민 D

비타민 D 결핍이 치매와 알츠하이머병 위험성을 높인다는 사실은 오래전부터 알려졌다.[22] 비타민 D의 주된 원천은 햇볕이므로, 일부 연구에서 연중 일조량이 적은 지역의 치매 사망률이 그렇지 않은 지역보다 높게 나온 이유도 그와 같은 맥락에서 짐작 가능하다.[23] 하지만 비타민 D 흡수와 유지를 어렵게 하는 유전자 변이형이 수십 가지 있고, 그중 하나를 갖고 있으면 평소에 햇볕을 충분히 쬐더라도 비타민 D 결핍을 겪는다. 그로 인해 나이가 들면서 인지 기능이 감소할 확률도 높아진다.[24] 이는 자신의 유전학적 특성을 잘 알면 뇌의 노화를 막는 데 얼마나 막강한 무기가 되는지 알 수 있는 여러 예시 중 하나지만(14장에서 자세히 설명한다), 그런 심층적인 자기 탐구를 하지 않더라도 달걀, 연어, 참치, 표고버섯, 비타민 D가 강화된 유제품, 식물성 우유 제품을 섭취해 부족한 햇볕의 영향을 쉽게 '보충'할 수 있다.

오메가-3

오메가-3 지방산은 생애 초기의 뇌 발달과 관련이 있다. 의사들이 임신 중이거나 모유 수유 중인 여성에게 오메가-3가 함유된 음식을 많이 먹거나 오메가-3 보충제를 권하는 이유다. 다중불포화지방산인 오메가-3 지방산이 염증과 산화를 막는 효과가 있다는 사실도 오래전에 밝혀졌다. 노년층을 대상으로 한 일부 연구에서 오메가-3 지방산과 인지 기능 개선의 연관성이 확인된 것도 부분적으로 그런 영향이 있으리라 추정된다. 그러나 생애 초기와 노년기 사이에는 이 물질이 건강에 어떤 영향을 주는지는 추측만 할 뿐 임상시험으로 증명되지는 않았는데, 이제는 달라지고 있다.

텍사스대학교 보건과학센터 소속 신경학자 클라우디아 사티자발Claudia Satizabal의 연구에서는 노화로 인지 기능이 감소할 가능성이 커지는 나이대보다 아직 한참 젊은 중년기에 오메가-3에서 파생된 여러 인자의 혈중 농도가 높은 건강한 사람은 해마의 기능도 더 건강했다. 또한 그러한 생리적 특성이 나타난 사람들은 추상적 추론 평가에서 더 높은 점수를 받았다.[25] 바다생물인 해마와 닮은 측두엽의 해마는 학습과 기억에 중요한 역할을 하며, 알츠하이머병 초기에 퇴행이 일어나는 뇌 영역이다.

그러므로 나이와 상관없이 야생 연어와 고등어, 정어리, 아마씨, 치아씨, 호두, 삼씨를 충분히 섭취할 필요가 있다. 뇌의 시냅스 형성과 뇌 건강에 도움이 되는 DHA, EPA 같은 장쇄 오메가-3 지방산은 어류 등 동물성 식품으로 얻을 수 있고, 알파 리놀렌산ALA과 같은 단쇄 오메가-3 지방산은 견과류와 씨앗에 들어 있다. 단쇄 지방산이 체내에서 장쇄 지방산으로 전환되는 효율은 그리 좋지 않다. 따라서 채식주의자가 아니라면 동물성 식품에서도 건강에 유익한 오메가-3 지방산을 얻는 게 좋다.

마그네슘, 아연, 코엔자임 Q10

뇌의 노화를 막고 싶다면, 앞서 소개한 비타민과 함께 무기질과 보조효소 섭취에도 신경 써야 한다. 구체적으로는 마그네슘과 아연 그리고 코엔자임 Q10이다.

성인의 몸에는 대부분 마그네슘이 25그램 정도 있다. 일반적인 AA 배터리 한 개의 무게와 비등한 양이 혈액과 뼈, 여러 조직에 존재하는데, 이 얼마 안 되는 양이 몽땅 사라지면 건강은 삽시간에 무너지고 특히 뇌가 큰 타격을 입는다. 신경이 제대로 기능하고, 필요한 에너지를 만들고, 칼슘 이온과 칼륨 이온이 세포막 안팎으로 이동하는 등 인체에서 효소의 작용으로 일어나는 수백 가지 반응에 마그네슘이 꼭 필요하기 때문이다. 마그네슘은 많이 섭취한다고 큰 변화가 일어나는 것도 아니다. 하루에 1그램도 채 안 되는 양만 섭취해도 뇌 건강에 어마어마한 영향을 준다. 한 연구에서는 건강한 중년 6천 명을 대상으로 뇌 영상을 촬영한 결과, 일일 마그네슘 섭취량이 0.5그램 정도인 사람도 그렇지 않은 사람보다 생물학적 노화의 주요 지표인 뇌 용적이 훨씬 큰 것으로 나타났다. 연구진은 마그네슘을 매일 꼬박꼬박 섭취하는 것만으로도 뇌의 생물학적 노화를 족히 1년은 늦출 수 있다고 설명했다.[26]

인체에 존재하는 아연의 양은 그보다 훨씬 적은 2그램 정도에 불과하다. 자그마한 설탕 봉지 하나 정도인데, 이 정도 양으로도 뇌에 중요한 역할을 한다. 아연은 시냅스를 통한 신호 전달이 유지되도록 기능적·구조적으로 모두 관여하며, 뇌가 시시각각 변하는 외부 환경에 맞게 시냅스 활성을 조정하도록 돕는다. 면역 반응과 인슐린 민감도를 최적 수준으로 유지하는 데에도 아연이 필요하다. 드물지만 아동기에 아연이 결핍되면 인지 기능이 감소하고 학습에 어려움을 겪는 것도[27] 아연의 역할을 고려하면 충분히 예상되는 결과다. 노화가 진행되면 아연 결핍이 훨씬 흔해지고, 아연의 기능상 다른 요인을 잘 통제하더라도 아연 결핍이 일어나면 인지 기능이 저하된다.[28] 굴, 조개류, 콩류, 견과류를 많이 섭취하면 뇌 건강을 평생 유지하는 데 도움이 되는 이유다.

앞서 에너지의 중요성에 관해 설명하면서 미토콘드리아가 기능하는 데 필요한 연료가 원활히 공급돼야 한다고 했다. 만약 이 연료 공급망이 끊기면 어떻게 될까? 코엔자임 Q10이 부족하면 바로 그런 일이 일어난다. 코엔자임 Q10은 미토콘드리아의 세포 호흡에 필요한 전자를 운반한다. 실제로 코엔자임 Q10이 결핍 상태였다가(흔한 원인 중 하나가 스타틴 복용이다) 농도가 높아지는 것만으로도 미토콘드리아 기능이 개선된다. 그러므로 체내 코엔자임 Q10 농도가 높은 사람들이(가령 평소에도 대두, 브로콜리, 땅콩, 지방 함량이 높은 생선, 오렌지를 많이 먹는 사람들) 농도가 더 낮은 사람들보다 인지 기능과 실행 기능이 현저히 더 우수하다는 연구 결과도 새삼스럽지 않다.[29]

보충제는 보충제일 뿐

"음식을 약처럼 생각하고, 약을 음식처럼 여겨라." 의학의 아버지라 불리는 고대의 인물 히포크라테스가 한 말로 자주 인용되는 문구다. 실제로 그가 한 말은 아니라는 주장도 있지만,[30] 어쨌든 아주 훌륭한 조언이다. 상황에 따라 정말로 식이보충제와 약이 필요할 때가 분명히 있다. 그러나 음식으로도 해결할 수 있는 일이라면, **먼저** 그렇게 하는 게 당연한 순서다.

하지만 음식만으로는 뇌 건강에 꼭 필요한 물질을 다 얻지 못하는 사람들도 있고, 뇌 건강을 지키는 영양소의 공급량을 식이보충제로 늘리는 방안이 점차 관심을 얻고 있다. 영양소 보충은 생체 지표부터 확인하고 그 결과에 맞게 계획적으로 진행하는 게 가장 좋다. 이런 검사를 제공하는 소규모 민간 검사 업체도 점차 많아지는 추세고, 가정용 검사 키트도 있다. 미국의 경우 생체 지표 검사는 아직 민간 건강보험의 보장 범위에 대체로 포함되지 않지만, 이것도 바뀌리라 예상한다. 일부 주에서는 몇몇 질병을 확인할 수 있는 몇 가지 생체 지표 검사를 의무적으로 보험 보장 범위에 포함하도록 이미 관리하고 있다. 건강하던 상태가 병든 상태로 바뀌는 전환 지점을 최대한 정확하게 포착할수록 건강 관리에 큰 도움이 된다는 사실을 조만간 모두가 알게 될 테고, 자연히 이런 검사가 건강보험 보장 범위에 더 많이 포함될 것이다.

뇌 기능 유지에 꼭 필요한 영양소 중 음식만으로 충분히 섭취하지 못하는 경우가 가장 많은 것은 메나퀴논^{menaquinon}〔비타민 K_2〕과 엽산〔비타민 B_9〕, 아이오딘^{iodine}, 콜린〔비타민 B_4〕이다.

미국은 식이보충제를 대체로 엄격히 관리하지 않는 편이다. 따라서 성분의 순도, 제품의 안전성, 투명성이 보장되는 업체의 제품을 구입하는 게 매우 중요하다. 여기서 투명성은 원료로 쓰인 식물과 추출물, 화학물질의 원천을 정확하게 밝히고 그러한 재료가 가공된 방식, 완제품의 검사 방식도 명확히 설명하는 것을 의미한다.

가공식품과 초가공식품의 덫

나는 고도로 가공된 식품을 보면 자동으로 담배가 떠오른다. 아메리칸 토바코 컴퍼니는 한때 거대하고 막강한 기업이었다. 이 회사의 주가가 조금만 달라져도 다우 존스 산업평균지수 전체에 충격파가 나타날 정도였다. 대표적인 브랜드인 '럭키 스트라이크'는 미국에서 가장 큰 인기를 누린 담배로도 꼽히지만, 더 많은 흡연자와 예비 흡연자를 소비자로 만들려는 업계 경쟁이 과열되자 새로운 판매 전략이 필요했다. 아메리칸 토바코 컴퍼니의 마케팅 전문가들이 내놓은 타개책은 광고에 의사의 이미지를 싣고 그 옆에 의사 2만 679명이 다른 담배보다 "덜 자극적"이라는 데 동의했다는 문구를 넣는 것이었다. 럭키 스트라이크의 악명 높은 주장도 이때 나왔다. 의사 9,651명은 담뱃잎을 '고온 처리한' 담배 제품은 '목을 보호한다'고 여긴다는 것으로, 이 내용도 광고에 실렸다. 그러자 필립 모리스 인터내셔널도 얼마 후 "명망 있는 학자들이 발표한 의학 논문들"이 자사 담배 제품을 든든하게 받치고 있다는 주장을 펼쳤다. 또 다른 담배 업체 R. J. 레이놀즈 토바코 컴퍼니도 가세해서 "의사들은 '카멜' 담배를 많이 피운다"고 주장했다.[31]

이 오래전 광고를 아직 기억하는 사람들도 많다. 지금이야 웃음거리일 뿐이다. 말린 잎과 화학물질을 종이에 돌돌 말아 불을 붙여 태우는 것으로도 모자라 그걸 자기 입속에 집어넣는 행위를 가리켜 건강에 이롭다고 하는 그런 주장을 어떻게 옛날 사람들은 곧이곧대로 믿는지 도무지 이해가 안 갈 것이다. 담배 회사들이 이런 연막작전을 지속하려고 얼마나 애를 썼는지는 사람들의 기억에서 쉽게 잊힌 듯하다. 당시 담배 회사 경영진들은 자신들이 내놓은 광고의 진실을 알고 있었고, 자사 제품들이 사람들에게 끔찍한 병을 일으키고 있다는 점 또한 아주 잘 알고 있었다. 사망자가 더 늘어날 게 뻔하다는 사실을 알면서도 **더욱** 중독적인 화학물질을 담배에 집어넣었다.

담배 이야기를 꺼낸 이유는, 흡연이 건강에 좋다는 업계 주장을 그토록 많은 사람이 덜컥 믿었다는 것이 정신 나간 일처럼 보이지만 그때보다 훨씬 더 많은 사람이 담배 산업 못지않게 악의적인 산업계의 전략에 속고 있는 지금의 현실을 이야기하기 위해서다.

오늘날 초가공식품을 공급하는 업체들도 과거 담배 회사 경영진들처럼 자사 식품이 만성 질환이 팽배한 현 상황에 일조했음을, 또는 명백한 원인임을 안다. 다 알면서도 우리 뇌가 그런 식품을 더 간절히 원하게 하려고 설탕, 소금, 지방은 물론 각종 화학 첨가물을 터무니없을 만큼 쏟아부었고, 그 결과 당뇨병, 암, 치매와 그 외 각종 질병의 발생률이 급증했다.

미국 담배업계의 과거 행태는 대규모 소송으로 번졌고, 미국인들의 흡연율 감소로 이어졌다. 현재 초가공식품업계가 우리 건강에 일으킨 총체적 피해도 그렇게 줄일 수 있지 않을까? 샌프란시스코주립대학교의 전체론적 건강연구소에서 강사, 연구자로 활동하는 심리학자 에릭 페퍼[Erik Peper]는 소송이 초가공식품의 광범위한 중독이 큰 원인으로 작용한 만성 질환의 확산을 막는 가장 가능성 있는 방안

이라고 이야기한다.[32]

    나도 동의한다. 하지만 과연 미국이 그럴 준비가 됐는지는 확신이 들지 않는다. 펩시코, 네슬레, 크래프트하인즈 같은 식품 기업들은 그동안 과거의 담배 회사들보다 더욱 강력한 로비 활동을 펼쳤다. 게다가 담배업계가 사람들이 계속 담배를 피우게 하려고 어떤 교활한 방법들을 썼는지 다 밝혀진 후에도 여전히 미국인 열 명 중 한 명 정도는 흡연자다. 이런 점들을 고려하면, 소송을 걸고 법을 제정하는 것만으로는 공중보건이 끔찍할 정도로 엉망진창이 되어버린 현실에서 쉽사리 빠져나가지 못할 가능성이 크다. 이제는 가공식품에 대한 선택을 개개인이 진지하게 고민해야 한다.

    식품의 사회문화적 영향력에 관해 여러 책을 저술한 마이클 폴란Michael Pollan은 먼 옛날 인류의 선조들이 봤다면 음식이라고 생각하지 않을 만한 건 다 가공식품이라고 말한다. 플라스틱 용기나 알루미늄 캔, 종이 상자에 꽁꽁 싸여 있고 첨가물과 식용색소, 안정제, 탈취제, 중화제가 들어 있는 이런 식품과 멀리할수록 뇌도 훨씬 건강해진다.

    내가 사람들에게 이렇게 단언하면, 다들 예외를 찾아내려고 한다. 마트의 '건강식품' 코너에 진열된 식품들은 괜찮지 않을까? 갈색이나 녹색 라벨에 '저당', '식이섬유 함유', '식물성', '유기농' 같은 단어가 적힌 식품은? (대부분 똑같이 고도로 가공된 식품이다.) 비닐이나 캔에 포장된 씨앗, 견과류, 말린 과일은? (정말로 예외일 수도 있지만, 성분표를 꼭 확인해야 한다. 아몬드라고 판매하면서 아몬드 외에 다른 성분이 하나라도 더 들어갔다면, 뇌에 도움이 되는 식품이라고 하기 힘들다.)

샌드위치 체인점인 서브웨이는 고객들에게 식생활 문제를 스스로 해결하길 요구하는 듯한 광고 문구를 내걸었다. 체인 음식점으로는 전 세계에서 규모가 두 번째로 큰 이 업체가 2000년부터 내건 "신선하게 먹어요"라는 문구는 패스트푸드 음식점이 할 말은 아니라는 점에서 역설적일 뿐만 아니라 마치 자신들은 전통적인 패스트푸드보다 건강한 식품을 제공하는 듯한 인상을 준다. 그러나 실제로는 샌드위치에 들어가는 채소를 제외하고 서브웨이 메뉴에 있는 거의 모든 음식이 가공식품이며, 초가공식품도 상당한 비중을 차지한다(재료의 손질, 통조림 가공 등 간단한 공정을 거친 식품은 가공식품이고, 각종 칩, 설탕이 들어간 아침 식사용 시리얼, 치킨너겟, 인공적으로 맛을 낸 크래커처럼 원재료를 근본적으로 변형해서 만든 식품은 초가공식품이다).

신선하게 먹는다는 말의 **진짜** 의미는 형태가 그대로 남아있어서 정체를 헷갈릴 수가 없는 과일과 채소, 형태가 그대로 남아있는 견과류와 씨앗, 야생에서 잡은 어류, 풀을 먹고 자란 닭과 소에서 얻은 소량의 고기, 달걀을 먹는 것이다.

이는 외형을 넘어서는 문제다. 초가공식품과 뇌 건강의 관계에 관한 연구 결과는 놀라울 정도로 명확하다. 한 연구에서는 10년에 가까운 긴 시간 동안 1만 명 이상의 식습관을 추적 조사한 결과, 초가공식품을 섭취하면 인지 기능이 낮아지는 확실한 연관성이 확인됐다. 또한 하루에 섭취하는 총열량 중 가공식품으로 섭취하는 열량이 20퍼센트 이상인 사람은 가공식품을 그보다 적게 먹는 사람들보

다 인지 기능이 떨어지는 속도가 28퍼센트 더 빨랐다.[33]

왜 이런 차이가 생길까? 여러 가설이 있지만, 식이섬유가 거의 확실한 이유로 꼽힌다. 가공식품은 재료를 열에 익히고, 철저히 분쇄하고, 인체가 분해하지 못하는 식이섬유는 남아있기 힘든 공정을 거친다. 이런 음식에 담긴 영양소는 체내에서 쓰이기도 전에 다 빠져나가고, 탄수화물은 더 빠른 속도로 흡수되므로 염증이 촉발되고 인슐린 농도는 높아진다. 식이섬유는 단쇄 지방산의 생산에도 중요한 역할을 한다. 단쇄 지방산은 혈액뇌 장벽을 통과할 수 있어서 뇌와 몸의 나머지 부분을 연결하는 역할을 하므로 일부 연구자들은 "저 아래쪽과의 소통을 돕는 메신저"라고도 부른다.[34]

가공식품업계는 이런 문제가 드러났음에도 자사 제품에 "균형 잡힌 아침 식사", "심장 건강에 좋아요" 같은 주장을 버젓이 써서 소비자가 건강에 이로운 식품이라고 착각하게 한다. 과거 담배 광고에 "의사들이 한 말"이라고 적혀 있던 문구들이 지금 우리가 보면 어떻게 이런 말을 그토록 많은 사람이 곧이곧대로 믿었는지 의아하듯이, 언젠가는 지금 우리가 사는 이 시대를 돌아보며 '대체 왜 저랬을까' 하고 생각할 것이다. 그때까지 가만히 손 놓고 있기보다는 그 해로운 영향으로부터 스스로 뇌를 지켜야 한다.

장내 미생물의 중요성

뇌의 수명 연장에 식이섬유가 꼭 필요한 또 다른 이유가 있다. 바로 식이섬유가 우리 장에 사는 미생물의 먹이인 프리바이오틱스라는 점이다. 장내 미생물에 관해서는 점점 더 많은 사실이 밝혀지고 있고, 전반적인 건강에 얼마나 중요한 몫을 담당하는지도 속속 드러나고 있다. 뇌 건강에 장내 미생물이 하는 역할은 특히 중요하다. 가령 장내 미생물의 종류가 다양할수록 인지 기능에 유의미한 수준으로 긍정적인 영향을 준다는 사실이 밝혀졌다.[35]

'미생물의 먹이'가 아무리 충분해도 장에 이 먹이를 연료로 삼을 미생물이 충분하지 않다면 아무 소용 없다. 뇌 건강에 (프리바이오틱스, 포스트바이오틱스와 함께) 프로바이오틱스도 매우 중요한 이유다. 김치, 사워크라우트, 발효 피클, 미소 된장국, 콤부차, 요구르트 등 살아있는 미생물이 함유된 식품을 섭취하면 유익균으로도 불리는 프로바이오틱스를 지키는 데 도움이 된다. 장은 뇌에서 쓰이는 신경전달물질의 상당수가 생산되는 곳이라 제2의 뇌라고도 불린다는 사실을 고려하면, 그게 얼마나 중요한 노력인지 알 수 있다.[36]

프로바이오틱스와 인지 기능의 관계를 조사한 여러 연구를 분석한 결과를 보면, 성인을 대상으로 한 25건의 실험 중 21건에서 프로바이오틱스 섭취가 짧게는 3주, 길게는 6개월까지 인지 기능에 긍정적인 영향을 주며 특히 감정 상태와의 강한 연관성이 확인됐다.[37] "프로바이오틱스가 인지 기능 자체에 직접적인 영향을 주지는 않지만, 현재까지 진행된 한정된 연구 결과들로 볼 때 프로바이오틱스는 스트레스의 완충제 역할을 할 가능성이 있다. 즉 프로바이오틱스는 스트레스가 인지 기능에 일으킬 수 있는 악영향을 상쇄할 수 있다." 영양과 인지 기능의 관계를 조사해온 제시카 이스트우드Jessica Eastwood 는 이 분석 결과를 이렇게 설명했다.

프로바이오틱스가 감정에 정확히 어떻게 영향을 주는지, 인지 기능에는 어떤 식으로 영향을 주는지는 아직 불분명하다. 하지만, 우리 기분에 큰 영향을 준다고 밝혀진 도파민dopamine, 세로토닌serotonin, 노르에피네프린norepinephrine을 장내 미생물군이 생산할 수 있다. 내가 전 세계 다양한 나라의 사람들을 치료하며 확실하게 알게 된 사실은, 프로바이오틱스의 섭취량이 늘어나면 인지 기능 저하에 동반되는 두려움, 불안감, 분노, 절망감과 같은 감정이 사그라지고 그 덕분에 환자는 뇌 기능을 향상시키는 노력에 더 많은 에너지를 쏟을 수 있다는 점이다.

정비공으로 일하다 인지 기능에 문제가 생겨 우리를 찾아온 로럴도 그런 사례였다. 인지 기능이 저하되면 몇 가지 우울증 증상이 촉발되는 경우가 많은데,38 로럴의 경우 치료를 시작하고 인지 기능의 문제가 상당 부분 해결된 후에도 우울증 증상이 지속됐다. "제가 뭔가 깜박하는 바람에 일에 차질이 생기면, 정말 별일이 아닌 데도 기분이 너무 깊이 가라앉아요." 로럴은 내게 이렇게 말했다. "그러면 혼자 이런 생각을 합니다. '어차피 불가피한 결말을 좀 늦출 뿐이니까 어쩔 수 없지'라고요. 그러다 분명히 또 실수할 거고, 진전은 더뎌지기만 하겠죠. 너무 암담합니다."

시간이 갈수록 로럴이 이런 생각에 빠져드는 빈도도 차차 줄었다. 식생활을 포함한 생활의 큰 변화와 함께 프로바이오틱스를 많이 섭취한 것이 부분적인 이유였다. 인지 기능도 더욱 좋아졌다.

최근에 로럴은 내게 이렇게 전했다. "요즘에는 기분이 가라앉는 이유가 하나밖에 없어요. 제가 응원하는 스포츠팀이 중요한 경기에서 질 때뿐입니다."

설탕의 역습

1967년에는 의학계 학술지에 실리는 논문 대부분이 연구비의 출처를 공개하지 않았다. 그래서 설탕연구재단이라는 산업계 단체가 하버드대학교의 한 연구진에게 돈을 주고 인체 건강에 가장 큰 위협은 설탕이 아니라 지방이라는 내용의 검토 논문을 발표하게 했다는 것[39]을 수십 년간 아무도 몰랐다. 이 사실은 샌프란시스코의 필립 R. 리 보건정책연구소 Philip R. Lee Institute for Health Policy Studies 연구진이 산업계의 과거 내부 문건을 분석하던 중 설탕연구재단의 지불 내역과 그 연구에 개입한 사실을 발견한 2016년에야 세상에 알려졌다.[40] 이 연구진은 대중이 신뢰하는 하버드대학교 과학자들이 그런 논문을 낸 건 설탕이라는 소행성이 떨어지는데도 '아무 문제 없다'는 신호를 보낸 것이며, 그 바람에 우리 공중보건에는 큰 피해가 발생하고 그 파괴적인 여파가 장기적으로 지속됐다고 설명했다. 실제로 60년이 넘는 세월 동안 미국의 의료보건 비용은 약 백 배 증가했는데, 대사 조절 문제에서 비롯된 만성 질환과 관련된 비용이 큰 비중을 차지한다. 대사 기능의 문제는 뇌 기능에 필요한 여러 요소의 결핍을 일으켜 결국 신경퇴행으로 이어지는 주된 원인이 된다.

당시 하버드대학교 과학자들은 지금까지 수십억 달러의 비용을 발생시키고 수백만 명의 죽음을 초래한 그 문제의 논문을 내는 대가로 얼마를 받았을까? 1만 달러도 안 되는 고작 6,500달러였다. 오늘날의 화폐가치로는 6만 달러 정도이니, 이 정도면 설탕업계가 거둔 투자 대비 수익률은 워런 버핏Warren Buffett도 부러워할 만한 수준 아닌가!

설탕업계는 진실이 밝혀지기 전까지 수십 년간 같은 전략을 거듭 활용했다. 2015년에는 《뉴욕타임스》를 통해 코카콜라가 과학자들에게 수백만 달러를 주고 건강 문제는 대부분 먹는 음식이 아닌 운동량과 관련이 있다는 주장을 펼치게 했다는 사실이 드러났고,[41] 그 이듬해에는 《AP통신》이 사탕을 먹는 아이들이 그렇지 않은 아이들보다 어떤 면에서 더 건강하다는 연구 결과를 보도하면서 이 연구를 진행한 과학자들 스스로 근거가 아주 빈약하다는 사실을 알면서도 이런 결과를 그냥 발표했다고 폭로했다. 이런 연구에 누가 돈을 댔을까? 미국 제과협회였다![42] 이런 의혹에 반박하는 사람들도 있다. 이들은 전 세계적으로 만성 질환이 폭발적으로 증가한 건 설탕이 아니라 다른 여러 원인 때문이라고 반박하며 현 사태를 "악의적인 결과라고는 할 수 없다"⁴³고 주장하는데, 이들이 내미는 근거는 죄다 설탕업계가 지원한 연구 결과들이다. 이런 식의 반박은 지구 전체가 흔들리고 너비 193킬로미터, 깊이가 20킬로미터에 이르는 구덩이를 남길 만큼 엄청난 소행성 충돌이 일어났고 거기서 시작된 연쇄적인 여파로 공룡이 멸종에 이르렀다는 사실이 다 밝혀진 후에도 공룡은 굶어 죽었다고 우기는 주장과 별반 차이가 없다.

전 세계에 큰 격변을 일으킨 사태를 우리 마음대로 되돌릴 수는 없다. 하지만 우리는 공룡과 달리 다음에 일어날 일을 선택할 수 있다. 늙지 않는 뇌가 목표라면, 나아갈 방향은 명확하다. 정제 설탕, 첨가당(특히 고과당 옥수수 시럽), 다양한 방식으로 식물에서 뽑아낸 천연 당은 모두 극히 경계하고 식생활에서 제외해야 한다.

적당한 케톤을 형성하는 식습관

뇌에 필요한 연료를 충분히 공급하면서도 건강한 뇌 수명에 해가 되는 당이 과도하게 투입되지 않도록 조절하는 가장 요긴한 방법은 혈당 지수를 활용하는 것이다. 혈당 지수는 특정 식품이 혈당을 얼마나 높이는지를 나타내는 척도다. 뇌 수명을 보존하고 지키는 목표에 가장 잘 부합하는 음식은 이 혈당 지수가 35 미만인 식물성 식품이다.

혈당 지수나 혈당 부하에 익숙한 사람이라면, 우리가 일반적으로 많이 먹는 식품 대부분이 이 기준에 부합하지 않는다는 사실을 잘 알 것이다. 빵, 파스타, 감자, 쌀, 옥수수 모두 그렇다. 이런 음식을 **절대** 먹으면 안 된다는 말이 아니라(다만 빵, 파스타 같은 곡물 식품은 장 내벽에 손상을 일으키는 추가적인 문제도 있으므로 사실상 먹지 않는 게 좋다), 혈당 부하와 그것이 뇌 수명에 주는 영향을 정확히 인지해야 한다는 의미다. 그리고 혈당 급증을 일으키는 음식을 먹는 게 5장에서 다룬, 건강해져야 하는 각자의 '이유'에 어긋나는 건 아닌지도 생각해야 한다.

6장에서 뇌 연료가 포도당 하나만 있는 건 아니라고 했던 설명을 기억할 것이다. 인체가 몸에 있는 지방(체지방, 또는 음식으로 섭취하는 지방)으로 만들어내는 케톤도 뇌의 연료로 쓰인다. 따라서 매일 지방에서 케톤이 형성되도록 유도해야 한다. 체내 케톤 농도를 측정하는 것 또한 중요하다.

인체가 지방으로 케톤을 직접 만들어내는 내인성 케톤 형성이 시작되려면 보통 몇 주가 걸리고, 저체중인 사람은 훨씬 힘들다. 그래서 나는 첫 두 달 동안, 또는 케톤 검사에서 베타-하이드록시뷰티르산 농도가 혈액 1리터당 1.0몰 이상으로 측정될 때까지는 외인성 케톤을 따로 섭취해서 보충하길 권한다. 외인성 케톤은 코코넛 오일 등 사슬 길이가 중간인(중쇄) 중성지방이 함유된 오일로 공급할 수 있다. 혈관질환이 있거나 그러한 질환의 위험성이 있는 사람은 중쇄 중성지방이나 코코넛 오일 섭취는 피하고 케톤염ketone salt, 케톤 에스테르ketone ester 중 하나, 또는 두 가지를 함께 섭취하는 게 좋다.

단식도 체내 케톤 형성을 유도하는 방법이다. 생물학적 노화에 관한 연구에서 단식이 가장 관심이 뜨거운 연구 주제인 것도 우연이 아니다. 이 분야의 연구를 개척한 학자 중 한 명이자 내 동료인(그리고 수년 전 나와 공동 저서도 냈던) 발터 롱고Valter Longo 교수의 연구진은 2024년에 특정 방식의 단식이 포함된 식생활로 참가자들의 인슐린 저항성과 지방간, 염증, 그 외 노화와 관련된 생체 지표가 개선됐다는 연구 결과를 발표했다. 연구진은 노화 관련 지표로 볼 때 노화가 평균 2년 반 정도 늦춰졌다고 추정했다.[44] 아주 새삼스러운 결과는 아니었다. 다양한 형태의 단식을 조사한 30건의 연구를 종합적으로 검토한 연구에서도 노화로 발생하는 문제 중 혈액의 지질, 포도당 대사, 인슐린 민감도, 산화 스트레스, 염증과 관련된 문제를 줄이는 단식의 효과가 확인됐다.[45]

사람의 뇌는 살아있는 상태에서 연구하기가 여전히 어렵다. 극히 중요한 기관이지만 접근하기 어려워서(이런 상황은 217번째 아미노산이 인산화된 타우 단백질이나 신경아교원섬유 산성 단백질, 후생학적 지표 등 혈액검사로 확인할 수 있는 새로운 생체 지표가 발견되면서 계속 변화하고 있다) 단식이 뇌의 노화를 늦추는지를 연구로 확인하는 데에도 한계가 있지만, 그렇다는 근거가 많다. 여러 임상 연구에서 단식이 뇌전증과 알츠하이머병, 다발성 경화증의 증상과 병의 진행에 긍정적인 영향을 준다는 사실도 확인됐다. 동물 실험에서는 음식 섭취량을 줄이는 기간에 따라 파킨슨병, 기분장애, 불안장애의 발병 기전에 유익한 영향이 발생했다.[46]

단식으로 인체 다른 부분의 노화 속도가 느려지는 것과 동일한 방식으로 뇌의 노화도 느려진다고 하더라도, 그것만으로는 단식으로 뇌 기능이 장기적으로 향상되는 이유를 다 설명할 수 없다. 앞서 설명했듯이 인지 기능 저하를 초래하는 여러 해로운 영향 중 하나가 에너지 감소이고, 이 문제는 대부분 대사 조절에 이상이 생기면서 발생한다. 단식은 뇌가 사용할 수 있는 에너지의 선택지를 넓힌다. 즉 몸에 저장된 지방도 에너지원으로 쓰이도록 한다. 그렇다고 탄수화물은 모조리 끊어야 한다는 말은 아니며, 그게 현명한 방법이라고 생각하지도 않는다. 체내 케톤 형성을 **극단적인** 수준까지 끌어올리는 식습관, 가령 SNS에서 일부 영향력 있는 사람들이나 유명 인사들을 통해 알려진 며칠 씩 쫄쫄 굶는 식의 단식은 그리 좋은 방법이 아니다.

무엇보다 에너지 감소는 뇌의 노화와 알츠하이머병을 촉진하는 (파킨슨병과 다른 질병도) 매우 중요한 원인임을 잊지 말아야 한다. 따라서 인체가 사용할 에너지를 줄이는 게 아니라 늘리는 방안을 찾아야 한다. 그렇다면 단식은 최악의 선택 아닐까? 아이러니하게도 뇌의 노화와 알츠하이머병을 부추기는 에너지 부족은 과도한 에너지에서 비롯된다. 즉 단순 탄수화물이 체내에서 너무 빨리 분해돼 갑자기 에너지가 넘쳐나면서 인슐린 저항성이 생기고, 케톤 형성이 중단되고, 포도당과 케톤을 에너지원으로 골고루 활용하지 못하는 상태가 되는 게 문제다. 하이브리드 자동차에 비유하면 기름도 떨어지고 충전된 전기도 없어서 차가 달리던 중에 멈추기 일보 직전인 상태가 되는 것이다. 그러므로 망가진 인슐린 민감도를 회복하는 동시에(단식은 이 부분에 도움이 된다) 에너지 공급이 줄어들지 않도록 세심하게 살펴야 한다. 뇌가 포도당과 케톤을 모두 연료로 활용하는 대사의 유연성을 중요한 목표로 삼아야 하는 이유다.

많은 사람이 가장 좋은 결과를 얻을 수 있고, 단식을 처음 시작하는 대다수에게 가장 좋은 출발점이 될 만한 방법은 이렇다. ApoE4 변이형이 없는 사람은 하루 동안 첫 식사부터 마지막 식사까지의 시간을 10~12시간으로 제한하고, ApoE4 변이형을 가진 사람은 이 시간을 8~10시간으로 제한한다(변이형의 유무를 모르면 10시간으로 한다). 대부분 밤잠을 7~8시간 정도 자므로, 아침에 일어나 몇 시간을 보낸 다음에 첫 식사를 하고 밤에 잠자리에 들기 몇 시간 전(최소 3시간 전)부터는 음식을 먹지 않으면 이 규칙을 지킬 수 있다. 보통 밤 10시쯤 잠자리에 드는 사람은 모든 식사를 오전 7시부터 저녁 7시 사이에 마치면 된다. 이처럼 금식 시간을 정해놓고, 음식을 먹는 시간에도 혈당 부하가 크지 않은 음식 위주로 섭취하는 것만으로 케톤이 적당히 형성되도록 유도할 수 있다. 일단 이렇게 시작하고, 각자의 경험과 검사 결과에 따라 조정하면 된다. 보통 위의 기준에서 금식 시간을 한 시간, 또는 최대 두 시간 정도 더 늘리는 방향으로 조정하는 경우가 많다.

위고비는 기적일까?

혈당 지수가 높은 음식은 피하고 잠자리에 들기 전 몇 시간, 아침에 일어나서 몇 시간 정도 음식을 먹지 않는 것 정도는 별로 어렵지 않다고 느낄 수도 있다. 하지만 뇌 건강 개선을 위한 생활 방식 변화를 시작한 환자들은 단식이 제일 힘들다고 이야기하는 경우가 많다.

그 환자들의 의지력이 부족해서가 아니라, 우리는 눈앞에 먹을 게 있으면 지금 음식을 먹어야 하는 상태인지를 따지지 않고 일단 먹도록 진화했기 때문이다. 다음 끼니가 보장되지 않아 먹을 게 있으면 일단 먹어야 했던 먼 옛날부터 강력히 뿌리내린 특성 때문에, 현재 성인 인구의 약 20퍼센트가 알코올 중독과 마약 중독처럼 음식 중독을 겪고 있다.[47]

지난 수년 사이에 식욕을 줄이고 많은 사람이 힘들어하는 체내 케톤 형성에 도움이 된다는 약이 폭발적으로 늘어났다. 오젬픽Ozempic, 리벨서스Rybelsus 등의 제품명으로 판매되는 당뇨병 치료제 세마글루티드Semaglutide와 비만치료제 위고비Wegovy 등, 이런 약들을 가리켜 기적이라고 하는 사람들도 많다. 미국에서는 2024년을 기준으로 이러한 치료제 중 한 가지를 한 번이라도 처방받은 적이 있는 사람이 성인 여덟 명 중 약 한 명으로 집계됐다.

이런 치료제를 이용하는 사람들이 점차 늘어나는 동안, 임상의사들과 과학자들은 해당 치료제에 심혈관질환 개선이나 신부전, 알츠하이머병, 파킨슨병, 우울증 예방 효과도 있다는 연구 결과를 내놓기 시작했다. 어떻게 이런 효과를 발휘하는지는 앞으로 충분한 시간을 들여서 면밀히 연구해야겠지만, 이 연관성에는 중요한 의미가 담겨 있다. 한 가지 문제를 해결하는 치료가 다른 다양한 문제에도 영향을 준다면, 그 치료가 표적으로 삼는 반응 경로가 다른 문제들도 유발했다는 뜻이다. 과거에 항생제 치료로 폐렴과 요로감염증, 뇌수막염, 그 외 다른 감염증이 치유되자 병은 세균 감염으로 발생한다는 세균 이론에 큰 힘이 실렸듯이, 세마글루티드를 비롯한 글루카곤 유사 펩타이드-1 유사체GLP-1 agonists 계열의 치료제가 다양한 질병 개선에 도움이 된다는 데이터가 계속 나온다는 것은 질병이 대사 이상으로 발생한다는 이론을 뒷받침한다. 다시 말해, 우리가 먹는 음식과 생활 방식이 여러 경로로 우리의 목숨을 위태롭게 할 수 있다.

독성물질이 유독 많은 환경에 사는 사람은 해독을 도와주는 치료제를 쓰면 그동안 시달리던 다양한 문제가 해결된다. 마찬가지로, 대사 기능에 문제가 생기기 쉬운 환경에 사는 현대인에게는 GLP-1 유사체가 다양한 건강 문제를 해결하는 일종의 만병통치약이 될 수 있고, 실제로 그런 결과가 나오고 있다.

하지만 이런 치료제가 누구에게나 다 잘 맞는 건 아니다. 앞에서 언급한 치료제는 모두 개발된 지 얼마 되지 않았고 장기적인 부작용은 아직 밝혀지지 않았다. 확실한 결론은 더 오랜 시간이 흘러야 내릴 수 있다. 최근 한 연구에서는 참가자의 상당수가 이런 치료제의 도움을 지속적으로 받지 않아도 건강에 긍정적인 효과를 얻었다는 결과가 나왔다. 이 연구에서 GLP-1 유사체로 치료받은 후 이를 중단하고 체내 케톤 형성을 유도하는 식생활을 실천한 사람들은 체중과 혈당이 계속 낮게 유지됐다. 그뿐만 아니라, GLP-1 유사체를 끊고 케톤 형성 식단을 꾸준히 실천한 사람들은 계속 약물 치료만 받은 사람들보다 체중이 더 많이 줄었다.[48]

아주 작은 노력이 불러오는 변화

이번 장에서 나는 식습관을 바꾸는 건 정말 힘든 일이라고 여러 번 언급했다. 식생활에서 육식이 너무 큰 비중을 차지하지 않도록 조절하고, 뇌 기능 유지에 필요한 영양소 공급에 신경 쓰고, 가공식품은 먹지 않고, 프로바이오틱스와 프리바이오틱스, 포스트바이오틱스를 충분히 섭취하고, 매일 케톤이 적당량 만들어지도록 하루 중 금식 시간을 정하는 건 별로 어렵지 않다고 느낄 수도 있다. 실제로 대다수가 이 가운데 **한 가지**는 큰 어려움 없이 실천하며, 스스로 인지 기능에 이상이 생긴 낌새를 조금이라도 느끼는 사람들은 더 적극적으로 노력한다. 그러나 이 원칙을 **전부**, 그것도 남은 평생 꾸준히 실천하는 건 아주 힘들다. 지키지 않아도 나쁜 결과가 당장 피부에 와 닿지 않으므로 더더욱 그렇다.

일단 시작은 했지만 너무 힘들다고 느껴진다면, 괜찮다는 말을 해주고 싶다. 실패해도 된다. 연거푸 실패하고 다시 시작하기를 반복하다가 마침내 삶의 일부로 자리를 잡아도 괜찮다. 부모들은 설탕이 잔뜩 들어 있는 식품과 가공식품이 사방에 널린 세상에서 자녀가 평생 좋은 식습관을 유지할 수 있도록 키우는 일이 흡사 온 세상과 맞서 싸우는 듯한 기분이 들 수도 있다. 중요한 건 꾸준한 노력, 그리고 계속해서 자기 상황에 맞게 계획을 수정하는 것이다. 아주 작은 변화라도 계속 노력한다면 뇌 수명을 최적화하려는 우리 목표에 도움이 된다.

이웃과 동료, 친구, 가족과 정서적으로나 지적으로 아무 문제 없이 즐겁게 어울려 지내는 삶을 바라는 마음이 이 책을 여기까지 읽은 원동력이 됐으리라 생각한다. 지금 당장 그렇게 살고 싶고, 80대, 90대, 백 세 혹은 그 이상 그렇게 지내고 싶은 소망은 이제 실현 가능한 일이 됐다. 그 가능성을 현실로 만드는 큰 몫은 우리 각자의 손에 달려 있다. 자신에게 맞는 속도로, 차근차근 한 걸음씩 나아가면 된다.

목적지로 가는 데 도움이 되는 다른 방법들도 있다. 하지만 우리가 먹는 음식과 먹는 방식만큼 영향력이 막강한 건 없다. 식생활은 목적지로 가는 '가장 중요한 첫 단추'다.

쉽지 않겠지만, 그래도 실패하면 시도할 수 있는 대안도 많고 먼저 성공적으로 잘 해내고 있는 많은 이들의 도움도 받을 수 있다. 나는 정말 많은 사람이 무사히 해내는 모습을 지켜봤다. 그래서 여러분도 할 수 있다고 믿는다. 노력할 만한 가치가 있는 일이다.

8
뇌가 좋아하는 운동

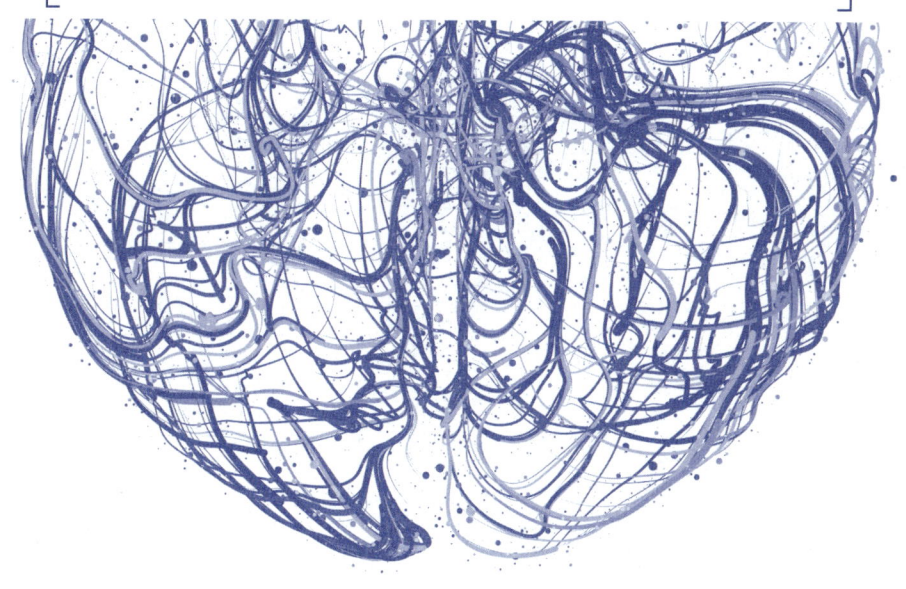

> 나이 들어서 운동을 그만두는 게 아니라,
> 운동을 그만둬서 늙는 것이다.
>
> **케네스 쿠퍼**Kenneth Cooper **박사**

이번 장은 18세부터 122세인 독자들만 읽기를 바란다. 아직 18세가 안 된 사람은 여기서 설명할 데이터를 적용하기에는 너무 어리므로 그 나이가 되면 읽어라. 그리고 122세를 넘겼다면 지금까지 정말 잘 해왔을 테니 내가 더 가르쳐줄 게 없다. 오히려 내가 한 수 배우고 싶다.

왜 최소 기준이 18세일까? 알츠하이머병의 위험성이 높다고 알려진 변이 유전자 ApoE4를 가진 인구가 전체의 25퍼센트이고, 이 변이형이 있으면 **무려 18~25세에도** 기억력이 영향을 받는다는 다소 충격적인 연구 결과가 최근 발표됐기 때문이다. 믿기 힘들지만 사실이다. 하지만 좋은 소식도 있다. 그 이전에 실시된 여러 연구에서, ApoE4가 기억력에 끼치는 악영향을 피할 수 있는 강력한 방법이 밝혀졌다. 인지 기능을 강화하거나 인지 기능 저하를 예방하는 방법이 연구 주제인 논문을 샅샅이 뒤져보면, 근거가 가장 확실하고 가장 효과적인 방법 한 가지가 드러난다(Z세대, 밀레니얼 세대, X세대 모두에게 해당된다). 그 방법은 수십억 달러를 쏟아부어 개발한 치료제나 값비싼 의학적 방법이 아니다.

정답은 운동이다. 운동이 뇌에 왜 그렇게 좋은지 설명하기에 앞서 먼저 알아둬야 할 중요한 사실은, 운동의 효과를 얻으려면 일단 뇌가 건강해야 한다는 것이다.

예를 들어, 개인 트레이너와 운동 중이라고 하자. 어떤 운동을 하는 중에, 트레이너가 이제 다른 운동을 시작하라고 말한다. 대부분 이런 순간에 뇌에서는 다음과 같은 일이 일어난다. 먼저 트레이너 음성의 음파가 듣는 사람의 귓속 고막에 진동을 일으켜 부동섬모의 바닥에 있던 화학물질이 이동한다. 그 결과 전기 신호가 생성되고, 이 신호는 측두엽의 청각피질로 전송된다. 이어 1초의 몇천분의 1 정도 되는 극히 짧은 시간에 이 신호가 두정엽의 대뇌피질로 전달돼 지시로 처리되고, 그것이 전두엽의 운동피질로 전달돼 몸의 움직임을 일으키는 특이적 신호로 전환된다. 이 전환된 신호는 척수로 전송되고 운동신경세포를 거쳐 몸의 여러 근육으로 전달된다. 알츠하이머병은 두정엽에 영향을 주므로, 우리가 당연하게 여기는 이 놀라운 과정에 문제가 생겨 행위상실증이 발생하는 경우가 많다. 행위상실증은 몸에 근육계가 다 갖춰져 있고 다양한 부분별 협응도 가능한데도 움직이라는 지시를 수행하지 못하는 상태, 즉 지시를 몸의 움직임으로 연결하지 못하는 것을 말한다. 그래서 트레이너의 지시를 들어도 따르지 못한다.

건강할 때는 헬스장에서 트레이너와 운동할 때만이 아니라 몸의 모든 움직임이 여러 연주자의 협주로 연주되는 교향곡처럼 흘러간다. 지면이 고르지 않은 길을 달릴 때, 여러 사람과 무리 지어 달릴 때도 눈과 귀를 통해 시각, 청각 정보가 시시각각 뇌로 전달되고 통합되므로 우리는 주변의 동적인 환경을 파악할 수 있다. 강의 내용을 기록할 때도 마찬가지다. 귀로 들어오는 청각 정보가 펜을 움직여 종이에 글자를 쓰거나 키보드를 두드리는 것과 같이 학습된 고도의 기술과 신속히 통합된다. 자전거를 탈 때도 끊임없이 유입되는 주변 세상에 관한 신호를 수집하고 신속히 처리해서 안장에 똑바로 앉아 계속 앞으로 나아갈 수 있도록 발, 발목, 다리, 골반, 복부, 팔, 손, 목, 눈의 극히 미세한 움직임을 거의 무의식적으로 조정한다. 심지어 이 과정을 통해 진화적으로 인체가 유지할 수 있는 속도의 한계를 뛰어넘어, 훨씬 빠른 속도로 달리기도 한다.

이 모든 과정은 쉼 없이 일어난다. 우리 몸에서는 움직임이 끊임없이 계속되기 때문이다. 우리가 잠을 잘 때도 심장이 뛰고 혈액은 순환하며 눈은 눈꺼풀 아래에서 빠르게 움직인다. 잠을 자는 자세도 매시간 몸을 수십 번쯤 크게 뒤척이고 수백 번쯤 그보다 작게 움직이며 계속 바뀐다.[1] 이 크고 작은 움직임 하나하나를 뇌가 지휘한다. 그런데도 사람들은 뇌의 노화라고 하면 대부분 기억력과 피로감, 문제 해결 능력, 이해력에 생기는 변화를 떠올릴 뿐, 몸의 움직임에 주는 영향은 전혀 생각하지 못하는 경우가 많다.

또한 사람들은 나이가 들어 몸을 많이 안 움직이게 되는 이유를 근육 위축이나 관절퇴행에서만 찾는데, 생물학적 노화가 근육과 관절에 영향을 주는 건 사실이지만, 이 부분에 아무 이상이 없어도 다른 이유로 움직임에 문제가 생길 수 있다. 생물학적 노화만큼 원인으로 흔히 지목되지 않을 뿐인 그 또 다른 원인은, 뇌의 노화로 지각이 반응으로 나타나는 기능에 생기는 이상이다.

그러므로 인지 능력을 머릿속의 일로만 여기지 않는 게 중요하다. 뇌가 건강하면 세상과 물리적으로 접촉하는 능력, 즉 지각하고 그에 따라 몸의 움직임으로 반응하는 능력도 보존된다. 이 중요한 기능을 지키는 가장 좋은 방법은 꾸준히 사용하는 것으로 밝혀졌다!

그래서 이번 장에서는 운동의 메커니즘과 그에 따르는 결과에 관해 이야기하고자 한다. 신경세포에서 발생하는 운동 신호를 적극적으로 활용하고, 강화하고, 노화의 영향으로부터 보호하는 방안과 이를 실천할 때 우리 뇌와 몸이 얻는 결과를 살펴본다. 다양한 형태의 운동이 주는 효과를 전부 한꺼번에 얻는 지름길은 없음을 알게 될 것이다. 운동이 주는 이점을 근력 운동과 러닝머신으로 대부분 얻을 수도 있고, 축구나 요가로 얻을 수도 있다. 최근 미국에서 여가 활동으로 폭발적인 인기를 얻고 있는 피클볼도 노화가 일으키는 파괴에 맞서 뇌 기능을 강화하는 좋은 방법이다.

뭐든 운동을 해야 한다는 게 핵심이다. 무수한 연구로 운동이 사실상 거의 모든 만성 질환의 위험성을 낮추고 전염병에 걸렸을 때 심각한 결과가 초래될 위험도 낮춘다는 사실이 증명됐다.[2] 운동이 뇌에 주는 영향도 마찬가지다. 백 세까지 건강한 뇌 수명을 지키기 위한 우리의 여정에는 반드시 운동이 포함돼야 한다.

뇌 수명을 보존하는 유산소 운동

제2차 세계대전 시기에 미 공군의 신체 훈련을 담당한 생리학자 케네스 쿠퍼와 물리치료사 폴린 포츠Pauline Potts는 젊은 청년들에게서 모순되는 특징을 발견했다. 공군에 입대한 청년들은 대체로 체지방량이 적고 날씬한 근육질 체형이었는데, 몸을 많이 움직이는 운동을 고작 몇 분밖에 지속하지 못하는 경우가 많았다.

쿠퍼와 포츠는 당시 군의 신체 훈련이 장시간 힘든 운동을 하는 방식보다 지속 시간이 짧은 운동에 집중된 것이 원인이라고 판단했다. 이에 두 사람은 인체의 산소 대사를 원활하게 만들어서 몸을 더 오랫동안 움직이는 데 필요한 에너지가 생기도록 하는 새로운 신체 훈련법을 개발하고, '유산소 운동'이라고 이름 붙였다.

이제는 유산소 운동이 몸의 전반적인 건강에 꼭 필요하다는 사실을 모르는 사람이 거의 없다. 그러나 유산소 운동이 뇌로 공급되는 산소를 늘려 뇌 수명을 보존하고 지키는 중요한 기능도 한다는 사실까지 아는 사람은 많지 않다.

유산소 운동을 하면 뇌의 혈류가 증가하고 뇌 조직으로 혈액이 흘러 들어가는 속도가 빨라진다. 산소 공급이 늘어나는 가장 기본적인 변화다. 우리 뇌는 무게로 치면 체중의 약 2퍼센트에 불과하지만, 인체에 유입되는 모든 산소의 20퍼센트 이상이 뇌에서 쓰인다는 점을 생각하면 이게 얼마나 중요한 변화인지 알 수 있다. 20퍼센트는 결코 작은 양이 아니다. 신경세포는 산소를 펑펑 쓸 줄은 알아도 저장 능력은 좋지 않아서 산소가 계속 공급돼야 한다.[3] 신경세포의 활성과 대뇌 혈류가 매우 밀접한 관계인 이유도 이 특징으로 설명할 수 있다.[4] 그런데 최근 연구에서 나이가 들면 이 끈끈했던 연결고리가 헐거워진다는 사실이 밝혀졌다. 뇌에 노화가 일어나면 산소가 있어도 이전만큼 효율적으로 활용하지 못한다는 의미다.[5]

유산소 운동은 이 문제를 해결하는 데 두 가지 측면에서 도움이 된다. 하나는 뇌가 산소를 계속 효율적으로 이용할 수 있게 돕는다는 것이고, 다른 하나는 이 효율성이 떨어지면 뇌로 공급되는 산소를 늘린다는 것이다. 규칙적으로 유산소 운동을 하면 혈관 건강이 전반적으로 개선된다는 사실이 입증됐고, 이것이 산소를 계속해서 효율적으로 이용하는 토대가 된다. 혈관이 건강하면 산소와 영양소가 뇌로 운반되는 과정이 더욱 효율적으로 이뤄진다. 또한 유산소 운동을 하면 혈류가 증가하므로, 설사 혈관 건강에 이상이 생기더라도 뇌 기능에 필요한 산소를 부족함 없이 공급할 수 있다![6]

게다가 산소의 역할은 신경세포의 활성에 필요한 연료로 그치지 않는다. 새로운 신경세포가 생겨나는 신경 발생 과정에도 산소는 반드시 필요한 재료다. 신경세포의 생존력은 놀라운 수준이고 일부는 우리가 태어날 때부터 죽을 때까지 쭉 남아있지만, 신경 발생이 제대로 이뤄지지 않으면 우리는 절대 생존할 수 없다. 특히 기억에 중요한 역할을 하는 해마는 신경 발생이 가장 중요한 영역이다(신경 발생은 신경세포 간에 새로운 연결이 형성돼 뇌 구조가 자체적으로 재편되는 기능인 신경가소성을 위해서도 매우 중요하다. 보통 새로운 신경세포가 뇌의 서로 다른 부분을 잇는 가교가 돼야 이런 구조적 재편이 일어날 수 있기 때문이다). 뇌에 산소가 원활히 공급돼 신경 발생이 원활해지면 기억력과 신경 가소성도 더 탄탄하게 유지된다. 실제로 수많은 연구에서 고압 산소 요법(대기압보다 높은 압력으로 인체에 산소를 보충하는 것)이 새로운 신경 세포의 형성을 촉진한다고 밝혀졌고,[7] 유산소 운동으로도 비슷한 영향을 얻을 수 있음이 확인됐다.[8] 고압 산소 요법은 혈관질환이나 외상성 뇌 손상 환자들에게 특히 큰 도움이 되며, 특히 고압 조건에서 대기압의 산소 농도인 21퍼센트로 잠깐씩 돌아오는 방식이 효과적이다.

이 책에서 건강 문제의 해결 방안으로 제시하는 내용은 모두 인체의 생리적 특성에 가장 부합하는 것, 그리고 병의 원인을 해결하는 것이 기본 원칙이다. 즉 혈류 감소, 산소포화도 감소와 같은 뇌 건강의 위험 요인을 직접적으로 해결하고, 병의 출발 지점과 가까이에 있는 요인을 최대한 없애는 조치다. 누구든 자연의 흐름을 거스르는 해결책보다는 위험 요인을 직접적으로 없애는 쪽을 더 원할 텐데, 유산소 운동이 바로 그런 방안이다.

6장과 7장에서 설명했듯이 우리 뇌는 포도당과 케톤 중 하나를 에너지원으로 쓴다. 가장 좋은 건 특별히 애쓰지 않아도 이 두 가지 연료가 번갈아 사용되는 것이다. 포도당이 연료로 사용될 때, 산소가 없는 조건에서는 에너지가 조금밖에 생기지 않고 산소가 있는 조건에서는 열 배 이상 많은 에너지가 생긴다. 그러므로 산소가 충분히 공급되면 에너지 생산에도 엄청나게 유리하다. 7장에서 식생활 관리와 단식 같은 식사 패턴의 변화로 체내에서 케톤이 저농도로 생산되도록 유도할 수 있다고 설명했는데, 유산소 운동을 하면 이 과정이 훨씬 수월해진다.[9] 유산소 운동을 하면 인체가 즉각 활용할 수 있는 포도당이 운동에 필요한 연료로 쓰이고, 자연히 인체는 다른 에너지원을 확보해야 할 필요성이 생겨 지방이 연료로 쓰인다. 그 결과 뇌가 한 가지가 아닌 여러 연료로 에너지를 생산하는 이점을 누리게 된다. 내가 만나는 환자들을 기준으로 할 때, 보통 식생활 관리로 저농도의 케톤 형성을 유도하다가(혈액 1리터당 베타-하이드록시뷰티르산 0.5몰 정도), 유산소 운동이 추가되면 베타-하이드록시뷰티르산이 이상적인 농도인 혈액 1리터당 1.0몰 이상으로 증가하는 경우가 많다.

유산소 운동으로 뇌에 공급되는 산소가 증가한다면 흘러나오는 것, 즉 노폐물과 독소도 증가한다. 최근에 발견된 뇌의 노폐물 처리 시스템인 글림프 정화 경로가 이 기능을 맡아 수용성 단백질과 대사산물이 중추신경계 밖으로 제거되도록 돕는다. 네덜란드의 신경과학자 마이켄 네더가드Maiken Nedergaard 연구진은 2010년대 중반에 이 경로를 발견한 데 이어, 글림프 시스템은 우리가 잠을 자는 동안 가장 효율적으로 기능한다는 사실도 밝혀냈다. 깨어 있을 때는 규칙적인 신체 활동, 특히 유산소 운동이 이 정화 시스템을 활성화할 가능성이 있다.[10]

등산, 조깅, 달리기, 수영은 전신과 뇌에 공급되는 산소량을 늘린다. 자전거 타기, 줄넘기, 춤, 계단 오르기, 노 젓기, 크로스컨트리 스키도 훌륭한 유산소 운동이다. 어떤 운동을 하느냐보다 운동으로 얻는 영향이 훨씬 중요하며, 이는 흔히 최대 산소 섭취량$^{VO_2\ max}$으로 표현하는 산소 이용률의 상한선으로 파악할 수 있다. 최대 산소 섭취량은 산소마스크를 쓰고 최대 강도로 운동하면서 산소를 얼마나 소비하는지 측정하는 검사로 가장 정확하게 확인할 수 있지만 아쉽게도 이런 검사를 한 번 받으려면 수백 달러가 든다. 적절한 유산소 운동의 강도를 알아야 하거나 알고 싶은 경우 등 각자의 목적과 관심도에 따라 그 정도는 투자할 만하다고 판단할 수도 있다. 다행히 그런 검사를 받지 않아도 누구나 직감을 토대로 자신의 운동 능력을 대략 알 수 있다. 예를 들어, 매일 1~2킬로미터씩 꾸준히 달리면 그 정도 거리를 완주할 때의 자기 몸 상태를 알게 되므로, 일주일에 한 번 같은 거리를 최대한 빠른 속도로 달리고 소요 시간을 측정하면 자신의 최대 운동 능력을 어느 정도 파악할 수 있다. 다양한 운동 측정 도구나 기기를 활용하면 구체적인 수치로도 확인이 가능하다. 가령 스마트워치, 생체 반응을 추적하는 반지 등을 통해 수집된 휴식기 심박수, 최대 심박수 데이터를 토대로 자신의 최대 운동량을 합리적인 범위 내에서 추정할 수 있다.

유산소 운동을 얼마나 자주 해야 하는지는 의견이 분분하다. 우리 뇌에는 **끊임없이** 산소가 필요하고, 수면 무호흡증을 비롯해 자는 동안 인체의 산소포화도를 떨어뜨리는 각종 문제는 인지 기능을 해치는 가장 흔한 원인이다. 그런데 의료계 종사자들은 이 점을 가장 많이 놓친다. 나는 심박수와 호흡수를 높이는 운동을 매일 하는 게 좋다고 생각한다(대기오염이 심각한 게 아니라면 곰팡이독소 노출을 최소화하는 차원에서도 야외 운동이 좋다. 이 문제는 11장에서 다시 설명한다). 운동 계획은 의사와 상담해서 자신의 건강 상태에 알맞게 수립하는 게 좋다. 현재 건강에 이상이 있다면 반드시 그래야 한다. 나이와 상관없이 대부분 적용할 수 있는 목표는, 유산소 운동을 일주일에 한 번 가능한 최대 강도로 최장 10분간 지속하면서 심박수를 최대한 높이고 나머지 6일은 심박수가 최대치의 70퍼센트 정도에 이르는 강도로 30분간 운동하는 것이다(최대 심박수는 220에서 나이를 뺀 숫자로 대략 추정할 수 있다. 현재 35세라면 최대 심박수는 분당 185회이고, 이 최대 심박수의 70퍼센트는 분당 130회이다).

일주일에 최소 세 시간 유산소 운동을 하면 뇌에 공급되는 산소량을 건강하게 늘릴 수 있다. 세 시간은 너무 짧다고 느낄 수도 있지만, 운동에 익숙하지 않은 사람은 이 정도 시간을 내는 것도 힘들어한다. 더욱이 뇌의 노화를 막으려면 모두가 실천해야 하는 운동은 다섯 가지이고 유산소 운동은 그중 하나라는 사실을 알고 나면 더욱 막막할 수 있다.

의사이자 공중보건 연구자, 전 세계적인 비만 위기를 다룬 책 《거대한 비만 위기A Big Fat Crisis》의 저자인 데버라 A. 코헨Deborah A. Cohen은 수많은 사람이 운동할 시간이 없다고 느끼는 건 별로 설득력 없는 핑계라는 솔직한 견해를 밝혀 화제가 됐다. 코헨은 2019년에 미국 성인 인구 대다수가 시간을 어떻게 쓰는지 포괄적으로 분석하고 그 결과를 발표했다. 당시 코헨은 《워싱턴포스트》와의 인터뷰에서 이렇게 설명했다.[11] "미국에서는 대중은 물론이고 공중보건 전문가들도 미국인의 신체 활동이 부족한 주된 이유는 여가 시간이 부족하기 때문이라는 인식이 보편적입니다. 하지만 우리는 그런 생각을 뒷받침하는 근거는 없다는 사실을 확인했습니다." 코헨 연구진이 조사한 결과, 일반적인 미국인들은 업무나 가정에서 꼭 해야 하는 일에 쓰는 시간을 제외하고 매일 여유 시간이 몇 시간 정도 있으며, 이 시간의 상당 부분을 휴대전화, 컴퓨터, TV 화면을 쳐다보면서 보내는 것으로 나타났다.[12]

운동할 때는 운동에만 집중하는 게 좋다고 생각하지만, 사실 원한다면 운동과 여가를 **동시에** 즐길 수 있다. 줄넘기하면서 TV를 보거나 실내자전거를 타면서 SNS의 피드를 새로 고침하고, 좋아하는 스포츠팀의 경기를 보면서 러닝머신을 달릴 수도 있다. 이제는 원격 근무만 하거나 재택근무와 사무실 근무가 혼합된 근무 형태도 많아졌으므로 러닝머신이나 걷기 운동을 할 수 있는 기구 앞에 높이 조절이 가능한 책상을 설치해서 화상 회의를 하면서도 운동을 할 수 있다. 유산소 운동을 일상의 한 부분으로 삼는 데 도움이 된다면 그런 방법을 적극 활용하자. 우리가 해야 하는 운동은 이게 다가 아니기 때문이다.

인지 기능을 키우는 근력 운동

호주에서는 6천 명 이상을 대상으로 '뇌를 지켜라'라는 연구 사업이 진행 중이다. 개인 맞춤형 생활 방식의 변화가 인지 기능 저하를 예방할 수 있는지 확인하는 연구이며, 결과가 나오려면 여러 해가 걸릴 것으로 예상된다. 이와 같은 종단 연구는 기본적으로 오랜 기간에 걸쳐 진행되므로, 아직 끝나지 않은 연구에 관해 연구자가 '성급한 결론'을 내리지 않으려고 경계하는 경우가 많다. 그러나 이 연구의 책임자 중 한 명인 마이클 J. 발렌수엘라Michael J. Valenzuela는 중간 결과를 확인한 후 기쁜 마음을 가감 없이 드러냈다. 전체 참가자 중 인지 기능에 경미한 이상이 있는 백 명을 모은 비교적 작은 소그룹에서 근력 운동이 일으킨 변화를 확인한 후, 2020년 시드니대학교의 이름으로 발표한 성명에서 발렌수엘라는 이렇게 전했다.[13] "결과에 담긴 의미는 명확합니다. 근력 운동은 치매 위험성을 줄이는 표준 전략에 포함돼야 합니다." 그는 근력 운동을 "고려해야 한다"거나 "효과가 있을 수도 있다"는 표현 대신, 표준 전략이 **돼야 한다**고 했다. 무조건 해야 한다는 것이다.

발렌수엘라가 이끄는 연구진은 참가자 일부에게 6개월간 매주 한 시간 반씩 근력 운동을 시키고, 이후 1년간 다른 실험군, 대조군과 함께 계속해서 추적했다. 이 추적 기간에는 주기적으로 인지 능력을 평가하는 한편, 해마의 일부 영역에 시간 흐름에 따라 발생하는 변화를 측정하기 위해 MRI를 세 차례 촬영했다. 그 결과 근력 운동을 한 참가자들은 뇌의 수축 속도가 감소하고 인지 기능 평가에서도 더 나은 점수를 받았을 뿐만 아니라, 이러한 효과가 운동 기간이 끝난 후 최대 12개월간 지속됐다.

나는 이 결과가 그리 놀랍지 않았다. 근력 운동이 인지 기능에 긍정적인 영향을 주고, 그 영향이 상당히 강력하다는 사실은 이전에 다른 연구들로도 밝혀졌고[14], 리코드 프로그램에도 오래전부터 근력 운동이 포함돼 있었다. 하지만 우리와 무관한 다른 연구진을 통해 근력 운동의 효과가 확인돼 정말 기뻤다. 이 연구진도 우리처럼 신경퇴행을 늦출 방법이 있고 증상이 생겼어도 회복할 수 있다고 옥상에서 고래고래 소리라도 치고 싶은 듯한 반응이 느껴져서 더욱 반가웠다.

근력 운동은 어떻게 이런 효과를 낼까? 우선 알아둬야 할 것은, 근력 운동과 유산소 운동은 상호보완적이라는 점이다. 운동 방식에 따라 근력 운동은 유산소 운동에 도움이 될 수 있고, 그렇게 되면 산소 공급, 신경가소성, 글림프 시스템의 정화 기능 등 운동으로 뇌에 발생할 수 있는 모든 긍정적인 영향을 한꺼번에 얻는다.

또한 근력 운동은 인슐린 저항성과도 밀접한 관계가 있다. 특히 남성에게서 이런 효과가 크게 나타나며 체중, 허리둘레, 체지방률, 그 외 인구 통계적 특성과 생활 방식이 크게 달라도 이러한 효과를 얻을 수 있다.[15] 근력 운동으로 인슐린 저항성이 개선되면 건강에 전반적으로 여러 긍정적인 영향이 발생한다. 뇌의 노화에는 두 가지 측면에서 매우 중요한 의미가 있다. 첫째, 인슐린 민감도가 정상 범위로 회복되는 것은 인지 기능 저하의 주된 원인인 염증을 줄이는 확실한 방법이다. 둘째, 인슐린 민감도가 적정 범위로 잘 유지되면 체내에서 케톤이 적당히 생성되는 상태를 훨씬 쉽게 유도하고 유지할 수 있고, 그만큼 뇌에 공급되는 에너지가 다양해진다. 인슐린 저항성과 아주 비슷한 문제라고 설명했던 당 독성(혈당이 높아서 기능이 손상되는 것)이 뇌의 노화와 인지 기능 저하의 가장 흔한 원인이라는 점에서도 인슐린 민감도 회복은 중요하다.

인체의 에너지는 간단하게 뚝딱 만들어지는 게 아니라 DNA에 암호화된 대로 진행된다. 그중 PPARGC1A 유전자의 활성에 운동, 특히 근력 운동이 큰 영향을 준다.[16] PPARGC1A 유전자에 암호화된 '과산화소체 증식인자 활성화 수용체 감마 보조활성자 1-알파'라는 단백질(다행히 과학자들이 PGC-1이라는 짧은 축약어를 만들었다)은 산화 스트레스로부터 세포를 보호하고 미토콘드리아의 기능 문제를 줄이는 한편, 염증과 관련된 생화학적 신호를 조절하고 인슐린 민감성을 개선한다. 읽으면서 바로 눈치챘겠지만, 모두 인지 기능 저하와 신경 퇴행을 일으키는 무수한 악영향을 물리치는 기능이다.[17]

근력 운동도 유산소 운동처럼 딱 한 가지 올바른 운동법은 없고 근력 운동이 인체에 가져오는 생화학적 영향을 간단히 측정할 방법도 없지만, 우리의 직관과 대략적인 측정으로도 필요한 정보를 대부분, 또는 전부 얻을 수 있다. 자유 중량 운동(덤벨과 바벨 운동), 기구 운동, 맨몸 운동 등의 근력 운동을 일주일에 몇 번씩 꾸준히 하다 보면 '오늘은 운동이 제대로 잘 된다' 싶은 날과 몸을 그저 기계적으로 움직이는 날의 차이를 스스로 느끼게 된다. 그런 차이가 순간순간 느껴지기도 하고, 운동한 후에 며칠간 지속되기도 한다. 또한 근력 운동의 세부 종류마다 자신이 감당할 수 있는 최대 무게보다 가벼운 무게로 운동 동작을 최대 몇 회까지 반복할 수 있는지 천천히, 안전한 범위에서 파악하는 것도 시간 흐름에 따른 근력 변화를 측정하는 좋은 방법이다.

근력 변화와 관련해 유념할 점이 있다. 가령 현재 벤치 프레스 운동으로 버스 한 대만큼의 무게를 들 수 있게 됐다면, 그 근력이 앞으로 쭉 유지돼야 할까? 몇 년쯤 계속 운동하면 근력이 더 좋아져서 버스 두 대 정도는 들 수 있어야 정상일까? 또는 세 대쯤 들 정도는 돼야 할까? 전부 그렇지 않다. 우리 몸은 시간이 흐르면서 여러 방식으로 변화를 겪는다. 생물학적 노화의 영향도 물론 있지만 몸의 상태에 따라 **건강한 신체의 기준도 달라진다**. 예를 들어 체중이 158~160킬로그램인 사람은 매일 자기 체중을 지탱하며 살아간다. 즉 그 정도 무게의 역기를 매일 들어 올리는 것과 같으므로 근육도 이를 감당할 수 있도록 견실해야 한다. 이 사람이 체중을 80킬로그램 정도 줄인 후에 예전처럼 무거운 아령을 들고 스쿼트 동작을 못하게 되거나 동작의 반복 횟수를 채우지 못한다면 걱정해야 할까? 당연히 아니다.

근력 운동이 인지 기능에 주는 좋은 효과를 얻으려면, 운동 횟수가 일주일에 최소 3일은 돼야 한다. 4일이면 더 좋다(하루걸러 한 번씩 근력 운동을 넣는 식으로 운동 계획을 짜면 된다). 생물학적 나이가 젊은 사람은 근육량과 근력을 모두 키우고 유지할 수 있는 운동을 하고, 나이가 들면 근육량과 근력이 모두 감소하는 근감소증이 생기므로[18] 감소 속도를 늦출 수 있는 운동을 하는 게 좋다.

근력 운동을 할 때 근육을 더 키우려고 보충제를 이용하는 사람들이 많다. 근육을 늘리고 운동에 필요한 체력을 키우는 보충제가 하나의 산업으로 자리를 잡았을 정도다. 7장에서도 언급했듯이, 나는 상황에 따라 보충제가 꼭 필요한 때도 있다고 생각한다. 근육을 만들고 유지하기가 힘들다면 다음과 같은 보충제를 고려할 수 있다. 트레이너와 상의하는 것도 좋은 방법이다.

- 유청 단백질 : 단백질을 공급하면 근력 운동 시 근육에 발생하는 경미한 손상의 회복을 촉진해 근육을 키우는 데 도움이 된다.
- 크레아틴 creatine : 근육에 필요한 에너지 공급을 돕는다.
- 크롬 chromium, 아밀로펙틴 Amylopectin : 근육을 키우는 데 도움이 된다. 유청 단백질 섭취량이 부족할 때 특히 유용하다.[19]
- 하이드록시메틸뷰티레이트 HMB : 아미노산의 하나인 류신이 분해될 때 콜레스테롤 대사가 바뀌는 등 몇 가지 메커니즘으로 생성되는 대사산물이다. 근육 성장에 도움이 된다.[20]
- 우르솔산 ursolic acid : 로즈메리, 세이지, 사과 등에 함유된 물질이며 지방 연소에 도움이 된다.

근육을 키우는 데 도움이 되는 요소가 전부 인지 기능 개선에도 도움이 되는 건 아니다. 설사 그렇다고 하더라도, 그에 따르는 다른 영향도 신중하게 고려해야 한다. 예를 들어, 성장호르몬은 근육량과 근력을 키우는 데 도움이 되지만, 인지 기능이 저하된 상태에서 사용하면 인지 기능에 도움이 안 된다. 동화 작용(근육을 키우는 것)을 하는 동시에 이화 작용을 막는(근육의 분해를 방지하는) 효과가 있어 근육량을 늘리는 물질로 오랫동안 활용된 테스토스테론도 그렇다. 우리도 인지 기능 저하로 치료 중인 사람들을 대상으로 한 연구에서 테스토스테론의 체내 농도를 최적 수준으로 맞추기 위해 보충제를 제공하고 있지만, 무엇보다 균형이 핵심이다. 테스토스테론의 체내 농도가 생리적으로 필요한 수준 이상으로 증가하면 심장 발작, 고혈압, 불면증, 공격적인 행동, 간 손상, 전립선 비대의 위험성이 증가하므로 이런 부작용이 발생하지 않도록 주의해야 한다.

고강도 인터벌 트레이닝

인터벌 트레이닝(간헐적 운동)의 개념이 처음 등장한 시기는 최소 1900년 중반까지 거슬러 올라간다. 달리기 경주에 나가본 적이 있는 사람은 열심히 달리다가 잠시 쉬고, 다시 또 빨리 달리는 '인터벌' 방식을 따를 수밖에 없었던 즐거운, 혹은 괴로운 기억이 있을 것이다. 일반적으로 인터벌 트레이닝은 백 미터를 전력 질주한 후 백 미터를 걷고, 다시 백 미터를 전력 질주하는 방식으로 총 1.6킬로미터 정도를 채우는 것을 말하는데, 약 10년 전부터 트레이너들이 자유 중량 운동이나 기구 운동, 맨몸 운동에도 이 인터벌 트레이닝 방식을 적용하면서 '강한 운동, 짧은 휴식, 다시 강한 운동'의 개념은 달리기 훈련의 틀을 벗어나기 시작했다. 비슷한 시기에 알 수 없는 이유로 **고강도**라는 단어가 추가돼 **고강도 인터벌 트레이닝**이 한 단어가 되고 이 운동 방식이 열띤 호응을 얻기 시작했다. 이제는 누구나 아는 용어가 됐고 아예 고강도 인터벌 트레이닝만 전문적으로 제공하는 트레이너들까지 생겼다. 피클볼이나 발레 등 특정 목적에 맞게 설계된 고강도 인터벌 트레이닝도 등장했다.

어떤 운동이 폭발적인 인기를 끌다가 금세 열기가 식은 사례는 많다. 2003년에 인기가 절정에 이르렀던 '태보', 1986년에 가장 인기 있는 운동이었던 '재즈댄스', 1969년에 체중 감량 효과가 있다고 알려지며 엄청난 인기를 구가한 '진동 벨트'의 흥망성쇠가 대표적이다. 그래서 2010년부터 2019년까지 구글에 '고강도 인터벌 트레이닝'이라는 단어가 검색에 사용된 횟수가 450퍼센트 증가했다는 사실도 새삼스럽지 않다고 여길 수 있는데, 이 운동은 기존 사례들과는 다른 놀라운 차이가 있다. 건강을 연구하는 학자들도 급속히 관심을 보이기 시작했다는 것이다.

이제 고강도 인터벌 트레이닝은 해마다 양질의 연구 결과가 발표되는 탐구 주제가 됐다. 대부분 전반적인 건강에 주는 유익한 영향이나 심혈관계, 또는 근골격계 건강에 주는 세부적인 영향에 연구가 집중되는 편이지만, 인지 기능과의 연관성에 관한 연구도 이뤄지고 있다. 결과는 매우 놀랍다.

사실 그리 놀라울 일은 아니다. 고강도 인터벌 트레이닝은 유산소 운동과 근력 운동이 교차하는 운동 방식이라고도 할 수 있으므로 그 두 가지 운동으로 각각 얻을 수 있는 이점을 상당 부분 똑같이 얻을 수 있으리라고 충분히 예상이 가능하고 실제로도 그렇다. 고강도 인터벌 트레이닝이 전통적인 유산소 운동과 근력 운동을 완전히 대신할 수 있는 '일석이조'의 운동인지는 아직 확신할 수 없지만, 강도 높은 운동을 반복하면서 중간중간 짧게 휴식할 때 우리 뇌에 뭔가 특별한 일이 일어나는 건 분명한 듯하다. 나는 이러한 결과가 '호르메시스hormesis'와 크게 연관돼 있다고 생각한다.

독성학에서 처음 등장한 개념인 호르메시스는 생물이 다양한 경로로 노출되는 독과 오염물질이 저농도에서는 유익한 생체 반응을 일으킬 수도 있음을 의미한다. 식물에 제초제를 극소량 사용하면 식물이 더 빨리, 더 크고 강하게 자랄 수 있지만 양이 조금만 많아지면 제초제의 본래 기능대로 식물이 죽는다.[21] 이 개념은 환경에 존재하는 어떤 물질이든 저농도에서는 유익해도 고농도로 노출되면 해로울 수 있다는 의미로 급속히 알려졌다.

호르메시스가 독일의 철학자 프리드리히 니체Friedrich Nietzsche가 한 말로 유명한 "시련은 우리를 더 강하게 만든다"와 같은 의미라고 이해하는 사람들도 많지만, 엄밀히 따지면 그렇지 않다. 목숨을 바로 빼앗지는 않지만 도움이 되거나 유익하지 않은 것도 많기 때문이다. 하지만 스트레스 유발 요인 중에는 호르메시스의 개념을 적용할 수 있는 것이 많은 듯하다. 즉 어느 정도까지는 유익하고, 강도가 어느 선을 넘어서면 해로워지는 스트레스 유발 요인도 있다. 인체에 주는 영향이 이 선을 넘지 않는 수준일 때 전반적인 항노화 효과를 발휘하는 여러 스트레스 유발 요인에 관한 연구 결과가 실제로 계속 늘어나고 있다.

단식은 이러한 효과가 가장 많이 알려지고 연구도 가장 많이 이뤄진 스트레스 요인으로 꼽힌다. 7장에서 설명한 대로 단식은 인지 기능을 평생 건강하게 유지하기 위한 식생활의 중요한 요소다. 식물이든 동물이든 너무 오랫동안 아무것도 먹지 못하면 죽지만, 섭취 에너지를 제한하면 수명이 늘어난다는 사실이 기생충부터 초파리, 쥐, 원숭이에 이르기까지 다양한 동물 실험에서 거듭 밝혀졌다. 사람은 수명이 길어서 그와 같은 방식으로 연구하기가 굉장히 어렵지만, 후생학적 패턴과 그 외 생물학적 노화의 대표적인 지표를 활용한 연구에서 섭취 열량을 장기간 제한하면 역시나 노화에 긍정적인 영향이 발생할 가능성이 크다.[22] 단식이 인체의 생존 반응을 촉발하므로 이러한 영향이 생긴다고 보는 과학자들도 있다. 우리 몸의 세포는 스트레스가 감지되면 에너지를 보존하도록 진화했기 때문이다.[23]

그렇다면 고강도 인터벌 트레이닝도 인체에 생존 반응을 일으키는 급성 스트레스로 작용할까? 나는 모든 운동이 그렇다고 생각한다. 그리고 강도 높은 운동을 짧게 반복하는 운동 방식은 호르메시스 반응을 더 크게 유발할 수 있다. 고강도 인터벌 트레이닝이 인체에 주는 자극이 먼 옛날 인류의 조상들이 **실제로** 위험에 빠진 상황과 비슷하기 때문이다. 예를 들어, 물리면 그 자리에서 죽을 수도 있는 뱀과 맞닥뜨리는 위기 상황은 부리나케 전속력으로 달아나면 단시간에 종료된다. 그러나 선조들의 몸이 그런 매우 급박한 위험에 반응할 수 있는 정도의 에너지만 만들 수 있었다면 그보다 빈도는 낮아도 금세 끝나지 않는 위기가 닥쳤을 때 버틸 에너지가 부족했을 것이다. 따라서 인체가 위험 상황이 장시간 지속돼도 버틸 수 있는 여분의 에너지를 만들 수 있도록 진화한 사람들의 생존 확률이 더 높았다고 추측할 수 있다. 우리는 그렇게 진화한 선조들의 자손이다. 고강도 인터벌 트레이닝을 하면 미토콘드리아 기능이 급격히 증가해서 당장 운동하는 데 필요한 에너지보다 훨씬 더 많은 에너지가 생산되는데, 이는 그러한 진화의 결과인지도 모른다.[24] 이렇게 생긴 에너지 여유분은 노화로 불안정해지는 인체 에너지 균형을 유지하는 데 도움이 된다. 고강도 인터벌 트레이닝이 인지 기능에 긍정적인 영향을 주고[25] 노년층과 젊은 층 모두 실행 기능(전두엽이 관할하는 인지 기능의 하나로, 행동을 계획하고, 체계화하고, 행동으로 옮기며 목표 달성을 위해 조정할 줄 아는 기능이다—옮긴이)에 유익한 영향을 준다는[26] 여러 연구 결과도 이런 사실을 뒷받침한다.

이 모든 이유로 나는 고강도 인터벌 트레이닝을 강력히 권장한다(심각한 심혈관질환이 있는 경우는 제외하고). 고강도 인터벌 트레이닝 한 번이 유산소 운동 한 번, 근력 운동 한 번씩 두 번의 운동을 대신할 수 있다고는 (또는 두 번 운동할 것을 한 번으로 줄이는 지름길이라고는) 생각하지 않는다. 유산소 운동과 근력 운동을 평소에 규칙적으로 하고 있다면, 그 두 가지 운동 중 하나를 고강도 인터벌 트레이닝으로 대체할 수 있으며 그렇게 활용해야 한다.

혈류 제한 운동

내가 생각하는 고강도 인터벌 트레이닝의 큰 장점은 유산소 운동과 근력 운동이 결합된 운동 방식인 만큼 그 두 가지 운동의 이점을 상당 부분 얻을 수 있다는 점, 그리고 운동에 투자하는 시간과 노력 대비 효과가 아주 좋다는 점이다. 이런 '가성비'의 이점은 내가 혈류 제한 운동을 점점 더 좋아하게 된 이유이기도 하다. 가압 운동, 또는 이 운동에 쓰이는 특수한 도구의 제품명을 따서 가츠KAATSU 운동으로도 불리는 혈류 제한 운동에는 팔과 다리 윗부분에 편안하게 딱 맞는 밴드가 사용된다. 출혈이 발생했을 때 그 부위를 강하게 조여서 혈류를 차단하는 응급 처치용 지혈대처럼 피가 안 통할 정도로 심하게 조이는 것과는 차이가 있다.

몸에 약간의 스트레스를 가해서, 일정한 충격이 있어야 방어 능력이 완전히 발휘되도록 진화한 인체 기능을 촉발한다는 점에서 이 운동 방식도 호르메시스 개념과 일치한다.[27] 실제로 수많은 세계 정상급 운동선수들도 바로 그러한 원리로 훈련 효과를 강화하거나 훈련 시간을 단축하고자 혈류 제한 밴드를 활용한다. 사실 이 운동을 처음 접했을 때 효과가 실제보다 한껏 과장되게 알려지며 한바탕 유행하다가 금세 사라지는 숱한 운동법 중 하나라고 생각했다. 하지만 처음에 의구심이 들어도 관련 자료를 읽거나, 실제로 해본 사람들과 이야기를 나누거나, 안전에 별문제가 없다면 직접 해볼 수도 있는 법이다. 내가 그랬다.

혈류 제한 운동은 새로운 방식도 아니다. 50년도 더 전에 사토 요시야키Yoshiaki Sato라는 일본의 역도 선수 출신 연구자가 가츠 밴드를 직접 제작해서 운동할 때 처음 활용했다. 그러다 그의 친구들, 가족들도 이용하기 시작했고, 나중에는 물리치료, 보디빌딩 분야에서도 가츠 밴드에 관심을 보였다. 이후 요시야키는 요코하마스포츠의학센터 소속 과학자들과 협력하여 운동할 때 혈류를 제한하면 근육의 회복 반응을 크게 촉진할 수 있다는 사실을 입증했다.[28] 운동선수들을 대상으로 한 이 연구에서, 혈류 제한 운동을 한 선수들은 다른 노력을 거의 하지 않고도 근육이 더 커지고 근력도 강해졌다! 이제 이 운동은 운동선수들의 부상 회복 기간을 줄이고 근위축을 예방하는 데 널리 활용된다. 2021년에 개최된 2020년도 도쿄 하계 올림픽에 출전한 많은 선수가 가츠 밴드를 사용한다는 소식이 전해지자, 개최지와 가까운 후추시에 사는 요시야키도 매우 기뻐했다. "언젠가는 이렇게 될 줄 알았다. 오히려 이토록 오래 걸릴 줄 몰랐다." 올림픽 기간에 요시야키가《뉴욕타임스》와의 인터뷰에서 한 말이다.[29]

이 운동법의 가장 흥미롭고 놀라운 특징 중 하나인 뇌 건강과의 연관성은 시간이 더 흘러야 널리 알려질 듯한데, 나를 비롯한 다수가 언젠가 반드시 그렇게 되리라 전망한다.

요시야키와 함께 혈류 제한 운동의 놀라운 효과를 확인한 요코하마 스포츠의학센터의 연구진은 논리적으로 당연한 수순인 "그런 효과가 왜 생길까?"라는 의문을 던졌다. 그리고 답을 찾고자 소규모 참가자를 모집하고, 먼저 레그 익스텐션leg extension 기구로 다리 운동을 하기 전과 후 혈장 검체를 채취해서 비교했다. 이어 같은 참가자들에게 운동할 때 혈류 제한 밴드를 착용하게 하고 같은 실험을 진행했다. 이렇게 두 차례 채취한 검체를 분석한 결과 혈류 제한 운동을 할 때 성장호르몬과 노르에피네프린, 젖산이 모두 대폭 증가했다.[30] 이 결과가 발표되자 혈류 제한 운동에 관한 연구가 대폭 늘었고, 수년에 걸쳐 이 운동 방식이 인슐린 성장 인자, 혈관 내피세포 성장 인자, 저산소증 유도 인자에 영향을 줄 가능성이 있다는 결과가 줄줄이 나왔다. 모두 신경가소성, 인지 기능과 관련된 뇌의 신호 전달에 관여하는 물질이다. 독일 오토폰게리케대학교와 독일 신경퇴행질환센터, 행동뇌과학센터의 과학자들로 구성된 연구팀은 2018년에 이 모든 결과를 종합적으로 분석하고, 혈류 제한 운동이 인지 기능에 주는 잠재적 영향에 더욱 주목할 필요가 있다고 밝혔다.[31]

2021년에는 국제 연구팀이 걷기처럼 강도가 아주 약한 운동을 할 때도 혈류를 제한하면 뇌의 실행 기능이 개선된다는 연구 결과를 발표했다.[32] 같은 해에 이란의 신경과학자들은 혈류 제한 운동이 수면의 질, 기분, 성취도 등 일반적으로 인지 기능의 손상도를 평가하는 검사 항목에 유의미한 영향을 준다고 밝혔다.[33] 스페인의 한 연구팀은 이 사례들과 다른 몇몇 연구 결과로 볼 때 혈관 제한 운동은 인지 기능을 보호하는 유망한 전략이라는 결론을 내렸다. "혈류 제한 요법은 부작용 없이 신경질환에 도움을 주는 것으로 보인다." 이 연구팀은 이런 설명과 함께 주의 사항을 덧붙였다. "더욱 균질하고 규모도 더 큰 표본을 대상으로 한 임상시험이 필수다 (…) 그래야 다른 치료법들과 효과를 더 객관적으로 비교할 수 있다."

그게 난제다. 대규모 임상 시험이 필요하다는 건 정확한 지적이다. 임상시험에는 막대한 비용이 들지만, 혈류 제한 운동용 밴드는 비교적 저렴하고(치료제와의 큰 차이점) 한 번 사면 오래 쓸 수 있어서 돈이 안 된다. 그래서 이 운동법과 인지 기능의 긍정적인 연관성을 연구로 밝혀내고 싶어도 연구비를 확보하기가 어렵다.

혈류 제한 운동에 관한 내 열성적인 설명에 임상학적 근거가 부족하다고 지적할 수도 있다. 하지만 내 주장을 뒷받침하는 실제 환자 사례가 급속히 늘고 있다는 사실을 꼭 말해주고 싶다.

간호사로 일하다 은퇴한 미셸도 그런 환자 중 하나다. 평생 스키를 즐기며 살던 그녀는 일흔두 살에 기억력이 급속히 나빠지는 것 같다며 우리를 찾아왔다. 양 무릎과 한쪽 어깨도 몹시 안 좋아서 운동도 하기 힘든 상태였다. 리코드 프로그램에서 운동은 필수 요소이고 근력 운동의 비중도 큰데, 미셸은 가츠 밴드를 활용한 덕분에 아주 가벼운 무게를 들어 올리는 근력 운동으로 훨씬 큰 효과를 얻었다. 이 운동은 미셸에게 처방된 열 가지 이상의 회복 방안 중 하나였으므로 건강 개선의 결정적인 요소였다고는 단정할 수 없지만, 큰 즐거움을 선사한 건 분명한 듯하다.

"저는 평생 운동을 즐겼어요." 미셸의 말이다. "그러다 몇 년 전부터 운동을 많이 할 수가 없어서 근육이 점점 줄고 약해지는 걸 지켜봐야 했죠. 얼마나 슬펐는지 모릅니다. 기억력 문제가 없었다면 그것만으로 우울증에 걸렸을 거란 생각이 들 정도로요. 그 밴드 덕분에 이제 쉬운 운동을 할 수 있게 됐어요. 좋아지고 있다는 게 느껴지고, 거울을 볼 때도 확실하게 알 수 있습니다."

체형만 변한 게 아니라 미셸의 뇌가 반응하는 방식에도 변화가 일어났다! 치료를 시작하고 1년간, 미셸의 인지 기능은 고무적인 변화를 겪었다. 기억력 문제도 없고, 인지 기능 저하를 나타내는 징후도 없다.

지금까지 이 책에서 여러 번 강조했듯이 혈류 제한 밴드를 활용한 운동으로 얻을 수 있는 전반적인 효과를 몸과 뇌의 기능이 떨어지기 시작한 후로 미룰 이유는 전혀 없다. 단, 이 운동법은 누구나 이용할 수 있는 건 아니다. 조절이 안 되는 고혈압, 흉통, 심부전으로 운동을 할 수 없는 사람, 겸상적혈구 빈혈증 환자 등은 혈류 제한 운동을 하면 안 된다. 또한 그런 문제가 없더라도 먼저 의사와 상의하고 시작해야 한다. 이런 진입 장벽이 있지만, 건강한 사람이 이 운동법을 활용할 때 얻는 장점에 비하면 이 정도 번거로움은 아무것도 아니라고 생각한다.

나는 가능한 사람은 모두 주기적으로 근력 운동에 혈류 제한 방식을 적용해야 한다고 본다. 일주일에 여러 번, 가벼운 운동을 할 때 (최대 근력의 20~40퍼센트를 쓰는 정도) 최대 15분간 혈류 제한 밴드를 쓰면 적당하다. (혈류 제한 시간이 그보다 길면 안 된다. 호르메시스의 원칙, 약간의 자극은 유익해도 일정 선을 넘으면 많으면 독이 된다는 것을 기억해야 한다.)

운동 산소 요법

인간의 뇌는 놀랍도록 복잡하다. 혹시 뇌를 다 이해했다고 주장하는 사람이 있다면 십중팔구 사실이 아니다. 하지만 몇 가지는 뇌의 가장 기본적인 특징으로 정리할 수 있다. 생존하려면 뇌에 산소가 공급돼야 한다는 것도 그중 하나다.

뇌에 산소가 딱 1~2분만 부족해도 병리학·생리학적 위기가 연이어 발생한다. 미토콘드리아가 기능하지 못해 에너지가 곤두박질치고, 신경세포는 사멸한다. 산소 결핍이 3~4분간 지속되면 되돌릴 수 없는 손상이 늘어난다. 5~6분 후에는 대부분 죽음이 코앞에 닥친다. 산소 없이 10분 이상 살아남아서 그 경험을 이야기할 수 있는 사람은 거의 없다.

다행히 우리는 산소가 풍부한 환경에서 살아간다. 산소는 늘 우리 '코앞에' 있다! 그래서 인류의 선조들도 뇌 세포에 산소를 오래 저장할 방법을 찾아낼 필요가 없었고, 우리는 산소가 필요하면 그때그때 얻도록 진화했다.[34]

우리가 생활하는 대기압의 산소 농도는 약 21퍼센트이므로 인체가 얻을 수 있는 산소도 그 정도가 최대였다. 그러나 인류는 산소만 분리하고, 저장하고, 인체에 고농도로 공급하는 방법을 터득했다. 인체에 순수 산소를 공급하는 치료는 각종 감염병과 빈혈, 화상, 잠수병, 방사선에 의한 손상에 효과가 있다는 사실이 명확히 입증됐다. 염증과 자유 라디칼 감소, 신경줄기세포 활성화에도 유망한 치료법이라는 연구 결과도 있다.[35] 여러 연구에서 경미한 인지 기능 손상이나 알츠하이머병, 혈관성 치매 환자에게 고농도의 가압 산소를 공급하면 큰 개선 효과가 있다는 사실도 밝혀졌다. (혈관에 이상이 생겨 에너지 공급이 감소하는 것은 뇌의 노화를 촉진하는 중요한 요인이다. 미국의 혈관성 치매 환자는 백만 명 이상이다.)[36]

이런 사실을 종합하면, 운동할 때 산소를 보충한다면 뇌 건강에 얼마나 도움이 될지 충분히 짐작할 수 있다. 이 분야의 연구는 아직 걸음마 단계지만(이 또한 연구 결과를 치료제로 만들어서 판매하는 데 써먹을 수 있는 게 아닌 이상 한몫 크게 챙길 거리를 찾아다니는 사람들의 관심과 투자를 얻기가 얼마나 힘든지 보여주는 여러 사례 중 하나다) 운동과 산소 공급이 합쳐지면 인지 기능이 크게 개선될 수 있다는 강력한 근거가 일부 확인됐다. 장기간 코로나19에 시달린 사람들을 대상으로 한 연구를 예로 들 수 있다. 코로나19에 오래 시달리면 치매 증상과 매우 흡사하게 머릿속에 안개가 낀 것처럼 생각이 흐릿해지는 증상이 심각한 수준으로 오래 지속되는 경우가 흔하다. 이 연구는 그러한 환자들에게 산소 요법이 동반된 운동 치료를 재활 프로그램으로 제공했고, 단 6주 만에 몬트리올 인지 평가 점수가 경미한 인지 기능 손상에 해당하던 수준에서 거의 정상 범위에 가깝게 개선됐다.[37]

내 소중한 친구인 줄리 G는 이런 사실을 접하고 반색했다. 줄리는 40대 후반에 인지 기능이 갑자기 크게 나빠져서 리코드 프로그램을 시작했고, 회복된 후에는 사람들에게 뇌 기능을 평생 건강하게 지키는 법을 열성적으로 알리는 전도사가 됐다. 자신의 회복 과정이 다

끝난 게 아니며 계속 노력해야 한다는 사실도 잘 알고 있는 만큼, 줄리는 자신과 다른 사람들의 인지 기능 저하와 신경퇴행의 회복에 도움이 될 만한 새로운 방법, 또는 그보다 나은 새로운 예방 방안이 있으면 적극 실행하곤 한다.

2024년에 줄리가 가정용 운동 산소 요법 장비를 구입한 것도 그런 노력의 하나였다. 최근 들어 이런 장비의 가격은 운동과 산소 보충이 건강에 어떤 변화를 일으키는지 직접 확인하고 싶은 사람들은 직접 장만할 수 있을 정도로 계속 저렴해지는 추세다. 줄리는 산소 농축기와 산소 백, 특수 제작된 마스크로 구성된 이 장비를 걷기와 전력 질주를 번갈아 하는 고강도 인터벌 트레이닝을 할 때 활용했다. 그리고 평소 데이터에 다소 집착하는 사람답게, 동맥의 맥파 속도를 측정하는 기구로 운동 전후 혈관 경직도가 어떻게 변했는지도 확인했다. "지난 5년간 동맥 맥파 속도를 간간이 측정했지만, 숫자가 크게 달라진 적은 한 번도 없었다. 꽤 격렬한 운동을 해도 마찬가지였다." 줄리의 기록에 나오는 내용이다. 그러나 운동 산소 요법 장비를 들이고 고강도 인터벌 트레이닝을 처음 시도한 날, 줄리의 혈관 경직도 점수는 36퍼센트가 향상됐다. "그동안 어떤 운동을 하건, 어떤 방법을 쓰건 점수가 이렇게까지 크게 달라진 적은 없었다."[38]

임상 시설에서 정식으로 진행한 실험도 아니고, 딱 한 명이 얻은 결과에 무슨 의미가 있느냐고 반박할 수도 있다. 그러나 리코드 프로그램을 시작한 우리 환자 중에 운동 산소 요법을 시작하는 사람이 점점 늘고 있고, 좋은 결과를 얻었다는 소식도 계속 들려온다. 내 확신도 더욱 굳어졌다. 나는 운동 산소 요법이 나빠진 인지 기능을 회복하는 방법일 뿐만 아니라, 인지 기능이 나빠지기 일보 직전인 '아슬아슬한' 경계에서 인지 기능을 강화할 방법이 절실한 사람들에게도 도움이 된다고 생각한다.

사실 우리 모두 바로 그런 상태다! 앞서 여러 번 예로 들었던, 자전거를 타고 언덕을 오르는 이야기에 다시 비유하면, 우리 뇌는 힘겹게 나아가는 자전거처럼 늘 거의 한계치로 겨우겨우 굴러가느라 어딘가 조금이라도 이상이 생기면 망가지기 십상인 상태다. 최대치로 운동을 해도 대기압에서 얻을 수 있는 산소가 최대 21퍼센트에 불과한 조건에서 산소를 얼마나 효율적으로 처리해 뇌가 필요로 하는 막대한 에너지를 댈 수 있느냐는 뇌 기능을 와르르 무너뜨릴 수 있는 여러 위험 요소 중 하나다. 그러므로 산소를 농축, 또는 압축해서 이런 한계를 극복할 수 있는 건 다행스러운 일이다. 운동할 때 산소를 보충하는 것은 전기자전거가 발명되어 언덕길로 출퇴근하는 사람들이 얻는 혜택과 비슷하다. 전기자전거의 '페달 보조' 기능은 페달 밟는 힘을 엄청나게 덜어준다기보다는 일반 자전거보다 약간 덜 힘들게 앞으로 나아갈 수 있게 도와준다. 운동 산소 요법도 그렇다.

운동 산소 요법 장비를 쓰는 게 다소 번잡한 것도 사실이다. 설치하는 데 시간이 걸리고, 기기를 계속 청결하게 관리해야 한다. 산소 농축기, 산소 백과 호스로 연결된 마스크를 착용하고 그 상태로 운동하는 것이 굉장히 어색할 수도 있다. 또한 시중에 판매되는 가정용 운동 산소 요법 장비의 종류가 늘어나고 가격이 저렴해지는 추세인 건 맞지만, 아직은 이를 장만하는 비용과 자신이 얻게 될 이득에 관한 숙고 없이 대다수가 덜컥 들일 수 있을 만큼 부담 없는 가격은 아니다. 그러므로 가능하면 이런 장비를 보유한 헬스장이나 운동 요법 센터를 찾아서 몇 번 써본 다음에 구매하는 게 좋다. 나는 개인적으로 충분히 가치가 있는 투자라고 생각하지만, 자신에게 정말 잘 맞는 방법인지는 각자가 판단할 일이다(또한 주치의와도 상담하는 게 바람직하다). 운동 산소 요법을 시도하기로 마음먹고 본격적으로 시작하는 경우, 일주일에 최소 한 번은 유산소 운동이나 고강도 인터벌 트레이닝을 할 때 활용하자.

한 가지 짚고 넘어가야 할 중요한 사항이 있다. 운동 산소 요법 장비 중에는 혈중 산소 농도를 고산소혈증 수준까지 높였다가 저산소혈증 수준(즉 실내 공기의 산소 농도보다 체내 산소 농도가 더 낮아지게 만드는 수준)으로 떨어뜨리는 과정이 반복되는 제품들이 있다. 호르메시스의 개념을 활용하는 또 다른 예이고 이렇게 하면 신경영양인자의 분비가 촉진되지만, 이런 장비를 이용할 때는 몇 가지에 주의해야 한다. 첫째, 여러 번 강조했듯이 인지 기능 저하는 에너지 공급이 원활하지 않아서 발생하는 경우가 많으므로 산소 공급을 인위적으로 줄여서 에너지 공급이 줄면 이미 생긴 문제가 더 악화할 수 있다. 그러므로 인지 기능 회복 방안에 운동 산소 요법을 추가하고자 한다면, 최소 6개월간 다른 방법들로 회복을 진행하고 인지 기능이 개선되기 시작한 후에 시도해야 한다. 둘째, 체내 산소 농도를 저산소혈증 수준까지 떨어뜨리지 않고 고산소혈증 수준에서 일반적인 수준으로 만드는 변화만을 반복해도 상대적인 저산소혈증 상태가 유도돼 신경영양인자 분비를 촉진할 수 있다. 마지막으로, 저산소혈증 상태를 유도하는 것이 인지 기능 저하에 도움이 된다고 밝혀진 연구 결과는 거의 없다. 아직 인지 기능에 아무 이상이 없고 예방 차원에서 운동 산소 요법을 시도하는 사람은 저산소혈증 상태가 단시간 반복적으로 유도되는 방식을 크게 우려하지 않아도 된다.

지금 하는 운동이 뇌 건강에 가장 좋다

오래전에 리나라는 환자가 내게 한 가지를 부탁했다. 이미 다른 환자들에게 수도 없이 들었던 요청이었다. "선생님, 제가 어떤 운동을 해야 하는지 좀 알려주시겠어요? 제게 가장 도움이 되는 운동인지 확실하게 알고 시작하고 싶어요." 나는 사람들이 왜 이런 질문을 하는지 안다. 환자들은 의사가 자신에게 필요한 약을 처방하는 것에 익숙하므로, 자연히 운동도 처방해주리라 기대한다. 그래서 이런 요청을 받으면 최대한 도와주려고 노력한다. 매주 유산소 운동과 근력 운동을 몇 번씩 하고, 간간이 고강도 인터벌 트레이닝으로 그 두 가지 운동의 이점을 한꺼번에 얻는 게 좋다고도 알려준다. 혈류 제한 운동과 운동 산소 요법도 소개한다. 최근에는 소근육을 키우는 운동과 두뇌를 사용하는 활동(사고 활동) 중 하나, 또는 둘 모두를 결합한 운동(예를 들어 사교댄스)도 환자들에게 권하기 시작했다.

이 마지막 운동법은 퍼시픽 신경과학연구소Pacific Neuroscience Institute의 트레이너 겸 뇌 건강 코치 라이언 글랫Ryan Glatt이 문제 해결 능력을 키우는 훈련과 운동을 접목해서 개발한 '두뇌 헬스'에서 힌트를 얻었다. 평소 비디오 게임을 즐기던 라이언은 음악과 함께 화면에 뜨는 시각적 신호에 따라 몸을 재빨리 움직여야 하는 '댄스 댄스 레볼루션'이라는 게임이 건강에 유의미한 도움이 된다는 사실을 확인했다. 지금도 자신을 찾아오는 고객들에게 정신과 몸의 기능을 활성화하면서 재미도 느낄 수 있는 활동을 찾아주려고 노력하고 있다.

어떤 사람들은 내게 매일 정확히 얼마나 달려야 하는지, 또는 자전거를 몇 킬로미터 정도 타야 하는지 묻는다. 운동의 종류, 근력 운동을 할 때 들어야 하는 무게, 특정한 운동 동작을 한 번에 몇 회씩, 몇 세트까지 해야 하는지도 알려달라고 요청한다.

그 심정은 진심으로 이해한다. 하지만 지금 당장 운동을 시작하고 꾸준히 실천한다면, 또한 그 운동을 즐겁게 한다면 그게 바로 뇌 건강에 가장 좋은 운동이라는 점을 잊지 말아야 한다. 달리기가 잘 맞는 사람에게는 달리기가 뇌 건강에 가장 좋은 운동이다. 자전거, 상쾌한 아침에 강에 배를 띄우고 노를 젓는 것, 집 마당에서 하는 역기 운동, 축구, 피클볼, 야구, 발레, 태권도, 뭐든 자신이 즐겁게 할 수 있는 운동이 뇌 건강에 가장 좋은 운동이다. 즐기지 못하면 꾸준히 할 가능성이 거의 없기 때문이다.[39]

뇌를 지금부터 앞으로 수십 년간 건강하게 지키고 싶다면, 스스로 즐겁게 할 수 있는 운동부터 찾는 게 급선무다. 다른 노력은 거기서부터 시작하면 된다.

정말 좋아하는 운동이 골프라고 하자. 사람들은 농담 삼아 골프가 "산책의 즐거움을 망치는 운동"이라고 하기도 한다. 유산소 운동이나 근력 운동, 고강도 인터벌 트레이닝, 혈류 제한 운동, 운동 산소 요법과도 별로 관련성이 없어 보이는데, 실제로 그렇다. 그런데도 골프를 정말 좋아한다면 운동을 시작하는 좋은 출발점이 될 수 있다. 골프를 그냥 치는 게 아니라 잘 치고 싶은 열의가 있다면 더욱 그렇다. 왜냐하면 유산소 운동과 근력 운동은 취미로 하는 골프의 실력 향상에 도움이 되는 것으로 밝혀졌고,[40] 고강도 인터벌 훈련도 골프의 드라이브 실력을 키우는 데 긍정적인 영향을 준다는 연구 결과가 있다.[41] 혈류 제한 운동 역시 아마추어의 골프 실력 개선에 도움이 되는 것으로 나타났고,[42] 운동 산소 요법은 운동으로 생긴 손상 회복에 도움이 된다.[43] 그러므로 골프 자체가 뇌 수명을 백 세까지 지키는 우리의 목표 달성에 큰 도움이 되지는 않을지라도 골프를 정말 좋아하고 잘 치고 싶은 열망이 있다면, 오래오래 골프를 치며 살고 싶은 마음이 간절하다면 골프가 진짜 도움이 되는 운동으로 가지를 뻗어나가는 좋은 시작점이 될 수 있다.

나는 리나에게도 다른 수많은 환자에게 했던 대로 그 출발점을 찾으라고 말했다. 스스로 가장 즐길 수 있는 운동을 찾고, 뇌 건강을 위한 운동 계획은 거기서부터 차근차근 세우면 된다. 그게 늙지 않는 뇌로 가는 길이다.

9

회복을 위한 휴식

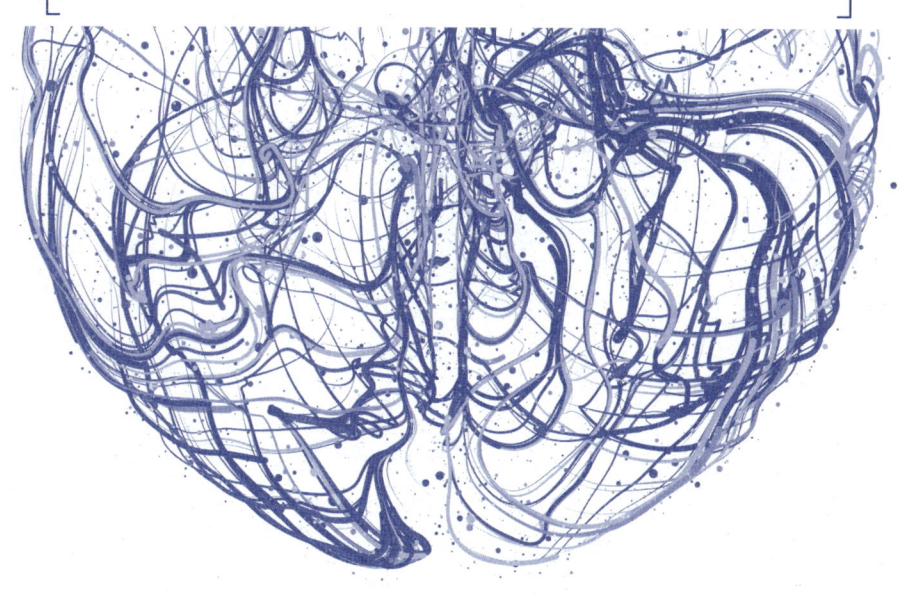

> 연습한다고 완벽해지지 않는다.
> 연습하고, 그날 밤에 푹 자야 완벽해진다.
>
> **매튜 워커** Matthew Walker

샐리는 오랫동안 하루에 여섯 시간 정도 자면 충분하다고 생각했다. 직업이 간호학과 교수라 여섯 시간은 이상적인 수면 시간보다 살짝 부족하다는 사실을 알고는 있었지만, 의료계 종사자들 대부분이 샐리와 비슷하게 살아간다. 다들 환자들에게는 하루에 7~8시간은 자야 한다고 이야기하면서도 정작 자신은 그러지 않는 경우가 허다하다. 샐리 나이대의 평균 수면 시간과도 큰 차이가 없었다. 미국 국립보건통계센터에 따르면 45~64세 성인 인구의 약 3분의 1은 일일 수면 시간이 7시간 미만이다.[1] 무엇보다, 샐리는 여섯 시간을 자고 일어나면 푹 쉬었다고 느꼈다.

하지만 샐리의 뇌가 반발하기 시작했다. 양손이 딸꾹질이라도 하는 것처럼 갑자기 씰룩거리는 게 시작이었다. 신경과 전문의들은 이처럼 근육이 제멋대로 수축하는 것을 간대성 근경련증이라고 한다. 조기에 발병하고 진행 속도가 빠른 신경퇴행질환의 매우 흔한 증상이다.[2] 이런 사실을 샐리도 잘 알고 있었지만 최대한 무시하고 지

내보려고 했다. 그러나 시간이 더 흐르자, 머릿속으로는 완벽히 아는 것을 엉뚱하게 말하는 증상이 나타나기 시작했다. 신경퇴행의 흔한 증상인 실어증이었다.[3] 하지만 나이가 들면 원래 다 그렇다는 악마의 속삭임이 너무나 강력했고, 샐리는 이런 증상들이 뇌에 이상이 생긴 징후일지 모른다는 생각을 또 제쳐뒀다.

손주를 하굣길에 데리러 가기로 해놓고 깜박 잊는 일이 한 달에 두 번이나 반복되자, 그제야 샐리는 뭔가 잘못됐음을 인정했다. 그때부터 현실 부정이 차지하던 자리에 극심한 혼란이 들어앉았다. 그렇게 두려워할 만한 상태이기도 했다. 나와 만났을 때(PET 검사로 뇌 아밀로이드 양성 판정을 받고, ApoE4 유전자가 하나 있다는 사실도 확인하고, 어떤 치료제의 임상시험에 참여하느라 상태가 더 나빠진 후였다) 샐리는 몬트리올 인지 평가에서 경미한 인지 기능 저하에 해당하는 점수가 나왔다. 전체적으로 알츠하이머병의 4단계 중 세 번째 단계였고, 인지 기능 평가를 종합할 때 신경퇴행의 위험 요소가 수십 가지로 확인됐다.

이미 균열이 생긴 정신을 '고칠 수 있다'고 장담할 수는 없었지만, 나는 샐리에게 아무 희망이 없는 건 아니라고 분명하게 말했다. "동의하기는 힘드시겠지만, 제가 보기에 환자분의 진단 결과는 아주 중요한 한 가지 측면에서 긍정적입니다. 증상이 있어도 검사에서 아무 문제도 확인되지 않으면, 무슨 문제에 어떻게 대처해야 하는지 알 수가 없지 않습니까. 하지만 우리는 이제 어떻게 해야 하는지 알게 된 겁니다." 우리의 회복 계획은 하루 여섯 시간의 수면 시간을 바꾸는 것으로 시작했다. 나는 환자들에게 수면 목표를 다음과 같이 제시한다.

- 매일 최소 7시간은 잘 것.
- 수면 시간은 8시간 반을 넘기지 말 것(9시간 이상 자면 치매 위험이 증가할 수 있다).
- 렘수면 시간이 1.5시간 이상이어야 한다.
- 깊은 수면 시간이 1시간 이상이어야 한다.
- 자는 동안 산소 포화도는 92퍼센트 이상이어야 한다. 94퍼센트 이상이 가장 적합하다.
- 수면 무호흡증의 징후가 없어야 하며 무호흡-저호흡 지수^{AHI}가 5 미만이어야 한다.

이번 장에서는 이 항목 하나하나를 자세히 설명한다. 리코드 프로그램의 다른 단계들과 마찬가지로, 수면 하나만 챙긴다고 해서 인지 기능의 모든 문제가 해결되지는 않는다. 샐리도 수면 문제만 해결한다고 뇌의 젊음을 되찾을 수 있는 상태가 아니었다. 그러나 휴식이 건강한 인지 기능에 절대적으로 중요하다는 건 잘 알려진 사실이다. 인지 기능이 나빠졌다가 완전히 회복된 사람 중에, 이 문제를 해결하지 않고 그런 결과를 얻은 사람은 단 한 명도 본 적이 없을 만큼 휴식은 침투력이 강력하다. (2012년 4월에 만난 내 '0번(최초) 환자'도 하루 4~5시간 정도였던 수면 시간을 늘리고 뇌 건강에 영향을 주던 다른 문제들이 해결되자 인지 기능이 개선됐고, 지금까지 10년 넘게 그 상태를 유지하고 있다.) 물론 이 책의 주제는 인지 기능 저하를 **예방**하는 것이므로, 나의 최초 환자가 했던 노력은(그리고 샐리가 했던 노력도) 어떤 이유로든 예방에 실패했을 때만 필요하다고 생각할 수 있다.

수면 습관을 바꿔야 한다고 설득하는 건 쉬운 일이 아니다. 성인의 약 3분의 1이 하루에 잠을 7시간도 안 잔다는 건, 뒤집어서 생각하면 나머지 3분의 2는 그보다 많이 잔다는 것이고 그중 권장 수면 시간인 7~8시간 자는 사람은 뇌 건강에 필요한 수면 요건이 충족됐다고 확신하는 경우가 많기 때문이다. 하지만 뇌 기능을 유지하기 위한 휴식은 그보다 복잡하고 포괄적이다. 충분한 수면 시간은 중요한 첫걸음이지만, 그게 다가 아니다. 활기차게 기능하는 뇌로 만드는 휴식은 잠들기 전, 자는 동안 그리고 잠에서 깬 후에 일어나는 일들과도 관련이 있다. 또한 뇌가 하루 동안 얼마나 쉬었는지와도 관련이 있고, 나아가 우리가 세상에 다가가는 방식과도 맞닿아 있다.

그러므로 뇌 건강에 필요한 휴식은 하루를 **마감하는** 시간만이 아니라 **하루 내내** 쌓이는 인지 기능의 해로운 영향에 맞서는 필수 조건으로 보는 게 중요하다. 이런 관점에서 수면을 보면, 두 가지 방법으로 이 휴식의 생산성을 높일 수 있음을 분명하게 알게 된다. 하나는 잠을 잘 자는 것이고, 대체로 경시되는 다른 한 가지는 뇌에 가해지는 해로운 영향을 예방해서 수면의 효과를 키우는 것이다. 동전의 양면 같은 이 두 가지 조건이 모두 채워져야 뇌를 노화로부터 가장 확실하게 보호할 수 있다. 먼저 뇌의 노화를 최소화하는 수면이 되려면 우리가 어떤 부분을 노력해야 하는지 설명한 다음, 뇌에 가해지는 해로운 영향을 막는 가장 좋은 방법을 살펴보자.

뇌의 노폐물을 처리하는 글림프 시스템

가수이자 작곡가 조 퍼디Joe Purdy의 앨범 《줄리 블루Julie Blue》에 실린 첫 곡, 〈쓸려 가다Wash Away〉는 잠이 우리 삶에서 하는 역할이 아주 완벽히 담겨 있다.

> 힘든 일들이 있었지, 하지만 오늘은 괜찮아
> 다 쓸려 갈 거니까

퍼디도 알았는지는 모르겠지만, 그는 몸과 뇌를 건강하게 만드는 공식을 노래했다. 우리는 독성물질이나 전염병이 몸과 뇌에 영향을 주고 해를 끼칠 가능성을 염려한다. 당연히 할 수 있는 걱정이고 그런 물리적 손상의 여파가 오래 지속되는 것도 분명한 사실이지만, 정작 우리 뇌가 매일 시달리는 다른 해로운 영향의 존재는 거의 인지하지 못한다. 아침에 자고 일어난 순간부터 시작해 다시 잠자리에 들기 전까지 노출되는 수많은 스트레스 유발 요인이 바로 그것이다.

보통 아침에 시끄럽게 울려대는 알람 시계를 끄면서 잠이 깬다면, 인체의 스트레스 반응이 크게 높아진 상태로 하루를 시작한다. 자는 동안 몸과 뇌가 충분히 회복되지 않았다면 하루가 시작되자마자 발생하는 이 스트레스에도 더 크게 반응하게 된다.[4] 부모들은 아이 키우는 일이 스트레스 관리 능력을 훈련하는 일 같다고 느낄 때가 많은데, 일하는 엄마들을 연구한 결과를 보면 양육 스트레스는 스트레스 호르몬인 코르티솔의 증가와 깜짝 놀랄 만큼 밀접한 관련이 있고 이 연관성은 주중 아침에 가장 크게 나타났다.[5] 고속도로로 직접 차를 몰고 출근하는 경우 스트레스 반응은 한층 더 커진다. 제멋대로 운전하는 차량과 맞닥뜨리면 더 말할 것도 없고, 그런 일이 없어도 기본적으로 그렇다.[6] 회사에 도착한 후는 어떨까. 일하면서 평온하고, 편안하고, 즐겁다고 느끼는 사람이 있을까? (만약 그렇다면 참 운이 좋은 사람이다. 현대인에게 업무 스트레스와 번아웃은 너무 흔한 일이 됐고 갈수록 심해지는 추세다.)[7]

이처럼 아침부터 밤까지 우리 생활에는 퍼디가 '힘든 일'이라고 노래한 일들이 넘쳐나며 모두 스트레스 호르몬의 생산을 촉진한다. 그 결과 뇌에는 인지 기능이 손상됐음을 나타내는 단백질과 부산물이 빠르게 축적된다. 만약 하루가 새로 시작될 때마다 지난 24시간 동안 겪은 해로운 영향이 다 '씻겨 나간다'면 어떨까? 그게 가능하다면, 우리 뇌는 오늘도 어제만큼 효과적으로 기능할 수 있다. 어제뿐만 아니라 그저께, *그끄*저께처럼 멀쩡히 기능할 수 있고, 그런 식으로 거슬러 올라가면 일주일, 한 달, 여러 해, 수십 년 전과 같이 기능할 수 있을 것이다.

인체에는 이런 기능을 하는 시스템이 전체적으로 갖춰져 있다. 이미 아는 사람도 있겠지만, 바로 림프계가 그런 기능을 한다. 즉, 남아있으면 안 되는 곳에 노폐물로 쌓인 대사 부산물이 호흡, 땀, 대소변으로 씻겨 나가게 한다. 하지만 오래전부터 중추신경계에는 이런 림프계가 없다고 여겨졌다. 그렇다면 뇌는 노폐물을 어떻게 처리할까? 림프계와 비슷한 방식으로, 가령 신경세포에서 나온 노폐물이 혈액을 통해 순환계로 흘러 들어간 후 림프계가 인체에서 발생한 다른 노폐물들과 함께 처리할까? 뇌가 노폐물을 처리하기는 할까? 모두 확실하게 풀리지 않은 의문으로 남아있었다.

그러다 2023년에야 뇌에도 림프계와 같은 글림프 시스템이 있다는 사실이 밝혀졌다. 뇌를 둘러싼 아주 얇고 정교한 막이 있고, 면역세포는 이 막을 플랫폼 삼아 뇌척수액의 이동을 모니터링해 감염과 염증의 징후를 파악한다는 연구 결과로 이 글림프 시스템의 핵심 요소가 드러났다.[8]

잠깐 생각하면, 너무나 놀라운 일이다. 인류는 수천 년간 뇌를 연구했고, 정교한 뇌 영상 장비도 수십 년 전에 개발됐다. 그런데도 뇌의 지주막 아래에 림프계와 비슷한 기능을 하는 막이 있다는 사실조차 내내 모르다가, 몇 년 전에서야 밝혀진 것이다! 이런 발견을 접할 때마다 "뇌의 노화는 어쩔 수 없는 일"이라고 하는 말을 들었을 때처럼 머리를 가로젓게 된다. 인간의 뇌가 어떤 기관인지, 어떤 일들을 하는지 아직도 새로운 발견이 이어지는 마당에 어떻게 어쩔 수 없다는 결론을 내릴 수 있단 말인가?

글림프 시스템의 존재와 구조가 드러나고 고작 몇 년 사이에 이 시스템의 기능이 상당 부분 밝혀졌고, 이제 우리는 정말 많은 것을 알게 됐다. 예를 들어, 하루 내내 빗발치는 해로운 영향 때문에 쌓인 해로운 단백질은 우리가 잠을 자는 동안 이 막을 통해 씻겨 나간다는 사실이 밝혀졌다. 아드레날린이 일으키는 활성이 글림프 시스템의 기능을 저해한다는 사실도 명확히 드러났다. 스트레스를 받거나, 위협을 느끼거나, 무서운 영화를 보는 것과 같은 자극으로 교감신경계가 활성화되면 글림프 시스템이 제 기능을 하지 못한다는 의미다.

이 지점에서 수면 시간이 왜 중요한지 알 수 있다. 잠을 많이 잘수록 노폐물이 여과되는 이 마법 같은 기능이 발휘될 시간도 넉넉해진다. 게다가 **깊은 수면** 단계에서 글림프 시스템의 기능이 더욱 강하게 활성화된다는 사실도 새로운 연구들로 속속 밝혀지고 있다. 몸은 푹 잠들어도 뇌는 활기가 넘치는 이 깊은 수면 단계는 우리가 자는 동안 계속 유지되는 게 아니라 다른 수면 단계와 여러 번 번갈아 나타난다(보통 이른 밤에 자면 깊은 수면 단계가 시작되는 경우가 많으므로, "일찍 자고 일찍 일어나야 한다"는 옛말이 영 쓸데없는 잔소리는 아닌 셈이다). 수면 단계의 변화는 자는 동안 뇌에서 발생하는 전기 신호로 알 수 있다. 그 신호를 그래프로 나타내면, 깊은 수면을 나타내는 하강과 렘수면을 나타내는 상승이 여러 차례 오르내리며 전형적인 사인파와 비슷한 형태를 띤다. 빠른 안구 운동rapid eye movement, REM이 일어나는 렘수면은 꿈과 가장 밀접한 관련이 있고, 뇌파상에서는 잠든 지 한참 지났을 때와 이른 아침에 이 렘수면의 패턴이 나타나는 경향이 있다. 그러므로 수면 시간이 글림프 시스템의 기능에 중요한 이유는 여과 기능이 더 오래 지속돼서가 아니라 잠을 자는 동안 그 여과 기능이 최대치로 발휘되는 기회를 더 여러 번 누릴 수 있기 때문이다. 그러므로 뇌의 글림프 시스템이 효과적으로 기능하게 하는 가장 좋은 방법은 매일 밤 깊은 수면 시간이 충분히 확보되도록 수면을 최적화하는 것이다.

다음 내용으로 넘어가기 전에 한 가지 고백할 게 있다. 나는 바로 위의 내용을 쓰기 전날 밤에도 잠을 제대로 못 잤다. 평소에 나는 깊은 수면이 최소 한 시간, 렘수면 단계가 최소 한 시간 반은 지속되도록 노력한다. 그것이 리코드 프로그램에서 권장하는 수면이고, 뇌의 노화를 예방하려는 모두에게 그렇게 자야 한다고 권한다. 이제는 몸에 착용하는 반지나 시계, 침대 옆에 두는 모니터링 기기 등 수면 단계를 정확하게 파악할 수 있는 도구가 많아서 하루하루 밤잠을 어떻게 잤는지는 물론이고 전반적인 수면의 동향도 알 수 있는데, 그 두 가지 중 후자, 즉 장기적인 수면 동향에 더 관심을 기울여야 한다. 살다 보면 우리가 바라고 필요로 하는 만큼 잠을 푹 자지 못하는 때도 있게 마련이기 때문이다. 내가 지난밤에 잠을 제대로 못 잔 건, 자기 전까지 마치려고 했던 일을 다 끝내지 못해서 잠자리에 들 시간이 돼서도 서재에서 계속 일을 해서다. 그러느라 평소보다 늦게 잠이 들었으니 내게 필요한 수면 단계를 다 채울 시간도 부족했다. 아니나 다를까, 아침에 일어나서 확인하니 깊은 수면과 렘수면 시간을 내가 목표한 시간만큼 채우지 못했다. 총수면 시간이 짧아서 이 중요한 단계들을 여러 번 오갈 시간이 없었고, 내 글림프 시스템은 기능을 "최상으로 발휘할" 기회를 평소처럼 갖지 못했다.

하지만 하루하루 이런 결과에 크게 당황할 필요는 없다. 매일 잘 자면 당연히 더 좋겠지만, 생애 전체를 보면서 깊은 수면과 렘수면 시간이 점차 늘어나는 좋은 방향으로 나아가는 게 중요하다. 여러분도 그러기를 바란다. 깊은 수면과 렘수면 시간은 각각 한 시간, 한 시간 반까지 채운다는 목표를 정하고, 그 상태를 전반적으로 일정하게 유지하도록 노력하면 된다.

숙면의 조건

수면 전문가들은 공개적으로 잘 인정하지 않지만, 숙면 목표는 어떻게 달성하는지보다 달성하는 게 더 중요하다. 이는 숙면의 비법을 알려준다는 각종 책이며 팟캐스트에서 집중적으로 다루는 '수면 위생'과도 관련이 있다. 나는 사람들로부터 숙면의 '완벽한' 조건이라고 가장 많이 언급되는 요건을 자신은 도저히 지킬 수 없어서 불안하다는 토로를 종종 듣는다. 이들이 주로 이야기하는 문제점은, 숙면의 요건이라고 알려진 그 수칙들이 자신에게는 (늘 그렇다기보다 숙면하고자 애쓰는 시기에) 오히려 수면에 방해가 된다는 것이다.

최근에 만난 바버라도 그랬다. 바버라는 매일 잠자리에 들 때마다 경찰 무전을 듣는 습관이 있었다. "남편이 죽고 난 후에 생긴 버릇이에요." 바버라의 이야기다. "경찰 무전을 틀어 놓으면 주변에서 일어난 각종 사고 소식과 범죄 현장에 출동하라는 호출을 듣게 되는데, 그런 걸 들으면 마음이 불안해지는 사람들도 있겠지만 저는 반대로 안심이 됩니다. 나를 지켜줄 사람들이 이렇게 일하고 있구나, 하는 생각이 들거든요."

바버라의 이 습관은 소음이 숙면에 방해가 되므로 피해야 한다는 수면 위생의 기본 원칙에 정면으로 어긋난다. 숙면에 방해가 된다면 건강에도 해로운 문제이므로[9] 다른 노력으로 바버라의 수면이 개선되지 않았다면 나도 이 문제를 집중적으로 해결하려고 했을 것이다. 그러나 바버라의 숙면에 영향을 주는 다른 몇 가지 문제를 해결하자, 수면 추적기에 바버라의 깊은 수면과 렘수면이 각각 한 시간 반씩 잘 채워졌다는 결과가 나오기 시작했고 그 상태가 쭉 지속됐다. 분명 수면 위생의 원칙을 어겼는데, 어떻게 숙면할 수 있었을까?

지금부터 수면 개선에 도움이 될 만한 몇 가지 원칙이 자세히 나올 텐데, 바버라의 이야기를 꼭 기억하길 바란다. 도저히 의욕이 생기지 않는 항목, 또는 오히려 자신에게는 숙면에 방해가 될 것 같은 항목은 원칙이라고 해서 억지로 실천하려고 애쓸 필요 없다. 그런 항목은 건너뛰고, 다른 것부터 시도하자. 우리의 목표는 모두 똑같은 방식으로 똑같이 잘 자는 게 아니라 뇌의 글림프 정화 기능이 잘 발휘되도록 하는 것이다.

전자기기와 와이파이 끄기

매일 밤 좀 더 쉽게 잠들고 싶은 사람들에게 거의 확실한 효과가 있는 방법이자, 대다수가 알고도 잘 지키지 못하는 방법이 하나 있다. 바로 각종 전자기기와의 관계를 바꾸는 것이다.

TV, 노트북, 스마트폰은 우리 뇌의 기능이 수동적으로 발휘되도록 설계된 기기들이다. 즉 잠들지 않는 선에서 적당한 활성만 유지되도록 뇌를 자극한다. 이런 자극의 일부는 전자기기의 화면을 응시할 때 일어난다. 눈으로 들어오는 자극은 시각 정보를 처리하는 시상(구체적인 명칭은 외측슬상핵)을 거쳐 뇌의 시각피질로 전달되는데, 이 외측슬상핵은 뇌의 거의 모든 영역과 정교하게 상호 연결돼 있으므로 이 과정에서 다른 영역들도 신속하게 활성화된다. 전자기기 화면을 볼 때 발생하는 또 다른 자극은 기기로 보는 콘텐츠에서 비롯된다. 시끄럽고, 정서적으로 큰 동요를 일으키거나 많은 생각을 유발하는 내용은 스트레스, 불안, 흥미를 일으킨다. 세 번째로, 화면에서 발생하는 빛도 뇌를 자극한다. 원래 해가 지면 인체에서는 슬슬 잠이 오게 만드는 호르몬인 멜라토닌^{melatonin}이 분비되는데, 가시광선 스펙트럼에서 청색에 해당하는 빛은 멜라토닌의 생산을 억제한다. 청색광을 차단하는 안경을 쓰거나, 자극적이지 않은 콘텐츠만 시청하는 등 전자기기의 영향을 '무너뜨리는' 다양한 시도가 숙면에 별 도움이 안 되는 이유는, 전자기기가 우리의 각성 상태를 유도하는 방식이 이처럼 복잡하기 때문이다. 잠자리에 들기 몇 시간 전부터는 전자기기에서 발생하는 가시광선 중 고에너지 광선을 걸러내는 필터를 사용하면 숙면에 도움이 된다거나 저녁이 되면 노트북 화면을 다크 모드로 변경하는 것도 도움이 된다고들 하지만 이런 것만으로는 숙면에 큰 도움이 안 된다. 전자기기가 수면을 방해하는 방식은 딱 한 가지가 아니기 때문이다. 그러므로 전자기기의 영향을 피하는 가장 좋은 방법은 침실에 전자기기는 한 대도 두지 말고, 잠들기 전 최소 한 시간 전부터는 전자기기를 아예 사용하지 않는 것이다.

밤에는 어둡게

뇌가 언제 최초로 생겨났는지는 명확히 알 수 없지만, 절지동물과 척추동물의 공통 조상으로 여겨지는 케리그마켈라kerygmachela(내 눈에는 지네와 히코리 나뭇가지가 합쳐진 것처럼 생겼다)라는 생물의 화석을 분석한 연구에 따르면, 현재 대부분의 동물 머리에 있는 뇌와 비슷한 기관은 최소 5억 2천만 년 전에 등장한 것으로 추정된다.[10] 포유동물의 뇌는 그로부터 약 3억 년 후에 생겼고, 인간의 뇌가 현대인의 뇌와 매우 흡사한 형태가 된 건 겨우 10만 년 전이다.[11] 이 모든 진화가 순차적으로 일어나는 동안 세상은 정말 많이 바뀌었지만, 거의 변함없이 그대로인게 하나 있다. 하루가 24시간이라는 것(수억 년 전에는 지구의 하루가 지금보다 약간 더 짧긴 했다), 그리고 이 24시간 중에 밝을 때와 어두울 때가 뚜렷하게 구분된다는 것이다.

전등이 발명된 건 약 2백 년 전이고, 대다수 문명사회가 전등을 켜고 생활하기 시작한 건 반세기 전부터다. 한 마디로 인간의 몸과 정신은 낮이든 밤이든 아무 때나 켜고 끌 수 있는 가짜 태양에 반응하도록 진화한 게 아니라 진짜 해가 뜨고 지는 변화에 반응하도록 진화했고, 그 영향이 우리 몸에 **훨씬 깊이** 남아있다. 이런 사실을 고려하면, 전등이 인체의 일주기 리듬을 엉망진창으로 만들고 특히 수면을 방해하는 건 당연한 결과다.[12] 엎친 데 덮친 격으로, 유니버시티 칼리지 런던의 협력 기관인 무어필즈 안과병원의 안과 전문의 존 마셜John Marshall은 다른 전구보다 수명이 길어서 최근 큰 인기를 끌고 있는 LED 전구는 백열전구보다 청색광의 양이 더 많으므로 더 큰

문제가 될 수 있다고 경고한다.[13]

그렇다고 전등은 일체 사용하지 말고 일출과 일몰에 맞춰 살자는 정신 나간 주장을 하려는 건 아니다. 하지만 뇌 건강을 지키려면 큰 흐름은 그 방향으로 나아가야 한다. 처음에는 거부감을 느낄 수 있지만 대부분 쉽게 실천할 수 있는 첫 번째 조치는, 집 안 전등의 조도를 낮추거나 잠자리에 들 시간이 가까워지면 집 안의 전등을 단계적으로 하나씩 끄는 것이다. 숙면이 거의 보장되는 방법이다!

취침 시각과 기상 시각

인체의 생리는 24시간 주기의 일주기 리듬과 아주 밀접하게 연결돼 있다. 해가 뜨고 지는 시간은 한 해 동안 여러 번 바뀌지만, 하루하루의 차이는 거의 없다. 그래서 잠자리에 드는 시각(자정보다 몇 시간 더 일찍 잠자리에 드는 게 좋고 최소한 자정은 넘지 않아야 한다)과 깨어나는 시각이 일정하면 잠을 더 푹 자는 경우가 많다. 수면 주기 중 깊은 수면 시간이 어느 정도 채워져야 뇌의 글림프 시스템이 원활히 기능할 수 있고, 그러려면 대다수는 7~9시간을 자야 한다. 취침 시각과 기상 시각은 이 수면 시간에 맞게 정하는 게 가장 좋다. 하지만 이를 실천하기가 정말 힘들다고 느끼는 사람들이 많다. 나도 그렇다. 뇌의 노화를 예방하려면 꼭 지켜야 한다고 앞장서서 사람들에게 권장하는 모든 원칙 중에 개인적으로 가장 실천하기 힘든 게 바로 이 부분이다.

주말에, 또는 휴일이 되면 평일에 못 잔 잠을 몰아서 자고 싶은 마음이 굴뚝 같지만, 그렇게 하면 평소에 자고 일어나는 시각을 일정하게 유지하기가 더욱 힘들어진다. 취침 시각과 기상 시각을 매일 밤 10시와 아침 6시로 딱 정해놓고 꾸준히 실천하면(한 시간 정도는 앞뒤로 조정해도 된다) 거의 모두가 잠을 더 잘 자는 효과를 얻을 수 있다.

수면 무호흡증

인간은 자궁에 있을 때부터 소리를 지각한다.[14] 바깥세상의 소리 중 일부가 자궁을 둘러싼 양수와 엄마의 생체 조직을 뚫고 들어오기도 하지만, 자궁에 있을 때 듣는 소리의 대부분은 엄마에게서 나온다.

엄마의 목소리도 간간이 들리고, 재채기 소리, 기침 소리도 들린다. 임신하면 몸이 불편할 일이 한두 가지가 아닌 만큼 엄마가 끙끙대는 소리도 자주 들린다. 그러나 태아가 가장 많이 듣는 소리는 크게 두 가지다. 엄마의 심장 박동 소리와 엄마가 공기를 들이마시고 내쉬는 소리다. 쿵, 쿵, 쿵, 쿵, 쿵, 쿵, 쿵, 하며 심장의 판막이 열리고 닫히는 소리, 후, 후, 하, 하, 하며 폐에 공기가 채워져 천천히 팽창됐다가 공기가 빠져나가면서 다시 천천히 수축하는 소리다. 리듬의 세계에 이토록 일찍부터 익숙해지는 셈이다!

사랑하는 사람의 가슴에 얼굴을 묻고 심장 뛰는 소리와 숨소리에 가만히 귀 기울이는 시간을 정말 소중하게 여기는 사람들이 많은 이유, 일정한 속도로 계속 달릴 때 엄청난 즐거움을 느끼는 이유, 우리가 리듬감 있는 음악과 춤을 사랑하는 이유도 여기에 있는지도 모른다.

그런데 리듬이 우리의 기억력과도 관련이 있다면? 나는 독일과 영국의 신경과학자들이 발표한 연구 결과를 보고 처음으로 이 연관성을 떠올렸다. 수면 무호흡증이 생기면 단기 기억이 장기 기억으로 통합되는 과정이 효율적으로 이뤄지지 않는다는 건 이전부터 잘 알려진 사실인데, 이 연구진은 수면 무호흡증으로 호흡의 리듬이 끊어지는 것이 부분적인 원인일 수 있다고 밝혔다.

독일 뮌헨 루트비히막시밀리안대학교의 신경심리학자 토머스 슈라이너Thomas Schreiner가 이끈 이 연구에서는, 참가자들에게 120가지 이미지를 보여주면서 그 이미지와 관련된 특정 동사도 제시했다. 예를 들어, 사과 그림을 보여주면서 '**깨물다**'라는 동사를 함께 보여주거나, 사람들이 비행기에 타는 모습이 담긴 그림을 보여주면서 '**여행하다**'라는 단어를 제시하는 식이었다. 기억력을 평가하는 여러 방식 중에 이처럼 동사와 물체, 또는 동사와 특정 장면을 짝지어 함께 보여주는 것에는 흥미로운 특징이 있다. 그림과 함께 제시되는 동사는 그림의 내용과 관련이 있으므로 그 둘을 하나로 묶는 신경 연결이 형성될 수 있지만, 반드시 그렇지는 않다. 사과는 깨물어 먹을 수도 있지만 칼로 얇게 썰어서 먹을 수도 있다. 비행기라는 단어를 들었을 때 탑승하는 모습이 떠오를 수도 있지만 하늘 높이 날아가는 모습부터 떠오를 수도 있다. 연구진은 참가자들에게 그림과 짝지은 동사를 보여준 후 실험실에서 잠을 자게 하고, 자는 동안 호흡을 모니터링했다. 그리고 자고 일어나면 앞서 보여준 그림을 다시 보여주면서 어떤 단어가 떠오르는지 물었다. 그 결과, 자는 동안 호흡의 리듬이 가장

일정했던 사람일수록 자기 전에 그림과 함께 제시된 단어를 떠올리는 빈도도 가장 높았다.[15]

지극히 당연한 결과다! 우리는 이 세상에 처음 등장할 때부터 리듬의 세계와 만난다. 우리가 잠을 잘 때 듣는 소리는 주로 자신이 숨 쉬는 소리이므로, 그 호흡의 리듬이 자는 동안 기억이 통합되는 속도를 조절할 것임을 충분히 예상할 수 있다.

다섯 명 중 한 명이 앓는 수면 무호흡증은 자는 동안 호흡이 중단됐다가 다시 시작되는 증상이 반복되는 특징이 있으며,[16] 파킨슨병,[17] 알츠하이머병,[18] 각종 원인에 의한 인지 기능 저하나 치매[19] 발생률에 영향을 준다는 사실이 입증되는 등 신경학적인 재앙을 초래하는 문제다. 이런 영향에는 호흡의 리듬 외에 다른 여러 원인과 더 명확한 원인(혈중 산소 농도 감소, 고혈압, 비만, 심혈관질환, 위·식도 역류질환, 식도 손상, 유전학적인 요인 등)도 있다. 실제로 인지 기능이 저하된 환자들은 수면 무호흡증을 앓는 경우가 흔한데, 시끄러운 코골이와 밤에 자다가 숨이 막혀 깨는 것, 아침에 자고 일어났을 때 입안이 마르는 현상, 두통, 낮에 졸리고 집중력이 떨어지는 것 등 겉으로 훤히 드러나는 증상이 많은 편인데도 정식으로 진단을 받는 환자의 비율이 전체의 겨우 약 20퍼센트에 불과하다고 추정될 정도로[20] 진단율이 낮다.

수면 무호흡증이 인지 기능에 주는 영향은 대부분 간헐적인 저산소혈증과 관련이 있다. 이는 자다가 수시로 깨고 일시적으로 호흡이 중단되는 문제를 동반하며, 그로 인해 아드레날린 농도가 급증하는 것 또한 인지 기능에 영향을 줄 수 있다. 산소는 산화 환원 반응을 통해 뇌에 필요한 에너지를 공급하는 주된 연료이므로, 산소가 부족하면 신경 손상은 사실상 불가피하다. 수면 무호흡증이 일으키는 어떤 해로운 영향이 인지 기능의 손상에 가장 큰 영향을 주는지와 상관없이, 모두 자는 동안 호흡이 일정하지 않아서 생기는 문제라는 공통점이 있다.

수면 무호흡증 치료에는 지속적 양압기가 가장 많이 쓰인다. 자는 동안에도 기도가 계속 열려 있게 해서 저산소혈증과 그로 인해 수면이 방해받는 빈도를 줄이거나 아예 없애는 데 도움이 되는 기구다. 여러 연구에서 양압기를 꾸준히 사용하면 수면 리듬과 인체의 공기 흐름, 깊은 수면과 렘수면 단계에서 얻을 수 있는 회복 기능이 정상적으로 돌아와서 기억력과 전반적인 인지 기능이 개선될 수 있음이 입증됐다.[21]

그러나 양압기를 착용하고 자는 게 너무 거추장스럽다고 느끼거나 오히려 숙면과 휴식에 방해가 된다고 느끼는 사람들이 많다(양압기를 쓰느니 죽는 쪽을 택하겠다고 선언한 환자도 있다). 수면 무호흡증에 도움이 되는 대안으로는 입안에 끼우면 자는 동안 혀를 고정하는 기구, 아래턱을 앞으로 내민 상태로 고정해서 기도가 계속 열려 있도록 만드는 기구, 기도가 막히지 않는 자세를 유지하도록 도와주는 자세 치료 기구 등이 있다. 입안과 목의 구조를 바꿔서 상기도를 넓히는 수술도 있는데, 이 방법은 보통 최후의 수단으로 활용된다. 혀를 앞으로 당겨 고정하는 도구로도 비슷한 효과를 얻을 수 있다. 체중과 몸의 염증을 줄이는 것도 수면 무호흡증에 매우 효과적이다. 2024년에 학술지 《뉴잉글랜드 의학저널》에 실린 한 연구에서는 마운자로Mounjaro라는 제품명으로 알려진 치료제 터제파타이드tirzepatide로 체중을 감량하면 폐쇄성 수면 무호흡증도 줄어들 수 있다는 결과가 나왔다.[22] 자신에게 가장 잘 맞는 수면 무호흡증 치료법을 찾으려면 보통 수면 검사를 받아야 한다. 수면 검사는 수면 상태를 가장 확실하게 평가하는 방법이며 보통 검사를 받으려면 검사 시설에서 잠을 자야 하는 경우가 많지만(검사실에서 자는 것을 반길 사람은 없으므로 이 자체가 숙면에 방해가 될 수 있다), 피험자의 집에서 실시하는 수면 검사도 점차 늘어나는 추세고 가격도 저렴해지고 있다.

　인지 기능에 해로운 영향을 주는 다른 수많은 문제가 그렇듯, 이렇게 다양한 해결 방안이 있어도 뇌 구조가 손상되는 단계에 이르러서야 활용되는 경우가 많다. 뇌는 경이로울 만큼 회복력이 뛰어난 기관이고 나와 동료들은 수면 무호흡증을 **수십 년** 앓아서 뇌 구조가 손상된 사람들의 인지 기능이 개선되는 사례도 봤다. 또한 수면 무호흡증이 뇌 수명에 나쁜 영향을 주는 여러 요인 중 하나에 불과한 것도 맞다. 그러나 결코 경시하면 안 되는 문제이며, 수면 무호흡증을 빨리 해결할수록 뇌 건강을 해치는 다른 문제에 더 빨리 대처할 수 있다. 증상이 나타날 때까지 기다렸다가 대책을 세우는 건 현명한 방법이 아니다. 미리미리 대비하는 게 열쇠다!

　자신의 평소 수면 상태를 점검하고, 무호흡증의 징후가 나타나는지 잘 살피자. 그래야 문제가 있어도 완전히 뿌리내리기 전에, 병이 한창 진행 중일 때라도 조치할 수 있다. 수면 추적기를 활용하고 때때로 연속 맥박 산소 측정기로 혈액의 산소 포화도를 확인하면(밤새 혈중 산소 농도 변화를 기록하는 측정기로, 정기적으로 측정하면 기록을 비교 분석할 수 있다) 문제를 조기에 발견할 확률이 한층 더 높아진다. 수술 같은 심각한 해결책 외에 다른 방도가 없는 지경이 될 때까지 손 놓고 있지 말고, 문제를 일찍 발견해야 입안에 끼우는 도구 같은 가벼운 방법으로 훨씬 수월하게 해결할 수 있다. 또한 가벼운 단계일 때 활용할 수 있는 도구는 수면 무호흡증이 없어도 수면 개선에 도움이 된다.

나는 스마트워치로 수면 상태를 확인하기 시작한 후에 그간 취침 시각과 기상 시각을 일정하게 유지하려고 꾸준히 노력했음에도 항상 금요일 밤에는 깊은 수면의 횟수와 시간이 더 길어진다는 사실을 알게 됐다. 주말이 시작되는 밤이라 마음이 한결 느긋해져서 그런 게 아닌가 추측한다. 나는 주말에도 일을 하는 경우가 많지만, 토요일 아침에 일어나자마자 열 일 제쳐두고 일부터 하지는 않는다. 이런 점들을 고려해서 주중 오전에 하는 회의도 너무 이른 시간에 잡지 않으려고 한다.

수면 무호흡증은 평생 경험하지 않는 게 가장 좋겠지만, 만약 내게 초기 증상이 나타난다면 즉시, 확실한 해결 방안을 찾을 생각이다. 뇌 수명을 백 세 이상 늘리고 싶은 사람이라면 누구나 그렇게 해야 한다.

숙면에 도움을 주는 운동

운동은 바로 앞 장을 통째로 할애해서 설명했으므로 운동이 인지 기능에 얼마나 중요한지에 관한 내용은 생략하고 숙면에 어떤 도움이 되는지만 이야기하겠다. 예전부터 내가 환자들에게서 확인할 수 있었던 현상이자 여러 연구에서 거듭 밝혀지는 결과를 요약하면 이렇다. 운동량이 늘면 수면과 관련된 호르몬 조절이 더 원활해져서 수면이 개선되고, 에너지 소비가 늘어나 잠을 더 푹 잘 수 있고, 스트레스와 불안이 감소한다.[23]

단, 한 가지 유의할 사항은 운동하면 아드레날린도 증가한다는 점이다. 아드레날린이 분비되면 혈류가 증가해서 산소가 더 많이 공급되고, 근육이 많이 사용될 때를 대비하고자 탄수화물의 대사 속도가 빨라진다. 한 마디로 운동은 인체를 먼 옛날, 인류가 지금처럼 지구를 지배하지 않던 시절 우리 선조들이 이따금 겪었던 투쟁-도피 상황과 비슷한 상태로 만든다. 그 시절에는 이른 저녁에 우연히 맹수와 마주치고 무사히 달아난 날은 밤잠을 포기하고 불침번을 서야 했다. 그냥 잠을 잤다가는 아침이 오기 전에 그 맹수의 밥이 될 확률이 아주 높았다. 따라서 그런 환경에서는 야간에 아드레날린 분비가 늘어나 잠을 유도하는 인체의 신호를 압도한 사람이 그렇지 않은 사람들보다 생존에 더 유리했을 것이고, 대대손손 우리에게도 그런 반응성이 전해졌다. 그러므로 잠들기 직전에 운동하는 건 별로 좋은 생각이 아니다.

나는 환자들에게 아침 운동이 가장 좋다고 조언한다. 정오쯤 달리기를 하는 것도 탁월한 선택이다(특히 점심을 아주 배부르게 먹었다면 더욱 좋다). 퇴근 후 곧장 헬스장에 가는 것도 괜찮다. 하지만 잠자리에 드는 시각을 기준으로 3~4시간 전에 하는 신체 활동은 아드레날린의 급격한 증가를 일으켜 잠들기도 힘들고, 깨지 않고 푹 자기도 힘들어지므로 건강에 유익한 영향보다 해로운 영향이 더 크다.

음식과 금식

앞서 소개한 케토플렉스 12/3과 같이 케톤 형성을 적당히 유도하는 채식 위주의 고영양 식생활을 실천하고, 자는 시간을 포함해 12시간 이상 금식하고, 잠들기 3시간 전부터는 음식을 먹지 않는다면 수면에 방해가 되는 식생활 문제는 이미 다 해결됐다고 봐도 좋다. 그중에서도 '잠들기 3시간 전' 금식이 특히 중요하다. 건강에 아무리 이로운 음식이라도 잠자리에 들기 직전에 먹으면 속이 불편하고 소화도 잘 안된다(일단 자리에 누우면 위의 음식물을 아래로 끌어당기는 중력의 도움을 받을 수 없으므로 속 쓰림이나 위·식도 역류 증상이 나타날 수 있다). 결국 편하게 잠들지 못하고, 뇌도 수면에 도움이 되는 호르몬 대신 소화를 돕는 호르몬을 분비하는 데 주력하게 된다. 그 결과 체내 인슐린 농도가 높아져서 몸도 정신도 불안정해지고 잠이 들더라도 렘수면과 깊은 수면이 충분하지 않아 하루 동안 쌓인 해로운 영향을 다 씻어내지 못한다.

이 모든 이유와 다른 여러 이유를 고려해서 나는 환자들에게 잠자리에 들기 최소 3시간 전부터는 반드시 금식하라고 조언한다. 그래야 우리가 자는 동안 가동되는 글림프 시스템이 뇌를 위해 하는 작용과 몸의 나머지 부분에서 세포가 재활용되는 과정인 자식自食 작용(세포가 불필요한 물질이나 제 기능을 하지 못하는 세포 성분을 분해해서 재사용함으로써 세포의 항상성이 유지되는 기능이다—옮긴이)이 순탄하게 일어난다. 단식으로 촉진되는 이 자식 작용은 세포의 생존과 유지에 매우 중요하다.[24]

하지만 잠들기 3시간 전에는 음식을 먹지 말라는 이 원칙은 환자들에게 흡사 '과속 방지턱' 같은 부분인 듯하다. 즉 인지 기능을 회복하고 뇌 수명을 늘리려고 시도하는 모든 생활 방식의 변화 중에, 유독 이 부분의 진전이 가장 더딘 경우가 많다. 어릴 때부터 조금만 허기가 느껴져도 곧바로 뭔가 찾아서 먹는 데 익숙한 사람들이 많고 때로는 방금 저녁을 먹고 가만히 앉아 쉬면서도(주로 TV나 컴퓨터 모니터 앞에서) 또 출출하다고 느끼고, 그 허기를 그냥 넘기지 못한다.

이런 상황을 피하려면 낮에 배가 별로 고프지 않아도 밥때가 되면 꼭 식사하고, 자기 전에 마지막으로 먹는 식사를 배부르게 먹는 게 좋다. 특히 장에서 소화되는 속도가 느린 식이섬유를 충분히 먹는 게 중요하다. 괜히 출출할 때는 책을 읽거나, 명상하거나, 가족, 친구와 대화를 나누는 등 주의를 다른 쪽으로 돌리자. 그래도 도저히 허기를 참기 힘들고 수면에 방해가 될 정도로 뭔가 먹고 싶은 생각이 간절하다면, 열량이 극히 낮은 간식으로 대부분 달랠 수 있다. 약간의 콩, 브로콜리나 콜리플라워 꽃송이 부분 몇 개, 당근이나 셀러리 약간, 견과류 몇 알을 먹거나 엑스트라 버진 올리브유를 작은 잔으로 한 잔 마시는 '지방 폭탄'도 그럴 때 활용할 수 있다. 이렇게 하면 혈당 지수의 급격한 변화를 유도하지 않으면서도 저혈당 증상으로 새벽 3~4시에 잠이 깰 확률을 줄일 수 있다.

하지만 잠들기 3시간 전에는 아무것도 먹지 않는 '진정한 금식'을 최종 목표로 정하고 그 방향으로 계속 나아가는 것이 매우 중요하다. 이것이 평생 습관으로 자리를 잡으면, 뇌 기능도 평생 더 좋아진다.

수면제와 수면 보조제

나는 약물 치료를 무조건 반대하지 않는다. 지금까지 알츠하이머병 치료제라고 나온 약들이 폭삭 실패한 일을 공개적으로 비판했다는 이유로 나를 그렇게 오인하는 사람들이 가끔 있다. 하지만 사실이 아니다. 약이 꼭 필요한 상황이 분명히 있다.

혼자 힘으로는 수면 리듬을 되찾기 힘들고 다른 방법을 시도해도 효과를 얻지 못한 사람들, 수면이 위기 수준에 이른 사람들이 의사에게 수면제를 처방받아 의사의 관리를 받으면서 복용한다면, 그리고 수면이 개선되면 수면제를 끊을 계획이 있다면 뜯어말릴 이유가 없다. 하지만 수면제는 치료제가 아니라 임시방편이다. 게다가 그 임시방편의 기능도 별로 우수하지 않다. 수면제의 도움을 받으면 대부분 수면 시간이 30분 정도 늘어나는데, 그 대가로 감수해야 하는 여러 안 좋은 영향 중에는 렘수면과 깊은 수면 주기가 망가지는 것도 포함된다.[25] 수면제 이용자는 지난 수십 년간 꾸준히 늘고 있지만, 수

면제를 처방받다가 중단하는 사람들이 많은 이유도 거기에 있다고 짐작된다.[26]

이런 이유로, 나는 숙면에 좋은 습관을 열심히 실천해도 뇌 수명을 늘리는 수면 목표를 달성하기 힘들다면 약의 도움부터 받기 전에 먼저 멜라토닌, 마그네슘, 일부 경우 L-트립토판 등 신경세포를 해치지 않는 식이보충제부터 써볼 것을 강력히 권한다.

멜라토닌 이용률은 지난 몇 년간 꾸준히 증가했다. 수면제 이용자가 감소한 주된 이유 중 하나도 멜라토닌 이용자가 늘어났기 때문으로 추정된다. 미국은 멜라토닌이 식이보충제로 분류되어 처방전 없이도 구입할 수 있으므로 더욱 그럴 가능성이 크다. 멜라토닌은 우리 몸에서 자연적으로 만들어져서 밤이 되면 긴장이 풀리도록 유도하고 낮에는 각성 상태가 유지되도록 돕는다. 문제는 미국의 경우 식이보충제가 엄격히 관리되지 않아 어떤 성분이 들어 있는지 제품 라벨에 정확히 명시하지 않을 가능성이 있다는 점이다. 그러므로 오랫동안 문제없이 판매가 이뤄진 이력이 있는 제품, 원재료와 생산, 관리 방식이 투명한 제품을 찾는 게 매우 중요하다. (7장의 식이보충제 관련 내용도 꼭 읽어보길 바란다.) 멜라토닌을 장기적으로 이용할 때의 영향은 아직 충분히 연구되지 않았으므로, 멜라토닌 보충제는 수면 문제를 단기간 완화하는 용도로만 써야 한다.[27] 또한 단기간 이용할 때도 섭취량은 되도록 최소량만 섭취해야 한다. 대부분 0.5~3밀리그램이면 효과를 충분히 얻는다. 모든 식이보충제는 명칭 그대로, 문제의 해결책이 아니라 문제 해결을 보조하는 용도로만 써야 한다는 사실도 잊지 말자!

마그네슘은 근육과 신경의 기능 조절과 혈당, 혈압 조절을 돕는다. 체내에 마그네슘이 부족하면, 우리는 계속 '신경이 바짝 곤두선' 상태로 지낼 가능성이 크다. 그래서 자기 전에 마그네슘을 복용하면 긴장이 더 쉽게 풀리고 빨리 잠든다고 이야기하는 사람들이 많다. 마그네슘은 값이 저렴해서 큰돈이 될 만한 거리가 아니므로 장기 복용 시 발생하는 영향을 연구할 추진력을 얻기가 힘들다. 미국 오하이오주 클리블랜드클리닉 힐크레스트병원의 수면장애센터에서 의료 총괄을 맡고 있는 콜린 랜스Colleen Lance는 2021년에 이런 의견을 밝혔다. "저는 환자들에게 마그네슘이 도움이 되는지 일단 시도해 보라고 권합니다. 써보고 도움이 안 되더라도 해가 될 게 없으니까요."[28] 내가 만난 환자들은 마그네슘을 추가로 섭취하면 주관적인 느낌상 수면의 질이 나아진다는 이야기하는 경우가 많다. 이는 7장에서 설명한, 마그네슘이 영양학적으로 인지 기능에 주는 영향과도 연관성이 있을 것이다.

트립토판은 추수감사절에 칠면조고기로 거하게 저녁 식사를 하고 나면 이상하게 잠이 쏟아지는 원인으로 많이 지목된다. 사실 칠면조고기에 들어 있는 트립토판의 양은 잠을 유도할 만큼은 아니므로, 유독 그 식사 후에 잠이 쏟아지는 건 **칠면조** 때문이 아니라 **거하게** 먹어서다. 그와 별개로 트립토판이 수면에 영향을 주는 건 사실이다. 트립토판은 체내에서 세로토닌으로 전환되고, 이 세로토닌이 기분 조절과 수면에 도움이 된다. 그래서 트립토판 섭취량을 늘리면 긴장

해소에 도움이 된다고 느끼는 사람들이 많다. 7장에서 살펴본, 뇌 수명 연장을 위한 식생활 원칙을 잘 지키면 이 필수 아미노산을 충분히 섭취할 수 있다. 연어, 고등어, 멸치, 정어리, 청어나 달걀, 씨앗, 견과류는 트립토판의 좋은 공급원이다.

밤에 잠을 이루지 못하고 뜬눈으로 지새운다는 사람들에게, 나는 수면이 지속되는 시간과 수면의 질을 개선할 수 있는 다른 방안도 함께 노력하면서 트립토판 보충제를 권한다. 지금까지 내가 만난 환자들의 경험을 종합할 때 트립토판은 깨지 않고 계속 자는 데 도움이 된다고 확신한다. 네 건의 소규모 연구를 메타 분석한 결과도 이와 일치한다.[29]

전자기장 노출

불과 몇 년 전에 누군가 내게 전력선이나 휴대전화, 가정용 전자기기, 와이파이 공유기, 컴퓨터에서 방출되는 '보이지 않는 전자파'가 뇌 건강을 해칠까 걱정된다고 말했다면, 나는 그런 음모론을 왜 믿느냐고 되물었을 것이다. 전자기장은 자연계의 일부이며 뇌우가 발생할 때 대기에 전하가 쌓여서 생기기도 하고 지구 자기장의 영향으로 형성되기도 한다. 전자기장에서 발생하는 저주파수대의 전기적 활성이 건강에 해가 될 가능성을 크게 우려할 만큼 설득력 있는 연구 결과는 없었다.

그러나 전자기장의 영향에 관한 우려는 점차 커지는 추세다. 나는 최근 수년간 일어난 몇 가지 일을 계기로 이제 무시할 일만은 아니라고 생각하게 됐다. 첫 번째 계기는 그동안 생물독소와 화학물질에 대한 인체의 민감도(11장에서 자세히 설명한다)에 관한 연구로 인지 기능이 저하된 수많은 환자에게 도움을 준 닐 네이선 박사가 전자기장에 주목하기 시작했다는 것이다. 네이선 박사의 이런 우려는 일반 인구 전체가 아닌, 대다수가 영향을 받지 않는 해로운 요인에 극심한 영향을 받는 사람들(그는 이런 사람들을 '민감군'이라 부른다)에게로 집중됐다. 인류는 뇌가 기능의 최대치에 '아슬아슬하게 가까운' 수준으로 발휘되도록 진화했고, 그것이 신경퇴행의 증가로 이어졌으며 그 위태로운 절벽에서 추락하면 알츠하이머병과 같은 병을 앓게 된다는 관점에서 볼 때 굉장히 흥미로운 견해였다.

내가 생각을 바꾼 두 번째 계기는 규모는 작아도 인상적인 결과가 나온 몇 건의 연구다. 고전압 변전소 근무자들이 노출되는 극저주파 전자기장이 수면의 질에 통계적으로 유의미한 영향을 주며,[30] 이 전자기장의 영향을 완화할 수 있는 일상적인 방안을 이들의 수면 환경에 적용하면 수면 문제가 개선된다는[31] 내용이다.

그제야 그간 수많은 환자가 내게 했던 이야기들이 떠올랐고, 나를 돌아보게 됐다. 평소에 나는 환자들 말에 귀 기울이지 않는 의사들을 자주 비판하는데, 정작 내가 그랬다는 사실을 깨달았다. 집에서 안 쓰는 전자기기의 플러그를 뽑는 간단한 노력으로도 전자기장 노출을 줄일 수 있다는 데이터가 나날이 늘어나는 것에 주목하고, 일상에서 실천하기 시작했다고 내게 말한 환자들이 이미 수년 전부터 있었다. 인지 기능이 위태로운 환자들이었음에도 전자기장 노출을 줄이는 게 도움이 되리라고 판단한 것이다.

　이런 계기들로 전자기장에 관한 생각이 바뀌기 시작할 무렵, 아주 중요한 사실을 깨달았다. 건강 상태가 아슬아슬하게 위태로운 사람을 아득한 낭떠러지로 툭 밀어 떨어뜨릴 수 있는 결정적인 요인이 있다면, 그 절벽으로 내모는 요인으로도 작용하지 않을까? 네이선 박사는 저서 《민감군을 위한 치유 가이드The Sensitive Patient's Healing Guide》에서 전자기장에 대한 민감 반응은 다른 여러 요소에 대한(각종 화학 물질 등) 민감 반응과 하나로 묶여서 한꺼번에 나타나는 증후군의 일부인 경우가 많다고 지적했다. 그리고 일반적으로 이러한 증후군이 맨 처음 시작되는 원인은 곰팡이독소나 바르토넬라 노출이라고 설명했다. 네이선 박사는 이런 노출이 뇌 변연계에서 일어나는 변화(감정, 행동 반응에 영향을 준다), 미주신경을 통한 신호 전달(긴장을 풀고 소화를 촉진하는 반응이 감소한다), 비만세포로 불리는 백혈구의 한 종류가 활성화돼 나타나는 알레르기 반응까지 세 가지 과정을 거쳐 그러한 증후군이 된다고 설명했다. 그가 말한 이 세 과정은 인체가 스트레스 상황에 놓였을 때 스스로 보호하고자 나타나는 "싸우거나, 도망가거나, 무기력해지는" 반응에 해당한다.

　정리하면, 나는 전자기장이 민감 반응을 일으킬 가능성에 처음에는 회의적이었으나 그간 반복적으로 밝혀진 사실로 볼 때 이제는 더 이상 무시할 수 없다고 생각한다. 지금까지 이를 연구하고 결과를 보고한 수많은 이들은 모두가 진지하게 고민해야 할 문제라고 주장한다. 뇌의 노화와 질환이 심각한 수준에 이른 사람들은 뇌 세포의

'연결 모드'가 '뇌 보호를 우선하는 모드'로 전환된 듯한 특성이 나타나는데, 민감군도 그와 비슷할 수 있다. 즉 우리 몸과 뇌에 그와 비슷한 모드 전환 스위치가 있고, 똑같이 해로운 영향에 노출돼도 대부분 노출된 사실조차 모를 때 민감군은 그 스위치가 고장 나서 과도한 반응이 꺼지지 않는 상태일 수도 있다.

지금은 전자기장을 측정할 수는 있어도 특정한 건강 문제가 전자기장 노출로 발생한 것인지 임상학적으로 확인할 방법이 없다. 머지않은 미래에 그런 검사법이 나오기를 바라며, 전자기장에 유독 민감하게 반응하는 사람들이 있다는 데이터가 계속 쌓이고 있는 만큼 그때까지는 밤에 와이파이를 끄고, 그 외에 전자기장이 발생하는 기기로부터 일정 거리를 유지하는 것이 장기적인 뇌 보호에 도움이 되리라고 생각한다.

신속한 스트레스 대처법

프랑스가 미국에 선물한 자유의 여신상이 어퍼만 위쪽, 베들로섬에 세워지기 10년 전에 독일은 미국에 거대한 크루프포 두 대를 보냈다. 멕시코는 풍경화가 호세 마리아 벨라스코^{José María Velasco}와 신고전주의 화가 산티아고 레불^{Santiago Rebull}의 작품을, 일본은 분재를 선물했다.

미국 독립 백 주년을 기념하며 1876년 필라델피아에서 개최된 국제박람회는 천만 명에 육박한 방문객에게 미국의 독창성이 낳은 각종 경이로운 예술과 기술 발전을 선보였다. 가장 혼잡한 전시장 두 곳을 잇는 모노레일 기관차, 하루에 나사못 10만 개를 생산할 수 있는 기계, 박람회장 전체에 전력을 공급할 수 있는 650톤급 엔진까지! 그러나 이 박람회에서 가장 큰 이목이 쏠린 발명품은 따로 있었다. 바로 뉴햄프셔주 캔터베리의 셰이커 교도 공동체가 출품한 기계식 세탁기였다. 물이나 증기의 동력이 도르래로 전달되면 기다란 기계 팔이 열심히 왕복운동을 하고, 금속 트랙 위에서 앞뒤로 움직이는 빨래통에 담긴 옷들이 비눗물에 잠겨 이리저리 세차게 움직이면서 옷에 묻은 때가 말끔히 제거되는 기계였다.

이 세탁기는 설정할 수 있는 기능이 하나밖에 없었지만, 시간이 흐르고 집집마다 한 대쯤 있는 기계로 보편화되자 세탁 성능도 점점 좋아졌다. 단순히 옷을 세탁하는 기능을 넘어 온수, 미온수, 냉수 세탁 중 하나를 선택하고 세탁과 헹굼 주기도 이용자가 원하는 대로 조합할 수 있게 됐다. 세탁기의 크기와 세탁량, 세탁기에 넣을 수 있는 옷의 종류와 색깔, 세탁 강도도 선택지에 추가됐다. 나는 세탁기의 세탁 강도 설정을 보면서 잠을 잘 자는 것만으로는 하루 동안 우리 뇌에 쌓인 해로운 영향을 다 '씻어낼 수 없다'는 생각을 하게 된다. 인공지능을 비롯한 최신 기술이 탑재된 세탁기에 화학자들을 비롯한 무수한 과학자가 머리를 맞대고 개발한 특수한 세탁세제까지 가세해서 가히 '가전 과학'이라는 표현도 어색하지 않은 시대에도 옷에 밴 풀 얼룩을 이기지 못하는 것처럼 말이다.

물론 옷에 풀 얼룩이 남지 않는 가장 확실한 방법은 애초에 풀밭에서 넘어지지 않는 것이다. 하지만 이미 얼룩이 생겼다면, 그것을 깨끗이 지워본 경험이 있는 모두가 추천하는 확실한 방법이 있다. 바로 얼룩이 자리를 잡기 전에 즉시 지우는 것이다.

글림프 시스템이 인체의 세탁기이고 스트레스가 옷에 묻는 때라고 한다면, 이미 생긴 때를 깨끗이 지우려고 세탁기의 다양한 기능을 이리저리 설정하는 것과 하루 동안 쌓이는 스트레스를 줄이는 것은 접근 방향이 다른 문제다. 살다 보면 누구나 잠을 푹 못 잘 때가 있고, 나도 숙면과는 거리가 먼 사람이다. 그러므로 뇌의 정화 기능과 별개로, 하루 동안 스트레스가 최대한 덜 쌓이고 스트레스가 생기면 최대한 신속히 대처하는 전략도 필요하다.

명상의 잠재적 이점

데이터를 중시하는 신경과학자로서 참 부끄러운 일이지만, 예전에 나는 명상이 뇌의 인지 기능에 주는 유익한 영향을 인정하지 않았다. 굳이 변명하자면 내가 의사가 되기 위한 여러 훈련을 받던 시절에는 명상이 의학적인 치료법이라고 생각하는 사람이 거의 없었고 그저 마음의 평화를 얻고, 세상과 연결되고, 지혜를 찾거나 개인의 영적 믿음을 다지는 방법으로나 여겨졌다. 명상으로 그러한 효과를 얻는다는 사실에는 나도 별다른 이의가 없었지만, 뇌에 생긴 병을 명상으로 치료한다거나 심지어 예방할 가능성은 생각해본 적도 없었다.

하지만 내가 틀렸다. 명상이 인지 기능에 주는 잠재적 이점에 관한 설득력 있는 데이터를 보면서 나는 명상의 이러한 효과가 스트레스를 예방하거나 스트레스 상황에 신속히 대처하도록 도와준다고 확신하게 됐다. 매일 밤 우리가 자는 동안 뇌의 글림프 시스템이 열심히 씻어내야 하는 해로운 단백질을 줄여주는 것이다. 실제로 수천 명을 대상으로 진행된 수십 건의 연구에서 명상은 불안을 진정시키고, 우울증을 줄이고, 심지어 신체 통증도 완화하는 것으로 밝혀졌다.[32] 앞서 뇌 건강을 위한 식생활과 숙면에 관해 설명할 때 언급한 식욕도 명상을 통해 조절력을 키울 수 있다.[33] 또한 명상은 운동과 달리 잠자리에 들기 직전에 해도 수면의 질을 해치지 않으며 오히려 명상을 하면 수면의 질이 개선된다는 연구 결과도 많다.[34] 그러므로 명상은 뇌의 노화에 양방향으로 도움이 된다. 즉 글림프 시스템이 밤새 씻어내야 하는 '얼룩'을 줄이고, 동시에 이미 생긴 얼룩이 깨끗이 지워지도록 도와준다. 이런 사실을 알고 나면, 수많은 문화권에서 평생 명상을 실천하면 나이와 상관없이 노화로 발생하는 인지 기능 저하를 예방하는 데 도움이 된다고 밝혀진 것이 당연하게 느껴진다.[35]

명상의 인지 기능 개선 가능성에 일단 의구심부터 가진 과학자가 나 혼자만은 아니었다. 인지과학자 사라 W. 라자르Sara W. Lazar는 보스턴의 대표적인 행사인 마라톤 대회 출전을 앞두고 훈련하던 중에 다쳐서 요가를 시작했는데, 그때 나와 같은 의구심을 품었다.

"요가 강사는 명상의 여러 효과를 길게 설명했다. 나는 '그래요, 알겠어요, 네네, 저는 스트레칭이나 좀 하려고 왔을 뿐이에요'라고 생각했다. 하지만 정말로 마음이 차분해지는 게 느껴졌고, 어려운 상황에 놓여도 예전보다 수월하게 대처할 수 있게 됐다. 연민이 많아지고, 마음을 더 활짝 열고, 다른 사람의 시선으로 세상을 볼 수 있게 됐다." 라자르는 2018년에 이렇게 밝혔다.[36]

매사추세츠 종합병원의 연구자였던 라자르는 이후 하버드대학교 의과대학 심리학과 교수가 됐고, 현재 명상과 인지 기능의 관계에 관한 세계 최고의 전문가 중 한 사람으로 꼽힌다. 라자르는 연구를 시작한 초창기인 2005년에 명상을 최소 7년 이상 장기적으로 수행한 사람들은 주의력, 내수용감각, 감각 처리와 관련된 뇌 영역이 물리적으로 훨씬 두껍다는 결과를 발표했다.[37] 연구 참가자가 겨우 스무 명이었으므로 당시 라자르를 포함한 연구진은 명상 외에 다른 여러 가지 생활 방식의 영향으로 생긴 변화라고 추측했다. 그러나 이후 20년간 라자르 연구진을 비롯한 여러 연구자가 탐구를 이어갔고, 그 초기 연구 결과는 재차 입증됐다. 명상은 전 생애에 걸쳐 뇌 건강에 그만큼 막강한 영향을 준다.

이제는 나도 명상의 신경학적 **영향**을 꽤 상세히 알게 됐지만, 명상법에 관해서는 전문가가 아니라서 '최상의 명상법'이 있는지는 잘 모르겠다. 라자르는 요가하면서 명상하는 습관을 들였는데, 미국 웨이크포레스트대학교에서 건강과 요가 수행의 관계를 연구하는 그레천 A. 브렌스Gretchen A. Brenes와 수잰 C. 댄하우어Suzanne C. Danhauer 연구진에 따르면 요가와 명상은 수면, 기분, 신경 연결성을 개선해서 인지 기능에 긍정적인 영향을 줄 가능성이 있다.[38] 라자르는 판단이나 인지적 정교화의 과정 없이 현실을 있는 그대로 인지하는 마음챙김을 집중적으로 연구했고, 내가 만난 환자들은 특정한 말이나 소리를 주문처럼 반복하며 초연해지는 훈련을 하는 초월 명상으로 명상의 효과를 얻었다고 이야기하는 사람들이 많다.[39] 중국 무술의 하나인 태극권으로 명상의 효과를 크게 얻었다고 말하는 사람들도 있다.[40] 동작이 정해져 있고 느린 것이 특징인 태극권은 '움직이는 명상'으로도 불린다. 자연에서 차분하고 조용하게 시간을 보내는 것이 심리적으로 매우 유익하다는 사실이 밝혀지면서, 삼림욕도 명상의 한 방법으로 최근 널리 호응을 얻고 있다.[41]

이 모든 명상법, 혹은 명상과 유사한 방법들은 모두 스트레스를 줄이고 수면을 개선한다는 사실이 입증됐다. 또한 인지 기능에 장기적으로 매우 큰 도움이 된다. 규칙적인 명상은 스트레스 완화 효과가 있으므로 깨어 있는 시간을 좀 더 편안하게 보내는 데 도움이 되고, 자는 동안 몸에서 일어나는 회복 기능도 더욱 강화된다.

휴식과 회복

샐리는 인지 기능이 회복된 후 지금까지 7년째 그 상태를 잘 유지하고 있다. 회복하고 6년째 되던 해에 일시적으로 인지 기능이 다시 떨어져서 원인 파악에 나선 결과, 극심한 수면 무호흡증을 포함한 세 가지 문제가 드러났다(다른 두 가지는 감염과 새로운 독성물질 노출이었다). 세 가지가 모두 해결되자, 인지 기능 평가에서 검사를 받기 시작한 이래 최고점이 나왔다. 많은 환자가 회복 후 다른 사람은 자신과 같은 고통을 **겪지 않도록** 돕는 일에 나서는데, 인지 기능 저하로 한바탕 고생했지만 잘 이겨낸 훌륭한 본보기가 된 샐리도 그 일원이 됐다.

잠의 회복 기능, 그리고 치매를 희귀한 병으로 만든다는 우리 목표의 중심에는 글림프 시스템이 있다. 이 훌륭한 시스템이 원활히 기능하고 매일 쌓이는 스트레스가 잘 씻겨 나가게 하려면 잠을 잘 자야 한다. 하지만 수면의 질을 항상 최상으로 유지해서 이 시스템이 늘 쌩쌩 잘 돌아가게 만드는 건 불가능하다. 그러므로 매일 축적되는 스트레스를 줄이고 스트레스를 받으면 즉시 대처하는 습관(자신에게 잘 맞는 명상법을 찾아서 수행하거나 실질적인 도움을 받을 수 있는 심리치료사를 찾는 등)을 들일 필요가 있다.

자신이 스트레스를 받는다는 사실에 스트레스를 받거나, 잠을 푹 못 잤다는 걱정에 또 잠 못 이루는 건 아무 도움도 안 된다는 것을 명심하자.

힘든 일은 생기게 마련이다. 하지만 괜찮다. 오늘 생긴 힘든 일은 오늘 다 쓸어낼 수 있으니까.

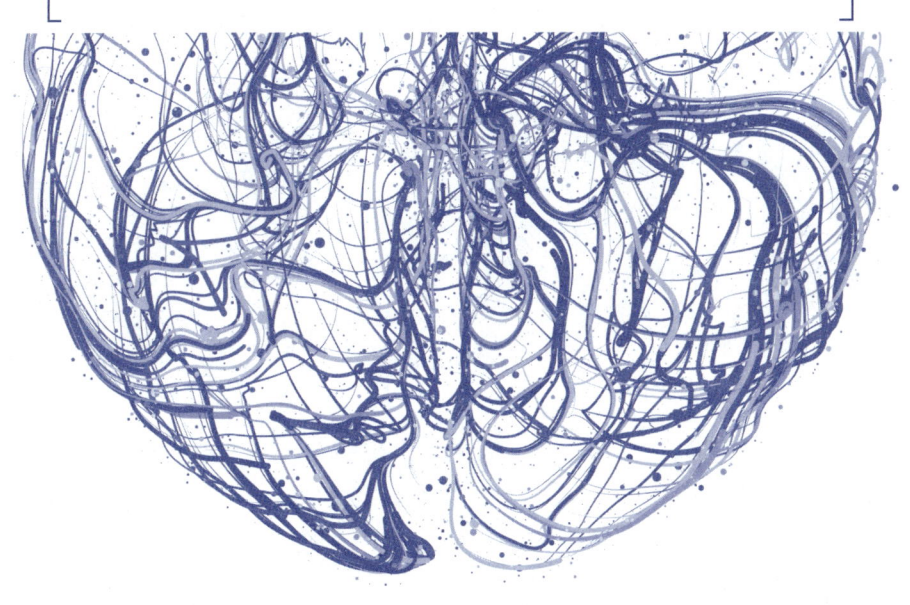

10
뇌의 유연성을 자극하는 시도

> 나이 든 개는 새로운 묘기를 배우지 못한다.
>
> 존 헤이우드 John Heywood

> 오, 얼마든지 가능합니다.
>
> 카블리상 수상자, 마이크 머제니치 Mike Merzenich

나는 지금까지 오랜 세월 인지 기능 저하로 힘들어하는 환자들을 만나고 치료를 했지만, 환자들과 그 가족들이 느낄 불안감, 비통함의 깊이를 온전히 헤아릴 수는 없다. 게다가 의료에 대격변이 일어난 지금은 소위 '우수 의료기관'이라 불리는 곳에 찾아가 도움을 요청해도 별 효과 없는 약물 치료를 받거나, 지난 수 세대에 걸쳐 의학계가 염불처럼 되뇌는 절망의 말이나 듣기 일쑤다.

"알츠하이머병을 예방하거나, 늦추거나, 되돌릴 방법은 없습니다." 환자들은 이런 말을 듣는다. "알츠하이머병은 아직 치료법도 없고, 생존자도 없어요." 이런 절망적인 말을 듣는 환자와 그 가족들은 당황하고 낙심한다. 그러다 이런 시대착오적인 주장에 동의하지 않는 수백 명의 의사들이 있고, 이미 수천 명의 환자가 치료를 받고 있다는 사실을 알게 되면 더욱 혼란스러워진다. 인지 기능이 개선될 수 있다는 연구 결과가 전문가들의 검토 과정을 거쳐서 학술지에 실렸다는 소식까지 접하면, 그 혼란은 더더욱 깊어진다. 2022년[1]과 2023년

²에 내가 동료들과 함께 《알츠하이머병 저널》에 발표한 논문도 그런 내용이었다. 사람이 큰 충격을 받으면 격한 반응이 나오게 마련이다. 그 혼란 끝에 결국 나를 비롯해 리코드 프로그램으로 치료하는 의사들을 만나보기로 결심한 환자들은 놀라운 변화를 기대한다. 기적을 바라는 사람들도 있다. 깜짝 놀랄 만큼 크게 회복된 사례들이 있는 건 사실이지만, 그건 장담할 수 있는 일이 아니다.

이런 상황이라, 환자 가족들이 절망을 표출하는 것도 충분히 이해가 간다. 치매가 완전히 뿌리내리기 훨씬 전에, 30대부터 모두가 자신의 상태를 점검하고 적극적으로 예방 노력을 시작해야 하며 문제가 발견되면 조기에 치료해야 한다고 내가 계속 강조하는 이유도 치매가 마지막 단계에 이른 후에 치료를 시작하는 환자 가족들이 절망하는 모습을 가장 많이 보기 때문이다. 리코드 프로그램을 일찍 시작하고도 끝까지 성실하게 따라오려는 의지가 없거나, 끝까지 다 마치지 못하는 환자들과 그 가족들도 왜 빨리 개선되지 않느냐며 절망하는 경우가 흔하다.

인지 기능 문제가 그렇게 쉽게 해결되는 건 나 역시도 바라는 바다. 언젠가는 그런 날이 오리라고 생각하지만, 당분간은 데이비드라는 젊은 청년과 같은 사례가 계속 나올 것이다.

우리와 78세에 처음 만난 데이비드의 부친 더글러스는 과거에 협력업체 직원으로 일했다고 했다. 치매가 많이 진행되어 샤워하고, 양치질하고, 옷을 갈아입는 것 정도만 가능할 뿐 혼자 생활하기 힘든 상태였다. 요리하다가 음식을 홀랑 태워 먹는 바람에 더 이상 요리도 못 하게 됐고, 걸어서 몇 분 거리인 마트나 교회를 혼자 찾아가지 못해 길을 잃고 수 킬로미터 떨어진 곳에서 발견되기도 했다. 대화도 길게 하지 못했다. 대화가 1~2분 이상 길어지면 눈빛부터 초점을 잃었고 대화 내용을 따라가지 못했다.

우리는 더글러스에게 리코드 프로그램의 가장 기초적인 단계부터 적용하기로 했다. 더글러스의 식생활을 분석한 후 곧바로 바꿔야 하는 부분과 장기적으로 바꿔 나갈 부분을 설명하고, 규칙적으로 적당한 운동을 해야 한다고도 조언했다. 수면 상태도 점검해서 어떤 부분을 어떻게 조정해야 하는지 확인했다. 그러나 데이비드는 아버지의 상태가 바로 개선되지 않아 불만이었고, 우리가 뭔가 더 해주기를 바랐다.

데이비드는 뇌의 여러 영역을 활성화하고 자극하도록 설계된 특수한 게임과 퍼즐을 통해 인지 기능 손상과 치매, 알츠하이머병을 막을 수 있다는 소위 '두뇌 훈련' 프로그램을 수년 전부터 알고 있었다. (안타깝게도 그러한 주장은 허풍인 경우가 많고, 그런 두뇌 훈련 프로그램을 광고하던 가장 유명한 업체는 근거 없는 주장을 펼치다 미국 연방거래위원회로부터 2백만 달러의 벌금을 부과받았다.)[3] 그는 이런 두뇌 훈련 프로그램으로 노년층도 기억과 집중력이 어느 정도 개선됐다는 연구 결과[4]가 있다는 것도 알고 있었는데, 그것도 사실이었다. 또한 데이비드는 우리가 환자 열 명에게 개인 맞춤형 치료 프로그램을 적용하는 연구를 수행했고 그 치료 프로그램에 두뇌 훈련도 포함됐으며, 그중 아홉 명이 6개월 이내에 인지 기능이 개선됐다는 결과[5]가 나온 것도 알고 있었다.

"그 연구에서 효과를 본 사람들이 있다면, 제 아버지에게도 도움이 되지 않겠습니까?" 데이비드는 내게 이렇게 물었다. 정당한 질문이었다. 그의 말처럼 두뇌 훈련이 포함된 리코드 프로그램은 인지 기능 저하가 아주 많이 진행된 사람에게도 도움이 될 수 있을까?

일반적으로 두뇌 훈련 프로그램은 인지 기능이 광범위하게 개선되도록 설계된 퍼즐, 기억력 훈련, 집중력 과제로 구성된다. 신체 운동을 하면 몸의 근육과 호흡계, 심혈관계가 튼튼해지듯이, 신경세포의 신호 전달 경로를 자극하고 노화로 축적된 해로운 영향 때문에 망가진 신경 연결을 새로운 연결로 대체해서 인지 기능을 튼튼하게 한다는 것이 두뇌 훈련의 기본 원리다.

나는 이 이론을 1980년대 중반 캘리포니아주 아실로마에서 열린 어느 학회에서 마이크 머제니치라는 신경과학자의 강연을 통해 처음 접했다. 자극을 받으면 감각피질의 해부학적 면적이 증가할 수 있다는 그의 설명을 들으며, 나는 한 방 크게 얻어맞은 기분이었다. 그 행사가 열린 1984년에는 누구도 생각지 못한 일이었다! 그러나 그의 말 그대로, 인지 기능 저하로 우리 프로그램을 시작하는 환자들의 해마, 측두엽, 두정엽에서는 부피가 증가하는 변화가 실제로 일어난다.

마이크는 뇌에 어떤 이유로든 물리적 손상이 발생해 신호 처리에 문제가 생기면, 뇌가 새로운 신호를 처리할 다른 방법을 찾을 것이라고 전제했다. 이를 토대로 10년 넘게 연구한 후 그와 같은 결과를 확인한 것이다. 그가 말한 전제가 바로 신경가소성의 핵심이다.

마이크의 연구 덕분에 나를 포함한 수많은 사람이 신경가소성은 평생 유지되는 놀라운 잠재력이 있으며 심지어 알츠하이머병 환자도 예외가 아님을 알게 됐다. 그전까지 과학계는 아동기가 지나면 신경가소성이 사라진다고 믿었다. 정보가 물이고 그 정보가 흐르는 경로가 파이프라면, 수압을 높이거나 파이프에 흐르는 액체의 종류를 바꿀 수 있고 최대 유량도 있지만, 어떤 이유로든 파이프가 망가지면 그걸로 끝이라고들 여겼다.

그러나 마이크는 미세전극으로 뇌 각 영역의 연결과 기능을 파악하는 당시 최신 기술을 활용해서, 인간과 그 외 포유동물이 무언가를 하거나 배울 때마다 신경 연결의 활성이 매우 세세한 부분까지 조정됨을 입증했다. 뇌가 필요에 따라 정보가 오가는 파이프를 임시로, 또는 영구적으로 새로 만들어서 정보의 다양한 흐름에 대처하고 종류가 다른 정보들을 구분할 수 있음을 보여준 것이다. 무엇보다 중요한 성과는 파이프가 망가지면 교체된다는 것을 밝혀낸 점이었다.

마이크는 원숭이 실험 결과를 예로 들었다. 원숭이가 앞 발가락 일부를 쓰지 못하게 되면, 원래 그 발가락의 움직임을 조절하던 피질의 신경 연결이 다른 기능에 쓰이게 됨을 증명한 내용이었다.[6] 의대 시절, 나는 뇌의 각 영역은 몸의 특정 기능 또는 움직임과 연결돼 있어서(대뇌피질의 '호문쿨루스homunculus'로도 잘 알려져 있다) 뇌의 어떤 부분이 손상되면 그 영역이 통제하는 몸의 기능은 영구적으로 망가진다고 배웠다. 인지 기능이 나빠지는 건 불가피한 일이고 되돌릴 수 없다는 끔찍한 결론을 내리게 된 것도 부분적으로는 이런 이해에서 기인한 것인데, 그날 캘리포니아의 학회에서 마이크가 발표한 내용의 핵심은 그런 말 따위 "다 집어치워라"라는 소리와 같았다.

그러나 뇌의 각 부분이 담당하는 기능을 조정할 수 있다는 사실을 아는 것과 그것을 우리에게 이로운 방향으로 활용하는 건 다른 문제다. 마이크를 포함한 많은 과학자가 이후 수십 년간 그 활용법을 찾으려고 연구에 매진했다. 두뇌 훈련 프로그램을 활용한 여러 단기 연구에서 나온 결과는 고무적이지만 엇갈렸다. 그런 훈련이 긍정적인 영향을 준다는 결과도 있었지만, 대조군과 실험군에 별다른 차이가 없다는 결과도 있었다. 장기 연구는 연구비를 확보해서 실행하기까지의 과정이 훨씬 까다로워서 많이 진행되지는 않았지만, 나는 그중 한 건에서 나온 결과에 매료돼 부디 이 분야의 연구가 앞으로도 발전하기를 간절히 바라게 됐다.

'독립적이고 활기찬 노년기를 위한 고급 인지 훈련The Advanced Cognitive Training for Independent and Vital Elderly, ACTIVE'으로 명명된 이 연구에서는 건강한 노인 2,800명을 대조군과 각 실험군에 무작위로 배정하고, 10년간 세 가지 두뇌 훈련 프로그램의 효과를 조사했다. 이들 중 뇌가 정보를 받고, 처리하고, 반응하는 속도가 개선되도록 설계된 두뇌 훈련 프로그램에 참여한 사람들은 10년의 연구 기간이 끝난 후 대조군보다 치매 위험성이 29퍼센트 낮아졌다. 또한 뇌의 정보 처리 속도를 높이는 이 훈련을 더 많이 받은 사람일수록 신경퇴행에서의 회복력이 더욱 강화됐다.[7] 주목할 사실은 이 연구에 다른 두뇌 훈련 프로그램들도 활용됐는데, 전부 이처럼 깜짝 놀랄 만한 결과가 나오지는 않았다는 점이다. 아무리 설계가 잘 된 두뇌 훈련 프로그램이라도 무조건 효과가 있는 건 아님을 알 수 있는 결과였다. 그러므로 이 연구와 비슷한 결과를 얻을 수 있는 프로그램을 제공한다고 주장하는 사람들이 있다면, 그 프로그램의 효과를 검증한 방식이 이와 비슷한 수준이 아닌 이상 의구심을 가질 필요가 있다. 현재까지 많은 근거로 확실하게 입증된 사실을 정리하면, 신경퇴행이 상당히 진행된 사람도 정교하게 설계된 두뇌 훈련 프로그램의 도움을 받으면 문제가 개선되는 경우가 일부 있으나, 전체적인 효과는 크지 않다.

신경퇴행이 시작된 상태에서 인지 기능을 많이 써야 하는 훈련을 하면, 그렇지 않아도 힘든 뇌에 부담이 가중된다. 따라서 나는 뇌 기능을 강화하거나 뇌에 가해지는 부담을 줄이는 조치 없이 그런 훈련을 하는 건 도움이 안 된다고 생각한다. 인지 기능이 이미 떨어진 사람에게 인지 기능을 발휘해야만 풀 수 있는 과제를 던지는 건, 물에 빠져 가라앉지 않으려고 죽어라 발버둥 치는 사람의 발목에 닻을 매는 것과 같다. 게다가 인지 평가에서 불합격하는 경험도 스트레스를 준다. 앞서 설명했듯이 스트레스는 인지 기능을 떨어뜨리는 흔한 원인 중 하나다.

다시 데이비드와 더글러스의 이야기로 돌아가서, 나는 데이비드에게 두뇌 훈련과 광 치료 등 대뇌를 자극하는 다양한 형태의 방안이 환자에게 도움이 될 수 있지만 두뇌 훈련은 격렬한 신체 운동과 비슷하며 환자가 적응할 수 있도록 서서히 진행해야 한다고 설명했다.

영양 상태가 심각하게 나쁜 상태에서 역기 운동부터 시작할 수는 없는 것과 같다. 우리는 더글러스와 같은 환자에게 두뇌 훈련을 적용할 때, 먼저 환자의 인지 기능에 해로운 영향을 준 원인(식생활 문제, 수면 무호흡증, 독성물질 노출 등)을 찾고, 뇌 기능을 보강할 방안(대사의 유연성을 키우는 등)도 마련한 다음, 환자의 뇌가 새로운 신경 연결이 형성될 수 있는 상태가 되면 본격적으로 치료 목적의 두뇌 훈련을 서서히 시작한다.

노화와 함께 해로운 영향이 쌓여 이미 인지 기능에 문제가 생긴 사람들에게 도움이 되는 방법은 아직 위기 상황까지 가지 않은 사람들, 앞으로도 그런 일을 겪고 싶지 않은 사람들에게도 상당 부분 도움이 될 수 있다. 이 책이 제시하는 늙지 않는 뇌를 만드는 원칙들의 전제다. 마찬가지로, 인지 기능이 이미 저하된 사람들은 일상생활이 힘들 정도로 인지 기능이 더 급속히 나빠질 가능성이 크다. 인지 기능의 손상도가 3단계 또는 4단계 초기에 이른, 치매 초기 단계인 사람들만을 대상으로 우리 연구진이 진행한 개념 입증 단계(항아밀로이드 항체를 개발한 연구진들도 인지 기능 손상도가 이 단계에 이른 환자들을 대상으로 항체의 효과를 확인했다. 환자들의 인지 기능이 개선되지는 않았고 저하 속도만 다소 느려진 것으로 확인됐다)의 임상시험에서는 참가자 전원이 마이크 머제니치가 개발한 두뇌 훈련 프로그램인 브레인 HQ^{BrainHQ}의 점수가 개선됐다.[8]

두뇌 훈련이 인지 기능 평가에서 좋은 점수를 받게 할지는 몰라도 일상생활에 필요한 인지 기능에는 영향을 주지 않는다고 주장하는 사람들도 있다. 그러나 우리 연구에서 참가자의 84퍼센트가 인지 기능 평가 점수가 좋아진 동시에 인지 기능 저하 증상도 개선됐다.

나는 이 연구 결과를 포함한 여러 이유로 우리 뇌의 신경가소성이 평생 유지된다고 입증한 머제니치 박사의 연구 성과가 사실이라고 믿는다. 인지 기능을 오늘부터 당장 개선하고 백 세가 넘어서도 아무 이상 없이 지키고자 하는 사람이라면 모두가 알아야 할 기본 원칙이다.

루틴 깨기, 일상 속 작은 변화

머제니치 박사를 포함한 여러 학자가 우리 뇌는 평생 유연성을 잃지 않는다고 밝혔음에도 지금까지 너무나 오랫동안 정반대의 주장이 끈질기게 지속되는 이유는, 우리가 뇌의 유연성을 적극 활용하는 것과는 거리가 먼 방식으로 살아가는 경우가 많기 때문이다.

평소에 하루가 대부분 어떻게 시작되는지 떠올려보라. 늘 살던 지역에 있는 같은 집, 같은 방, 같은 침대에서 깨어나 늘 같은 욕실에서 같은 비누로 샤워하고, 늘 같은 수건으로 몸을 닦는다. 아침마다 커피를 한 잔 마신다면 늘 같은 선반에 놓인 컵을 꺼내서 늘 쓰던 기계로 커피를 내리고 거의 변함없이 같은 자리에 앉아서 마신다. 또는 출근길에 늘 가는 카페에 들러 커피를 산다. 출근길은 또 어떤가. 늘 가던 길로, 늘 같은 경로로 걸어가거나 버스면 버스, 지하철이면 지하철 등 늘 같은 종류의 차편을 이용해서 늘 보는 풍경을 보며 출근한다.

이런 생활은 본질적으로 아무 문제가 없다. 대다수가 이렇게 살아가고, 이렇게 체계화되지 않는다면 우리 생활은 혼란 일색일 것이다. 그러나 이러한 환경에서는 신경가소성이 쓰일 일이 거의 없다. 이렇게만 살아간다면 수년 전, 심지어 수십 년 전에 형성된 뇌의 신경 연결만으로도 충분히 생존하고 아주 오랜 세월 번성할 수도 있다.

생활 환경이 바뀌면 갑자기 인지 기능에 한계를 느끼는 이유도 이런 익숙함 때문인 경우가 많다. 내가 만난 한 환자는 회사가 다른 곳으로 이사한 후에 자신의 인지 기능을 처음 염려하게 됐다고 말했다. 이사하고 거의 1년이 지나서도 가끔 무심코 예전 사무실로 차를 운전해서 가다가 도중에 깨닫곤 한 것이다. 또 다른 환자는 자신이 다니는 교회가 십일조 헌금을 디지털 시스템을 통해서만 받기 시작하자 화가 치밀었다고 말했다. 수십 년을 수표로 잘 냈는데, 새로운 방법으로 돈을 낼 방법을 익혀야 한다는 현실을 도저히 받아들이지 못하겠다고 했다.

예전까지는 이런 일들을 "깜박할 수도 있지"라거나 "자기 방식만 고수하려는 성격 때문"이라고 여겼지만, 이제는 신경학적으로도 해석이 가능하다. 우리 뇌에는 생활의 특정 기능을 담당하는 아주 깊고 오래된 신경 연결이 형성돼 있고, **새로운** 연결이 생길 만한 일이 매일, 매달, 매해 없으면 오래된 연결만 남아서 그런 반응이 나온다.

두뇌 훈련 프로그램은 '뇌의 유연성을 훈련하는' 한 가지 방안이다. 리코드 프로그램에 포함된 브레인HQ처럼 잘 설계된 두뇌 훈련 프로그램은 나빠진 인지 기능을 회복하거나 인지 기능 저하를 예방할 수 있다. 마찬가지로, 스스로 생활 방식에 변화를 줌으로써 뇌에 새로운 신경 경로가 형성되도록 꾸준히 노력하는 것도 큰 도움이 된다. 그렇다고 매일 생활의 모든 면을 다 바꾸라는 게 아니다. 그건 당연히 불가능한 일이고, 그렇게까지 할 필요도 없다. 매일 작지만 새로운 과제를 스스로 부과해서 인지 기능을 자극하고, 한 달에 한 번은 그보다 조금 더 강도 높은 과제로 자극하고, 일 년에 한 번은 아주 까다로운 과제로 자극하면 된다.

매일 자극이 될 만한 작고 새로운 과제는 어떤 게 있을까? 기억력, 주의력, 언어 능력, 지각력, 문제 해결력, 의사 결정 능력을 평소 익숙한 방식이 아닌 다소 다른 방식으로 활용해야 하는 일이라면 뭐든 좋다. 십자말풀이를 즐긴다면 매일 새로운 십자말풀이를 푸는 것에만 만족하지 말고 크립토그램cryptogram이나 카드 게임인 솔리테어solitaire, 단어 찾기 게임, 스도쿠 등 종류가 다른 퍼즐에 도전하자. 아침마다 같은 카페에서 커피를 산다면, 한 번도 가본 적 없는 카페에 가보고(또한 한 번도 마셔보지 않은 음료를 주문하고), 매일 집에서 같은 책상에 앉아 일을 한다면 한 번씩 업무 공간을 다른 곳으로 옮기거나, 평소와 다른 시각에 일을 시작하거나 끝낸다. 이런 일들은 습관을 새로 들일 필요도 없고, 매일 바꿔야 하는 것도 아니다. 중요한 건 익숙한 패턴에서 벗어나 뇌가 새로운 연결을 만들 기회를 주는 것이다. 매일 일상에 변화를 주고 인지 기능을 유연하게 만들 방법을 365가지쯤 떠올린다고 해도, 처음에는 평소 습관을 깨는 습관을 들이는 일 자체가 어려울 수 있다. 그러므로 일상에 변화를 줄 수 있는 다양한 아이디어를 목록으로 정리해서 매일 오늘은 무엇을 해볼지 미리 정하거나, 어떤 아이디어를 실행에 옮겼는지 기록하면 그간 노력한 과정과 결과를 확인할 수 있다. 한 번 시도한 방법은 평생 반복하지 않아야 인지 기능을 자극할 수 있을까? 절대 그렇지 않다! 한 번 시도하고, 시간이 한참 흐른 후에 다시 시도하면 시냅스 연결을 재활성화하는 데 큰 도움이 된다.

매달 시도할 만한 중간 강도의 자극은 평소에 잘 읽지 않는 장르의 책을 몇 권 읽거나 새로운 게임 또는 스포츠의 규칙을 익히고 직접 해보는 것, 생소한 문화권의 전통 음식을 만들어보는 것 등을 예로 들 수 있다. 매달 새롭게 도전하는 일들도 매일 시도하는 자극과 마찬가지로 세세한 활동을 다양하게 바꾸는 것보다 활동의 유형을 다양화하는 게 핵심이다. 가령 이번 달에는 인도 요리의 기본적인 특징을 배우며 인지 기능을 자극했다면, 다음 달에는 일본 요리로 넘어가는 대신 백개먼backgammon 같은 새로운 보드게임을 배우고 그다음 달에는 마작이 아니라 다양한 재즈곡을 들어보는 것이다. 그러다 초밥에 푹 빠지거나, 마일스 데이비스Miles Davis의 열렬한 팬이 되어 그 활동이 일상생활의 일부로 새롭게 뿌리내리고 오랫동안 즐기게 된다고 해도 아무 상관 없다. 중요한 건 전문성을 키우는 게 아니라 새로운 인지 경험을 계속 만드는 것임을 기억하자.

일 년에 한 번쯤 도전할 만한 인지적 자극은 훨씬 더 큰 노력이 필요한 일, 더 방대한 야망이 있어야만 할 수 있다고 느껴지는 일들이다. 예를 들어 피렌체 여행을 계획하고 이탈리아어 강좌를 듣는 것, 체스 그랜드마스터를 꿈꾸며 나카무라 히카루$^{Hikaru\ Nakamura}$처럼 SNS에서도 유명한 체스 선수의 게임을 분석하며 1년 정도 체스를 진지하게 배워보는 것이 그러한 자극에 해당한다. 어떤 분야든 1년간 열심히 배운다고 해서 통달할 가능성은 크지 않지만, 하루 10분에서 15분 정도라도 매일 꾸준히 1년 동안 노력하면 분명 평균적인 수준보다는 훨씬 잘하게 된다. 게다가 평생 즐길 수 있다.

한 가지 덧붙이면, 직업상 직접적으로 필요한 일이나 이미 충분히 많은 시간과 노력을 들여서 어느 정도 전문성을 갖춘 일은 인지 기능을 자극할 수 없다. 평소에 골프를 즐기는 사람이 쇼트 게임 실력을 높인다는 목표를 세운다면, 신경가소성을 키우는 데 별로 도움이 안 된다. 그보다는 유화 그리기나 기타를 배우는 게 훨씬 더 도움이 된다. 신경가소성은 익숙한 것에서 벗어나 새로운 것을 시도할 때 발휘된다.

매일, 매달, 매년 인지 기능을 자극하면 우리 뇌가 단기적·중기적·장기적으로 영역별 기능을 유연하게 조정하는 기능을 키울 수 있다. 또한 살면서 실제로 다양한 일시적 변화를 겪을 때 더 수월하게 적응할 수 있는 인지적 역량을 갖추게 된다.

신경가소성을 키우는 감각 자극

쥐와 사람은 다르다. 하지만 큰 기대를 걸 만한 결과로 화제를 모으는 연구 결과가 나올 때마다 이 당연한 사실이 언급되지 않는 경우가 참 많은 듯하다. 최근 호주와 중국 과학자들이 한 팀을 이뤄 '뇌졸중 이후 시냅스의 기능적 가소성을 복구하는' 치료법을 찾았다는 연구 결과가 나왔을 때도 나는 가장 먼저 어떤 동물로 실험했는지부터 확인했다. 역시나 쥐 실험에서 나온 결과였다.

쥐 실험으로 나온 결과는 아무 의미가 없다는 말이 아니다. 뇌졸중은 인체 건강이 극히 쇠약해지는 심각한 문제이고, 뇌졸중이 발생하면 뇌에 노화가 수십 년쯤 진행된 것과 같은 영향이 발생하며 특히 신경가소성이 크게 손상된다. 따라서 시냅스의 기능적 가소성을 복구할 방안을 찾았다면 충분히 의미가 있는 결과이지만, 그래도 동물 실험에서 나온 결과는 신중하게 접근해야 한다. 그럼에도 내가 그 연구를 흥미롭다고 느낀 이유는 인간의 뇌 세포에서 신호가 오가는 속도와 비슷한 40헤르츠의 섬광 자극을 가했고, 다른 인체 연구에서 40헤르츠로 리드미컬하게 광 자극을 가했을 때 건강한 사람의 뇌피질 여러 영역에서 신경 연결이 촉진된 것[9]과 일치하는 결과가 나왔기 때문이다.

매사추세츠 공과대학교 연구진도 알츠하이머병 환자에게 뇌파 중 감마파에 해당하는 40헤르츠로 빛과 소리 자극을 가하면 뇌 기능과 행동에 일부 유익한 영향이 발생할 수 있다는 연구 결과를 발표했다.

다만 이 연구는 자극이 가해진 시간이 짧고 표본 크기가 작다는 한계가 있었다.[10] 이렇듯 사람을 대상으로는 이런 실험을 진행하기 힘들고 비용도 많이 드는데, 호주와 중국 연구진은 쥐 실험으로 그 한계를 넘어서 40헤르츠의 감각 자극이 뇌의 광범위한 병리학적 문제와 관련된 신경가소성도 강화할 가능성이 있음을 보여줬다. 이미 이런 자극은 아이들이 어릴 때부터 신경가소성 손실을 예방하는 다양한 전략 중 하나로 인기를 얻고 있다.

이런 연구 결과가 더욱 반가운 이유는, 40헤르츠로 뇌를 자극하는 치료법이 시냅스 수준에서 가소성을 재구축(또는 그보다 더 좋은 결과인 가소성의 유지)하는 데 아주 유망한 방법이라는 사실과 별개로 다른 방법으로도 뇌에 감각 자극을 가해서 가소성을 키울 수 있음을 상기시키기 때문이다.

그중 하나가 피부에 전극을 부착하고 약한 전류를 흘리는 미세 전류 전기 신경 근육 자극이다. 이명(귀에 소리가 윙윙대는 문제)을 억제하는 방안으로도 연구가 이뤄지고 있는 기법으로, 이명은 노화가 진행되면서 청각 신호의 처리 과정에 변화가 생기고 시냅스 연결이 약해져서 정보가 기존과 다른 경로로 전달될 때 발생한다고 추정된다.[11] 감각 자극을 가하는 또 다른 방법은 경두개 자기 자극이다. 자기장에 변화를 일으켜 뇌 특정 영역에서 발생하는 전기 신호에 영향을 주는 것으로, 시냅스 수준에서 가소성을 강화하는 방안으로 연구가 진행되고 있으나 아직은 초기 단계다.[12] 특정 스펙트럼의 빛으로 인체의 생리적 반응을 자극하는 광 생물 변조 기술도 있다. 이 기술

역시 쥐 실험에서 시냅스 수준의 가소성을 개선하는 효과가 있는 것으로 나타났다.[13] 나는 모두 기대할 만한 방법들이라고 생각한다.

물론 전망이 밝은 것과 실제로 성공적인 결과를 거두는 것은 큰 차이가 있다. 또한 이 책에서 살펴본 다른 수많은 해결 방안과 마찬가지로, 누군가에게 효과가 있는 방법이 다른 사람에게는 효과가 없을 수도 있다. 그러나 뇌에 자극을 가하는 위의 기술들은 잠재적인 위해성이 아예 없거나 있어도 무시할 만한 수준이므로, 머지않아 한 가지 이상이 주류 의학계에서 뇌 치료법으로 활용되기 시작하리라고 전망한다. 다시 강조하지만 인지 기능이 심각하게 나빠지면 그때가서 시도하겠다고 미룰 이유가 전혀 없다. 뇌를 자극하는 여러 방법 중 몇 가지를 현재 나이와 상관없이 인지 기능을 지키는 계획에 지금부터 포함하고 실천하는 것이 현명하다.

유대 관계의 효과

우리가 경쟁에 더 유리한 방향으로 행동을 바꿀 수 있는 건 근본적으로 신경가소성 덕분이다. 계절, 상호작용, 목표, 생리적 상태 등 끊임없는 변화 속에서 살아가려면 매 순간순간 그렇게 적응할 줄 알아야 한다. 그런 점에서 사람들과의 관계를 유지하며 계속 서로 영향을 주고받는 것은 신경가소성에 다른 어떤 자극보다 큰 도움이 된다.

사람은 누구나 시간이 흐르면 변한다. 많이 간과되는 부분이지만, 의미 있는 대인관계가 우리 뇌를 노화로부터 보호하는 데 큰 도움이 되는 이유는 바로 그런 특징에 있다. 개개인의 신경가소성은 다른 사람의 신경가소성에 힘입어 형성되며, 그렇게 서로가 서로에게 영향을 주면서 끝없이 진화한다. 배우자, 형제자매, 친구, 소중한 이웃, 모두 시간이 흐르면 변한다. 다들 각자의 삶을 살아가면서 새로운 것을 배우고, 새로운 특성이 생기고, 새로운 습관(좋은 것과 나쁜 것 모두)도 생기고, 새로운 견해(그중에는 동의할 수 있는 것도 있고, 절대 동의할 수 없는 것도 있다)도 생긴다. 우리는 누군가와 관계를 맺고 그 관계가 굳건해지면 쉽사리 헤어지지 못하므로, 각자가 겪는 이러한 변화는 서로의 신경가소성에 엄청난 영향을 준다.

관계를 유지하려면 상대방에 대한 나의 이해와 기대가 조정돼야 하고, 인지적 훈련에 해당하는 그 기능을 뇌 세포 중 일부가 맡는다. 배우자를 잃는 일이 뇌에 다양한 질병을 일으키는 강력한 원인으로 작용하거나[14] 부부 중 한쪽이 치매 진단을 받으면 다른 한 사람도 치매 위험성이 대폭 증가하는[15] 이유(노출되는 환경이 동일한 것도 영향을 줄 수 있지만)도 이런 측면에서 짐작할 수 있다. 누군가와의 관계가 신경가소성을 일상적으로 발휘하고 행동을 조절하며 살아온 가장 확실하고 가까운 자극인 사람은 그 관계를 잃으면 신경가소성을 유지하는 필수 요건인 인지적 과제가 사라진다.

대인관계가 늙지 않는 뇌의 중요한 요소인 건 분명하다. 이렇게 말하면 낭만과는 영 거리가 멀지만, 타인과의 관계는 우리 뇌가 나이가 들어도 유연하게 기능하도록 훈련하는 데 도움이 된다. 그러나 이 효과 역시 인지 기능이 이미 나빠진 후에는 얻기 힘들다. 인지 기능에 이상이 생기면 사람들과 끈끈한 관계를 맺기가 훨씬 힘들고, 자연히 대인관계가 인지 기능에 주는 좋은 영향을 얻기도 힘들다. 인생의 파트너, 친구들, 이웃들의 변화를 이해하고, 수용하고, 격려하면서 좋은 관계를 유지하는 것은 자신의 인지 기능을 보호하는 길이다.

부모라면 자녀에게 유대 관계의 이러한 가치를 가르쳐야 하고(하지만 그렇지 않은 부모들이 많은 것 같다), 학교도 마찬가지로 학생들에게 이를 가르쳐야 하는데(역시나 제대로 가르치지 않는 학교가 많은 듯하다) 그렇지 않은 현실이 인지 기능 저하 문제가 전염병처럼 번진 현실과 무관하지 않다고 생각한다. 이 문제에 있어서 언론의 폐해는 더더욱 파괴적이다. 사람들의 생각을 흔들고, 대다수와 조금이라도 다른 사람은 잘못됐다고 여기도록 부추기는(심지어 '악마화'하는) 언론의 행태는 서로와의 관계에서 인지 기능에 유익한 자극을 주고받으며 각자 자기 생각과 기대를 조정할 기회를 빼앗는다. 특정 정당만 열렬히 지지하는 사람(그게 어느 쪽이든)이 왜곡된 사실을 기억하고, 현실을 정확히 인식하지 못하고, 사실과 허구를 잘 구분하지 못하는 것[16]도 그런 기회를 누리지 못한 결과일 수 있다. 영향력 있는 경제학자 노리나 허츠(Noreena Hertz)는 음모론에 심취한 미국, 영국, 프랑스 극우 사상가들에게서 공통적으로 두드러지는 성향 중 하나가 외로움이라고 주장했다.[17]

혹시 외롭다고 느낀다면, 아이러니하게도 혼자만의 일이 아니다. 외로움은 전 세계적으로 증가하는 추세이며, 외로움이 뇌에 주는 영향이 노년기에만 발생하지도 않는다. 20대 초반 인구에서 외로움이 실행 기능과 주의력에 부정적인 영향을 줄 가능성이 크다는 연구 결과도 있다.[18] 그러므로 나이와 상관없이 누구든 단절된 채 살지 않도록 사회적·기술적·정치적인 대책을 마련할 필요가 있다. 친구 사귀는 법이나 인생의 동반자를 찾는 방법은 이 책의 주제가 아니지만, 대신 그 분야의 전문가들을 소개하겠다. 기독교 신학자이자 《내 사람들 찾기: 외로운 세상에서 끈끈한 공동체 만들기Find Your People : Building Deep Community in a Lonely World》[19]를 쓴 제니 앨런Jennie Allen, 심리학자이자 《어른이 되었어도 외로움에 익숙해지진 않아》[20]의 저자 마리사 G. 프랑코Marisa G. Franco다. 그렇게 의도하고 썼는지는 알 수 없지만, 이 두 사람의 저서에는 유대 관계를 넘어 뇌 수명을 건강하게 연장하는 방법이 담겨 있다.

사회적인 뇌와 인지 기능

슬프게도, 누군가와 오래오래 관계를 이어가고 싶어도 그건 혼자 마음대로 할 수 있는 일이 아니다. 인생의 동반자나 형제자매가 먼저 세상을 떠나기도 하고, 친구들, 이웃들은 새로운 삶의 터전을 찾아 멀리 떠나간다. 그러므로 사회적 교류를 그런 관계에만 의존하면 안 된다. 오랜 세월을 함께한 몇몇 사람들과의 깊은 관계에만 몰두하면 인지 기능을 보호할 수 있는 다른 중요한 사회적 관계에 신경을 **덜** 쓰게 될 가능성이 크다. 하루를 보내는 동안 무작위로 만나는 사람들, 서로 모르는 사이이거나 깊이 알지는 못하는 사람들과 **자진해서** 교류할 때 형성되는 관계가 바로 그것이다.

인류가 점점 배타적으로 변하고 있다는 확실한 근거가 있다면, 가령 이제 대다수가 낯선 사람과는 인사를 나누지 않고 자신이 사는 지역의 시민 행사에도 참석하지 않으며 얼굴 정도만 알 뿐 친구는 아닌 관계는 사라지는 추세라면, 나도 각자 조건에 맞는 교류만 해도 된다고 할 것이다. 21세기 들어 처음으로 전 세계에 대유행병이 번져 거의 모두가 지인은 물론이고 모르는 사람들과 사회적 거리를 유지해야 했을 때 실제로 그런 상황이 됐다. 사실 우리 사회는 코로나19가 퍼지기 훨씬 전부터 낯선 이들과는 교류하지 않는 방향으로 변하는 듯했다. 공부도, 일도, 데이트도 온라인으로 하고 필요한 식료품이 있으면 직접 나가서 장을 보는 대신 온라인으로 배달시키고, 장을 보러 가더라도 예전처럼 계산대에서 계산원과 오늘 날씨에 관해 몇 마디 나누기보다 무인 계산대에서 직접 계산하는 게 이미 일반화됐다. 그러나 우리가 리코드 프로그램을 개발하고 환자들에게 처음 적용하기 시작한 후 지금까지 깨달은 한 가지 사실이 있다. 곁에서 응원하는 사람들이 있는 환자들은 그렇지 않은 환자들보다 인지 기능이 개선될 확률이 더 높다.

어쩌다 우리 사회가 이 지경에 이르렀는지는 모르겠지만, 앤디 필드Andy Field가 저서 《만남들: 우리는 매일 다시 만난다》에서 멋지게 설명했듯이 단절은 "마찰과 가능성, 불안과 즐거움의 기회를 놓치는 것"이다. "우연한 만남은 불확실성과 취약성을 어느 정도 자발적으로 감수해야 이뤄진다. 연민과 공감을 찾기 힘들 때가 많은 이 세상에서, 그러한 자발성이 만드는 부드러움은 연민과 공감이 들어설 자리를 만들어낸다. 우연한 만남은 곧 기회다."[21] 이런 만남은 같은 인간으로서 유대를 느끼는 기회로만 끝나지 않는다. 처음 보는 얼굴, 처음 듣는 목소리를 접하면 우리 뇌의 신경 회로는 그 정보를 처리할 수 있도록 재배열돼야 하며, 새로운 정보가 들어오면 장기적으로 보관할 가치가 있는지도 판단해야 한다. 신경가소성이 발휘되는 것이다.

미시간대학교의 심리학자 오스카 이바라Oscar Ybarra 연구진은 다른 사람과 접촉할 때 인지 기능에 발생하는 그러한 효과가 즉각적으로 나타난다고 밝혔다. 낯선 사람들과의 사회적 접촉이 지속 시간이 아주 짧은 경우까지도 기억력과 집중력, 감정 조절에 긍정적인 영향을 준다는 사실도 확인했다.[22] 습관적으로 남들과 이렇게 교류하는 사람들은 뇌의 건강과 수명에서 그 효과가 거의 확실하게 나타난다. 그러나 서로 바로바로 반응하는 상호 대화가 인간의 거의 유일한 의사소통 방식이던 시대는 저물고, 이제는 이바라가 2021년에 이야기한 것처럼 "의견 교환의 방식이 대화를 스스로 통제할 수 있고 반응도 원하는 만큼 할 수 있는 온라인 소통이나 전화 통화로 대체"돼 "인류 역사상 처음으로 우리는 자신에게 무언가를 말하는 사람에게 곧바로 반응할 필요가 없어졌다."[23]

대화할 때 인간의 뇌에서 무슨 일이 일어나는지를 알면, 이러한 변화의 의미를 더 분명하게 알 수 있다. 다른 사람과 대화를 시작하면 청각 신호를 비롯한 감각 정보가 뇌로 유입되고 각각의 감각을 처리하는 영역으로 보내진다. 청각피질의 신경세포는 이 청각 신호를 기본 소리 단위로 바꾼 다음 이를 추가로 처리할 뇌의 다른 영역들로 시냅스의 신경전달물질을 통해 전송한다. 이때 뇌의 언어 센터가 활성화돼 시냅스에서 빠른 속도로 전송되는 정보의 문법과 의미, 맥락을 해독한다. 대화는 그저 듣기만 하는 게 아니라 적절한 반응도 해야 하므로, 전전두엽피질은 무슨 말을 할지, 그 말을 상대방이 이야기하는 중에 언제 할지 판단한다. 게다가 소통의 언어는 말 한 가지만 있는 것도 아니다. 변연계는 대화하는 상대방의 감정을 파악할 수 있는 단서들을 처리하고, 상대방의 반응에 담긴 감정 신호를 해석한다.

이 모든 과정이 일어나는 동안 우리 뇌는 과거의 기억과 미래에 대한 단편적인 예측을 활용해 마구 쏟아져 들어오는 새로운 정보를 처리해서 쓸모없는 건 걸러내고 가장 쓸모 있을 만한 것만 남긴다. 이 과정에서 뇌의 어떤 영역에서는 시냅스 활성이 강화되고, 어떤 영역에서는 시냅스 활성이 약해진다. 전부 지하철에서 만난 낯선 사람, 또는 엘리베이터에서 마주친 동료와 잠깐 나누는 예의 바른 대화로 끌어낼 수 있는 결과다. 그러기로 **선택**한다면 말이다.

다양한 감정을 경험하기

어떤 두뇌 훈련이든 인지 기능의 신경학적·심리학적 측면을 모두 다뤄야 인지 기능 저하를 충분히 예방할 수 있다. 주의력만이 아니라 호의적인 감정도 강화하고, 저장된 기억에 더 수월하게 접근하도록 도와주면서 감정 조절 능력도 키울 수 있는 훈련이어야 한다는 의미다. 또한 의사 결정 능력과 함께 타인을 대하는 방식도 개선할 수 있어야 한다. 유연성을 키울 기회가 충분히 제공되어 잘 훈련된 뇌는 심리적 회복력도 우수하다.

심리적 회복력이 우수하다는 건, 인간으로서 경험할 수 있는 감정을 두루 알고, 그 감정을 스스로 감당할 수 있다는 뜻이다. 우리가 경험하는 감정은 수만 가지에 이른다. 짜증, 노여움, 분노, 격노처럼 비슷한 감정을 온도별로 세분하지 않는다면 가짓수는 그보다 줄어든다.[24] 감정을 어떻게 나누든, 살다 보면 자기 감정의 결이나 복잡성이 영 낯설게 느껴질 때가 있다. 질투심, 경외감이 그렇게 느껴질 수도 있고 깊은 근심, 끓어오르는 황홀감에서 그런 느낌을 받을 수도 있다. 이런 감정이 머릿속을 잠시 스쳐 지나가는 생각보다 오래 지속된다면, 잠시 붙들고 들여다보자. 이런 경험도 낯선 사람과 야구 이야기를 하거나, 직장에 새로 합류한 동료의 얼굴, 이름, 성격을 익힐 때와 비슷하게 신경세포의 연결에 변화를 일으키는 기회로 활용할 수 있다. 이야기가 형이상학적으로 흐른다고 느낄 수도 있지만, 나는 매일, 매달, 매년 인지 기능을 자극하는 새로운 일에 도전하는 것과 같은 빈도와 강도로 정서적 경험도 다양해야 한다고 생각한다.

백 세까지 살면 총 3만 6,525일을 살게 된다. 인간이 한평생 경험하는 감정이 3만 4천 가지라는 일부 심리학자들의 주장이 맞다면, 두 숫자는 큰 차이가 없다. 우리는 일생을 사는 동안 이 모든 감정을 최대한 느껴볼 수 있도록 노력해야 한다.

정서적 유연성 키우기

나치 독일이 막강한 군사적 영향력으로 유럽 전체를 점차 장악하고 유대인을 향한 위협이 최고조에 이르렀던 1939년, 겨우 열 살에 그 위협의 대상이 된 에릭 캔들Eric Kandel과 가족들은 오스트리아를 떠나 미국으로 이민을 왔다. 한 나라의 손실이 다른 나라에 큰 이득이 되는 사례가 종종 있는데, 이 경우도 그랬다. 세계에서 가장 영향력 있는 뇌 연구자가 된 캔들은 신경세포에 기억이 어떻게 저장되는지를 밝힌 연구로 2000년에 노벨상을 받았다. 제2차 세계대전 중에도 유럽을 여러 차례 방문했던 그는 2024년 초, 정말 뜻깊은 일로 다시 모국을 찾았다. 오스트리아 공화국이 시민에게 수여하는 모든 상을 통틀어 가장 큰 상인 공로 명예훈장을 받게 된 것이다. 당시 아흔넷이었던 캔들은 여전히 활기가 넘치고 예리했다.

캔들의 멋진 인생 이야기를 꺼낸 이유는 대다수가 은퇴한 지 한참 지난 나이에도 활발하게 연구 활동을 지속하며 모두의 본보기가 될 만큼 뛰어난 그의 인지 기능 때문이기도 하지만, 그가 90대에 접어든 후에도 의학 역사의 큰 실수로 꼽으며 바로잡아야 한다고 학계 동료들을 설득했던 문제를 자세히 살펴보기 위해서다. 그 실수란, 백여 년 전에 시작된 신경학과 정신의학의 분리다.

캔들은 오래전부터 이 두 분야는 하나로 보거나, 이 둘 모두와 밀접하게 연결된 다른 큰 분야에 나란히 속한 세부 분야로 봐야 한다고 주장했다. "정신의 모든 과정, 심지어 가장 복잡한 심리적 과정도 뇌의 기능에서 비롯된다." 그는 1998년에 이런 글을 썼고 이후 여러 번 언급하며 강조했다. 캔들의 말은 그때도 옳았고, 지금도 옳다. 따라서 뇌의 기능과 유연성이 젊게 유지되도록 훈련하려면, 뇌의 신경학적인 건강과 정신 건강에 똑같이 관심을 기울여야 한다.

원래 한 덩어리였던 신경학과 정신의학은 겨우 백여 년 전 둘로 쪼개졌다. 그러나 신경질환과 정신질환을 일으키는 근본적인 원인이 더 많이 밝혀질수록 이 두 분야를 다시 하나로 합쳐야 한다는 사실도 명확해지고 있다.

이 일을 시작한 초창기에, 나는 우울함을 느끼는 환자가 정말 많다는 사실을 알게 됐다. 그리고 신경퇴행질환 때문에 자신의 본질이 서서히, 혹은 그리 느리지 않게 사라지는 잔혹한 결말로 생을 마감하게 된 처지가 원인이라고 추측했다. 그런 상황에 놓인다면 누군들 우울하지 않을 수 있을까? 나중에야 나는 이 불행한 상황에 놓인 사람들이 느끼는 우울감이 인지 기능을 잃기 훨씬 전부터 시작될 수도 있음을 알게 됐다. 이런 사실은 여러 연구로도 명확히 확인됐다. 스탠퍼드대학교의 역학자 빅터 W. 핸더슨Victor W. Henderson의 연구에서는 우울증 진단을 받은 적이 있는 사람은 치매 위험성이 두 배 이상 높고, 이 경우 우울증 진단을 받은 후 수십 년이 지나고 치매 진단을 받는 경우가 많았다.25 정신질환이 있어도 정식으로 진단받은 적 없거나 치료를 받지 않는 사람들까지 고려하면 이는 빙산의 일각일 것이다. 그런 사람들은 뇌와 인체에 장기적으로 병이 생길 위험성도 훨씬 높다.

그런데 치매로 이어지는 뇌의 생화학적 변화는 치매 증상이 나타나기 수년 전에 시작되는 경우가 많다는 사실도 밝혀졌으므로, 언뜻 닭이 먼저냐, 달걀이 먼저냐의 문제로 보일 수 있다. 우울증이 먼저 생긴 다음 신경퇴행이 진행될까, 아니면 신경퇴행이 먼저 일어나고 우울증이 시작될까? 둘 다 가능하다고 보는 사람들도 있을 것이다. 이 두 가지 문제는 각각 독자적으로 먼저 일어날 수 있으며 그건 이례적인 일이 아니라는 논리라면 그런 결론이 나올 수 있다. 그러나 다른 놀라운 가능성도 생각할 수 있다. 우울증과 신경퇴행이 같은 뿌리에서 시작될 가능성이다.

이는 점점 더 많은 연구자가 만성 질환, 특히 흔히 노화가 원인으로 지목되는 질병을 이해하는 방식과도 일치한다. 이 병들의 시초를 찾으면 암, 심장질환, 골관절염, 황반변성의 뿌리가 따로따로 있는 게 아니라 한 줄기로 만나는데, 이 모든 병과 가까이에 있는 노화가 바로 그 공통 뿌리라고 보는 것이다. 내가 보기에 심리적 문제와 신경질환도 그와 비슷하게 개념적으로 구분하기가 어렵다. 두 문제 모두 시초를 거슬러 올라가면 그리 멀리까지 가지 않아도 생화학적 기능 조절 이상이라는 같은 줄기에서 만난다. 이 조절 이상은 뇌가 기능하는 데 필요한 여러 자원이 부족해질 때 시작되며, 그 결과 여러 기능이 연쇄적으로 무너져 삶이 점점 더 힘들어진다.

만약 우울증이 먼저 발생해 신경퇴행을 촉발한다고 가정하면, 우울증이 치료되면 신경퇴행도 어느 정도 방지돼야 올바른 추론이 된다. 하지만 내가 환자들에게서 직접 확인했듯이 우울증 치료, 특히 심리치료는 우울증으로 발생하는 즉각적인 증상과 함께 신경퇴행의 기반이 된 다른 문제도 해결할 가능성이 있다. 따라서 우울증 치료로 신경퇴행이 해결되더라고 우울증이 신경퇴행의 원인이라고 단정할 수는 없다.

혹시 신경가소성과의 연관성을 떠올렸다면, 나도 동의하고 많은 사람이 그렇게 생각한다. 우울증이 기분과 감정 조절을 담당하는 뇌피질과 변연계의 위축과 관련이 있다는 근거가 계속 쌓이고 있으며, 어떤 치료법으로 우울증이 효과적으로 해소되면 신경가소성의 소실을 나타내는 신경해부학적 지표가 함께 회복된다는 사실도 밝혀졌다.

효과적이라는 표현에 관해 서둘러 덧붙일 말이 있다. 정신의학은 문제에 접근하는 방식과 근거가 굉장히 불균일하다. 그렇게 된 배경에는 신경학과 정신의학이 둘로 쪼개진 안타까운 현실이 적지 않은 몫을 차지한다. 개인적인 경험상 우울증을 겪다가 자신과 잘 맞는 치료사를 만나 고통스러운 삶에서 확실하게 벗어난 사람들도 있지만, 심리학적인 도움이 큰 효과가 없는 바람에 심한 경우 돌이킬 수 없을 만큼 삶이 망가졌다고 느끼는 사람들도 있다. 안타깝게도 그런 사례는 드물지 않다.

2019년, 학술지 《프론티어스 인 사이콜로지》에 실린 한 연구에서는 우울증 환자들이 제대로 된 치료를 받지 못할 때 어떻게 느끼는지 조사한 결과, 이들은 치료 목표가 제대로 달성되지 않고 있으며 자기 말에 귀 기울이는 사람이 없다고 느낄 뿐만 아니라 치료 과정에 실질적인 문제가 없더라도 처음 치료를 받기 시작했을 때보다 우울증이 더 심해졌다고 느꼈다. 한 환자는 우울증 치료를 이렇게 표현했다. "꼭 복권 같다니까요. 대박을 터뜨리거나, 크게 잃거나, 이도 저도 아닌 어중간한 상태인 겁니다."

이런 일을 경험하는 환자들은 심리학적 치료의 기준이 무엇인지, 그런 기준이 있기나 한지 의구심을 갖는다. 위의 환자는 이렇게 덧붙였다. "이런 허튼 치료를 의료 서비스라고 말할 수 있습니까. 그런 치료사들도 다 명망 있는 전문 기관에서 교육받고 자격을 검증받았을 겁니다. 우리가 보고 읽는 자료에는 그 검증된 사람들이 제시하는 치료 프로그램을 우리가 잘 따르기만 하면, 그들이 진지하고 책임 있게 우리 삶을 더 낫게 해줄 거라는 내용이 가득합니다." 이 환자는 겪어 보니 그건 전혀 사실이 아니었다고 밝혔다.[26]

물론 다른 의학 분야에서도 이런 경험을 하는 환자들이 있다. 하지만 다른 분야는 대부분 환자의 의학적 경험을 뒷받침하는 생화학적인 데이터가 있어서, 환자의 치료 경험을 최소 일부라도 입증할 수 있다는 차이가 있다. 가령 환자를 대하는 방식이 정말 형편없는 암 전문의라도 그에게 치료받은 후 병에 차도가 있다면, 어느 정도는 성공적인 치료라고 할 수 있다. 심리적인 고통이나 질병으로 치료를 받는 사람들에게도 정신이 편안해졌는지, 회복되고 있는지를 나타내는 스트레스 호르몬의 수치나 수면 주기 모니터링 등과 같은 생체 데이터가 제시된다면, 자신이 받는 치료가 생리적 수준에서 효과가 있는지를 알고 싶은 환자들의 정당한 요구를 충족하는 좋은 출발점이 되리라 생각한다.

그러므로 두뇌 훈련도 신경학적 요소와 심리적 요소를 **모두** 다뤄야 인지 기능 저하를 충분히 예방할 수 있다고 확신한다. 즉 기억력, 주의력, 학습력을 키우는 훈련과 함께 기분, 사회적 유대감, 마음가짐에 도움이 되는 훈련도 포함돼야 한다. 잘 훈련된 뇌는 구조적인 회복력뿐만 아니라 심리적 회복력도 우수하다.

실망과 후회

이번 장을 열면서 소개한 환자 더글러스의 아들 데이비드는 아버지가 빨리 나아지지 않아서 느끼는 실망감을 드러냈다. 그래서 나는 그가 아버지의 치료를 중도에 관둘 수도 있다고 생각했는데, 의외로 데이비드는 아버지를 리코드 프로그램으로 계속 치료해달라고 했다. 우리는 2012년부터 이 프로그램으로 환자들을 치료했다. 어느 정도 시간이 흐른 후, 나는 한동안 인지 기능 손상을 환자가 주관적으로 느끼는 단계, 또는 인지 기능 평가 결과 경미한 인지 기능 장애에 해당하는 경우에만 우리 프로그램을 권장했다. 그 단계를 넘어 치매가 시작된 환자는 치료가 더 까다롭고, 상태가 개선되더라도 그 정도가 크지 않았기 때문이다. 하지만 먼저 치료받은 치매 환자들의 가족들이 내게 보낸 여러 통의 이메일이 그런 생각을 다시 바꾸는 계기가 되었다. 다들 내게 작은 변화가 얼마나 소중한지, 특히 환자가 가족들과 어울리고, 다시 말할 수 있게 되고, 스스로 배변을 처리하고 요리도 하고 옷 갈아입는 일도 가능해지는 것은 정말 중요한 의미가 있다고 이야기했다.

특히 아내의 치료에 매우 비판적이던 남편이 보낸 이메일이 기억에 남는다. 그는 아내의 몬트리올 인지 평가 점수가 처음에 0점이었으나 리코드 프로그램을 시작한 후 가족들과 다시 어울려 지내게 됐다고 이야기하면서, 내게 환자가 자신의 인지 기능이 나빠졌음을 스스로 인식하거나 인지 기능의 저하 수준이 경미한 환자만 이 치료를 받게 하면 안 된다고 말했다. 나는 그의 말을 마음에 새겼다.

실제로 많은 환자가 인지 기능이 심각하게 나빠진 상태에서 리코드 프로그램을 처음 시작하고 훨씬 좋아졌다. 더글러스도 완전히 회복되지는 않았고 그 점은 아쉽지만, 그의 삶은 크게 달라졌다. 일상생활이 주는 기쁨과 경험을 상당 부분 되찾았고, 무엇보다 자녀들, 손주들과 이야기를 나눌 수 있게 되었다. 이런 성공적인 결과 덕분인지 데이비드의 마음도 누그러져서, 나중에 우리가 제시한 몇 가지 두

뇌 훈련 계획도 받아들였다.

완전히 회복되지 않은 환자들은 내게 상처처럼 늘 남아있다. 그들을 떠올릴 때마다 우리가 무엇을 더 잘할 수 있었을지 생각한다. 더 할 수 있는 일이 있었다면 그게 무엇인지, 정말 알고 싶다. 더글러스를 지금 다시 치료할 수 있다면, 이미 힘들어하는 뇌에 너무 큰 부담을 지우지 않는 선에서 신경가소성을 키우는 몇 가지 방법을 써보고 싶다.

결국 놓쳐버린 환자들도 기억한다. 바버라, 베키, 리처드, 우타 그리고 그 외 여러 이름이 떠오른다. 우리는 무엇을 놓쳤을까? 그걸 놓치지 않았다면 다른 결과를 얻을 수 있었을까? 무엇을 했다면 더 좋은 결과를 얻을 수 있었을까? 우리는 매일 이런 질문을 던지며 답을 찾으려고 노력한다.

이런 생각을 할 때 내가 느끼는 특별한 감정이 있다. 후회도 섞여 있고, 놀라움의 색채도 있는 이 감정을 나는 지금도 이해하려고 노력 중이다. 붙들고 한참 들여다보면서 말이다.

11
독성물질 사이에서 살아남기

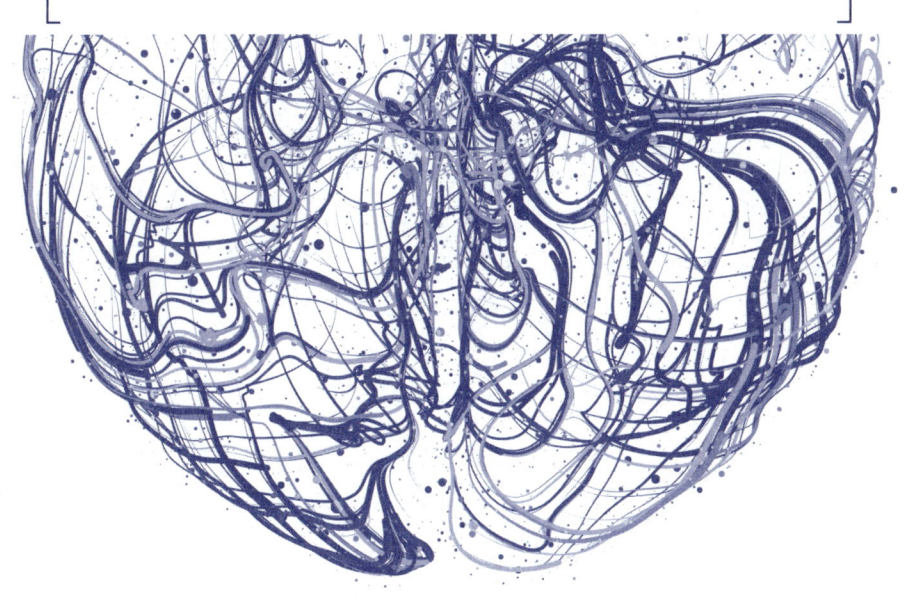

> 교육이 마땅히 해야 하는 기능이 무엇이건 간에,
> 교육은 우리를 삶의 해악으로부터 보호하는
> 예방 주사가 돼야 한다.
>
> **해블록 엘리스** Havelock Ellis

지금까지 신경퇴행을 연구하면서 알게 된 여러 사실 중에 가장 놀라운 것 한 가지를 꼽는다면, 바로 주변에서 흔히 접하는 독성물질이 인지 기능 저하에 영향을 준다는 사실이다. 대기오염물질, 수은, 마취제, 톨루엔^{toluene}, 트리코테신을 비롯한 수백 가지 독성물질이 뇌의 노화와 인지 기능 저하에 어떤 영향을 주는지는 아직 충분히 연구되지 않았고 이런 물질이 그런 영향을 준다는 사실조차 제대로 받아들여지지 않는 실정이다. 그러나 자신의 인지 기능이 보낸 '모닝콜'을 받은 사람들, 즉 갑자기 인지 기능의 변화를 체감하고 나를 찾아오는 사람들 가운데 화학물질이 원인으로 드러나는 경우가 매주 여러 번 있을 정도다. 중요한 회의를 연달아 깜박하거나, 가까운 사람들로부터 주의력이 심하게 떨어진 것 같다는 말을 들었거나, 그와 비슷한 문제를 겪고 내게 연락하는 이들은 온라인 검색을 다 마친 뒤 자신이 리코드 프로그램을 다 꿰뚫었다고 확신하지만, 막상 상담을 시작하면 더 본격적인 도움이 필요하다는 사실을 깨닫는다.

정보의 무법천지와도 같은 인터넷 세상에도 내 연구나 다른 학자들의 연구 결과처럼 정확하고, 배울 게 있고, 쓸모 있는 자료가 많다. 인지 기능이 나빠졌다가 회복된 후 12년간 그 상태를 잘 유지되고 있는 내 친구이자 시민 과학자 줄리 G가 만든 웹사이트 ApoE4.info도 그런 유익한 정보를 얻을 수 있는 곳이다. 줄리는 수면부터 해독, 보충제 등 인지 기능 개선에 도움이 되는 정보를 백 가지가 넘는 지침으로 정리했고, 이를 다른 웹사이트 Apollohealthco.com에서도 제공하고 있다.

정보가 워낙 많은 만큼, 인지 기능이 나빠진 초기에는 전문가의 도움을 받지 않고도 어느 정도 개선되는 사례가 드물지 않다. 식생활만 바꿔도 기억력, 주의력이 좋아지고 생각이 명료해지는 사람들도 있고, 식생활 관리와 함께 운동을 시작한 후 큰 변화를 겪는 사람들도 있다. 그러나 안타깝게도 그 정도의 조치로는 충분하지 않은 경우가 많다. 이제는 여러분도 잘 알겠지만, 알츠하이머병은 인지 기능에 해로운 영향이 무수히 가해지고 그것이 시스템 전반의 붕괴로 이어진 결과이기 때문이다. 문제를 알아차릴 때쯤이면(그리고 원래 나이 들면 다 그렇다는 악마의 속삭임을 마침내 무시할 즈음이면) 뇌 기능에 필수적인 구조적 요소가 이미 수십 년 전에 망가진 상태고, 그런 상태에서 무너진 구조를 다시 세우려면 시간과 노력이 든다. 인지 기능을 개선하는 일곱 가지 기본 요건인 채식 위주에 약간의 케톤 생성을 유도하는 식생활, 운동, 숙면, 스트레스 관리, 뇌 훈련, 해독, 꼭 필요한 보충제를 활용하는 것만으로 상태가 일시적으로 개선되는 경우도 많지만, 보통 장기적으로 회복하려면 환자 개개인의 특이적인 원인을 찾아서 해결해야 한다.

신경퇴행에 영향을 주는 요인 중 가장 많이 간과되는 게 독성물질 노출인 이유는, 우리가 생활하고 일하는 곳에서 일어나기 때문이다. 대다수에게 생활 환경을 바꾸는 건 식생활, 운동, 수면 습관을 바꾸는 것보다 훨씬 힘든 일이다. 실제로 우리는 인지 기능이 저하된 환자에게 먼저 인체 대사를 최적화하는 여러 조치부터 취했을 때 변화가 없으면 혈액 검사, 간 기능 검사, 소변의 독성물질 분석을 진행하고 환자의 집을 방문해서 주거 환경을 살펴본다. 한편 환자가 혹시라도 노출됐을 가능성이 있는 영향을 다각도로 평가하는데, 이 단계에서 많은 경우 체내에 해로운 금속이나 휘발성 유기화합물, 생물 독소의 농도가 매우 높다는 사실이 밝혀진다.

50대 재무분석사인 칼도 그랬다. 케이블 TV 뉴스에 경제 전문가로 출연하기도 했던 그는 집중력이 떨어지고 명료하게 생각하기가 힘들다고 느꼈는데, 운동을 시작하고 식생활과 수면을 개선하자 다행히 상태가 안정됐다. 스스로 느끼기에도 좋아진 것 같았고 그를 아끼는 주변 사람들도 조금씩 나아지는 듯하다고 했지만, 평생 해온 일을 다시 예전처럼 할 수 있을 정도로 회복되지는 않았다. 칼의 개선 노력에는 분명 뭔가가 빠져 있었다. 그것의 정체는 뉴욕에서 리코드 프로그램을 운영하는 건강 코치와 만난 후에야 확실하게 드러났다.

혈액 검사 결과, 칼은 세포 외 기질 금속단백분해효소 9$^{\text{matrix metalloproteinase-9}}$의 농도가 높았다. 관절염, 관상동맥질환, 만성 폐쇄성 폐질환, 다발성 경화증, 천식, 암과 관련이 있다고 알려진 효소다. 생물독소 노출로 촉발되는 여러 질병을 앓는 사람들은 이 효소가 전환 성장 인자-베타1$^{TGF-β1}$, 보체 성분 4 단백질^{C4a} 절편과 함께 체내 염증의 지표로 나타난다.[1]

생물 독소는 식물, 세균, 균류가 포식자나 자원 경쟁으로부터 스스로 보호하려고 만들어내는 화학물질이다. 니코틴은 가짓과 식물, 특히 담배 식물의 잎에서 만들어지는 생물 독소이고 파상풍 독소는 파상풍균에서 발견되는 생물 독소다. 인지 기능 저하와 가장 관련성이 깊은 생물 독소는 곰팡이다. 그러나 모든 곰팡이가 독소를 만드는 건 아니며, 독성검은곰팡이, 누룩곰팡이, 푸른곰팡이^{Penicillium}, 흙곰팡이^{Chaetomium}, 왈레미아^{Wallemia} 등 몇 가지 종류가 만들어내는 것이 생물독소로 작용한다. 2016년, 나는 인지 기능이 저하된 환자 상당수가 곰팡이 독소에 노출된 상태임을 확인하고, 의학계가 이 문제를 인지 기능의 일반적인 위해 요소로 받아들여야 한다는 생각에 그 내용을 논문으로 정리해서 발표했다.[2] 학술지 《노화^{Aging}》에 〈흡입을 통해 노출되는 알츠하이머병의 요인: 지금까지 드러나지 않았으나 치료할 수 있는 유행병〉이라는 제목으로 실린 그 논문에 상당수가 회의적인 반응을 보였으나, 이후에도 지금까지 우리가 치료한 인지 기능 저하 환자의 거의 절반이 곰팡이 독소의 영향을 받은 것으로 확인됐다. 과거에 비하면 의사들이 곰팡이 독소가 인지 기능을 떨어뜨릴 수 있다는 가능성을 일축하는 일도 훨씬 줄어든 듯하다.

어떻게 일부 곰팡이는 인간에게 해가 되는 독소를 만들어내도록 진화했을까? 곰팡이는 증식 속도가 주변의 세균들보다 느리다. 따라서 곰팡이 입장에서는 그 세균들을 죽이거나 가까이 다가오지 못하게 하지 않으면 생존 터전이 급속히 줄어든다. 세상에서 가장 유명한 항균 물질인 페니실린이 곰팡이에서 만들어지는 이유도 바로 이것이다. 곰팡이에게는 생존에 도움이 되는 물질이 우리에게 해가 되는 이유는, 인체 세포에 있는 미토콘드리아가 머나먼 옛날 세균에서 유래한 자손이라 세균처럼 그 독소에 해로운 영향을 받을 위험성도 크기 때문이다.[3] 미토콘드리아의 기능에 이상이 생겨 뇌의 에너지 공급에 차질이 생기는 것은 인지 기능이 저하되는 주요한 원인이다.

그러므로 인지 기능 저하를 예방하고 뇌 수명을 오래오래 건강하게 유지하려면, 생물 독소의 영향을 받고 있는 건 아닌지 반드시 점검해야 한다. 몸에서 검출되면 제거하고, 생활 공간이나 일하는 공간에서 발견되면 역시나 최선을 다해 없애야 한다. 최근 몇 년 전부터 곰팡이 독소가 건강에 주는 영향을 없애려는(인지 기능뿐만 아니라 다른 질병에서도) 의사들이 부쩍 늘어난 건 반가운 변화지만, 각종 질병에 공통으로 영향을 주는 문제임에도 불구하고 소위 표준 치료 방식에서는 여전히 경시되는 실정이다.

사실 곰팡이와 질병의 연결고리는 생각보다 훨씬 복잡하다. 균류의 종에 따라 여러 종류의 독소를 만들 수도 있고, 평소에는 잠잠하다가 서식 환경이 달라지면 독소를 만들기도 한다. 게다가 수많은 균류가 비슷한 독소를 만들어내므로[4] 곰팡이 독소를 만드는 균류의 종이나 이들에게서 나오는 독소의 종류, 독소의 영향으로 인체에 발생하는 증상을 어떻게 체계적으로 정리해야 하는지도 아직 의견이 모이지 않았다.[5] 깔끔하게 딱 떨어지는 분류가 없다 보니 원인과 그에 따르는 영향을 짝지어 진단하기가 매우 어렵다. 게다가 의학계는 곰팡이가 건강에 정말로 그렇게 심각한 영향을 주는지를 놓고 수십 년째 설전 중이다. 하얀 가운을 걸친 이 전문가들의 논쟁은 앞으로도 수십 년간 더 이어질지도 모른다.

그러는 동안 인지 기능이 저하된 내 환자들의 몸과 그들이 생활하는 집, 일터에서 곰팡이 독소가 발견되는 일들이 반복됐다. 이는 2015년에 학술지 《사이언티픽 리포트Scientific Reports》에도 같은 내용의 충격적인 연구 결과가 실렸다. 알츠하이머병으로 사망한 환자들 뇌 조직에서, 대조군의 뇌 조직에서는 거의 발견되지 않은 균류 세포가 다량 발견됐다는 결과였다.[6] 실제로 내가 치료한 환자들은 체내 곰팡이 독소가 감소하면 인지 기능이 개선되는 경우가 많았다. 나뿐만 아니라 질 캐너핸Jill Carnahan, 메리 케이 로스Mary Kay Ross, 메리 애커리 Mary Ackerley, 캣 톱스Kat Toups, 크레이그 타니오Craig Tanio 등 수많은 의사가 이 심각한 문제에 더 큰 관심을 기울여야 한다고 공개적으로 강조했다. 이러한 움직임이 급속히 늘어나자, 곰팡이 독소로 인한 질병을 집중적으로 다루는 '국제 환경획득질병협회'라는 단체도 생겼다.

우리는 칼의 몸에서 효소 외 기질 금속단백분해효소 9의 농도가 비정상적으로 높게 검출된 결과를 토대로 그의 생활 환경에 오염물질이 있는지 확인하는 절차를 진행했고, 나는 그의 집 배관에서 곰팡이가 대거 발견됐다는 결과를 이메일로 전달받았다. 생활 환경의 곰팡이를 줄임으로써 칼의 건강이 크게 개선되리라고 확신하기에는 아직 너무 이른 단계이긴 하지만, 그렇게 되리라고 예상한다.

내가 보기에 칼은 운이 없기도 하고 행운아이기도 하다. 여러 종의 균류가 잔뜩 있는 집에서 살았다는 건 상당히 불운한 일이다. 아직 정확한 이유는 밝혀지지 않았으나 똑같이 곰팡이 독소에 노출돼도 남들보다 더 취약한 사람들이 있는데, 그런 사람이 하필 그러한 환경에서 지냈으니 더욱 그렇다. 이러한 반응 차이는 DNA에 포함된 특정한 염기서열로 인해 남들과 다른 면역 반응이 촉발되는 것이 원인일 가능성이 크다. (일부 암에서도 이러한 연관성이 밝혀졌다.[7] 한집에 살면서 곰팡이 포자에 똑같이 노출돼도 인체 반응이 크게 다른 경우가 많으므로 곰팡이 독소가 인지 기능에 미치는 영향도 유전적 특성에 따라 다를 가능성이 있으나, 아직은 인지 기능이나 다른 건강 문제와 유전적 소인의 연관성에 관한 연구가 매우 부족하다.) 한편으로 칼이 운이 좋다고 한 이유는 전문 업체에 의뢰해서 집안의 곰팡이 독소 오염원을 제거했고, 그 사이 지낼 곳이 있었고, 헤파HEPA 필터를 설치해서 앞으로 곰팡이 독소와 곰팡이, 곰팡이 포자, 그 외 염증을 유발하는 자극 요인(염증 유발 물질로 불린다)의 노출을 최소화하는 조치를 실행할 수 있었기 때문이다. 곰팡이는 완전히 없애기 힘들다. 일단 건물에 한 번 뿌리를 내리면 아예 제거하는 게 불가능해서 그로 인한 문제가 지속되기도 한다. 그런 상황에서는 이사를 해야 할 수도 있다.

그런 특권을 마음대로 누리는 사람은 거의 없다. 이사나 이직은 대다수에게 결코 쉬운 일이 아니다. 살고 있는 도시나 지역의 공기, 물, 토양이 심각하게 오염된 사실을 알게 되더라도(이번 장에서 다룰 금속과 휘발성 유기화합물의 가장 큰 노출원이다) 주거지를 옮기는 건 쉽지 않다. 우리 대부분, 또는 모두가 태어나기 전부터 죽을 때까지 평생 무수한 오염물질에 노출된다.[8] 이 모든 상황을 종합하면, 독성물질 노출을 줄이는 노력은 무엇이든 최대한 일찍부터 시작하는 게 매우 중요하다는 결론이 나온다. 혈액, 뼈, 뇌에 도달한 수많은 독소는 수년, 또는 수십 년간 그대로 머무른다.

인지 기능을 해치는 여러 요인 중에 생물 독소의 영향은 하루하루가 중요하다.

곰팡이와의 싸움

온 가족이 유타주 북부의 공군 기지 내 관사로 이사한 지 얼마 지나지 않아, 케이티의 두 딸아이가 계속 아프기 시작했다. 기지 내 병원을 수시로 드나들어야 할 정도였는데, 그 사이 케이티는 그 관사에서 지낸 다른 가족들이 곰팡이와 관련이 있는 듯한(현재 인체가 가장 많이 노출되는 생물독소가 곰팡이다) 건강 문제를 겪었다는 이야기를 들었다. 아이들이 아픈 이유도 그것 때문일지 모른다는 의구심이 생긴 케이티는 관사의 운영을 맡은 민간 업체에 곰팡이 오염 여부를 확인해달라고 요청했으나, 안 된다는 답이 돌아왔다. 결국 케이티는 직접 검사 업체에 의뢰했고, 집 안의 해로운 곰팡이 포자 오염도가 비정상적으로 높다는 결과가 나왔다.

그러나 관사 관리 업체는 요지부동이었다. 케이티를 비롯해 비슷한 문제를 제기한 사람들이 검사 보고서와 의료 기록을 근거로 제시하며 깨끗한 관사로 옮기게 해달라고 요청하자, 이 업체는 설상가상으로 이들을 고발하기에 이르렀다. 화가 치민 케이티는 큰 비용을 감수하더라도 임대 계약을 해지하고 관사에서 나가기로 했다. "더 이상 기다릴 수가 없었습니다." 케이티가 2007년에 한 말이다.[9]

이후 수년간 미국 전역의 군 기지 내 관사에서 케이티와 같은 사례가 계속 늘어났다. 이 문제를 알게 된 상원의원 엘리자베스 워런Elizabeth Warren과 톰 틸리스Thom Tillis는 군 관사를 제대로 관리하지 않은 민간 업체에게 책임을 묻는 조사에 착수했다. 양당의 지지를 받으며 진행된 이 조사에서, 케이티가 겪은 업체를 포함한 다섯 곳이 군 가족에게 적용되는 '임대차 보호법'을 위반한 사실이 드러났다.[10]

케이티의 결단이 이 문제가 세상에 드러나는 데 큰 도움이 됐다는 사실과 별개로, 그 관사를 나오기로 한 건 잘한 일이었다. 특정 증상이 어떤 곰팡이 독소와 관련이 있는지 찾아내는 건 복잡한 일이지만, 곰팡이 포자에 노출되면 호흡 곤란과 알레르기 반응이 나타나는 사람이 많다는 사실은 오래전부터 알려졌다. 곰팡이(그리고 바이러스, 세균)가 만들어내는 생물 독소에 만성적으로 노출되면 신경퇴행질환과 연관성이 있다는 것도 밝혀졌다. 케이티의 집에서 발견된 누룩곰팡이속 곰팡이는 산화적 손상과 염증을 일으키고 세포사를 촉진하는 등 인지 기능에 여러 악영향을 준다.[11]

크로아티아 의학연구·산업보건연구소에서 독성학과 과장을 맡고 있는 마야 페라이차Maja Peraica는 지난 15년간 식품의 곰팡이 독소 오염이 급증한 사실을 강조하며[12] 아동은 체중이 작고 아직 면역계가 완전히 발달하지 않아서 생물 독소 노출 시 훨씬 큰 해를 입을 가능성이 크다고 지적했다.[13] 폴란드에서도 이 주장을 뒷받침하는 연구 결과가 나왔다. 영유아기에 장기간 곰팡이에 노출된 아이들은 여섯 살 때 인지 기능이 낮을 위험성이 세 배 높고, 이런 영향은 엄마의 교육 수준, 모유 섭취 여부, 담배 연기 노출 등 아이의 인지 기능 발달과 상관관계가 있다고 밝혀진 다른 요소들의 영향을 반영해도 그대로였다.[14] 흔히 발생하는 또 다른 곰팡이 독소인 오크라톡신 A는 아동 자폐증 증가에 영향을 준다.[15] 이처럼 아이들이 곰팡이 독소에 특히 취약한 것은 맞지만, 성인의 건강에도 심각한 해가 되는 경우가 많다.

자전거로 언덕을 오르는 상황을 다시 떠올려보자. 인지 기능에 악영향을 주는 요인이 쌓이면 언덕을 올라가기가 점점 더 힘들어지고, 결국 싣고 가던 짐을 일부 내려놔야 계속 갈 수 있다. 지금까지는 이 예시를 들 때마다 언덕을 오르기 전까지는 에너지가 충분했다고 가정했지만, 그게 아니라면 어떨까? 출발 직후부터 오르막이 가파르고, 그 오르막을 오르기 전에도 무거운 짐을 잔뜩 실은 채로 자전거 페달을 **이미** 한참 밟고 온 상태에서 이제 자전거 바퀴에 펑크까지 난다면? 집으로 향하는 길은 한층 더 위태로워진다.

곰팡이 문제에 시달리는 건 바로 그런 상태와 같다. 그렇다면 어떻게 해야 조금이라도 수월하게 오르막을 오를 수 있을까? 첫 단계는 청소다. 곰팡이가 환경에 오래 머무를수록 확산할 확률도 높으므로, 곰팡이는 보이는 즉시 전부 없애야 한다. 공기 중 입자의 95퍼센트를 차단하는(N-95 등급) 마스크를 착용하고, 환기가 최대한 잘되도록 한 뒤, 단단한 표면에 생긴 곰팡이는 세제와 물로 닦아낸다. 부드러운 표면, 물질이 흡수되는 표면에 생긴 곰팡이는 그 물건을 통째 버리는 게 가장 효과적이다. 배관에 곰팡이가 생긴 경우 새는 곳이 없도록 수리하고 곰팡이의 영향이 발생한 부분은 청소하거나 제거해야 한다. 이때 한 가지 유념할 사항은, 집 안에 생긴 곰팡이를 대대적으로 제거할 때는 다 치울 때까지 다른 곳에서 지내야 한다는 것이다. 청소 과정에서 곰팡이 독소가 일시적으로 증가하면 인지 기능에 더 큰 악영향이 발생할 수 있기 때문이다.

곰팡이와의 싸움은 단번에 끝나지 않고 여러 번 반복해야 하는 경우가 많다. 우리가 생활하는 집은 '곰팡이의 먹이'로 가득하다는 말이 있을 만큼 목재, 석고판, 벽지, 카펫은 물론이고 습기가 조금이라도 있는 곳, 환기가 잘 안되는 어두운 공간은 거의 다 곰팡이가 살기에 좋은 환경이다. 우리가 생물 독소에 노출되는 가장 흔한 원인인 곰팡이를 완벽하게 없애고 사는 사람은 거의 없다고 확신한다. 그러나 집의 여러 공간 중에 주로 어디에서 많은 시간을 보낼 것인지는 신중하게 선택할 수 있다. 보통 가정에서 곰팡이가 가장 잘 생기는 곳은 지하 공간이다.

최근 수십 년간, "부모님네 지하로 이사 간다"는 말이 유행할 정도로 독립했다가 부모님이 사는 집으로 돌아오는 젊은 성인 자녀들이 꾸준히 늘고 있다. 지하실을 개조해서 임대하거나, 나이 들어 혼자 지내기가 어려운 가족을 "가까이에서 모시려고" 지하 공간을 내어드리는 집들도 늘고 있다. 나로서는 이런 현실이 두려울 따름인데, 심지어 지하실에 커튼, 고급 카펫, 방음 시설을 마련하고 천장은 드롭 타일로 덮은 후 푹신한 리클라이너를 들여서 영화관처럼 아주 멋지게 꾸미는 것도 최근 큰 유행이 된 듯하다. 이는 그렇지 않아도 집 안에서 곰팡이가 가장 생기기 쉬운 공간을 곰팡이 포자가 만들어지기에 더더욱 좋은 환경으로 직접 가꾸는 것이나 다름없다. 그곳에서 공포 영화를 보다가 음료수라도 쏟는다면, 곰팡이에게는 더할 나위 없는 서식지가 된다. 코로나19 대유행으로 수천만 명이 재택근무를 해야 하는 상황이 됐을 때도(이를 반긴 사람들도 많았다) 집집마다 지하실이 사무 공간으로 가장 많이 활용됐다.

지하실을 이와 같이 활용하는 데에는 코로나 감염증 같은 사회적인 요인도 있고, 가족의 여건이나 경제적 요인도 작용한다는 점을 나도 잘 안다. 지하에 이런 여유 공간이 있으면 집값을 높일 수 있다는 사실 또한 모르는 게 아니다. 지하실을 위와 같은 용도로 활용한다면, 저렴한 곰팡이 검사 키트로 분기마다 오염도를 확인해야 한다. 또한 몇 년 주기로, 또는 코막힘, 호흡 곤란, 피부 발진, 두통이 일반적인 감기보다 오래갈 때는 환경 중 상대적 곰팡이 오염도 지표

Environmental Relative Moldness Index를 확인할 수 있는 검사 키트나 곰팡이 독소와 염증 유발 물질 발생원의 종류별 건강 영향HERTSMI-2 검사 키트로 오염도를 더 확실하게 점검해야 한다. 아직 지하실을 이렇게 활용하지 않는다면, 선택은 각자의 몫이지만 곰팡이가 생길 가능성이 있는 공간이라는 점과 그것이 인지 기능에 끼칠 영향을 반드시 고려하기를 바란다. 지하실은 보일러나 각종 도구, 오래 보관할 물건들, 더 이상 사용하지 않지만 내다 버릴 수는 없는 소중한 물건들을 두기에 좋은 공간이다. 하지만 장시간 생활하기에 이상적인 곳은 아니다.

집에 곰팡이 문제가 심각하다면, 당연히 힘든 결정이 되겠지만 이사도 반드시 고민해야 한다. 내가 정말로 이해하기 힘든 일 중 하나는, 대부분 집을 넓혀야 하거나 더 좋은 집으로 옮기고 싶을 때는 경제적 형편이 따라주기만 하면 심지어 살던 동네에 그대로 머무르는 한이 있어도 이사에 따르는 큰 스트레스를 얼마든지 감수하고 이사를 결정하면서도 자기 건강을 지키려고 이사를 고려하는 사람은 거의 없다는 것이다. 집에 곰팡이 문제가 지속된다면, 인지 건강에 문제가 생길 확률도 **훨씬** 높다. 그러므로 가능하면 서둘러 다른 곳으로 피해라!

곳곳에서 쌓이는 중금속

이사 이야기가 나온 김에, 늙지 않는 뇌를 만들려면 반드시 피해야 하는 다른 독성물질도 몇 가지 살펴보자. 오염이 심한 집, 동네, 도시에서는 가능하면 살지 말아야 하는 이유를 알 수 있을 것이다.

이사는 가고 싶다고 마음대로 갈 수 있는 게 아니다. 또한 오염이 발생한 곳이라도 대부분 인체 노출을 막거나 줄일 방안이 있으므로 무조건 이사만이 답인 것도 아니다. 그러나 당장 짐을 싸서 다른 곳으로 가는 게 이상하지 않을 정도로 오염 수준이 극단적인 곳도 있다.

상수원이 플린트강으로 바뀐 후, 미국 미시간주 플린트시는 수천 명의 시민에게 바로 그런 곳이 되었다. 기존에 흐르던 물과 무기질, 화학물질 조성이 다른 물이 낡은 상수도관에 유입되기 시작하자, 배관에서 흘러나온 납이 물에 섞여 뇌 손상을 유발한다고 알려진 오염도를 훌쩍 넘어섰다. 시와 주 당국은 아무 문제 없다며 수개월을 버텼지만, 시민들이 직접 의뢰한 수질 검사로 오염의 증거는 쌓여만 갔다. 나중에는 학계 연구자들이 플린트시 전역을 돌며 각 가정의 수돗물을 수거해 검사했고, 역시나 광범위한 오염을 확인했다. 그곳 시민들을 대변한 미시간 주 상원의원 짐 애너닉Jim Ananich은 시를 떠나는 사람들이 늘어난 건 당연한 일이라고 꼬집었다. "우리가 겪은 일들, 특히 거짓말과 잘못된 대처로 빚어진 물 위기를 생각하면 그들의 선택을 비난할 수 없습니다." 그가 2021년에 한 말이다.[16]

동감한다. 나라도 분명 같은 결정을 내렸을 것이다. 인체가 중금속에 노출되면 뇌에 어떤 영향이 발생하는지 잘 아는 한 사람으로서, 그곳을 떠나는 게 가족들에게 가장 좋은 방법인 걸 알면서도 경제적인 형편상 그러지 못한 사람들을 생각하면 비통할 따름이다.

2018년에 나를 포함한 스물한 명의 연구자가 인지 기능이 나빠졌다가 개선된 백 명을 조사한 결과를 논문으로 정리해서 공동 저자로 발표한 적이 있는데, 당시 우리가 조사한 사람들 상당수가 최초 검사에서 혈중 중금속 농도가 높게 나왔다.[17] 이미 수십 년 전에 여러 역학 연구에서 납, 카드뮴, 망간, 수은 같은 금속에 고농도로 노출되는 것과 인지 기능 저하 사이에 연관성이 있다고 입증됐으므로 아주 놀라운 결과는 아니었다. 이러한 금속은 사람의 뇌에 여러 방식으로 해를 끼친다. 우선 세포 내부에서 일어나는 신호 전달과 세포 간 신호 전달을 '엉망진창'으로 만들고, 산화 스트레스를 높이고, 인체에 원래 있어야 하는 금속의 필수 기능을 방해하고(또는 필수 무기질의 하나인 망간의 농도를 크게 떨어뜨리고), 세포의 조기 사멸을 유도한다. 유전자의 활성과 각 세포의 특성을 조정하는 후생학적 기능도 방해한다.[18] 중금속 노출 시 인지 기능에 발생하는 영향은 종단 연구가 더 많이 진행돼야 확실하게 알 수 있는데, 지금은 이 문제가 그리 진지하게 논의되지 않는 실정이다. 그러나 중금속 노출은 인지 기능을 갉아먹는 주요 원인이다.

게다가 중금속 노출 문제는 다른 곳도 아닌 수도꼭지에서 시작된다. 1980년대 중반 이전에 지어진 건물의 경우, 배관 상태를 철저히 점검하고 새로 수리한 사실이 명확하지 않다면 납이 용출되는 배관을 통해 마시는 물이 공급될 가능성이 있다. 오래된 집만 위험한 것도 아니다. 미시간 중동부에 자리한 플린트시의 상수도관에서 납에 오염된 수돗물이 공급됐다는 사실에 시민들은 큰 충격에 빠졌지만, 사실 이 도시에서만 일어난 이례적인 일은 아니었다. 미국 환경 관리 당국이 납 수도관의 신규 설치를 금지한 지 수십 년이 흐른 지금도 오래된 파이프를 교체하는 작업이 계속 진행 중이다. 플린트시의 수질 오염 사태가 세상에 드러나도록 힘쓴 버지니아 공과대학교의 환경·수자원학과 교수 마크 에드워즈Marc Edwards는 미국 연방법에 상수도관의 설치 현황을 철저히 파악해야 한다는 요건이 없어서 오래된 납 상수도관이 정확히 어디에 설치되어 있는지 아무도 모른다고 지적했다.[19] 파이프에 문제가 없더라도 물이 중금속에 오염될 수도 있고, 수처리 시설을 거쳐도 충분히 걸러지지 않을 가능성이 있다.

따라서 매년 한 번은 중금속 오염을 확인할 수 있는 수질 검사 키트로 오염도를 점검할 것을 적극 권장한다. 미국에서는 20달러도 안 되는 가격으로 그런 키트를 구입할 수 있다. 검사 결과 농도가 높은 중금속이 하나라도 있으면, 물을 여과해서 사용해야 한다. 수질 검사는 특정 시점의 오염도만 알 수 있다는 한계가 있고 상수도원에 따라 오염도가 크게 달라질 수 있으므로, 마음 편히 물을 사용하려면 검사 결과와 상관없이 여과해서 쓰는 게 좋다.[20]

중금속이 물만 오염시키는 것도 아니다. 카드뮴, 납, 수은은 전 세계 차량과 공장, 발전소에서 방출되는 가장 흔한 대기오염물질이다. 또한 토양으로 스며든 금속은 차량의 움직임이나 거센 바람에 실려 대기에 섞인다(지구 온난화로 강풍이 나날이 거세지는 경향을 고려하면 특히 우려되는 문제다[21]). 이러한 대기 중 미립자는 암과 그 밖의 만성 질환과의 연관성이 많이 제기되는데, 최근 들어서는 인지 기능에 끼치는 영향에도 점차 관심이 높아지고 있다. 예를 들어 2021년에는 국제 연구팀이 한때 지구상에서 오염이 가장 심한 대도시이자 특히 대기의 금속 오염도가 높은 곳으로 널리 알려진 멕시코시티에 사는 사람들을 조사한 결과, 다른 환경 조건이 비슷하면서 오염도는 낮은 지역보다 인지 기능이 손상된 인구 비율이 훨씬 높았다고 밝혔다. 연구자들은 대체로 과장된 표현을 잘 쓰지 않는 편이고, 이 결과를 발표한 연구진의 과거 논문들을 보면 극적인 미사여구는 찾아볼 수 없는데, 유독 이 논문에서는 확고한 의지가 느껴진다. "당혹스러운 결과다. 공중보건 차원에서 우선 조사해야 할 시급한 문제이며, 현 상황이 건강, 교육, 사회, 경제, 사법 체계에 어떤 영향을 끼칠 수 있는지도 진지하게 우려해야 한다."[22]

나도 전적으로 동의한다. 건강은 스스로 책임지고 돌봐야 하는 게 대체로 옳고 생활 방식은 개개인이 선택할 수 있는 부분이 많다. 그러나 우리가 마시는 공기는 마음대로 선택하기 힘들고, 대기오염이 심한 나라에 살아도 대부분 주거지를 마음대로 옮기지 못한다. 그러므로 대기오염이 극히 심한 시기에는, 또는 오염이 극심한 지역에서는 성능이 우수한 마스크를 착용하는 게 최선이다. 문제는 마스크로 일반적인 오염물질 노출은 효과적으로 막을 수 있어도[23] 장기적인 해결책으로는 적합하지 않으며, 장기적인 효과를 확인할 수도 없다는 것이다. 가장 확실하고 유일한 해결책은 모두의 총체적인 노력이다. 공기는 지구에 사는 모두가 나눠 쓰는 자원이므로 전 세계가 합심해서 이 문제를 해결해야 한다.

인체가 중금속에 노출되는 다른 흔한 경로이자 특히 수은 노출이 발생하는 가장 흔한 경로인 어류는 우리 스스로 노출 수준을 꽤 확실하게 조절할 수 있다. 나는 해산물을 무척 좋아하고, 해안 지역에 사는 덕분에 신선한 생선과 조개류를 자주 사다 먹는 게 삶의 큰 즐거움이다. 연어, 고등어, 멸치, 정어리, 청어 등 오메가-3 지방산 함량이 높은 여러 생선은 인지 기능을 오랫동안 유지하는 데 명확히 도움이 된다.[24] 하지만 해안 지역의 산업 활동으로 대기에 방출된 수은은 주변 해양을 크게 오염시키고, 이 중금속에 찌든 바다에서 살아가는 해양 생태계의 모든 동식물이 그 영향을 받는다. 수은은 상온에서 유일하게 액체 상태인 금속이라 바닷속에서 쉽게 순환한다. 7장에서 설명했듯이 몸집이 작은 동물은 더 큰 동물의 먹이가 되고, 그보다 더 큰 동물이 다시 그 동물을 잡아먹는 생태계에서는 해로운 금속이 오염되면 살아있는 동물의 조직에 계속 축적된다. 그 결과 먹이 사슬의 상위에 있는 포식자일수록 수은의 생체 축적량도 많다. 우리 몸에도 이와 같은 방식으로 수은이 유입된다.

수은 노출은 알츠하이머병에 신경병리학적인 영향을 줄 수 있다. 유기 수은의 주된 노출 경로는 참치, 상어, 창꼬치고기(수명이 길고 입이 큰 어류) 같은 해산물이고, 무기수은은 보통 치과에서 사용하는 아말감이 주요 노출 경로다. 여기서 한 가지 짚고 넘어갈 사실은 사람들이 알츠하이머병 하면 가장 많이 떠올리는 아밀로이드는 이 병의 핵심 분자인 베타아밀로이드 전구체 단백질에서 만들어지며,

이 전구체 단백질은 철, 구리, 아연 같은 금속과 결합하는 특징이 있다는 점이다. 그러므로 금속 노출은 알츠하이머병과 관련된 뇌 신호 전달 문제와 밀접한 관계가 있다.

인지 기능을 해치는 요소가 대부분이 그렇듯이, 수은이 많은 음식을 다량 섭취하는 것**만**으로 뇌의 노화 속도가 빨라지고 퇴행이 심해지는 건 아니다. 또한 음식을 통한 수은 노출이 모두에게 똑같은 영향을 주지도 않지만, 많은 사람에게 뇌 노화와 퇴행의 보조인자로 작용할 가능성이 크다. 신경세포의 유지와 생존에 중요한 뇌 유래 신경영양인자가 암호화된 유전자에서 흔히 발견되는 'Val66Met' 변이가 있는 경우도 그러한 예다.[25] 아쉽게도 아직은 인구군 단위의 유전자 검사 결과가 없어서 위험성이 가장 높은 사람들을 정확하게 파악할 수 없으므로, 야생 참치, 청새치, 창꼬치고기, 철갑상어, 넙치는 너무 많이 섭취하지 않도록 주의하는 게 최선이다. 수은이 많은 어류라도 가끔 먹는다면 대부분 거의 문제가 되지 않는다. 단, 수은 오염도가 높은 동물을 섭취하면 우리 몸에 그 물질이 축적된다는 사실은 기억할 필요가 있다.

결코 미세하지 않은 미세플라스틱

환경에서 생체로 유입돼 농축되고 궁극적으로 우리 몸과 뇌에 영향을 주는 것은 해로운 금속만이 아니다. 플라스틱이 나노 수준의 아주 작은 조각으로 분해돼 보통 현미경으로 봐야 확인할 수 있는 미세플라스틱에 관한 우려도 갈수록 커지는 추세다. 이 입자는 크기가 작아서 해산물, 가공식품, 생수 등 수많은 곳에 쉽게 침투한다. 한 연구에서는 식물 재료로 만든 대체육을 비롯해 우리가 단백질을 얻을 수 있는 식품의 약 90퍼센트에서 미세플라스틱이 검출됐다. 연구진은 미국 성인이 단백질원으로 섭취하는 미세플라스틱만 연간 최대 380만 조각에 이른다고 추정했다.[26] 우리 몸속에 들어왔다가 소화계를 거쳐 그냥 배출된다고 해도 우려될 만큼 엄청난 양인데, 심지어 그렇게 배출되지도 않는다. 몸속에 들어온 미세플라스틱은 인체 구석구석을 순환한다.

한 연구에서는 혈관에 생긴 죽상판에 미세플라스틱이 포함되면 심혈관계에 문제가 생길 가능성이 훨씬 높아지는 것으로 나타났다.[27] 폐도 예외가 아니다. 폐 조직 깊숙이 박혀 있던 미세플라스틱이 검출된 연구 결과도 있다.[28] 폐에 이런 물질이 있으면 호흡이 힘들어져서 뇌 기능에 필요한 에너지 공급에 차질이 빚어진다. 쥐를 대상으로 한 여러 연구에서는 이 작은 플라스틱 조각들이 혈액뇌 장벽도 쉽게 통과할 수 있다고 나타났다. 미세플라스틱이 대다수가 일주일 동안 마시는 물로 노출되는 양만큼 포함된 물을 쥐에게 먹인 실험에서는 단 4주 만에 쥐의 뇌에서 미세플라스틱이 발견됐다.[29] 뇌 노화 연구자인 로드아일랜드대학교의 신경과학자 제이미 로스Jaime Ross 연구진은 2023년, 이 같은 입자가 쥐의 뇌에서 인지 기능과 생리적 기능에 변화를 일으킨다는 결과를 발표했다. 그 변화 중에는 6장에서 뇌

염증 상태를 확인할 수 있는 아주 유용한 지표로 소개한 신경아교원섬유 산성 단백질 감소도 포함됐다.[30]

미세플라스틱과 인지 기능의 관계는 어디까지 밝혀졌을까? 아직 근처에도 가지 못했다. 그런데도 이 독성물질에 노출되지 않도록 최대한 모든 노력을 해야 할까? 반드시 그래야 한다.

미세플라스틱에 노출되지 않으려면 어떻게 해야 할까? 미세플라스틱은 음식을 통해서, 특히 농장에서 생산돼 우리 식탁에 오르기 전 가공·포장 과정에서 발생해 인체에 유입되는 경우가 많다. 그러므로 유기식품과 신선식품 위주로 섭취하고 플라스틱에 포장된 식품과 가공식품은 피하는 게 현명하다(플라스틱 용기와 빨대, 비닐도 사용하지 않는 게 좋다. 플라스틱에 담긴 음식은 절대 전자레인지로 가열하지 말고, 식음료는 유리나 금속제 용기에만 담아야 한다). 수용성, 불용성 식이섬유를 하루 30그램 이상 섭취하는 것도 도움이 된다. 잎채소, 콩, 견과류, 씨앗, 유기농 차전자피, 곤약 등 미세플라스틱이 위장관 밖으로 빠져나가 혈류에 섞이지 않도록 막는 식품도 있다. 방울양배추, 콜리플라워 같은 십자화과 채소는 식이섬유와 함께 해독 효과도 있다.[31]

인체에 쌓이는 플라스틱을 모두 제거하는 가장 효율적인 방법은 아직 명확히 밝혀지지 않았으나, 플라스틱과 함께 유입되는 다른 화학물질에도 주목해야 한다. 바로 기억력과 인지 기능에 영향을 주고 뇌의 주요 신경전달물질에도 변화를 일으킨다고 밝혀진 비스페놀 A^{BPA}다.[32] BPA는 체외로 내보낼 수 있으며, 가장 좋은 배출 경로는 땀으로 알려졌다(BPA를 인체에 비슷하게 해로운 다른 화학물질로 대체

한 업체들도 있다).³³ 폐로 유입된 미세플라스틱은 심호흡으로 제거할 수 있다. 코로 4초간 길게 숨을 들이마신 뒤 4초간 그대로 멈췄다가 다시 4~8초간 천천히 숨을 내뱉는 심호흡법은 신체와 정신 건강의 다른 측면에도 도움이 된다. 호흡률을 높이는 가장 좋은 방법인 운동도 당연히 폐의 미세플라스틱 배출에 도움이 된다.

미세플라스틱은 우리 주변에 너무 속속들이 퍼져 있어서 완전히 피하는 건 사실상 불가능하다. 이제는 피해를 완전히 없앨 수 없는 오염의 한 형태가 됐다. 하지만 완벽하게 피할 수 없음을 인정한다고 해서 두 손 두 발 다 들고 "할 수 있는 게 아무것도 없다"고 포기해야 하는 건 아니다. 게다가 할 수 있는 게 없지도 않다. 미세플라스틱 노출을 피하고 우리 몸에 유입된 이 물질과 다른 화학물질을 최대한 제거해서 인지 기능이 평생 문제없이 기능하도록 지킬 방법은 많다. 우리는 이 싸움에 반드시 적극 참여해야 한다.

휘발성 유기화합물 뿌리 뽑기

인지 기능이 저하돼 문제가 드러나는 방식은 거의 둘 중 하나다. 하나는 기억력이 나빠지고, 계획을 세우지 못하고, 단어를 떠올리지 못하거나 다른 사람을 알아보지 못하고 길을 헤매는 일들이 많아져서 더 이상 아무렇지 않은 척할 수 없게 되어 먼저 사람들에게 도움을 요청하는 것이고, 다른 하나는 가까운 사람이 그런 문제나 관련 증상을 알아채고 도와주려고 나서는 것이다.

사람들에게 만약 의사가 미리 대비하는 차원에서 인지 기능 문제에 관해 이야기하려고 한다면 어떻게 하겠느냐고 물으면, 응답자 대다수가 그 대화를 받아들이겠다고 한다.[34] 그러나 실제로 환자에게 선제적으로 인지 기능 문제를 이야기하는 의사는 거의 없고, 문제가 생기기 전에 인지 기능 검사를 권하는 의사는 더더욱 적다. 아직도 인지 기능은 광범위한 점검이 이루어지지 않는 실정이며 그렇게 하는 나라가 전 세계 어디에도 없다! 현재 전 세계가 짊어진 치매의 막대한 부담을 줄이고 싶다면, 이런 상황부터 달라져야 한다.

그런데도 미국 질병예방특별위원회는 인지 기능을 폭넓게 확인하는 검사의 필요성을 조사하고 '어쩌면' 필요할 수도 있다는 아주 미적지근한 결론을 내놓았다.[35] 인지 기능을 해치는 요인이 한참 쌓이고 쌓여서 증상으로 나타난 후에야 대처하겠다는 황당한 결론 아닌가. 물론 **누구나** 인지 기능을 포괄적으로 검사받게 하는 건 엄청난 자원이 필요한 일이므로 나도 실현 가능성이 없다고 생각한다. 몬트리올 인지 평가를 예로 들면 검사에 10분이 걸리는데, 환자 한 명을 진료하는 시간이 그보다 짧은 의사들도 있다.[36] 게다가 몬트리올 인지 평가는 결과를 확인하고 해독하는 시간도 추가로 소요된다.

언젠가는 인지 기능을 미리미리 검사하지 않은 게 얼마나 어리석은 일이었는지 깨닫는 날이 올 것이다. 중국 창사시의 상야병원 연구진은 이 문제에 아주 현실적으로 접근했다. 중국의 인구는 14억 명에 이르고, 60세 이상 인구가 전 세계 인구 최상위권 3개국을 제외한 모든 나라의 총인구수보다 많다. 이런 나라에서 가장 저렴한 비용으로 최대한 많은 사람의 인지 능력을 평가하려면 어떻게 해야 할까?

상야병원 연구진이 떠올린 방안은 휘발성 유기화합물을 검출할 수 있는 아주 저렴한 호흡 검사다. 휘발성 유기화합물은 주로 인간의 활동으로 만들어지는 화학물질이며, 증기압이 높고 수용성은 낮아서 환경에 머물다가 인체로 쉽게 유입된다. 종류가 수천 가지이고, 가장 흔한 것이 벤젠benzene(플라스틱 생산에 쓰인다), 에틸렌글리콜ethylene glycol(폴리에스터polyester와 수많은 동결방지제의 필수 성분), 포름알데히드formaldehyde(시신의 방부 처리부터 섬유 염색, 목제품 강화 등 다양한 용도로 쓰이는 물질), 염화메틸렌methylene chloride(페인트 제거, 금속의 기름기 제거, 의약품 생산 등에 쓰이는 물질)이다. 휘발성 유기화합물은 비강에 생기는 종양, 백혈병, 천식, 비인두암에 영향을 주고 폐 기능을 떨어뜨린다.[37] 인지 기능의 노화와 어떤 관계가 있는지는 아직 연구가 많이 이뤄지지 않았고 문헌에도 인지 기능을 해치는 대기물질의 일부로만 언급된다.[38] 그런데 상야병원 연구진이 1,467명의 호흡 검체를 채취해 분석한 결과, 분석 전 평가에서 인지 기능 저하로 진단받은 사람들은 그렇지 않은 사람들보다 열 가지 휘발성 유기화합물의 농도가 높게 검출된 비율이 훨씬 높았다. 이 결과는 6장에서 소개한, 신경미세섬유 경쇄 단백질 검사 결과와도 일치했다.[39] 휘발성 유기화합물이 인지 기능에 해를 입히는 메커니즘을 반드시 조사해야 한다는 사실과 더불어, 호흡 검사로 개개인의 신경퇴행 상태를 예방 차원에서 평가할 수 있음을 보여준 연구 결과다.

최소 몇 년에 한 번씩 양질의 측정기나 전문 업체를 통해 생활 공간의 휘발성 유기화합물 오염도를 확인하는 게 좋다. 다행히 집 안의 오염도가 낮다면 집 안에서 흡연하지 말고, 천연 성분의 무독성 세제를 사용하고, 화학물질과 농약은 생활하는 공간과 떨어진 곳에 보관하고, 새 가구나 장식품, 의류는 무독성 재료가 사용된 제품만 구입하는 등 간단한 노력으로 계속 그 상태를 유지할 수 있다. 미립자와 휘발성 유기화합물을 모두 걸러주는 헤파 필터를 사용하는 것도 좋은 방법이다. 휘발성 유기화합물이 최저 검출 한계를 넘어 오염이 확인됐다면 환기를 잘하고, 구입 후 오랜 시간이 지나도 휘발성 유기화합물이 방출되는 가구는 교체하고, 무독성 페인트가 아닌 일반 페인트가 칠해진 벽은 표면을 막는 등 많이 어렵지 않은 방법으로 오염도를 줄일 수 있다.

해로운 물질로 가득한 세상에서

우리는 독성물질이 가득한 세상에 살고 있다. 인류가 지구에서 지금처럼 막강한 힘을 발휘하기 오래전에 먼저 나타난 식물, 동물, 균류, 미생물은 이미 그때부터 생존을 위해 다른 생물을 해치는 화학물질을 필요할 때 만들 수 있는 능력을 갖췄거나, 언제든 쓸 수 있게 미리 만들어 놓고 살았다. 그때도 땅에는 중금속이, 대기에는 휘발성 화학물질이 있었다. 이런 환경에 뒤늦게 등장한 인간이 어떻게 생존할 수 있었는지 신기할 따름이지만, 어쨌든 해냈다.

시간이 흐르고, 인류는 그렇지 않아도 이미 해로운 물질이 가득한 환경에 자신들이 뭘 하고 있는지 제대로 알지도 못한 채 그런 물질을 **추가**하기 시작했다. 나중에는 그런 행위가 어떤 결과를 초래하는지 알게 됐지만, 그래도 멈추지 않았다. 땅속에서 더 많은 금속을 뽑아내고, 대기에 더 많은 화학물질을 방출하고, 사방에 플라스틱을 퍼뜨리고, 휘발성 화합물을 더 많이 만들어서 집 안에도 들였다. 생활을 조금 더 편리하게 할 수 있다는 이유로 나중에 몇 보를 후퇴해야 하는지는 제쳐두고 일단 2보 전진부터 강행했다.

우리가 노출되는 독성물질은 모르고 섭취하거나 흡입하는 게 전부가 아니다. 술, 담배, 불법 마약, 처방약 등 때때로 우리는 자진해서 독성물질을 삼킨다. 의사가 필요하다고 판단해서 복용하라고 지시하는 약도 포함된다. 이로움보다 해로움이 더 큰 의약품은 뭐라고 불러야 할까? 그저 또 다른 독성물질일 뿐이다. 처음에는 해로움보다 이로운 측면이 많은 약이라도, 그 약이나 약물의 대사산물이 간과 신장, 혈액, 뇌에 점점 축적되어 인체 다른 기관에 해가 된다면? 그것도 독성물질일 뿐이다!

다시 강조하지만, 나는 약물 치료에 **전혀** 반대하지 않는다. 미래에는 개인 맞춤형 정밀 의학이 등장하고 그 원칙에 부합하는 표적화된 의약품이 쓰이리라고 믿는다. 내가 강하게 반대하는 건 그렇지 않아도 여러 독성물질에 찌든 우리 몸과 뇌에 해로운 영향을 주고 그에 비해 건강에 별로, 또는 아예 도움이 안 되는 약이다. 의사가 약물 치료를 제안한다면, 약물 치료로 발생할 해로운 영향과 그 약으로 얻게 될 이로운 효과를 나란히 놓고 보면 판단하는 데 도움이 된다. 또한 처방약이 유도할 수 있는 인지 기능 손상도 고려한다면 알맞은 치료법을 더욱 신중하게 선택할 수 있다.[40] 그러려면 의사가 제안하는 약물이 인지 기능에 가하거나 가할 가능성이 의심되는 영향이 무엇인지 물어봐야 한다. 또한 치료 중에 그러한 영향이 나타날 경우 복용을 완전히 중단할 수 있는지도 확인할 필요가 있다.

인류가 해로운 물질이 가득한 환경에서 위험천만한 모험을 벌이는 동안, 그 물질들이 건강에 주는 영향은 오랜 시간에 걸쳐 차곡차곡 쌓였다. 이제 와서 왜 이렇게 됐느냐고 투덜거려봐야 아무 소용 없다. 이미 지나간 일이다. 중요한 건 지금부터 무엇을 할 수 있느냐다.

다행히 할 수 있는 일들이 많다. 먼저 집과 일하는 공간에서 독성물질이 가장 많이 발생하는 원인부터 없애자. 이사할 때, 또는 이사가 필요한지 고민할 때도 독성물질 노출을 고려하자. 때때로 생활환경의 독성물질 오염도를 평가해서 중금속, 휘발성 유기화합물, 생물독소를 없애려는 노력이 잘 되고 있는지 확인하자. 미세플라스틱 같은 새로운 위험 요소나 독성물질의 해로운 영향을 줄일 수 있는 새로운 방안이 나왔는지 최신 연구 결과에도 관심을 기울여야 한다. 건강에 좋은 음식을 먹고, 자주 운동하고, 잠을 충분히 자서 인체가 회복할 기회를 주고, 나쁜 스트레스를 일으키는 원인을 없애는 등 인체의 자연적인 해독 작용이 원활히 이뤄지는 데 필요한 자원도 제공해야 한다. 효과가 아직 충분히 연구되지는 않았으나 사우나를 해독 수단으로 활용한다는 사람들도 많다.[41] 사우나가 인지 기능에 긍정적인 영향을 준다는 것은 잘 알려진 사실이므로[42] '일부러 땀을 내는' 이러한 방식은 실제로 해독에 도움이 될 가능성이 있다.

노력만으로 원하는 결과를 충분히 얻을 수 없다면, 더 건강한 몸과 늙지 않는 뇌를 만드는 데 해독이 필수임을 잘 아는 의사를 찾아 도움을 받는 방법도 있다. 가령 글루타티온의 체내 생산량을 늘릴 방안을 마련하거나 보충제를 섭취해서 독성물질이 몸에서 더 쉽게 배출되는 메르캅투르산mercapturic acid으로 전환되도록 촉진하는 방안을 의사와 상의할 수 있다. 독성물질은 종류마다 체내에 머무르는 시간도 다르므로, 생애 시기마다 이를 고려한 해독 전략을 세워야 한다. 예를 들어, 완경기가 되면 대부분 뼈가 분해되는 속도가 훨씬 빨라지는데, 체내에 유입된 중금속은 뼈에 다량 흡수돼 저장되므로(수천 년 전에 살았던 사람의 유해를 조사하면 납 생산량의 변화를 추적할 수 있는 이유다[43]) '급작스러운 뼈의 파괴율 증가'는 뼈에 저장되어 있던 독성물질이 체내로 방출되는 결과를 초래한다. 완경기에 인지 기능에 급속한 변화가 일어나는 사람들이 많은 것과도 관련이 있는 현상이다. 특히 완경기의 정신 운동 속도(감각 자극과 인지 기능의 활성화, 신체 움직임의 협응이 이루어지는 시간을 뜻한다―옮긴이) 변화는[44] 인체의 납 노출도와 밀접한 관련이 있다.[45] 이와 같이 생애 시기별로 달라지는 독성물질의 영향을 피하거나 대응하는 일도 우리가 적극적으로 할 수 있다.

그러나 혼자 노력한다고 모든 게 해결되지는 않는다. 공기와 물은 지구에 사는 모두가 함께 쓰는 귀중한 자원이므로 모두 한마음으로 노력해야 이 자원을 지킬 수 있다. 살다 보면 세상 사람 누구와도, 어떤 일에 관해서도 도저히 합의가 안 된다고 느껴질 때도 많다. 하지만 집에서 수도꼭지를 틀면 깨끗한 물이 나와야 하고, 창문을 열었을 때 유독한 공기가 들어오면 안 되고, 혼자 잘 살자고 동네에 독성물질을 마음대로 배출하면 안 된다는 데 이의를 제기할 사람은 아무도 없을 것이다. 단순하고 상식적인 원칙을 지키기 위한 노력에는 모두가 동참할 수 있다.

독성물질에 관해 자세히 알게 되면 무기력해지기 쉽다. 세상에 태어나기도 전부터 '평생 없앨 수 없는' 수백 가지 화학물질이 이미 몸에 가득하고 태어나 일생을 사는 동안 또 수천 가지 화학물질 속에서 허우적대야 한다면, 그리고 이 각양각색의 독이 전부 우리 뇌를 엉망진창으로 만들 수 있다면 뇌를 오래오래 건강하게 보호하려는 노력도 아무 소용이 없지 않을까? 이런 의문이 들 수 있다.

그렇지 않다. 소용없는 일이 아니다. 절대, 전혀, 조금도 그렇지 않다. 우리는 놀라울 정도로 회복력이 뛰어난 생물이다. 우리 뇌도 놀라울 정도로 회복력이 우수하다. 또한 뇌의 노화는 다양한 방법으로 예방할 수 있고, 심지어 이미 나빠진 인지 기능도 회복할 수 있다. 그러니 해로운 물질로 가득한 세상에 사는 걸 너무 겁먹을 필요는 없다. 다만, 현실을 직시하고 우리가 통제할 수 있는 부분을 실제로 통제하려면 얼마나 힘든 노력이 필요한지 상기할 필요가 있다.

12
미생물과의 공존과 대립

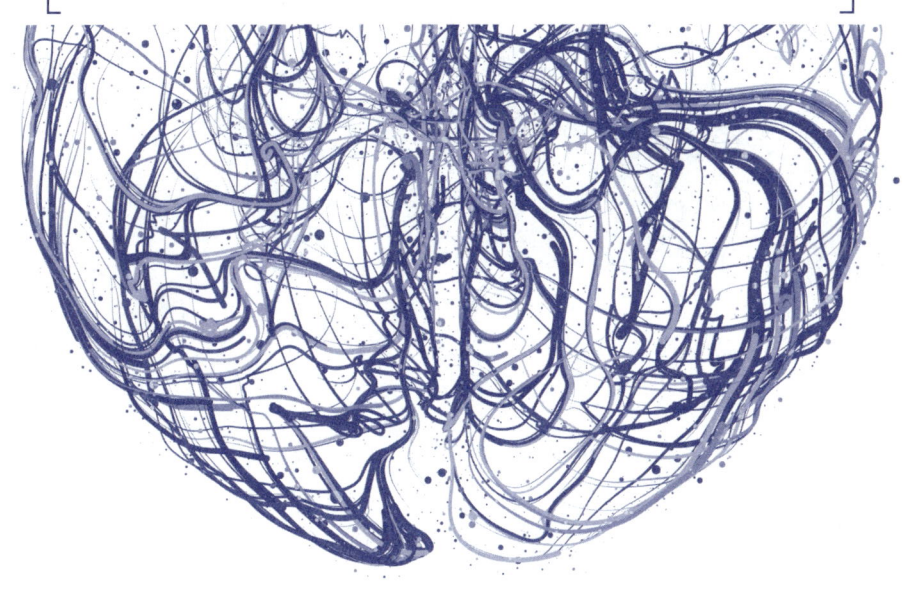

안녕하세요, 세균, 숙녀 여러분.

배우 밀턴 베를^{Milton Berle}

우리 몸 안팎에는 종류를 다 파악하기 힘들 만큼 방대한 미생물군이 살고 있다. 인체는 세균, 바이러스, 균류, 고세균(세균이 아닌 단세포생물) 등 수십조에 달하는 미생물의 터전이다. 피부, 입, 장, 폐, 뇌, 그 외 우리 몸 곳곳에 이런 미생물이 수천 종씩 머물며 우리와 공생하기도 하고, 파괴를 일삼기도 한다.

우리는 인체 미생물의 존재를 수백 년 전부터 알고 있었지만, 그것이 소화나 대사, 면역 기능, 병의 진행 양상에 어떤 영향을 주는지에 관한 지식은 피상적인 수준이었다. 이 미생물들이 우리 건강에 여러 방식으로 영향을 줄 수 있음이 뚜렷하게 밝혀진 후에도, 뇌의 노화와 뇌 질환 역시 인체 미생물의 영향을 받는다는 것에는 여전히 적지 않은 의구심이 끈질기게 남아있다.

인체 미생물군과 인지 기능의 관계를 받아들이지 않는 건 실망스러운 일이다. 미생물에 감염되면 곧바로 문제가 생기거나 아무렇지도 않거나 둘 중 하나라고만 생각하는 해묵은 흑백 논리로는 다 설명할 수 없는 일들이 있다. 인체에는 다양한 종류의 미생물이 복잡한 조합으로 존재하며, 감염 즉시 인체에 해를 끼칠 수도 있지만 감염 직후에는 아무 일도 없다가 시간이 흘러 무언가에 자극을 받으면 우리 몸과 뇌에 대대적인 문제를 일으키기도 한다는 것을 이제는 정확히 알아야 한다.

예를 들어, 파킨슨병은 수십 년간 유전적인 원인으로 생긴 질환이거나 원인이 불분명한 특발성 질환 중 하나라고 여겨졌다. '어쩌다 생긴 병인지 아는 병과 원인을 모르는 병'으로만 양분하는, 아주 이상한 흑백 논리에서 나온 생각이었다. 유전적으로 파킨슨병의 위험성이 큰 사람들이 전부 이 병에 걸리지는 않으므로 사실 파킨슨병의 원인은 유전적 소인과 상관없이 **항상** 불분명하다. 살충제에 노출돼 미토콘드리아가 제 기능을 하지 못하는 경우 등 발병 확률을 높이는 여러 악영향이 유력한 용의자로 거론됐지만, 정확한 원인은 수수께끼로 남아있었다. 그런데 최근 연구에서 장내 미생물군이 중대한 요인으로 떠올랐다. 사실이라면 우리가 바꿀 수 있는 요인이므로 누구나 이 병을 피할 수 있다는 의미인데, 심지어 한 종류의 세균이 파킨슨병 환자 대다수에 핵심적인 영향을 줄 가능성이 있다는 결과까지 나왔다!

처음에는 병의 원인이 딱 한 가지라고 보는 20세기 의학 모형과 상당히 잘 맞아떨어지는 결과인 듯했다. 감염병은 단일 원인으로 발생하는 경우가 흔하다. 지난 세기에 감염병을 성공적으로 물리친 사례들은 대부분 건강 분야의 연구자들이 바로 그 단일 원인을 밝혀서 그 영향을 줄이거나 없애는 방법을 찾아낸 결과였다. 천연두도, 소아마비도 그렇게 해결됐다. 그러나 백여 년간 만성 질환도 그런 식으로 해결하려다가 크게 실패했고, 신경퇴행질환의 치료에는 수습할 수 없는 재앙과도 같은 결과를 초래했다. 그래서 나는 단 한 종류의 미생물이 파킨슨병을 일으킬 수 있다는 이 연구 결과를 처음 접했을 때 의구심부터 들었다.

의구심을 갖는 것과 뻔히 알면서 사실을 외면하는 건 다르다. 파킨슨병의 원인이 밝혀졌다는 기사에 소개된 문제의 연구를 자세히 살펴보자, "X가 Y의 원인"이라는 식의 확정적인 결론을 내리지는 않았으나 데설포비브리오속^{Desulfovibrio} 세균을 강력한 범인으로 콕 집은 건 사실이었다. 휘어진 막대처럼 생긴 이 세균은 인체에서 황이 황화수소로 변환되는 주요 경로에 관여한다. 파킨슨병의 지표물질은 형태가 잘못된 단백질이 축적되고 뭉쳐진 루이소체다. 신경학자와 미생물학자로 구성된 핀란드 헬싱키대학교 연구진은 이 데설포비브리오속 세균이 루이소체의 형성 과정을 어떻게 촉진하는지 설명했다. 뇌에 루이소체가 축적되면 파킨슨병 외에도 루이소체 치매라는 직관적인 명칭의 병이 생긴다. 이 치매는 알츠하이머병과 병리학적 특징에는 차이가 있지만 증상에 비슷한 면이 많다. 그런데 핀란드 연구진이 발표한 결과에는 한 가지 중요한 특징이 있었다. 실험동물이 벌레였다는 점이다.

일반적으로 동물 실험의 목적은 연구자가 증명하려는 가설을 생쥐, 쥐, 돼지, 원숭이 등 인간과 조금이라도 가까운 동물을 대상으로로 한 단계 더 깊이 조사하는 것이다. 따라서 동물 실험의 결과는 다음 단계인 인체 연구의 발판이 된다. 이 연구의 또 한 가지 흥미로운 특징은, 연구진이 파킨슨병 환자들은 인지 기능에 이상이 없는 사람들보다 장에 데설포비브리오균이 있을 확률이 훨씬 크다는 사실을 **이미 아는** 상태에서 실험을 진행했다는 점이다. 이 연구진은 앞서 2021년에 소규모 참가자를 대상으로 대변 표본을 채취해 그런 사실을 확인하고 그 결과도 논문으로 발표했다.[1] 그러나 상관관계가 곧 인과관계는 아니다. 그렇다고 장에 데설포비브리오균이 없는 사람들에게 일부러 이 균을 잔뜩 먹인 다음 수년 혹은 수십 년간 지켜보면서 무슨 일이 벌어지나 지켜볼 수도 없는 노릇이었다(이 균은 궤양성 대장염이나 과민성 장 증후군 등 다른 여러 질병에도 영향을 주는 것으로 확인됐다).[2] 사람 대신 벌레에 인체 파킨슨병과 관련이 있는 이 균을 먹이는 건 그보다 훨씬 수월하므로 그렇게 해봤는데, 데설포비브리오균에 감염된 벌레는 금세 죽었고 연구진이 감염 후 살아남은 벌레의 뇌를 살펴보자 루이소체에 상응하는 물질이 한가득 발견됐다.[3] 이에 연구진은 2021년의 연구와 이 연구의 결과를 종합해 데설포비브리오균이 파킨슨병의 발병에 큰 영향을 줄 수 있다는 결론을 내렸다.

그렇다면, 이제 파킨슨병도 과거에 수많은 감염병을 성공적으로 물리친 전략으로 없앨 수 있을까? 장에 문제의 데설포비브리오균이 있는지 검사하고, 이 균을 표적으로 삼아 제거하면 파킨슨병을 예방할 수 있을까? 딱히 그렇지는 않다. 파킨슨병은 감염병이 아니라 신경퇴행질환이기 때문이다. 그러나 이 균을 없애는 전략은 파킨슨병을 효과적으로 치료하고 예방하는 여러 방안 중 하나가 될 수 있다. 또한 다른 질병들의 해결 방안을 찾는 단서가 될 가능성도 있다. 알츠하이머병만 하더라도 파킨슨병과 공통점이 아주 많다. 둘 다 항균 단백질과 관련이 있고(알츠하이머병은 베타아밀로이드와 인산화된 타우 단백질, 파킨슨병은 알파시누클레인$^{alpha-synuclein}$ 단백질), 기능에 필요한 에너지가 감소하는 특징이 있다(알츠하이머병은 산소 공급이 줄고, 파킨슨병은 미토콘드리아의 기능 조절에 이상이 생긴다). 정리하면, 데설포비브리오균이 파킨슨병에 정확히 어떤 영향을 주는지는 더 밝혀져야 하겠지만 현재까지 드러난 사실들로 볼 때 파킨슨병의 주요 요인일 가능성이 크다. 그렇게 된다면 이 균을 통해 다른 신경퇴행질환에 관한 지식도 확장될 것이다. 어떤 결과가 나오든 해로운 미생물이 뇌의 노화와 퇴화를 촉진하는 요소에 포함된다는 사실은 점차 분명해지고 있다.

아직 추가 연구가 필요하지만, 인체 미생물군에 관해 이미 밝혀진 사실들로 볼 때 미생물이 뇌의 노화와 신경질환의 진행을 가속할 가능성은 다분하다. 이는 면역계가 인체에 해가 될 가능성이 있다고 판단하는 단세포생물이 나타났을 때 반응하는 방식과도 완벽히 맞아떨어진다. 인체에 해로운 미생물이 일정 규모 이상 나타나 면역계가 활성화되면, 거의 예외 없이 국지적 염증이 발생한다. 염증을 발생시키는 사이토카인이라는 작은 단백질이 온몸을 구석구석 돌아다니며 작용하면서 시간이 갈수록 염증이 처음 감염 부위를 넘어 다른 곳까지 확산되고, 이것이 신경 염증으로 이어질 수 있다.[4] 이 책에서 여러 번 언급했듯이 신경 염증은 신경퇴행을 일으키는 주된 요인이다. 첫 감염이 장에서 발생했다고 가정하면, 이러한 방식으로 결국 뇌에도 영향을 주게 된다.

장내 미생물군의 균형이 깨지면, 즉 특정 종류가 너무 많거나 줄어들면 대사와 영양소 흡수 기능에 이상이 생기고 장 내벽이 손상된다. 그 결과 뇌 기능에 필요한 에너지가 충분히 공급되지 않고, 전신 염증도 발생할 수 있다.

이처럼 인체에 살고 있는 이 작디작은 생물이 뇌 건강을 포함한 우리 건강에 막대한 영향을 주는 건 분명한 사실이다. 아직 밝혀야 할 부분도 많지만, 모든 게 밝혀질 때까지 미생물과 건강한 인지 기능의 중요한 관련성을 무시해서는 안 된다. 현미경으로 봐야 보이는 이 작은 존재들이 제공하는 건강에 유익한 기능을 지키고, 이를 통해 뇌의 노화와 뇌 질환 진행을 가속하는 주요 원인 중 하나를 줄이려면 지금까지 나온 정보들로도 무엇이 현명한 선택인지 충분히 알 수 있다.

장내 미생물과 건강한 식생활

뇌 건강을 지키려면 건강한 식생활이 필수임을 이제 여러분도 잘 알 것이다. 내가 권장하는 건강한 식생활은 채식 중심으로 적당량의 케톤 형성을 유도하는 식단이며, 이 식단의 효과는 충분히 검증됐다. 하지만 건강에 가장 이로운 식단을 아무리 충실히 지켜도 장내 미생물군이 건강하지 않으면 그 효과를 다 누릴 수 없다. 우리 소화관에 사는 세균, 고세균, 균류, 바이러스는 심장, 신장, 폐의 기능에 버금갈 만큼 우리 생존에 중요한 몫을 담당하기 때문이다. 인체 미생물군은 우리 몸에 필요한 비타민을 인체가 활용할 수 있는 화학적 형태로 분해하고, 필수 아미노산을 합성하고, 탄수화물을 에너지로 전환하는 과정을 시작하고, 우리가 섭취하는 음식물과 함께 인체로 유입된 독성물질을 골라내서 파괴한다. 또한 인체 내 모든 면역세포의 70~80퍼센트를 차지한다고 추정되는 장의 면역세포는 장내 미생물군과 손잡고 소화관을 건강하게 지키기 위한 싸움을 끊임없이 벌이며 몸 전체의 면역 기능에도 영향을 준다.[5]

저명한 미생물학자 앤 마출라크Anne Maczulak는 만약 우리 몸의 미생물이 갑자기 몽땅 사라진다면 우리 목숨이 그리 오래 가지 못한다고 거듭 강조했다.[6] 하지만 **잘못된 종류**가 유입되거나 **잘못된 조합**으로 몸속 깊은 어딘가에 자리를 틀면, 단시간에 아주 심각한 문제가 생길 수 있다. 반대로 그런 일이 뇌에서 발생하면 아주 오랫동안 문제가 생긴 사실조차 알지 못한다. 염증을 일으키는 사이토카인이 '가랑비'처럼 작용해서 그 악영향이 수십 년에 걸쳐 서서히 쌓이다 결국 눈덩이처럼 불어나기 때문이다.

그런데 인체 미생물군은 일반적인 염증에도 아주 민감하게 반응한다. 살갗에 상처가 생기는 것 같은 작은 문제로도 장내 미생물군의 조성이 달라져서 미생물의 건강한 균형이 깨진다.[7] 우리가 통제할 수 있는 부분은 반드시 제대로 통제해야만 하는 것도 그래서다!

늙지 않는 뇌는 물론이고 늙지 않는 장을 위해서도 프로바이오틱스(주로 미생물이 포함된 발효식품)를 많이 먹고, 프리바이오틱스(주로 장내 미생물의 먹이가 되는 식이섬유가 많은 식품)도 충분히 먹고, 이로운 포스트바이오틱스(비타민, 아미노산, 지방산 등과 같은 분해 산물)의 형성을 유도하는 등 건강한 식생활을 지키는 게 중요하다.

프로바이오틱스를 얻을 수 있는 김치, 사워크라우트, 시큼한 피클, 미소 된장국, 콤부차, 요구르트와 같은 발효식품을 섭취하면 장내 미생물군의 다양성 유지에 도움이 되고 결과적으로 인지 기능이 강화된다.[8] 프로바이오틱스와 인지 기능의 관련성을 조사한 여러 편의 연구를 분석한 결과를 보면, 성인을 대상으로 한 25건의 연구 중 21건에서 짧게는 3주, 길게는 6개월까지 긍정적인 연관성이 확인됐다(섭취 기간이 이보다 짧으면 효과를 충분히 얻지 못하는 것으로 보인다).[9] 프로바이오틱스와 인지 기능의 이러한 연관성은 특히 기분에 강력한 영향을 주는 듯하다. 이는 기분에 큰 영향을 준다고 알려진 도파민, 세로토닌, 노르에피네프린이 장내 미생물군에 의해 만들어지기 때문일 가능성이 크다. 기분은 인지 기능과 별개로 여겨지기도 하지만 앞서도 지적했듯이 실제로는 그렇지 않다.

건강에 '유익한' 균을 아무리 잔뜩 먹어도, 그 균의 먹이가 부족하면 효과를 기대할 수 없다. 미생물도 다른 모든 생물과 마찬가지로 먹이가 부족하면 기능에 이상이 생기고 죽는다. 유익한 미생물의 가장 좋은 먹이는 뿌리채소, 잎채소, 곡물, 해초 등 식이섬유가 많은 식품이다. 프리바이오틱스는 '미생물의 연료'인 동시에 포만감이 오랫동안 지속되므로 뇌를 평생 건강하게 유지할 수 있는 단식에도 도움이 된다.

프로바이오틱스와 프리바이오틱스를 모두 충분히 섭취하면 포스트바이오틱스의 효과는 대부분 자연히 나타난다. 특히 미생물이 만드는 비타민, 그중에서도 B군과 K_1, K_2의 체내 농도가 건강에 이로운 수준에 도달한다. 티아민(비타민 B_1)은 에너지 대사와 신경세포의 기능, 인지 기능의 발달에 핵심 역할을 한다.[10] 리보플라빈(비타민 B_2)은 항산화, 항염 기능으로 인지 기능 손상을 줄이고,[11] 니아신niacin(비타민 B_3) 농도는 노년기의 인지 기능과 매우 뚜렷한 선형 관계가 나타난다.[12] 판토텐산pantothenic acid(비타민 B_5) 결핍은 신경퇴행, 치매와 연관성이 있다.[13] 피리독신(비타민 B_6) 농도가 충분하면 인지 검사의 점수가 크게 향상된다.[14] 엽산(비타민 B_9)은 호모시스테인 농도를 줄이고, 혈관 건강을 개선하고, 염증을 줄이고, 항산화 작용을 강화하는 등 인지 기능을 개선하는 핵심 물질임이 수많은 연구로 입증됐다.[15] 코발라민(비타민 B_{12})은 인지 기능이 손상돼 증상이 나타나기 시작한 초기 환자들을 대상으로 한 연구에서 참가자 4분의 3이 이 물질의 체내 농도만 높아져도 인지 평가 점수가 높아졌다.[16] 코발라민 결핍은 굉장히 흔한 문제이고, 미국의 경우 19세 이상 국민의 약 13퍼센트가 결핍 상태라는 사실을 고려하면[17] 매우 중요한 의미가 있는 결과다. 비타민 K_1으로도 알려진 필로퀴논phylloquinone은 체내 농도가 낮아지면 인지 기능 저하와 직접적이고 깊은 상관관계가 있다는 사실이 여러 건의 연구로 입증됐다.[18]

이렇게 다양한 비타민은 대부분 음식으로 얻을 수 있고, 많은 경우 그렇게 얻는 게 적절하다. 그리고 필요하면 보충제로 섭취 가능하다. 음식이나 보충제 등을 섭취해서 얻는 비타민이 몸에 잘 흡수되지 않는 사람들도 많으므로, 프로바이오틱스와 프리바이오틱스를 잘 챙겨 먹고 비타민 B와 비타민 K를 포스트바이오틱스로 넉넉히 생산하는 장내 미생물군의 기능을 적극 활용할 필요가 있다.

구강 건강과 뇌 건강

최근 몇 년 사이 구강 건강과 인지 기능의 밀접한 관계가 큰 주목을 받기 시작했다. 치은염, 치주염, 근관 치료(신경 치료), 겉으로 드러나지 않는 농양, 아말감이 사용되는 치아 치료, 구순 포진은 모두 인지 기능이 저하될 위험성을 키우는 주요 요인이다. 다행히 이 문제를 정확하게 진단하고 치료하는 치과의사와 구강 건강과 전신 건강을 함께 다루는 전문의가 계속 늘고 있다. 우리 팀도 그러한 전문가들과 협력해 인지 기능에 영향을 주는 구강 건강 문제를 찾아내고 치료하는 임상시험을 진행한 적이 있다. 구강 DNA 검사에서 많이 검출되는 병원균 중에 인지 기능 저하와 관련이 있는 것은 포르피로모나스 진지발리스*porphyromonas gingivalis*와 트레포네마 덴티콜라*Treponema denticola* 등으로, 모두 없앨 수 있는 균이다. 구강 프로바이오틱스와 프리바이오틱스 제품도 나날이 늘어나고 있고, 효과도 개선되고 있다. 스텔라라이프StellaLife, 덴탈시딘Dentalcidin 등 입안을 헹궈 병원균을 줄이는 종류도 있고, 아유르베다에서 유래한 입안을 오일로 헹구는 방식도 활용된다. 겉으로 드러나지 않는 구강 농양은 치료 없이 장기간 방치되면 인지 기능에 해가 될 수 있는데, 원뿔형 엑스선 빔을 조사해 이런 농양도 찾을 수 있게 되었다.

구강과 신경계 건강의 이러한 관계가 처음 밝혀졌을 때는 충치나 치은염, 구취 등 구강 건강의 문제가 인지 기능 저하로 발생하는 3차 증상(병으로 발생하는 직접적인 결과가 아닌 간접적인 결과라는 의미다—옮긴이)으로 추정됐다. 기억력이 떨어지면 구강 위생을 깜박하고 제대로 챙기지 못할 가능성이 크므로 자연히 구강 건강에 문제가 생길 수 있다는 논리였다. 그러나 인지 기능이 나빠지고 증상이 나타나기 전에 구강 건강에 먼저 문제가 생기는 경우가 일반적이라는 사실이 점차 명확해졌고, 이 두 문제를 연결하는 메커니즘도 드러났다.

범인은 병원체와 독성물질(수은 등), 에너지 공급 감소(폐쇄성 수면 무호흡증의 경우)로 밝혀졌다. 구강에 있는 수많은 종류의 세균 중에 포르피로모나스 진지발리스라는 막대 모양 세균이 너무 장기간 사람 입속에서 생존하면, 심각한 감염과 염증을 일으킬 수 있다. 인체에 발생하는 모든 염증은 결국 신경 염증으로 이어질 수 있지만 구강은 뇌와 물리적 거리가 **매우** 가깝다는 특징이 있다.

포르피로모나스 진지발리스가 일으키는 문제는 염증으로 그치지 않는다. 이 균이 만드는 진지페인gingipains이라는 효소도 신경에 해로운 영향을 주는데, 알츠하이머병으로 사망한 환자의 90퍼센트 이상은 뇌에서 이 효소가 발견된다는 연구 결과도 있다.[19] 게다가 진지페인은 혈액뇌 장벽의 투과성을 높여서 다른 독성물질이 뇌로 더 쉽게 유입되도록 한다는 사실도 밝혀졌다.[20] 포르피로모나스 진지발리스는 문제가 다른 문제를 낳는, 그야말로 큰 골칫거리다.

다행히 구강 건강은 매일 양치질하고, 치실을 사용하고, 입안을 잘 헹구는 노력으로도 거의 누구나 개선할 수 있다. 정기적으로 치과 검진을 받고, 먹는 음식을 선택할 때도 구강 건강을 고려하고(특히 설탕을 피하는 게 중요하다), 구강 프로바이오틱스도 섭취해야 한다. 유익한 구강 미생물군 유지에 도움이 되도록 특수 설계된 프로바이오틱스가 함유된 치약(레비틴Revitin, 덴탈시딘 등)도 있다.

불과 몇 년 사이에 점점 더 많은 치과의사가 뇌의 노화와 신경퇴행 예방에 적극 참여해서 큰 몫을 하기 시작한 건 인상적인 변화다. 다른 분야의 의사들은 지금도 인지 기능 저하를 예방할 수 있는 선제적 조치를 환자들에게 알리는 일에 별로 적극적이지 않은 경우가 많은 것과 대조적으로, 하워드 힌딘Howard Hindin을 비롯한 치과의사들이 그 빈틈을 속속 채우고 있다. 50년 넘게 임상에서 활약한 의사이자 미국 생리학·치의학회의 공동 창립자인 힌딘은 환자들이 건강을 유지하며 살아가도록 도와줄 방법을 꾸준히 탐구하던 사람답게, 구강 건강이 장기적인 뇌 건강에 큰 영향을 준다는 사실을 알게 된 후부터는 이 정보를 환자와 가족들에게 열성적으로 알리기 시작했다.

이런 정보를 꼭 협박조로 알릴 필요도 없다. 힌딘은 환자들에게 특유의 친근함을 발휘해서 치아를 청결하게 유지하고 충치가 생기지 않게 주의하던 평소의 관리 수준에서 조금만 더 신경 쓰면 된다고 설명한다. "저희 삼촌의 트럭은 도로를 달린 지 25년째가 됐는데도 차의 외양이나 차에서 나는 소리, 성능이 전부 전시장에서 바로 나온 차 같습니다. 차를 그렇게 유지하려면 시간과 에너지를 들여서 꾸준히, 부지런히 관리해야 합니다." 최근에 그는 내게 이렇게 말했다. "뇌도 그렇습니다. 문제가 드러날 때까지 두지 말고, 문제가 될 만한 원인을 미리 찾아서 치료한다면 평생 건강하게 지킬 수 있어요."

전적으로 공감한다! 뇌를 백 세 이상 건강하게 지키려면 우리 몸을 구석구석 신경 써야 하며 특히 구강 건강에 관심을 가져야 한다.

감염병의 여파

전 세계 인구의 약 4분의 1은 ApoE4 유전자가 한 개 이상이고 전체 인구의 약 2.5퍼센트는 이 유전자가 동형접합, 즉 한 쌍으로 존재한다. 최근에 ApoE4 유전자를 동형접합으로 물려받은 사람은 알츠하이머병으로 고통받다가 죽을 운명이라는 잘못된 소문이 퍼졌다.

이런 변이 유전자가 이 정도로 광범위하게 존재한다는 건 흥미로운 일이다. 이 변이가 건강에 정말로 심각한 악영향을 준다면, 그런 유전자를 가진 사람은 무사히 생존하지 못할 것이다. 따라서 ApoE4 유전자가 소문처럼 그렇게 해롭다면, 이 변이 유전자를 한 개 이상 가진 인구가 이 변이형이 이토록 널리 알려질 만큼 많아질 수도 없었을 것이다. 그 정도로 해롭다면 ApoE4 유전자를 가진 사람은 갈수록 줄어들어야 한다. 그러므로 ApoE4 유전자는 '알츠하이머병 유전자'가 아니라 '과도한 면역성'을 일으키는 유전자라고 하는 게 바람직하다. 먼 옛날 인류의 조상들은 면역 기능과 염증 반응이 더 공격적으로 나타날수록 생존에 **유리**했을 것이다. 아직 생식 기능이 없거나 생식 능력을 한창 발휘하는 생애 초기에 감염이 일어나면, 과도한 염증이 가져올 장기적인 결과보다 우선 그 감염을 해결하는 게 우선시됐을 것이다. 그러느라 염증이 과도해지더라도 그 영향은 대체로 자녀 양육을 끝내고 자녀가 다 커서 자기 가족을 꾸리기 시작할 무렵에 나타나기 때문이다.

하지만 ApoE4 유전자가 동형접합인 사람들만 평생 누적된 염증의 영향과 그로 인해 신경 염증에 더 취약해진 상태로 40대, 50대, 60대에 들어서는 게 아니다. 그 유전자형과 상관없이 살다 보면 남들보다 병원체에 많이 노출되는 사람들도 있다. 즉, 과도한 면역성을 일으키는 변이 유전자를 갖고 있어서 유전적으로 신경퇴행에 더 취약한 사람이 아니라도, 살면서 병원체에 여러 번 노출되고 인체가 감염에 거듭 맞서야 했다면 신경퇴행의 위험성이 커진다. 감염이 잦을수록 염증을 더 많이 겪게 되고, 일반적으로 염증이 많이 생길수록 신경퇴행이 발생할 가능성도 커진다.

미국에서 코로나19 대유행이 시작된 첫해에 6백만 명의 의료 기록을 조사한 연구에서, 이 대유행병에 걸린 사람들은 이듬해 생애 처음 알츠하이머병 진단을 받은 확률이 유의미하게 증가했다는 결과가 나왔다.²¹ 앞서 살펴본 사실을 생각하면, 그리 놀라운 일이 아니다. 뇌 기능이 오랫동안 최대 한계 수준으로 힘겹게 발휘된 사람들은 감염을 겪으면 찰랑찰랑한 수면이 딱 한 방울의 물로 넘쳐버리듯 더 이상 버티지 못하고 무너지는 듯하다.

나는 급성 감염으로 인지 기능의 회복력이 바닥난 환자들을 여러 번 봤다. 가장 냉혹한 상황과 마주해야 했던 애비게일이라는 환자가 가장 먼저 떠오른다. 건설 현장 감독이던 53세의 애비게일도 전 세계 수많은 이들처럼 코로나19 바이러스에 여러 번 감염됐다가 회복됐다. 앞선 감염도 감기와는 좀 다르다고 느끼긴 했지만, 세 번째 감염은 이전과 크게 달랐다. "한 방 제대로 얻어맞고 쓰러진 기분이었습니다." 애비게일의 말이다. "숨쉬기가 정말 힘들었어요. 침실이 있는 집 위층으로 계단을 올라가는 것조차 힘들 정도로요. 그렇게 심하게 앓는 경우도 있다는 건 알았지만, 저와는 무관한 일이라고 생각했습니다. 저는 항상 아주 건강했거든요."

극심한 증상이 가라앉은 후에도 머릿속에 안개가 낀 듯 생각이 명확하지 않은 증상은 가시지 않았다. 기억력도 떨어지고, 집중하기도 힘들었다. 그러다 나아지리라 생각했지만 1년이 지나도록 도무지 해결되지 않아 결국 일을 쉬어야만 했다. 애비게일의 몬트리올 인지 평가 결과는 경미한 인지 기능 장애 수준이었고, 혈액 검사에서는 인산화된 타우 단백질 농도가 치매 초기 단계 수준으로 증가했음이 확인됐다. 신경미세섬유 경쇄 단백질의 농도도 약간 높았다. 전체적으로 신경퇴행이 정말로 시작됐음을 알 수 있는 결과였다.

이 글을 쓰는 지금, 애비게일이 인지 기능 저하 증상을 겪기 시작한 지 1년 정도가 흘렀다. 그동안 다양한 해결 방법을 적용한 결과, 다행히 많은 부분이 좋아졌다. 생각이 흐릿한 증상은 사라지고, 몬트리올 인지 평가 점수도 정상 범위로 돌아왔다. 복직도 했다. 217번째 아미노산이 인산화된 타우 단백질과 신경미세섬유 경쇄 단백질 수치는 별로 개선되지 않았으나 더 나빠지지는 않았다. 전체적으로 잘 회복되는 중이라고 할 수 있다.

충격적인 사실은 애비게일과 같은 경험을 하는 사람들이 정말 많다는 것이다. 2024년에 브라질 연구진이 코로나19 바이러스에 감염된 적이 있는 18세부터 59세 63명을 조사한 결과에서도 같은 결과가 나왔다. 코로나19 바이러스뿐만 아니라 다른 병원체도 인체에 감염되어 급성 질환을 일으키면 체내에서 사이토카인이 대거 방출되는 일명 사이토카인 폭풍 현상이 일어나고 머릿속이 흐릿해지는 증상이 그 뒤를 따른다.[22] 브라질 연구진은 감염 증상이 경미한 정도에 그친 환자들도 인지 기능 소실, 극심한 피로감과 신경미세섬유 경쇄 단백질의 농도 증가 사이에 아주 밀접한 상관관계가 있었다고 밝혔다.[23] 이 환자들의 뇌에 발생한 손상은 신경퇴행이 수십 년간 아주 천천히 진행된 사람들과 여러모로 비슷했다.

이런 이야기를 하는 건 코로나19 바이러스에 대한 극심한 공포심을 조장하기 위해서가 아니다. 코로나19 바이러스는 이미 우리 세계의 일부가 됐고, 아마 앞으로도 오랫동안 그럴 것이다. 또한 이 바이러스에 감염되어도 머릿속이 흐려지는 증상을 **겪지 않는** 사람들이 대다수다. 애비게일처럼 그런 증상을 겪은 환자들이 왜 생기는지 밝혀내려면 몇 년은 더 걸릴 것이다.

핵심은 병원체에 감염되면 급성 질환이 발생하든 감염의 여파가 오랫동안 누적되든 상관없이 인지 기능에 막대한 해가 된다는 점이다. 다시 말해, 감염은 별일 아니라고 넘겨버릴 일이 아니며, 피할 수 있다면 최대한 피해야 한다. 그렇다고 항생제를 과도하게 처방하면 인체의 유익균까지 함께 사멸해서 장내 미생물군의 균형이 깨진다.

안전성과 효과가 검증된 백신이 감염을 최대한 피하는 데 큰 도움이 된다. 인플루엔자, 폐렴, 결핵, 대상포진 백신이 모두 신경퇴행 질환의 위험성을 낮추는 것으로 밝혀진 이유도 감염을 예방하거나 약화시켜 인체에 평생 축적되는 염증의 부담을 줄이고 그 결과 신경 염증도 감소하기 때문일 가능성이 크다.[24] 파상풍, 디프테리아, 백일해 같은 세균감염질환 백신도 마찬가지다.[25] 질병을 일으키는 다른 주요 원인을 대부분 통제한 조건에서도 백신으로 급성 감염과 평생 누적되는 감염의 영향을 줄이면 뇌 건강에 도움이 된다는 설득력 있는 근거도 있다.

코로나19 백신도 그와 같이 장기적으로 인지 기능을 보호하는 효과가 있는지 판단하기에는 아직 근거가 충분히 쌓이지 않았다. 다만 백신이 사이토카인 폭풍이나 폐 기능 이상, 사망 등 감염 시 가장 **즉각적으로** 발생하는 심각한 결과를 광범위하게 막는다는 사실은 확인됐다. 반대로 코로나19에 감염된 후, 또는 코로나19 백신 접종 후 인지 기능이 감소하기 시작하거나 감소세에 속도가 붙는 사례가 일부 있는데, 이는 백신에 포함된 면역증강제(인체의 면역 반응을 강화하는 물질)의 영향으로 염증이 촉발되기 때문으로 보인다. 미국과 한국 연구자의 공동 연구에서는 코로나19 백신 접종 후 3개월간 인지 기능 손상과 알츠하이머병 진단이 증가하는 연관관계가 나타났고, 이에 연구진은 코로나19 백신이 신경계에 장기적으로 어떤 영향을 주는지 지속적인 모니터링과 조사가 필요하다고 강조했다.[26]

다른 모든 일이 그렇듯 백신의 목표도 최상의 결과를 얻는 것이다. 그러려면 앞으로 이런 연관성에 면밀히 주목해야 하며, 이와 같은 연구들로 드러난 인지 기능의 주요 원칙을 기억해야 한다. 인지 기능이 한계에 내몰릴수록 극히 미미한 악영향에도, 심지어 건강할 때는 오히려 도움이 되는 영향에도 절벽 아래로 툭 떨어지기 십상이다.

뇌의 노화를 재촉하는 성 매개 감염병

인체에 염증을 일으켜 뇌의 노화를 촉진하는 요인은 치주염, 장누수, 곰팡이 독소, 코로나19와 같은 바이러스 감염 등 여러 가지가 있다. 여기에 전 세계적으로 증가 추세인 또 한 가지 요인이 있다. 바로 성 매개 감염병이다.

최근 들어 감염을 막는 안전한 성생활을 하는 사람들의 비율이 모든 연령대에서 감소했다. 한 조사에서는 성생활을 하는 사람 중 감염 위험성을 막는 대책으로 콘돔을 사용한다고 밝힌 사람들의 비율이 여성은 3분의 1, 남성은 4분의 1을 조금 넘는 정도에 그쳤다.[27] 현재 성 매개 감염의 발생률은 세인트루이스 워싱턴대학교 의과대학의 힐러리 레노Hilary Reno 교수의 표현을 빌리면 "기겁할 만한 수준"으로 증가했다. 힐러리는 2022년에 "'의사 생활을 하면서 매독 환자는 처음 봤다'고 말하는 1차 진료 의사가 얼마나 많아졌는지 모른다"고 한탄했다.[28]

매독은 치료와 예방이 잘 이루어진 덕에 오랫동안 아주 희귀한 병으로 남아있었다. 역학 조사가 시작된 후로는 쭉 그랬으므로, 이 감염병이 뇌 전두엽과 측두엽이 위축되는 진행 마비(또는 전신 불완전 마비)라는 정신질환과 관련이 있다는 사실을 아는 사람도 거의 없다. 오늘날 매독은 매우 드문 빈도로 치매의 이례적인 원인이 될 수 있다고 여겨지는데,[29] 최근 매독 환자가 다시 급증한 상황을 보면 나는 앞으로 수년 내에 이들 가운데 인지 기능이 손상되어 증상으로 나타나는 비율이 증가하리라 예상한다. 심지어 매독의 징후가 처음 나타났을 때 바로 치료하지 않은 사람들은 물론, 신속히 치료한 사람들도 예외가 아닐 것이다.

가장 흔히 발생하는 성 매개 감염병은 클라미디아chlamydia 감염, 임질, 매독, 트리코모나스증 등 치유가 가능한 병이 대부분이지만, 단순 포진 바이러스, HIV, 인유두종 바이러스 감염 등 치료는 가능해도 치유는 불가능한 몇 가지 감염병도 포함된다. 치유나 치료가 가능하다고 해도, 이런 감염병을 반기는 사람은 아무도 없다. 치료 가능성보다 더 중요한 사실은 이런 성 매개 감염병이 헤르페스herpes,

클라미디아, 나선균이 일으키는 다른 모든 감염병과 마찬가지로 뇌의 노화와 치매에 큰 영향을 줄 수 있다는 것이다. "일부 미생물은 감염 후 잠복 상태에 머물러 있다가 수년이 지나서 다시 활성화될 수 있다." 2016년, 서른 명이 넘는 알츠하이머병 연구자가 공동 작성한 《알츠하이머병 저널》의 사설에 나오는 내용이다. "이러한 미생물은 노화가 시작되고 면역 기능이 감소하거나 평소 겪지 않던 새로운 종류의 스트레스를 겪을 때 뇌에서 재활성될 수 있다." 이 사설에는 재활성된 미생물의 직접적인 영향으로, 또는 다른 요인과의 공동 작용으로 뇌가 반복적으로 손상되어 시냅스 기능 이상, 신경 소실이 발생하고 최종적으로는 치매에 이를 수 있다는 내용이 나온다.[30]

이 논설이 발표된 지 거의 10년이 지난 지금도 미생물의 재활성이 뇌의 노화와 뇌 질환을 가속화하는 현상에 관한 연구는 통탄스러울 만큼 부족하다. 그러니 여전히 그런 사실을 잘 모르는 사람이 태반이지만, 나는 모두가 반드시 알아야 한다고 생각한다. 치과의사들이 구강 건강이 인지 기능에 장기적으로 끼치는 영향을 알리는 일에 책임지고 나선 것처럼, 이제 성교육에서도 성 매개 감염병이 뇌 건강에 미칠 수 있는 잠재적 영향을 사실 그대로 알려야 한다.

섹스는 삶의 중요한 부분이며 개인의 성생활에 관해 세세하게 잔소리할 생각은 없다. 다만 자신은 물론 상대방의 건강을 평생 보호하고 싶다면 스스로 안전에 **더욱** 신경 써야 한다.

진드기 감염

2001년, 버지니아주 북부부터 매사추세츠주 남부까지 미국 동부 해안 지역에서 7만 7,700제곱킬로미터에 걸쳐 라임병이 번졌다. 진원지는 코네티컷주 라임시였다. 보렐리아 부르그도르페리borrelia burgdorferi라는 균에 감염된 사슴 진드기가 인체에 감염될 때 발생하는 라임병은 무려 6만 년 전에 시작됐다.[31] 문제의 사슴 진드기가 그 오랜 시간 생존한 것이다.

라임시에서 시작된 라임병은 지난 20년간 계속 확산돼 환자 발생 지역이 41만 4천 제곱킬로미터에 이른다. 북쪽으로는 메인주, 서쪽으로는 펜실베이니아주와 뉴욕주까지도 포함됐다. 초기에는 지역 경계 안팎에서 감염자가 소수 발생했던 미니애폴리스도 이제는 독자적인 진원지가 되어, 그곳에서부터 미네소타주, 위스콘신주 전역으로 퍼져나갔다. 나선균의 일종인 보렐리아균은 현재 일본, 캐나다, 유럽 여러 나라 등 기후가 온난한 지역에서 다양한 종류가 발견된다. 각기 다른 나선균 감염으로 발생하는 만성 신경 매독과 만성 신경 보렐리아증이 유사하다는 사실은 크게 우려할 만한 문제다. 이에 따라 우리 팀도 인지 기능이 저하된 환자나 그럴 위험이 있는 환자를 진료할 때 항상 보렐리아, 바베스열원충babesia, 바토넬라bartonella, 에를리키아ehrlichia, 아나플라스마anaplasma 등 진드기 매개 감염증이 발생하지는 않았는지 확인한다. 아쉽게도 현재까지 개발된 진단 검사법으로는 이런 만성 감염을 정확하게 확인할 수 없고, 감염되는 미생물의 종류가 워낙 많아서 검출할 수 있는 종류는 일부에 불과하다.

지구 전체에서 방출되는 온실가스는 대기 아래층에 열을 가둔다. 현재 온실가스 배출량은 거의 최대치에 이르렀거나 최대치를 막 넘어섰다고 여겨지고[32], 지구 평균 기온은 대기 중 이산화탄소로 인해 산업화 이전의 평균을 훌쩍 넘어섰다. 이 상태는 앞으로 수십 년간 지속될 가능성이 크다.[33] 라임병을 옮기는 사슴 진드기는 숙주인 사슴이 서식하는 숲과 숲 근처 초원에 많은데, 일부 과학자들은 기후변화로 이 진드기의 서식 범위가 넓어질 수 있다고 전망한다.

라임병은 보통 단기간 항생제를 투약하면 치료되지만, 코로나19와 매우 닮은 특징이 있다. 장기간 피로감을 느끼고 인지 기능에 이상이 생기는 환자가 간간이 발생하며, 그런 사례는 무작위로 발생하는 듯하다. 존스홉킨스대학교 의과대학 연구진은 이를 설명하는 연구 결과를 발표했다. 라임병에 걸린 후 그러한 증상을 겪은 12명의 뇌를 새로운 뇌 스캔 기술로 검사한 결과, 모두 광범위한 뇌 염증을 나타내는 화학 지표가 상승했고 대조군 19명에서는 그런 특징이 나타난 사람이 한 명도 없었다.[34]

몇 년 전에는 라임병의 원인균이 알츠하이머병도 일으킬 수 있다는 추측이 나왔다. 더 나아가 라임병과 알츠하이머병은 같은 병일지 모른다고 주장하는 사람들도 있었다. 신경퇴행은 딱 한 가지 원인으로 발생하는 문제가 아니므로 이 주장은 당연히 사실이 아니지만, 그와 별개로 진드기 매개 감염병이 신경퇴행을 가속할 수 있는 건 분명하다. "라임병은 라임병일 뿐 알츠하이머병과 무관하다"라고 주장하는 사람들도 있겠지만, 그건 진드기를 매개로 인체에 감염되는 수많은 병원체가 인지 기능 저하에 영향을 준다는 사실을 몰라서 하는 말이다. 바베스열원충, 아나플라스마, 에를리키아, 포와산^{powassan} 바이러스 감염을 비롯해 진드기 매개 티푸스, 진드기 매개 뇌염, 원인균이 혈액뇌 장벽을 통과해 염증을 촉진한다고 밝혀진 로키산 홍반열은 모두 그런 특징이 있다. 게다가 정말로 "라임병은 라임병일 뿐"이라고 해도 인지 기능에 발생하는 영향과 전혀 무관하다고 할 수는 없다. 뇌의 노화와 뇌 질병에 해로운 영향을 주는 요인을 모두 찾아서 치료해야 뇌 건강을 최상으로 지킬 수 있다.

줄리의 사례에서 그런 사실을 명확히 확인할 수 있다. 줄리는 44세 때 진드기에 물려 라임병에 걸렸다. 그런데 라임병 치료를 마치고 5년이 지난 뒤에 인지 기능 저하 증상이 나타나기 시작했다. 대부분 상태가 더 나빠질 때까지 방치하지만, 다행히 줄리는 그러지 않았고 곧바로 도움을 구했다. 우리 팀과 만나 생활 방식을 바꾼 후부터 인지 기능은 나아졌고, 5년 뒤에는 뇌가 "꼭 새것처럼 좋아진" 기분이라고 했다.

하지만 54세에 인지 기능이 다시 나빠지기 시작했다. 추가 검사 결과, 라임병의 징후는 없었으나 바베스열원충에 감염된 사실이 드러났다. 라임병처럼 진드기 매개로 걸리는 감염병으로, 라임병을 앓는 환자의 절반 이상이 이와 같은 동반 감염병에 걸린다. 줄리는 앞으로도 다른 감염병의 징후가 나타나지 않는지 주시하기로 했다. 인지 기능을 건강하게 지키려면 계속 경각심을 갖는 것이 중요하며, 진드기 매개 질환을 앓은 적이 있다면 더더욱 그래야 한다.

진드기는 애초에 물리지 않도록 조심해야 한다. 진드기가 많은 곳에서는 발이 드러나는 신발을 신지 말고, 윗옷은 소매가 긴 옷을 입고 상의 아랫단은 하의에 집어넣어서 살이 노출되지 않게 하고, 긴 바지에 양말, 부츠도 신어야 한다. 해충 기피제도 사용하자. 또한 진드기가 많은 곳에서 시간을 보낸 후에는 혹시라도 몸에 붙어 있는 진드기가 있는지 두피와 머리카락을 비롯해 몸 곳곳을 잘 살피고 발견하면 즉시 떼어내야 한다. 물린 자국이 보여도 너무 당황할 것 없다. 먼저 핀셋으로 진드기의 머리와 최대한 가까운 곳을 집어서 떼어내고, 물린 부위를 비누로 깨끗이 씻은 다음 알코올로 주변을 소독한다. 라임병은 일반적으로 진드기가 피부에 24시간 이상 머무를 때 발생하지만, 라임병의 원인균 외에 진드기가 옮기는 다른 병원체가 인체로 옮겨지는 시간은 그만큼 확실하게 밝혀지지 않았다.

그러므로 진드기에 물렸거나 진드기가 많은 지역에 사는 경우, 그곳에서 발견된 진드기를 분석 업체에 보내서 어떤 병원체가 있는지 확인하고 때때로 자신이 그 병원체에 감염되지 않았는지 검사를 받아볼 필요가 있다. 진드기는 라임병을 일으키는 보렐리아균 외에 다른 여러 병원체도 옮길 수 있음을 기억해야 한다. 진드기가 매개하는 다른 감염병에 걸리지 않았는지 꼼꼼히 검사를 받고 치료가 지체되지 않게 하는 것이 가장 중요하다. 앞서 언급했듯이 라임병에 걸린 적이 있는 사람의 절반 이상은 바베스열원충 등 다른 병원체에도 감염되기 때문이다.

감염되기 쉬운 세상에서 우리가 할 수 있는 일

이 글을 쓰고 있는 시점을 기준으로, 아직은 진드기에 물릴 때 인체로 옮겨올 수 있는 가장 흔한 병원체들을 광범위하게 확인하는 검사법이 없다. 이런 상황에서, 신경 염증을 일으킬 수 있는 병원체 감염이 진드기의 매개로만 일어나는 게 아니라는 사실이 계속 밝혀지고 있다. 인지 기능 손상이 원생동물인 열원충이 학질모기 암컷을 통해 인체에 감염되는 말라리아의 '드러나지 않는 결과'라는 사실도 이미 수년 전에 알려졌다.[35] 말라리아는 박멸 노력이 계속 진행 중이고 이번 세기 중반쯤이면 마침내 완전히 사라지리라 전망되지만,[36] 웨스트나일west nile 바이러스나 지카zika 바이러스 감염, 라크로스 뇌염, 치쿤구니야열, 뎅기열, 황열병 등 전 세계적으로 모기가 매개하는 다른 질병도 많고 계속 늘어나는 추세다. 이런 모기 매개 감염병 외에도 고양이 할큄병으로도 불리는 림프그물증(림프세망증)이라는 감염병도 있다. 주로 바토넬라 헨셀라bartonella henselae라는 세균이 원인이지만, 바토넬라종에 속하는 다른 여러 세균도 감염 시 같은 병을 일으킬 수 있다.

이런 예는 끝이 없다. 미생물의 종류는 최소 1조 가지에 이르고, 각 종류에 해당하는 개체를 하나씩만 모아서 한 줄로 세우면 길이가 1억 광년이 넘는다고도 추정된다.[37] 그게 얼마나 엄청난 규모인지 모르겠다면, 태양과 가장 가까운 별이 겨우 4.25광년 떨어져 있다는 사실로 어느 정도 감이 올 것이다! 물론 이토록 어마어마한 종류의 미생물이 전부 우리 몸에 침입할 수 있는 건 아니다. 하지만 상당수가 그럴 수 있다. 인체에는 기본적으로 약 40조 마리의 미생물이 있고, 우리 몸과 주변 환경에 존재하는 무수한 미생물 중 감염병을 일으킨다고 밝혀진 것은 미생물의 전체 규모에 비하면 극소수인 1,400여 종이다.[38] 앞으로 더 많은 종류가 감염병의 원인으로 밝혀질 가능성이 크지만, 현재 병을 일으킨다고 **알려진** 미생물조차 감염 여부를 검사로 확인하지 못하는 실정이다.

그러므로 나는 감염병을 일으킬 수 있는 미생물을 신경계에 해를 끼치는 여러 독성물질과 똑같이 봐야 한다고 생각한다. 즉 대다수가, 또는 누구나 일생을 사는 동안 언제든 불가피하게 해를 입을 수 있는 요소로 봐야 한다. 다행히 병을 일으키는 무수한 미생물을 신속하게 검출하는 기술도 빠르게 발전하고 있다. 후생유전학 분야에서 널리 알려진 유전학자인 하버드대학교 의과대학의 데이비드 싱클레어David Sinclair도 유전자 염기서열 분석의 처리량을 크게 늘린 기술을 개발해서 그러한 노력에 앞장서고 있다. 딸이 라임병에 걸렸을 때, 감염 여부를 확인하는 검사 결과를 받기까지 일주일이나 기다리느라 아이의 상태가 나날이 나빠지는 것을 지켜봐야 했던 싱클레어는 그 경험을 계기로 집 차고에서 직접 새로운 기술 개발에 나섰다.[39] 그 외에도 인체에 감염될 수 있는 잠재적 병원체를 더 쉽게 찾아내려고 전 세계 수많은 사람이 땀 흘리고 있다. 우리 건강을 해치는 모든 미생물을 단번에 없애는 만병통치약 같은 방법은 있을 수 없으므로, 병원체의 종류를 파악하고 각각에 맞는 특이적인 해결책을 모색해야 한다.

나는 머지않아 인지 기능 저하와 관련이 있는 여러 만성 감염병의 원인 미생물을 대부분 신속하고 저렴하게 검출하는 기술과 그 병원체를 표적화하여 없애는 기술이 등장하리라고 믿는다. 그전에도 우리가 할 수 있는 일이 많다. 현재 다양한 병원체의 감염 여부를 확인하는 검사로는 항체 검사와 형광 물질 제자리 부합법(병원체의 핵산을 검출하는 방식)이 활용된다.

건강한 식생활과 프리바이오틱스, 프로바이오틱스 섭취로 장내 미생물군을 건강하게 유지하는 것도 우리가 할 수 있는 일이다. 구강 건강도 더 확실하게 관리하고, 각종 바이러스에 감염되지 않도록 사전에 적절히 주의하고, 급성 질환을 예방하는 효과와 더불어 장기적으로 인지 기능을 건강하게 보호할 수 있다고 입증된 백신을 현명하게 선택하는 것도 우리가 실천할 수 있는 일들이다. 감염을 고려한 안전한 성생활과 진드기에 물리지 않도록 주의하는 일도 마찬가지다. 효과적인 기술과 해결책이 등장하고 마침내 활용할 수 있을 때까지는 이런 방법을 하나하나 실천하면서 우리가 살아가는 시간과 공간을 더 오래, 더 안전하게 지키려고 노력하자.

13
미리 보는 뇌 건강의 미래

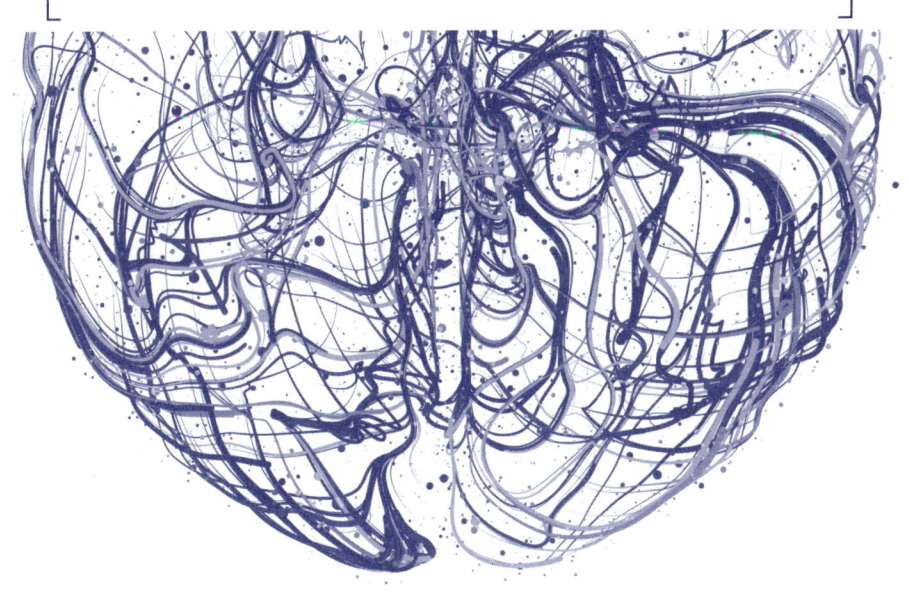

> 불가능하다고 말하는 사람은,
> 남들이 그 일을 하려고 할 때 방해하면 안 된다.
> **공자나 조지 버나드 쇼**^{George Bernard Shaw}가 한 말로 알려졌지만 둘 다 아니다.

이 책을 읽으면서 현재 자신의 삶과 생활 방식이 인지 기능을 최상으로 건강하게 유지할 수 있는 길과 여러모로 어긋난다는 사실을 깨달았을지도 모른다. 그래서 절망감이 들 수도 있지만, 아주 중요한 사실을 말해주고 싶다. 그 모든 문제를 **오늘 당장** 전부 없애야만 백세 이상 건강한 뇌를 유지할 수 있는 건 아니다.

물론 뇌 건강을 지키기 위한 긴 여정은 기왕이면 내일보다 오늘 시작하는 게 좋다. 하지만 뇌 건강에 도움이 되는 생활 방식을 실천하고 꾸준히 유지하는 건 쉬운 일이 아니다. 어떤 목표를 이루려면 해야 하는 일들을 전부 한꺼번에 시작하는 사람들이 더 많이 실패하는 것도 그래서다.

이 책에서 뇌의 노화와 뇌 질환을 예방하려면 꼭 해야 한다고 설명한 요건들을 지금까지 별로 열심히 실천하지 않고 살았는데도 현재 인지 기능이 건강하다면, 아직은 필수적인 변화를 하나씩, 천천히 실행에 옮길 여유가 있을 가능성이 크다. 현재 나이가 20세든, 40세든, 60세든, 80세든 마찬가지다.

너무 낙관적이라고 느껴진다면, 이렇게 생각해보라. 여러분이 80세가 됐고, 그 긴 세월을 살고도 뇌가 필요한 기능을 전부 잘 발휘한다고 하자. 지금까지 살면서 겪은 중요한 일들을 다 기억하고, 생각의 흐름을 잃거나 혼란에 빠지는 일도 별로 없다. 해야 할 일들에 집중할 수 있고, 대체로 즐겁게 살아간다. 이런 사람은 뇌 건강을 오래오래 유지하겠다는 목표를 스스로 분명하게 세우고 노력한 적이 없어도 실제로는 그렇게 살았을 확률이 높다. 즉, 건강에 좋은 식생활을 적절히 유지하고, 평생 꾸준히 운동하고, 새로운 것을 계속 배우고, 사회적 교류도 유지하며 뇌 가소성을 강화했을 것이다. 독성물질에 심하게 노출된 적도 없고, 감염병에도 크게 시달리지 않았을 것이다. 여든까지 뇌가 심각한 노화와 질환을 피했다면 유전적인 행운도 조금은 따랐을 가능성이 있다. 일일이 다 알 수는 없지만 가히 축복이라 할 만한 여러 이유로 신경퇴행의 내리막길을 피한 것이다.

나이가 들면서 나타나는 인지 기능의 저하가 전혀 일어나지 않은 건 아니지만, 노화의 자연스러운 변화 정도일 뿐 질병이라고 할 만큼 심각한 수준은 아니며 살아가는 데 필요한 모든 일을 스스로 잘 해내고 있다면, 이런 사람은 건강한 뇌로 백 세 또는 그 이상 살아갈 가능성이 충분하다. 이미 그 목표에 상당히 가까이 왔고, 20년 정도만 그대로 유지하면 달성할 수 있다.

그러나 그런 사람도 지금까지 해온 방식만으로는 부족할 수 있다. 백 세까지 남은 20년 동안에도 뇌 건강을 우수하게 유지하려면 몇 가지 비교적 큼직한 변화를 계획적으로 실행해야 한다. 식생활과 운동 계획을 개선하고, 어느 정도 체계화된 두뇌 훈련도 필요하다. 수면 건강도 관리해야 한다. 80세에 이런 일들을 실천하는 건 쉽지 않지만, **불가능하지도 않다**. 자신의 역량을 한 단계 더 키운다는 목표로 하나씩 해나가면 된다. 81번째 생일까지 1년간 채식 위주로 먹고 케톤이 적당히 형성되는 식생활을 실천하는 한편 하루에 최소 12시간은 공복을 유지하고 뇌 기능에 필요한 에너지가 될 영양소를 충분히 공급한다면, 인지 기능이 좋아질 가능성이 커진다. 1년간 거둔 성과는 82세까지 다음 1년을 건강하게 살아가는 데 도움이 될 것이다. 82번째 생일까지 다음 1년은 거의 매일 유산소 운동과 근력 운동을 하고 혈류 제한 운동과 운동 산소 요법도 가끔 실천한다. 그러면 뇌 기능이 더욱 강화되어 83세까지 건강하게 지내는 밑거름이 된다. 83번째 생일부터 다시 새로운 1년은 인지 기능을 유연하게 만들 수 있는 일일, 월간, 연간 도전 과제를 정하고 실천하는 습관을 들이는 한편 신경가소성에 도움이 되는 사회적 교류에도 더욱 힘쓴다. 그러면 오랜 세월 유지한 뇌 기능이 더욱 향상돼 84세까지 또 건강하게 지낼 수 있다.

그때그때 활용할 수 있는 최상의 과학적 지식을 토대로 꾸준히 변화를 만들고, 조정하고, 계획적으로 최적화하면 백 세까지, 또는 각자가 자연스럽게 맞이할 생의 마지막 순간까지 뇌를 아주 건강하게 지킬 수 있다. 주변 사람들에게는 뇌 건강의 본보기가 될 것이다.

더 일찍부터 노력하면 이 목표 달성에 도움이 될까? 나는 그렇다고 거의 확신한다. 꼭 더 일찍부터 노력해야 할까? 가능하다면 당연히 그래야 한다! 핵심은, 현재 나이와 상관없이 지금까지 인지 기능에 별 이상 없이 살았다면, 심지어 그렇게 80년을 잘 살았다면 뇌 수명을 백 세 이상 늘리는 목표를 이루려고 너무 아등바등 애쓸 필요는 없다는 것이다. 꾸준한 발전이 성공의 열쇠다.

80세부터 시작해도 백 세까지 뇌를 건강하게 유지하기 위한 변화를 실천할 수 있다면, 20세에는 뇌 건강을 걱정할 필요 없이 그냥 살아도 되지 않을까? 나중에 시작해도 가능한 일이라면, 그때 해도 되지 않을까?

하지만 헷갈리면 안 된다. 80세까지 뇌 기능이 아주 우수한 사람은 그동안 운이 따른 부분도 있었을 것이고, 이제 20년 정도 그 운을 토대로 노력하면 된다. 하지만 지금 20세라면 남은 인생이 **아주 길고** 그만큼 독성물질과 잠재적 감염원에 노출될 가능성도 훨씬 크다. 백 세까지 앞으로 80년간 직장생활이나 가족관계에서 겪게 될, 다 예상할 수도 없는 스트레스와도 맞서야 한다. 유전적인 위험 요소가 있는 사람은 그 불리한 조건이 작용할 수 있는 시간도 정말 길게 남았다.

그러므로 지금 20세인 사람은 지금부터 진지하게 노력하지 않으면 백 세까지 80년간 뇌 건강이 아주 우수하게 유지될 확률이 희박하다. 우선 21번째 생일까지 뇌 건강을 지키는 식생활을 실천한 다음 22번째 생일까지 올바른 방법으로 매일 운동하고, 그다음 생일인 23세 생일을 맞이할 때까지는 뇌 기능을 강화하는 체계적인 인지 훈련을 하는 식으로 꾸준히 노력한다면 백 세 이상 뇌를 젊고 건강하게 지키는 길로 쭉 나아갈 수 있다. 이 모든 노력은 평생 배당금이 나오는 투자라고 생각하면 된다.

나는 이것이 실패 없는 투자라고 확신한다. 앞으로 수년 내로 뇌 건강을 보호하는 새로운 전략과 치료법이 많이 등장할 것이기 때문이다. 그것을 얼마나 신속히 받아들일지는 각자의 선택에 달려 있다. '이 정도면 근거가 확실하니 뇌 건강을 위해 실천할 만하다'라고 판단하는 기준은 사람마다 다르다. 각자가 처한 상황, 믿을 만한 의사의 조언, 잠재적 위험성, 자신이 얻게 될 보상을 평가하는 방식도 그러한 판단에 영향을 준다. 이런 판단의 방법까지 세세하게 말하지는 않겠지만, 사람들은 대부분 위험을 회피하려는 경향이 조금은 있으며 그게 반드시 나쁜 것만은 아니라는 것까지는 말해두고 싶다.

뇌 기능에 필요한 에너지 공급에 도움이 된다고 알려진 보조효소 NAD^+를 식이보충제로 섭취하는 것도 그런 예다(보조효소 NAD^+의 전구체인 니코틴아마이드 리보사이드$^{nicotinamide\ riboside}$, 또는 니코틴아마이드 모노뉴클레오티드$^{nicotinamide\ mononucleotide}$가 함유된 보충제로 섭취한다). 뇌 건강에 매우 유망하다고 여겨지는 NAD^+와 그 전구체는 현재 전반적인 노화, 특히 뇌의 노화를 늦추려는 전 세계 사람들이 식이보충제로 가장 많이 이용하는 물질일 것이다. 인기가 뜨거운 만큼 연구도 가장 많이 이루어졌지만, 아직은 동물을 대상으로 한 연구가 대부분이며 초기 단계라 연구마다 결과가 엇갈린다. 아무 효과가 없거나, 부작용이 나타난 연구 결과도 꽤 많다.[1] 그런데도 내가 아는 많은 의사가 이 물질에 관한 문헌을 찾아서 읽고, 위험성과 잠재적인 이점을 고찰한 후 인지 기능의 노화를 방지하려는 환자들에게 NAD⁺ 전구체 복용을 시도해 볼만한 방법으로 소개한다.

의사들이 그렇게 판단한다면 모두가 **당장** NAD⁺ 식이보충제를 먹어야 한다는 뜻일까? 그건 아니다. 아직 주류 의학계에서 쓰이지 않을 뿐, 이렇게 뇌 건강에 도움이 될 것으로 추정되는 좋은 방법들은 많다. 그리고 앞으로 그러한 방법들에 관해 훨씬 많은 사실이 알려질 것이다. 뇌 건강을 지키는 데 도움이 되는 방법들이 더 많이 생길 거라는 소리다!

나는 과학소설 팬이라 앞으로 50년 후에는 뇌 건강에 좋은 어떤 제품들이 상점의 진열대에서 우리를 맞이할지 즐겁게 상상하곤 한다. 멀리 내다볼수록 추측의 비중도 커지므로, 이번 장에서는 너무 먼 미래가 아닌 가까운 미래까지만 내다보기로 하자. 나이와 상관없이 누구나 뇌의 노화와 질병을 피하고 백 세까지, 또는 각자의 생이 다하는 날까지 건강한 뇌로 살아갈 수 있도록 도와줄 전략과 치료법 중에 지금도 이용할 수 있거나 **조만간** 이용하게 될 가능성이 매우 높은 것을 살펴보자.

생체 동일 호르몬

인체 구석구석에 가닿는 메신저인 호르몬은 우리 삶의 모든 부분에 꼭 필요하다. 혈당과 혈압, 대사, 수면에 영향을 주며, 우리의 욕구, 기분도 호르몬에 좌우된다.

기능 의학 전문가이자 가정의학과 의사인 앤 해서웨이Ann Hathaway와 생체 동일 호르몬을 이용한 호르몬 대체 요법 분야의 전문가인 산부인과 전문의 프루던스 홀Prudence Hall, 통합의학 전문가이자 산부인과 전문의 펠리스 거쉬Felice Gersh 등 여러 의사가 생체 동일 호르몬(우리 몸에서 만들어지는 호르몬과 구조가 다른 합성 호르몬과 달리 인체 호르몬과 화학적으로 동일한 호르몬)에 큰 희망을 거는 바탕에도 호르몬의 그런 특성이 있으리라고 짐작된다. 에스트라디올, 프로게스테론progesterone 같은 생체 동일 호르몬은 향후 정밀 의학적 원칙으로 마련될 인지 기능 저하 치료에서 중대한 역할을 하게 될 가능성이 있다.

이런 전망에 무게가 실리는 이유가 있다. 그동안 노화 등 일부 건강 문제의 부차적인 치료법으로 쓰이던 호르몬 대체 요법은 지난 수십 년간 큰 발전을 거듭한 끝에 이제 완경기 증상 해소에도 쓰이고 있다. 완경기가 진행될 때나 그 시기 전후로 특정 증상을 겪는 여성들에게 호르몬을 처방하는 의사들이 인지 기능의 개선을 유일한 치료 목표로 삼는 경우는 거의 없으나, 그 시기의 많은 여성이 절망하고 토로하는 가장 흔한 증상이 머릿속에 안개가 낀 듯 생각이 흐릿해지는 것이다.

완경기에 이런 증상이 나타나는 건 결코 우연이 아니다. 잘 알려진 대로, 에스트로겐estrogen과 프로게스테론의 체내 농도가 건강한 수준으로 유지되는 것은 기억력과 공간 인식력, 문제 해결력, 소근육 운동 기술과 연관성이 있다. 우리도 지난 몇 년간 생체 동일 호르몬 치료 후 이런 특정한 신경학적 증상이 크게 완화되는 사례를 많이 보았다.

그런데 문제가 있다. 호르몬 대체 요법을 받은 여성들은 나중에 치매 환자가 될 가능성이 더 크다는 연구 결과가 있는가 하면, 또 다른 연구들에서는 정반대의 결과가 나왔다. 어떻게 된 일일까? 호르몬 대체 요법과 치매의 연관성이 그만큼 아주 복잡하기 때문이다. 완경기에 힘든 증상을 더 많이 겪을수록 호르몬 대체 요법을 받을 확률도 높아진다는 점도 고려해야 하므로, 이 연관성이 어디에서 비롯되는지는 의견이 계속 엇갈리고 있다.

그런데 뉴욕시 웨일코넬 의과대학교에서 알츠하이머병 예방 사업과 여성 뇌 건강 사업을 총괄하는 리사 모스코니Lisa Mosconi 연구진이 최근 호르몬 대체 요법이 치매를 막는다는 연구 결과와 나이가 들면서 발생하는 신경계 질환의 발생률을 높인다는 상반된 연구 결과가 모두 나오는 이유를 조사하고, 그 의문을 해소할 수 있는 결과를 발표했다. 바로 호르몬 대체 요법의 효과가 가장 크게 나타나는 '최적 조건'을 발견한 것이다. 모스코니 연구진은 대조군이 있고 각 실험군에 참가자를 무작위 배정하는 방식으로 진행된 관련 연구 결과들을 종합해서 전체 참가자 수만 명에게서 나온 데이터와 수십만 건의 환자 기록을 분석했다. 그 결과, 완경기 증상이 시작된 시점과 최대한 가까운 시점에 호르몬 대체 요법을 시작하고 치료를 최소 10년간 지속적으로 받을 때 뇌 건강을 보호하는 효과가 가장 크게 나타났다. 또한 이 요건이 충족되면 치매 위험성이 거의 3분의 1까지 감소했다.² 약 40만 명의 여성을 대상으로 한 다른 연구에서는 생체 동일 호르몬을 이용한 호르몬 대체 요법이 다른 호르몬을 이용할 때보다 더 효과적이며, 알츠하이머병뿐만 아니라 다양한 신경퇴행질환의 위험성도 낮췄다.³

이 결과는 뇌 건강을 해치는 여러 영향이 축적돼 뇌가 노화하고 뇌 건강에 이상이 생긴다는 우리 팀의 결론과 완벽히 일치한다. 건강에 해로운 영향이 발생하면 최대한 빨리 대처해야 향후 문제가 될 소지를 없앨 수 있다.

이는 완경기와 관련된 내용이므로 여성들에게 당연히 중요한 의미가 있지만 사실 모두가 주목할 만한 결과다. 인체에 특정 물질을 보충하거나 인위적으로 대체할 때 건강의 다른 측면에 어떤 영향이 발생하는지는 연구가 여전히 부족한 상황이다. 그런데도 완경기에 인지 기능 관련 증상이 나타난 사람들이나 구체적인 원인이 무엇이든 인지 기능 저하를 예방하려는 사람들, 또는 인지 기능을 개선하려는 사람들에게 환자의 상태와 관련 데이터를 토대로 생체 동일 호르몬을 처방하는 의사들이 최근 몇 년 새 눈에 띄게 늘었다.

그와 달리 '더 많은 연구 결과'가 나올 때까지 기다리는 의사들도 많다. 하지만 현실적으로 그런 날은 절대 오지 않을 것이다. 연구를 할 수 없다기보다 하지 않아서다. 화학 구조가 생체 호르몬과 동일한 호르몬에는 특허를 낼 수가 없으므로, 제약업계 입장에서는 남는 게 없는 장사라 굳이 나설 이유가 없다. 의료계의 보수적인 접근 방식이 무조건 나쁜 건 아니지만, 언제까지 기다리기만 할 수 있을까? 호르몬이 우리 몸에서 얼마나 중요한 물질인지를 생각한다면 생애 전반에 걸친 호르몬 변화가 우리 건강에 어떤 영향을 주는지, 또한 인체 호르몬을 생체 동일 호르몬으로 대체하면 더 오래, 더 건강하게 살고자 하는 목표 달성에 얼마나 도움이 되는지 얼른 밝혀내야 하지 않을까? 앞서 언급한 해서웨이나 홀, 거쉬 박사 같은 생체 동일 호르몬 전문가들에게 물어보면, 이러한 호르몬이 쓰이는 대체 요법으로 치료받고 인지 기능이 개선되는 사례가 많다고 알려줄 것이다.

결론적으로 현시점에서는 의사가 최신 연구 결과와 자신이 치료하는 환자에 관한 정보를 토대로 호르몬 대체 요법을 적용할 때 효과가 있을지 각자 신중하게 판단해야 한다. 뇌 건강을 개선하는 데 조만간 활용되리라 예상되는 전략을 소개하는 이번 장에 체내 호르몬 농도를 최적화하는 치료 전략을 넣은 이유도 바로 그런 현실을 고려해서다. 즉 지금쯤이면 이 치료법이 뇌 건강에 미치는 영향에 관해 더 많은 사실이 밝혀질 만한데도 의학계에서는 여전히 노화로 인한 건강 문제에 호르몬 대체 요법을 적용하는 것을 놓고 갑론을박 중이기 때문이다.

우리 몸에서는 저 위쪽 시상하부부터 저 아래쪽 난소, 고환까지 몸 곳곳에 분산된 분비샘에서 최소 60가지 호르몬이 만들어진다. 호르몬의 양을 측정하고, 건강할 때의 적정 농도로 간주되는 표준화된 추정치보다 농도가 '낮은' 호르몬을 찾아내고, 생체 동일 호르몬으로 부족한 양을 대체하는 건 언뜻 간단한 일 같아도 사람마다 체내 환경이 크게 다르다는 점에서 쉬운 일이 아니다. 게다가 아직 제대로 연구되지 않은 호르몬도 많고, 특히 뇌 건강과 관련된 호르몬은 더욱 그렇다. 또한 뇌 수명을 늘리는 다른 방안을 실천하면 호르몬 불균형이 자연히 바로잡히는 경우도 많다. 가령 뇌 건강에 좋은 식생활은 신호 전달을 담당하는 호르몬의 생산과 기능에 필요한 영양소를 공급하고,[4] 잘 알려진 대로 운동 역시 호르몬 생산과 활성을 증폭한다.[5] 또 수면이 개선되면 건강에 해로운 스트레스가 줄고 독성물질과 감염의 원인이 해소되어 같은 결과가 생긴다. 그러므로 대다수는 **처음부터** 호르몬을 보충할 필요가 없다.

호르몬 대체 요법이 건강을 최적화하는 데 도움이 안 된다는 의미가 절대 아니다. 그보다는 생체 동일 호르몬을 이용한 호르몬 대체 요법은 대다수에게 적절한 약물 치료와 비슷하게 활용돼야 한다는 말이다. 즉 건강을 최적화하는 한 가지 방안으로 활용하되, 호르몬 농도를 즉각 회복해야 할 필요성이 있을 때 적용해야 한다. 완경기 여성이 아닌 이상, 대다수는 호르몬을 **지금 당장** 추가로 공급하지 않아도 되므로 가장 먼저 이 방법부터 시도할 필요가 없고 선봉에 선 사람들과 의사들의 경험을 참고하면 된다.

실제로 그러한 경험이 충분히 쌓인 호르몬도 있다. 지금부터 소개할 네 가지 호르몬이 그런 예다. 활용 여부는 믿을 만한 의사와 상담하고 더욱 탄탄한 정보를 참고해서 각자의 필요에 따라 선택하면 된다.

멜라토닌은 주로 숙면과 관련된 호르몬으로 가장 많이 알려졌지만, 자유 라디칼을 제거하는 기능과 뇌 보호, 특히 신경 염증을 막는 효과도 강력하다.[6] 체내 멜라토닌 농도와 인지 기능 결핍이 역상관관계라는 연구 결과도 있다. 멜라토닌 농도가 낮으면 뇌의 노화와 질병 가능성이 커진다는 의미다.[7]

인체 성장호르몬은 이름 그대로 세포 성장을 촉진하고 세포 복제, 재생과 가장 깊이 관련된 호르몬이다. 모두 신경세포뿐만 아니라 모든 인체 세포에 중요한 기능이다. 성장호르몬의 체내 농도가 감소하면 실행 기능과 단기 기억력이 감소하고 알츠하이머병 발생률이 증가한다는 연구 결과가 있다.[8] 뇌하수체의 성장호르몬 생산량을 늘리는 경구용 호르몬 분비 촉진제로 체내 성장호르몬 농도를 높이는 방법이 활용되기도 하지만, 이런 촉진제의 효과는 6~12개월 후면 사라진다.

테스토스테론 보충제는 대부분 에너지와 근력, 성 기능 개선을 목적으로 활용된다. 그러나 "테스토스테론 감소"는 인지 기능 저하, 치매 발생률 증가와도 강력한 상관관계가 있다.[9]

테스토스테론과 에스트로겐의 중요한 전구체인 디하이드로에피안드로스테론dehydroepiandrosterone, DHEA은 면역력 강화, 에너지 증가, 성욕 개선을 목적으로 가장 많이 쓰이지만, 체내 DHEA 농도가 감소하면 인지 기능도 감소한다.[10]

이 네 가지 외에도 인지 기능에 영향을 줄 가능성이 높은 호르몬은 여러 가지가 있다. 트리요오도티로닌triiodothyronine과 티록신thyroxine 같은 갑상샘 호르몬, 프로게스테론, 프레그네놀론pregnenolone, 코르티솔 등이다. 인지 기능을 가장 확실하게 보호하려면 이 모든 호르몬의 농도가 최적 범위로 유지돼야 한다. 연구가 계속 진행 중이므로 조만간 체내 호르몬 균형을 유지하는 가장 좋은 방법이 무엇인지, 호르몬 균형을 바로잡으면 인지 기능의 노화 속도가 느려지고 신경퇴행질환이 생길 위험성이 감소하는지 판단할 수 있는 데이터가 훨씬 많아질 것이다.

노화세포 파괴

나이 들어 제대로 기능하지 못하고 사멸하지도 않는 세포를 '좀비세포'라고 한다. 세포가 노화하는 이 현상이 암성 세포로 변하는 것을 방지한다는 견해도 있다. 그런데 이런 노화세포도 화학물질로 신호를 보내며, 이는 생화학자 주디스 캠피시Judith Campisi가 발견한 '노화 연관 분비 표현형'에 해당한다. 노화세포가 보내는 화학적인 신호는 가까운 줄기세포에 새로운 세포로 교체가 필요하다고 알리는 기능을 할 수도 있다. 구체적인 기능이 무엇이든, 이러한 표현형은 염증을 유발한다. 따라서 노화세포가 제거되면 노화의 영향을 줄이는 데 도움이 되리라고 여겨진다(그 결과 뇌에 어떤 영향이 생기는지는 연구가 진행 중이다).

이러한 원리에 따라 노화세포를 파괴해서 노화를 지연시키는 각종 방법이 개발됐고, 이것이 전체적인 수명과 뇌의 수명 연장에 도움이 되리라는 전망이 나온다. 단식도 노화 지연 효과가 있다는 흥미로운 사실과 함께 피세틴^{fisetin}(하루 3백 밀리그램), 퀘르세틴^{quercetin}(5백 밀리그램씩 하루 두 번)을 보충제로 섭취하거나 다사티닙^{dasatinib}이라는 치료제를 이용하면 노화 지연 효과가 있다고도 알려졌다. 노화세포를 파괴하면 항노화 분자로 알려진 클로토^{klotho}의 체내 생산량이 증가하고[11] 따라서 인지 기능과도 관련이 있다는 놀라운 결과도 있다.

수백 가지 펩타이드

지난 몇 년간 펩타이드에 관한 질문을 받지 않고 그냥 지나간 날이 하루도 없었던 것 같다. 아미노산이 짧은 사슬을 이룬 것을 펩타이드라고 하며, 몇몇 호르몬, 신호 전달 분자, 구조 분자 등으로 기능한다. 펩타이드는 크기가 작아서 인체에 쉽게 흡수되고 통합되며 혈액뇌 장벽도 통과한다. 현재까지 수많은 기능을 담당하는 수백 가지 펩타이드가 밝혀졌으나, 사람을 대상으로 펩타이드가 인체에 어떤 영향을 주는지를 조사한 양질의 연구는 부족한 실정이다. 그래서 직접 자기 몸에 실험하는 사람들도 많고, 그런 사람들이 인지 기능에 도움이 된다고 주장하자 환자들의 개별적인 실험을 도와주는 의사들도 늘고 있다.

나는 대체로 자기 건강은 자유롭게 알아서 관리할 수 있어야 한다는 쪽이지만, 건강을 위해서라면 뭐든 아무 제약 없이 활용하도록 내버려둬야 한다고는 생각하지 않는다. 그보다는 의사와 환자가 상의해서 필요한 결정을 내릴 수 있는 여지가 더 많아야 한다고 본다. 펩타이드를 뇌의 노화를 간단히 해결하는 지름길, 혹은 만병통치약처럼 생각하는 사람들도 많은 듯하지만 그건 사실이 아니다. 인체의 펩타이드 생산을 최적화하려면 가장 먼저 시도해야 하는 방법이자 가장 효과적인 방법은, 이 책에서 소개한 뇌 건강 관리 방법들로 자연스레 그런 결과를 얻는 것이다. 그러나 의사가 환자의 장기적인 뇌 건강에 펩타이드 보충이 큰 도움이 되리라 판단하고 권유하는 것은 나도 긍정적으로 생각한다.

인지 기능 개선을 목적으로 가장 많이 쓰이는 펩타이드는 디헥사dihexa라는 약물로, 설치류 연구에서 학습 개선과 그 외 정신 기능 개선 효과가 나타났으나[12] 인체에 어떤 영향을 주는지는 충분히 연구되지 않았다. 그런데도 디헥사의 인기는 나날이 높아지는 추세이고, 일부 의사들은 알츠하이머병의 진행 속도를 늦출 수 있다고도 주장한다.

또 다른 펩타이드인 PE 22-28는 대다수는 시도하지도 못할 만큼 비싸서 경제적으로 아주 여유로운 사람들 사이에서 큰 인기를 끌고 있는데, 이것도 설치류 연구에서 디헥사와 비슷한 효과가 확인됐다. PE 22-28에 항우울증 효과가 있다고 주장하는 사람들도 있으나, 사람에게 효과가 있는지, 안전한지는 아직 확인된 바 없다.[13]

가격이 훨씬 저렴해서 더욱 인기가 많고 점점 더 많은 사람이 이용하고 있는 피네알론pinealon이라는 펩타이드도 있다. 쥐 실험에서 미로를 빠져나가는 것과 같이 학습한 기술의 기억력에 도움이 되는 듯한 결과가 나왔으나[14] 인체에 어떤 치료 효과가 있고 어떤 부작용이 있는지 확인할 수 있는 인체 연구는 아직 진행되지 않았다.

동물의 송과선 추출물로 만든 합성 펩타이드인 에피탈론epitalon은 염색체 말단 소립(텔로미어)의 길이를 증가시킨다고 밝혀졌다. 항노화, 염증 감소와 관련이 있는 효과이나, 특정 조건에 부합하는 환자에서만 확인됐다.[15]

인체 세포 면역의 핵심인 흉선에서 유래한 싸이모신 알파 원thymosin α1, TA1, 싸이모신 베타 포thymosin β4, TB4라는 펩타이드도 큰 인기를 얻고 있다. TA1은 바이러스, 일부 박테리아 등 병원체가 세포에 침입했을 때 인체에서 일어나는 면역 반응을 강화한다. 나이가 들면 인체의 특이적 면역 반응은 대체로 감소하고 비특이적으로 염증을 일으키는 요소는 증가한다. 따라서 표적화된 면역 반응이 개선되면 장기적으로 뇌 건강에도 도움이 될 수 있다. TA1은 보통 일주일에 두 번, 한 번에 0.8~6.4밀리그램을 피하주사로 투여한다.[16] TB4는 조직 재생을 돕는 기능이 있으므로 시냅스를 재건해야 하는 사람들에게 도움이 될 것으로 여겨진다.[17] TB4는 일반적으로 매일 0.25밀리리터씩 주사로 투여한다.

다부네티드davunetide는 내가 큰 흥미를 갖게 된 펩타이드 중 하나다. 옥타펩타이드, 즉 아미노산 여덟 개로 이루어진 이 펩타이드는 활성 의존성 신경영양 펩타이드ADNP로 알려진 아주 강력한 신경영양 인자의 아미노산 서열을 토대로 만들어졌다. 다부네티드는 비강 내로 투여하므로 뇌에 빠르고 효율적으로 침투한다. 파킨슨병과 유사한 질병인 진행성 핵상 마비의 단일 치료법으로는 효과가 없다는 연구 결과가 있으나,[18] 이 연구에서 다부네티드가 처방된 방식에 주목할 필요가 있다. 신경퇴행질환 치료법에 관한 수많은 임상시험에서 쓰는 방식 그대로, 기계적이고 단순하게 처방됐기 때문이다. 진행성 핵상 마비 환자들이 임상시험에 참여했으나, 병이 발생한 **이유**는 찾으려고 하지 않았고 미토콘드리아 기능 등 병에 영향을 줄 수 있는 다른 요인도 조사하지 않았다. 이 임상시험에서 다부네티드는 치료 효과가 없다는 결과가 나온 뒤에도 일부 의사들은 환자의 신경 기능을 보호하는 전체적인 치료 계획의 한 부분으로 다부네티드를 계속 활용하고 있다. 그러나 이 펩타이드 역시 사람을 대상으로 한 양질의 연구는 아직 부족하다.

이런 예는 계속 들 수 있지만, 내 말의 요지는 짐작할 수 있을 것이다. 새롭게 화제가 되고 큰 인기를 얻는 펩타이드는 많고, 아직은 무엇이 다 밝혀지지 않았는지조차 모르는 부분이 많다.

그렇다고 펩타이드 보충제가 뇌 기능을 유지하는 데 중요한 몫은 할 수 없다거나 앞으로도 그럴 일은 없다는 의미는 아니며, 조만간 그렇게 되리라 생각한다. 리코드 프로그램도 체내에서 아밀로이드 전구체 단백질이 처리될 때 생성되는 두 가지 필수 펩타이드가 불균형한 것이 알츠하이머병 환자에서 특징적으로 나타나는 여러 결핍과 관련이 있다는 병리학적·생리학적 원리를 가장 핵심적인 기본 토대로 삼아 개발됐다.[19] 따라서 나는 펩타이드 불균형이 인지 기능 저하에 영향을 주는지보다(그건 너무나 자명한 사실이므로) 불균형이 발생했을 때 **어떻게 해야** 그 깨진 균형을 최대한 초기 단계부터, 인체의 생리학적 기능에 가장 부합하는 방식으로, 가장 안전하고 효과적으로 회복할 수 있느냐가 관건이라고 생각한다.

의사에게 펩타이드 보충제와 인지 기능의 관련성을 문의했을 때 "조만간 더 자세한 내용이 밝혀질 겁니다"라는 대답이 돌아오면 영 불만족스러울 수 있다. 그러나 현시점에서는 그게 가장 현실적인 대답이다. 믿을 만한 의사의 안내에 따라 펩타이드의 효과를 직접 실험하는 건 각자의 선택이다. 자진해서 그렇게까지 할 생각이 없더라도 자신만 뭔가 놓치고 있는 듯한 아쉬움을 느낄 필요는 없다. 더 많은 사실이 밝혀질 때까지 이 책에서 소개한 다른 여러 노력에 매진하며 뇌 건강을 챙기면 된다. 학계가 펩타이드의 떠들썩한 유행을 어느 정도 따라잡으면, 인지 기능을 확실하게 지키는 좋은 방법도 드러날 것이다.

뇌의 평생 건강과 성장인자

영양인자로도 불리는 성장인자는 호르몬, 펩타이드와 매우 비슷하다. 자연적으로 만들어지고, 보통 단백질이며 세포의 증식과 분화를 촉진하고(미성숙한 신경세포를 성숙한 세포로 만드는 등), 세포의 생존을 강화한다. 일부 성장인자는 뇌의 평생 건강과도 밀접한 관련이 있다.

알츠하이머병과 함께 가장 많이 거론되는 영양인자는 아마 대부분 한 번쯤 들어보았을 뇌 유래 신경영양인자[BNDF]다. BNDF와 결합하는 수용체는 p75[NTR]과 TrkB 두 단백질로 구성되는데, 그중 p75[NTR]이 알츠하이머병의 핵심인 아밀로이드 전구체 단백질과 영향을 주고받으므로 BDNF는 이 메커니즘을 포함한 다른 경로를 통해 항알츠하이머병 작용을 하는 것으로 보인다.[20] 체내 BDNF 농도를 높이는 효과가 가장 우수한 방법이자 가장 적합한 방법은 바로 운동이다.[21] BDNF의 기능을 모방하는 신약도 개발 중이며,[22] 커피 열매 추출물을 일일 1~2백 밀리그램씩 섭취하면 체내 BDNF 농도가 높아질 수 있다는 연구 결과도 있다.[23]

신경성장인자[NGF]도 알츠하이머병을 막는 중요한 영양인자다. 알츠하이머병은 기억력과 밀접한 관련이 있는 콜린성 신경세포의 기능에 큰 영향을 주는데, NGF는 이 신경세포를 돕는다. 알츠하이머병 환자의 뇌에 NGF를 분비하는 세포를 이식하는 방안[24] 등 체내 NGF 농도를 높이는 다양한 전략이 등장했지만, 현시점에서 가장 효과적인 방법은 (역시나) 운동이다.[25] 노루궁뎅이버섯을 일일 최대 3그램 섭취하거나 아세틸-L-카르니틴[acetyl-L-carnitine]을 5백~1천 밀리그램씩 하루 세 번 복용하는 등 몇 가지 물질을 보충하는 방법도 활용된다.

그러나 성장인자의 효과가 무조건 일정하게 나타나는 건 아니다. 예를 들어, 이 책에서 인체의 신호 전달 분자로 여러 번 언급한 사이토카인도 가장 많이 알려진 성장인자다. 필요한 상황에서 전신 면역 반응을 일으키는 중요한 메신저지만, 과도하면 만성적인 염증을 촉발하거나 다른 질병을 일으킬 수도 있다.[26]

사이토카인처럼 일부 경우 성장인자가 뇌에 '나쁜' 영향을 준다는 사실이 알려지자, 대부분 그런 성장인자를 인체에 **추가로** 공급하는 건 굉장히 꺼리면서도 다양한 이유로 '좋은' 성장인자라는 명성을 얻은 다른 몇몇 성장인자는 거의 망설임 없이 몸에 투여한다. 그러나 우리의 길고 긴 생애에서 여러 시기마다 건강을 좌우하는 각종 요소의 '건강한' 균형은 아직 밝혀지지 않은 부분이 많다.

예를 들어, 건강한 뇌 수명에 중요한 역할을 하는 인슐린 유사 성장인자IGF-1는 체내 농도가 낮아지면 알츠하이머병과 뇌 위축 위험성이 높아지는데,[27] 반대로 농도가 높으면 암과 관련이 있다고 알려졌다. 생애 시기별로 뇌 건강에 가장 이로운 IGF-1 농도는 아직 명확히 밝혀지지 않았다. 가령 체내 IGF-1 농도가 낮을 때 젊은 성인은 사망 위험성이 높아지지만 노년층은 모든 요인에 의한 사망률이 감소한다.[28] 나이대가 그 중간인 인구에서는 더욱 흥미로운 다면성이 나타난다. 40대 중반에서 60대 초반에는 체내 IGF-1 농도가 아주 낮거나 아주 높을 때 모두 치매 위험성이 높아진다는 연구 결과가 있다.[29] IGF-1을 "뇌 노화의 지킬과 하이드"[30]라고 한 뉴욕 알베르트 아인슈타인 의과대학교의 노화 연구자 니르 바질라이Nir Barzilai와 소피아 밀먼Sofiya Milman 연구진의 설명에 수긍이 가는 특징이다. 그러므로 IGF-1는 분명 체내 농도의 균형이 핵심인데, 개개인에게 가장 잘 맞는 그 균형점은 아직 밝혀지지 않았다.

이번 장에서 살펴보고 있는 뇌 노화의 새로운 대처 방안들이 대부분 그렇듯, IGF-1에 이런 특징이 있다고 해서 의사가 이 성장인자의 체내 농도를 확인한 후 너무 낮거나 높을 때 조정하려는 것을 문제 삼을 수는 없다. 뇌 건강의 다른 모든 측면이 대체로 '정상' 범위에 들고 유독 IGF-1 농도만 건강하다고 평가되는 참조 범위를 벗어난다면, 보충 공급해서 바로잡는 게 올바른 전략이다. 단, IGF-1 수치도 다른 여러 호르몬처럼 생활 방식을 바꾸는 방법으로도 조정할 수 있다. 일반적으로 단백질을 적게 섭취하면 IGF-1 농도가 낮아지고 단백질을 많이 섭취하면 IGF-1 농도가 높아진다고 알려졌으나, 이런 연관성은 개개인의 생물학적 노화 상태와 생활 방식에 따라 크게 달라진다.[31] 예를 들어, 아연과 인간 성장인자의 체내 농도, 수면도 IGF-1 농도를 높일 수 있다. 의사가 환자의 의료 기록만 보고 IGF-1 농도가 낮다고 보충제를 권한다면 나도 의구심이 들 것 같다. 그러나 환자의 운동, 수면, 스트레스, 감염병, 독성물질 노출, 유전적 소인, 가족 병력을 모두 고려한 다음에 IGF-1의 보충제를 제안한다면 망설임 없이 따를 것이다.

뇌 건강과 아주 복잡하게 연관된 다른 유명한 성장인자도 이와 비슷한 특징이 있다. 바로 아교세포 유래 신경영양인자^{GDNF}다. 8장과 9장에서 소개한 글림프 시스템을 상기하면, 아교세포는 뇌를 포함한 중추신경계의 노폐물 처리를 담당하는 곳으로 비교적 최근에 밝혀진 글림프 시스템의 필수 요소다. 여러 동물 실험에서 이 GDNF가 몸속을 순환하며 신경세포의 생존을 촉진하고 인지 기능을 막는 보호 인자로도 작용한다는 사실이 입증됐다.[32] 인체 연구는 파킨슨병과의 관계가 가장 큰 진척이 있으나, 그마저도 임상 데이터가 한정적이다. 그런데도 나는 향후 5~10년 내로 학계가 GDNF의 최적 농도를 정확하게 파악할 수 있는 방법을 찾아내리라 전망한다. 또한 체내에 추가로 공급해야 하는 경우 가장 필요한 곳에 전달하기 어려울 수 있으므로, 가장 효과적인 전달 메커니즘도 함께 개발하리라고 예상한다. (GDNF가 천천히 방출되는 장치를 뇌에 이식하는 방법도 시험이 진행되고 있다.[33] 신경퇴행이 빠르게 진행 중인 환자에게는 흥미로운 방안이 될 수 있으나 예방 차원에서 GDNF 농도를 적정 수준으로 유지하는 용도로는 별로 좋은 방법이 아니다.)

인지 기능에 영향을 주는 뇌 노화와 질병의 새로운 해결책으로 조만간 등장하리라 예상되는 방안 중에 또 한 가지 주목할 만한 단백질은 기본 섬유아세포 성장인자^{bFGF}다. 섬유아세포는 연결조직 형성에 큰 몫을 한다. 처음에 이 세포의 증식과 뚜렷한 관련성이 나타나 이런 이름이 붙여졌으나, 이후 지난 수십 년간 bFGF가 장기 부전이나 뇌 외상이 발생하면 혈액뇌 장벽을 보호하는 등 세포 단위에서 일어나는 다른 여러 과정에도 관여한다는 사실이 밝혀졌다.[34] 그러므로 이 성장인자는 독성물질, 감염원 등 뇌에 해로운 영향을 주는 요인을 막는 뇌 구조의 회복을 돕는다고 추정되며, IGF-1이나 GDNF처럼 '언제, 어디서' 가장 큰 효과를 발휘하는지 아직 밝혀지지 않았다. 이 수수께끼도 곧 많은 부분이 풀리기 시작하리라고 믿는다.

보통 성장인자로 분류되지 않는 릴린^{reelin}이라는 단백질도 눈여겨볼 만하다. 릴린은 몇 가지 면역세포의 성장을 조절하고, 그 외 다른 세포의 증식에 관여해서 상처 치유를 촉진하고, 세포 분화를 조절하는 등 성장인자의 고유한 기능 중 많은 부분을 똑같이 한다고 여겨진다. 수풀이 우거진 정글 한가운데를 통과할 때 낫처럼 생긴 기다란 칼을 가진 사람이 앞장서서 길을 터준다면 큰 도움이 될 텐데, 릴린의 또 다른 기능이 바로 그것이다. 즉, 세포끼리 달라붙게 만드는 단백질(세포 부착 분자)을 잘라서 신경세포의 손가락처럼 뻗어 나온 부분이 표적에 잘 닿도록 길을 터준다.

2011년에 릴린을 체내에 보충 공급하면 인지 기능과 시냅스의 가소성이 강화된다는 쥐 실험 결과가 나온 데 이어[35], 2023년에 많은 이들이 릴린이라는 단어를 처음 접하게 된 사례 연구 결과가 발표됐다. 조기발병 치매와 관련된 희귀한 유전자 돌연변이를 가진 콜롬비아의 한 남성에 관한 연구로, 이 남성은 문제의 돌연변이로 인해 40대 초쯤이면 치매가 완전히 발현될 것으로 예상됐으나 실제로는 그보다 20년 늦게 발병했다. 조사 결과, 이 남성은 체내에서 릴린이 다량 생성되는 다른 돌연변이도 있다는 사실이 밝혀졌다.[36] 딱 한 명의 사례 연구임에도 흥미롭고 매우 중요하다고 여겨진 이유는 이전부터 릴린이 뇌의 발달과 정신질환, 시냅스 가소성 등 뇌에서 일어나는 다양한 기능과 관련이 있을 가능성이 제기됐기 때문이다. 그러나 사례 연구만으로는 많은 정보를 얻을 수 없었는데, 얼마 지나지 않아 새로운 연구 결과가 나왔다. 나이가 들어도 인지 기능이 탄탄하게 유지된 4백 명을 분석하자 상당수가 뇌의 릴린 농도가 더 높았다는 결과였다.[37]

그로부터 몇 개월 뒤에는 뇌에 알츠하이머병과 밀접한 관련이 있는 아밀로이드 플라크가 많다는 사실이 확인되고도 치매 징후가 나타나지 않은 사람들을 분석하자 이들의 뇌에도 릴린이 많았다는 또 다른 연구 결과가 발표됐다.[38]

다들 다음 순서를 예상할 수 있을 것이다. 인체의 릴린 생산을 촉진하는 신약 개발이 현재 진행 중이며 릴린 보충제 개발도 논의되고 있다. 유념할 점은, 릴린은 단백질이라 경구 섭취로는 효과를 얻을 수 없으므로 주사로 투여해야 한다는 것이다(앞서 언급한 쥐 실험에서도 이 방식이 활용됐다). 쥐 실험에서 체내 릴린 농도를 인위적으로 늘릴 때 나타난 효과가 인체에서도 똑같이 나타날지는 아직 미지수다. 그런데도 릴린이 뇌 건강에 도움이 될 만한 훌륭한 후보 물질인 이유는 뇌가 신경 연결 모드에서 뇌 보호 모드로 전환되는 것과 관련이 있다. 이 전환은 아주 멋지게 체계화된 여러 스위치가 작동하면서 이뤄진다. 시냅스를 만드는 대신(시냅스 형성) 시냅스를 거둬들이고(시냅스 파괴), 염증을 막는 대신 염증을 촉진하고, 혈전 형성을 막는 게 아니라 촉진하고, 신경세포에 필요한 영양을 공급하는 대신 항균 작용을 시작하고, 타우 단백질을 안정화하는 대신 프리온과 유사한 특징을 갖는 인산화된 타우가 형성된다.

뇌가 신경 연결 모드에서 뇌 보호 모드로 전환되는 것은 부분적으로 신경가소성이 발휘되는 상태(릴린 농도가 높은 상태)에서 신경 기능이 후퇴하는 상태(릴린 농도가 낮은 상태)로 바뀌는 것이다. 따라서 릴린이 신경가소성에 관여하는 건 사실이나, 릴린 외에 훨씬 많은 요인이 작용할 때 이 예정된 전환이 일어난다는 것을 알 수 있다. 무엇이 이 스위치를 작동시키는지는 앞으로 밝혀내야 할 부분이다. 새로운 병원체나 독성 물질에 노출되면 켜질까? 에너지 감소가 감소할 때? 아니면 다른 이유로?

역노화의 꿈

줄기세포의 존재는 1900년대에 이론적으로 처음 제기됐다. 1960년대에 최초로 발견되기 전에도 그런 세포가 정말로 있다면 분명 병을 물리칠 수 있을 거라고 전망했다. 줄기세포가 같은 종류의 세포는 물론 인체를 구성하는 다른 여러 종류의 세포를 만들 수 있다면, 병든 세포를 대체할 건강한 세포를 만들 수 있으니[39] 사실상 모든 질병을 완전히 없앨 수 있다!

이 이론을 현실로 만들기 위한 연구가 수십 년째 진행 중이다. 아직 실현되지 않은 여러 이유 중 하나는, 분화가 가장 덜 진행돼 가장 다양하게 활용할 수 있는 배아 줄기세포를 이용하는 것이 과연 윤리적으로 합당한지를 두고 논란이 이어졌다는 점이다. 그러다 20년 전, 유전자 조작을 통해 성체 세포를 가장 덜 분화된 형태로 되돌린 유도 만능 줄기세포가 등장하면서 줄기세포 연구도 급물살을 타기 시작했다. 유도 만능 줄기세포는 현재 골수 이식이나 암 치료가 필요한 환자들, 혈액과 면역계에 이상이 생긴 환자들에게 실험적으로 많이 활용되고 있다.

그런데 최근 들어 이 줄기세포 치료를 제공한다며 '사기'를 치는 병원들이 전 세계적으로 늘고 있다. 처음에는 손상된 관절을 고쳐준다는 곳들이 많았는데, 갈수록 치료 범위가 늘어나서 이제는 인지 기능 저하와 신경퇴행질환까지 줄기세포 치료로 해결해준다는 곳들도 생겨났다. 심지어 자국에서는 그런 치료를 제공하는 의사를 찾을 수 없다며 해외로 떠나는 사람들까지 늘어나, 의료 관광이 하나의 산업으로 자리를 잡았을 정도다. 하지만 검증 안 된 치료를 비교적 저렴하게 이용하려고 해외로 떠났다가[40] 기적적인 치유는커녕 몸에 빠른 속도로 확산하는 감염병이나 세포 거부반응, 종양성 세포가 빠르게 축적되는 문제 같은 합병증을 얻어 위독해지거나 심지어 목숨을 잃는 일도 벌어지고 있다.[41]

노화와 노화 관련 질환에도 줄기세포가 이미 광범위하게 활용되고 있다. 알츠하이머병에 줄기세포를 활용하는 시험도 계속되고 있지만,[42] 알츠하이머병은 동적으로 변화하는 진행성 질환이므로 줄기세포를 치료에 활용하는 건 집이 활활 불에 타고 있는 와중에 새집을 지으려는 것과 비슷하다. 그럴 때는 일단 불부터 끄는 게 순서 아닐까? 그래서 나는 줄기세포 하나로 알츠하이머병을 치료하려는 시도보다는 현대적인 진단과 개인 맞춤형 치료로 이 병을 해결하려는 시도에 더 큰 기대를 걸고 있다. 전반적인 신경질환에서는 줄기세포 기반 치료가 머지않아 표준이 되고 예방 조치로도 활용될 가능성이 크다. 이 분야의 연구는 빠르게 발전하고 있다.

2023년 말부터 2024년 초까지 불과 몇 개월 사이에 연이어 나온 연구 결과만 봐도 이 발전 속도를 가늠할 수 있다. 샌디에이고 캘리포니아대학교 연구진이 알츠하이머병을 앓는 실험 쥐에 줄기세포를 이식하자 기억력과 인지 기능이 보존되고 신경 염증이 감소하며 아밀로이드가 훨씬 덜 축적된다는 결과를 발표한 것을 시작으로,[43] 한 국제 연구팀은 줄기세포 치료로 진행성 다발성 증후군 환자의 추가적인 뇌 손상을 막을 수 있다는 연구 결과를 발표했다.[44] 얼마 후에는 이스라엘 하닷사대학병원에서 진행성 다발성 증후군 환자들에게 줄기세포 치료를 반복 시행하자 운동 능력과 인지 기능이 개선됐다는 임상시험 결과를 발표했다.[45] 그로부터 몇 주 후, 캘리포니아의 한 연구진이 인체 연구로는 최초로 경도부터 중등도 알츠하이머병 환자의 뇌에 줄기세포를 직접 주사하는 임상시험을 시작했다.[46]

여러 줄기세포 중에서 뇌의 노화와 각 신경퇴행질환에 가장 효과적인 종류를 찾는 게 앞으로 해결해야 할 중요한 과제다. 현재 가장 많이 쓰이는 중간엽 줄기세포는 이식이 필요한 사람의 몸에서 채취해 당사자에게 이식하므로 외인성 바이러스나 다른 병원체에 노출될 염려가 없다. 중간엽 줄기세포는 보통 골수에서 채취하며, 줄기세포의 특성상 손상 부위에 자연히 작용한다. 또한 면역 기능 개선, 염증 감소, 새로운 혈관 생성, 세포 생존 등 여러 효과를 얻을 수 있다.

지방 유래 재생세포도 당사자의 체지방에서 채취하므로 역시나 자가 이식 줄기세포에 해당한다. 면역 조절과 염증, 세포의 영양인자, 조직 회복, 세포 생존에 탁월한 효과가 있는 이 재생세포도 중간엽 줄기세포와 함께 현재 활용되고 있다.

타인의 탯줄이나 와튼젤리(태반과 탯줄 혈관 사이에 있는 물질) 등에서 채취한 줄기세포를 동종 이식하는 방식도 활용된다. 같은 중간엽 줄기세포지만, 나이가 어린 공여자에게서 채취하므로 세포의 성장과 분열 가능성이 더 크다. 위의 자가 이식 줄기세포 두 가지와 함께 현재 이용할 수 있는 줄기세포이며, 아이가 나중에 자라서 필요하면 사용할 수 있도록 자녀의 탯줄을 얼려서 보관하는 부모들이 늘면 미래에는 자가 이식으로도 더 많이 활용될 것이다.

유도 만능 줄기세포는 주로 피부 세포나 혈구에 유전학적 기술을 적용하여 줄기세포로 되돌린 것이다. 현재는 질병 모형을 만드는 용도로 주로 활용된다. 예를 들어, 알츠하이머병 환자의 피부 세포를 채취하고 유전공학 기술로 유도 만능 줄기세포로 되돌린 다음, 신경세포로 분화를 유도해 알츠하이머병을 연구하는 것이다. 유도 만능 줄기세포는 신경퇴행질환을 비롯해 면역 매개 질환(다양한 원인으로 면역 반응이 일어나 발생하는 질환을 말한다—옮긴이), 암 등 다양한 질병의 치료 그리고 항노화에 큰 잠재성이 있다.

실제로 어떻게 될지는 확신할 수 없지만, 줄기세포의 이 모든 가능성은 큰 기대감을 일으킨다. 급성·진행성 신경퇴행에 시달리는 사람들은 지푸라기라도 잡는 심정으로 당장 시도할 수 있는 치료법은 다 해보고 싶은 심정이 되기 마련이다. 절박한 마음에 절박한 방안이라도 붙드는 것을 비난할 수는 없다.

그런 급박한 상황이 아니라면, 줄기세포 치료가 더 완전해질 때까지는 뇌의 노화와 질병에 따른 인지 기능 손상을 늦추거나 흐름을 뒤집는 다른 방법들을 전부 시도하면서 시간을 버는 게 적절하다고 굳게 확신한다.

인체의 노화를 되돌리는 재프로그래밍

혹시 양재현이라는 이름을 들어봤는지 모르겠지만, 조만간 모르는 사람이 없는 이름이 될 것이다.

양재현은 하버드대학교 의과대학에서 일하던 2020년, 유전자를 조작해서 인간의 녹내장에 해당하는 병에 걸린 쥐의 시력을 회복시킬 수 있음을 밝힌 연구에서 중요한 역할을 맡았다. DNA가 해독되고 발현되는 다양한 방식을 좌우하는 화합물의 총체를 후생유전체라고 하는데, 이 연구는 생물학적인 노화가 후생유전체의 변화로 생기는 결과일 가능성을 강력히 시사한, 획기적인 성과였다. 화학적 표지 물질의 패턴을 젊게 되돌릴 수 있음을 보여준 것이다.[47] 그로부터 3년 후, 양재현이 제1 저자로 학술지 《셀Cell》에 발표한 논문에는 앞서 쥐의 시력을 회복시킨 연구에 쓰인 기술로 기억력을 크게 개선하는 등 몸 전체의 생물학적 노화 증상을 되돌릴 수 있다는 내용이 담겼다.[48] 몇 개월 뒤에는 학술지 《노화》에 실린 논문에서, 유전자 조작 없이 특정 화학물질로 유전체 전체의 노화 표지가 더 젊은 표지로 되돌아가도록 비교적 쉽게 유도할 수 있다고 밝혔다.[49]

'재프로그래밍'으로 불리는 이 개념은 큰 관심과 호응을 얻고 있고, 나도 큰 기대를 걸고 있다. 물론 쥐의 생물학적인 노화와 생리학적 기능을 바꿀 수 있다고 해서 사람에서도 똑같은 결과가 나온다고 장담할 수는 없다. 재프로그래밍으로 인체의 노화를 되돌릴 수 있다고 해도 현실에서 쓰이려면 수십 년은 더 걸릴 것이다.

내가 이 새로운 분야에 큰 기대를 거는 이유는 재프로그래밍이 조만간 광범위하게 쓰이리라고 확신해서가 아니라, 생물학적 노화에 관한 참신한 아이디어가 새로운 현실이 되는 속도가 엄청나게 빨라지고 있어서다. 이제 연구자들은 생물학적 노화를 일으키는 요인을 불가피하게 받아들일 필요가 없으며, 그리 어렵지 않게 되돌릴 수도 있다고 주장하며 탄탄한 근거를 내밀고 있다! 이런 흐름을 볼 때, 뇌의 노화 과정을 더 긍정적인 방향으로 개선하는 방법 역시 난데없이 새로운 아이디어가 등장하고 그로부터 불과 몇 년 안에 지금 우리가 가능하다고 생각하는 범위를 완전히 뒤집는 일도 충분히 일어날 수 있다고 생각한다.

우리가 미래를 전망할 때는 과거와 현재에 알게 된 것들을 밑거름 삼아 추측할 수밖에 없다. 극히 중대한 변화를 아주 세세한 부분까지 정확하게 예측하기는 어렵지만, 새로운 아이디어가 단시간에 현실이 되고 전반적인 관점이 송두리째 바뀌는 그런 일이 가능하리라고 확신할 수 있다. 이렇게 예상치 못한 일이 일어나는 현상은 특히 부정적인 일일 때 검은 백조 사건으로도 많이 불린다. 그러나 과학에서는 하얀 백조 사건, 즉 불쑥 등장한 어떤 아이디어가 금세 가능성 있는 일로 바뀌는 긍정적인 변화가 훨씬 많으리라 생각하며, 그런 점에서 이번 장의 주제인 조만간 실현될 뇌 건강의 새로운 전략과도 가장 어울린다. 건강한 뇌로 하루를 보낼 때마다 인지 기능을 건강하게 오래오래 지켜줄 또 다른 하얀 백조 사건에 하루 더 가까워지는 셈이다.

그러므로 다시 강조하지만, 우리는 지금 할 수 있는 일들을 하면 된다. 뇌 수명을 백 세 이상으로 늘리는 목표를 달성하도록 꾸준히 노력하고, 도중에 멈추면 안 된다. 지금도 할 수 있는 일들이 너무나 많고, 몇 년 내로 훨씬 더 많은 방법이 나올 것이다! 또한 목표 달성을 도와줄 도구도 늘어날 텐데, 그중에는 이미 어렴풋이 윤곽이 드러난 것도 있고, 아직 누구도 상상조차 못 하는 것도 있다.

그 모든 게 다가오고 있다. 머지않았다.

14
늙지 않는 뇌를 만드는 처방전

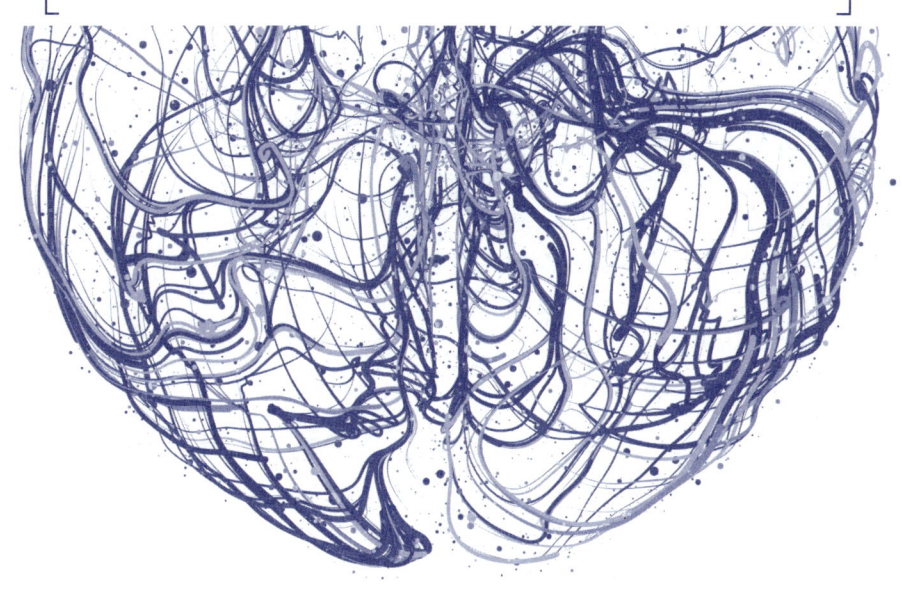

> 젊음은 더 이상 젊은이들만의 호사가 아니다.
> 점점 모두의 것이 되어가고 있다.
>
> **로버트 프레더릭 로엡** Robert Frederick Loeb

뇌가 아무 이상 없이 기능하는 혜택을 누리지 못한다면, 삶은 별로 즐겁지 않을 것이다. 아마도 모두가 공감하리라고 생각한다. 그래서 늙지 않는 뇌로 만들기 위한 내 처방을 정리하며 이 책을 마치겠다. 꼭 필요한 검사, 일상생활에서 지켜야 하는 기본 규칙, 특별한 도움이 필요한 경우에 참고할 사항, 적절한 때가 되면 고려할 만한 실험적인 시도까지 모두 정리해보자.

검사는 언제부터 받아야 할까? 35세부터 시작해서 40세, 45세, 50세, 55세, 60세가 되는 해에 꼬박꼬박 받고, 그 이후에는 2년마다 받아야 한다. 이렇게 하면 미리미리 준비하고 효과적으로 대응할 수 있다.

뇌의 생물학적 나이와 몸의 생물학적 나이도 알아야 한다. 가장 확실한 방법은 DNA 메틸화 검사다. 미국에서는 트루다이그노스틱TruDiagnostic에서 이 검사를 제공한다(원한다면 간, 신장 등 다른 장기의 생물학적 나이도 검사할 수 있으나, 꼭 필요한 건 뇌와 신체의 나이다). 실제 나이보다 젊어지기를 목표로 정한다. 40~50대에는 뇌와 신체 나이가 실제 나이보다 10년 정도 젊으면 되고, 60~70대에는 실제 나이보다 15년 젊게, 80~90대에는 실제 나이보다 20년 더 젊게 만들기를 목표로 하자. 이 목표가 지켜지면 평생 뇌 기능을 아주 훌륭하게 유지할 수 있다. 이 책에서 살펴본 연구들로 입증됐듯이 생물학적 나이는 실제 나이보다 젊어질 수 있다.

그다음 할 일은, 이제부터 소개할 다양한 검사를 통해 언젠가 신경퇴행으로 이어질 수 있는 변화의 **씨앗**을 최대한 일찍 포착하는 것이다. 그 징후가 확인되면, **왜** 그런 변화가 생겼는지 추적해서 신경퇴행의 밑거름이 될 만한 요인을 해결하자. 침습적인 검사법인 척추천자, 비용도 많이 들고 방사성 추적 물질도 사용되는 PET 검사를 받지 않아도 감도가 매우 뛰어난 새로운 혈액 검사로 혹시 모를 가능성을 확인할 수 있다.

- 217번째 아미노산이 인산화된 타우 단백질은 뇌에 알츠하이머병과 관련된 생화학적 변화가 진행 중인지 알 수 있는 지표다. 이 단백질을 검출하는 고감도 검사가 개발돼 현재 이용되고 있다(이 검사에는 ALZ패스의 특수 장비와 시모아라는 기술이 쓰인다). 알츠하이머병 증상이 시작되기 몇 년 전에 가장 초기 단계의 변화를 파악할 수 있고, 치료 중인 사람은 얼마나 나아지고 있는지 확인할 수 있다. 사실상 누구나 인산화된 타우 단백질 검사를 토대로 가장 초기 단계에 치료를 시작해서 경도·

중등도 인지 기능 손상과 치매에 이르는 모든 과정을 피할 수 있으므로, 엄청나게 유용한 검사다. 병이 시작된 줄도 모르고 살다가 너무 늦게 진단받는 수백만 명을 이 검사로 구할 수 있다. 하지만 그런 혜택을 누리려면 **알츠하이머병**을 대하는 인식부터 달라져야 한다. 대다수는 자신이 알츠하이머병일 가능성을 떠올리는 것 자체에 너무 큰 스트레스를 받는다. 이해는 하지만, 그런 거부감 때문에 뇌의 인산화된 타우 단백질 상태를 알면 알츠하이머병과 관련된 모든 인지 기능 저하를 피하는 데 도움이 된다는 사실도 외면하게 된다. 그러므로 인지 기능을 평생 건강하게 지키려면 인식 전환이 중요하다.

- 신경세포를 돌보는 성상세포(성상교세포라고도 한다)에서 만들어지는 신경아교원섬유 산성 단백질은 뇌에 염증과 회복이 지속되고 있는지 알려주는 지표다. 217번째 아미노산이 인산화된 타우 단백질처럼 알츠하이머병과만 특이적으로 관련된 단백질은 아니지만, 이 산성 단백질은 뇌에서 일어나는 변화에 매우 민감하게 반응한다. 가령 만성 염증 등 뇌에 해로운 영향이 지속적으로 발생하면 이 단백질의 농도가 증가하고, 신경퇴행질환이 진행돼 증상이 나타나기 수년 전에도 이 단백질의 농도부터 증가한다. 따라서 신경퇴행을 조기에 경고하는 훌륭한 지표이자, 217번째 아미노산이 인산화된 타우 단백질 검사 결과를 보완하는 지표다.

- 신경미세섬유 경쇄 단백질은 외상성 뇌 손상, 혈관질환, 신경

퇴행 등 원인이 무엇이든 신경이 손상됐음을 알려주는 지표다. 217번째 아미노산이 인산화된 타우 단백질, 신경 아교원 섬유 산성 단백질 검사 결과를 보완한다.

- 아미노산이 각각 42개, 40개로 이루어진 아밀로이드 베타 단백질의 비율은 알츠하이머병의 특이적인 지표다. 병이 진행될수록 이 비율이 낮아진다.

- 신-원$^{Syn-One}$(미국의 한 업체가 개발한 검사의 이름이다. 피부 신경섬유에서 인산화된 알파시누클레인을 검출한다―옮긴이)은 피부 조직을 채취하여 파킨슨병, 루이소체 질환, 다계통 위축까지 세 가지 질병의 유무를 확인하는 검사다. 미국의 경우 파킨슨병과 루이소체 질환 환자가 각각 백만 명 이상에 이를 만큼 둘 다 매우 흔한 병이다. 거듭 강조했듯이 병을 조기에 진단받으면 심한 증상을 겪지 않아도 되는 큰 혜택이 따른다.

표 1에 다양한 검사 정보를 요약해뒀다. 검사에서 이상이 발견되면 원인을 찾아야 하고, 검사 결과 아무 이상이 없더라도 위험 범위에 얼마나 가까운 상태인지 알고 싶을 수도 있다. **표 2**에는 이 두 경우에 모두 활용할 수 있는 검사들이 나와 있다. 검사 결과를 보고 너무 걱정하지 않아도 된다. 개개인의 상태에 가장 알맞은 체계적인 방법을 통해 결과를 다시 정상치로 만들고 인지 기능 저하를 피할 수 있다.

이상이 생긴 **원인**을 찾는 검사는 뇌의 노화와 퇴행을 일으키는 잠재적 요인을 찾는 것이므로, 인지 기능을 평생 최대한 건강하게 유지하는 데 도움이 된다. 다들 잘 알겠지만, 건강 문제에는 유전적 요소와 환경이 모두 작용한다. 따라서 건강에 영향을 주는 유전적 요소와 생화학적 요소를 모두 평가할 필요가 있다. 리로이 후드의 표현을 빌리면 유전체와 발형체(phenome, 정해진 유전형이 환경과의 상호작용으로 발현되는 특성을 표현형^{phenotype}이라고 한다. 발형체는 이 표현형 전체를 가리킨다―옮긴이)를 모두 살펴야 한다.

여기까지 검사하고 이해하기 힘든 결과가 나온 경우, 후속 검사(이것도 **표 2**에 나온다)가 도움이 될 수 있다. 21세기 의학의 가장 기본이 되는 원칙은 모든 게 이해될 때까지 계속해서 **왜**라는 질문을 던지는 것이다. 병은 아무 이유 없이 생기지 않는다. 원인을 찾지 않고 병을 진단해서 약을 처방하는 건 20세기 의학의 방식이다. 인간의 병리학적·생리학적 특성은 복잡하지만, 뇌에 노화가 일어나 신경퇴행의 위험에 놓였을 때 왜 그런 일이 생겼는지(또는 왜 그런 변화가 일어나고 있는지) 알면 완전히 다른 방식으로 대처할 수 있다. 과거에는 한 번도 다다르지 못한 좋은 결과를 얻을 수도 있다.

일부에게만 유용한 데 그치는 전반적인 접근법보다는 개개인의 상태에 맞게 조정할 수 있는 접근 방식을 택하는 게 좋다. 뇌 건강을 위한 기본 수칙(**표 3**)과 세부 방안(**표 4**), 필요할 때 고려할 만한 실험적인 시도(**표 4**)를 각각 필요에 맞게 활용하면 된다.

표1 신경퇴행을 조기에 탐지하는 비침습적 검사

검사법	필요한 이유	정상 판정 기준	참고 사항
p-tau 217	알츠하이머병 여부를 초기 단계에 알 수 있는 지표. 발병 후 상태 변화를 추적하는 용도로도 활용 가능	검사소마다 다름. 뉴로코드의 경우, <0.3ng/L	현재는 특수 장비인 ALZ패스와 시모아 기술을 사용하는 검사의 감도가 가장 우수하다
GFAP	뇌의 염증과 회복을 조기에 알 수 있는 지표	0~120ng/L	성상교세포가 활성화될 때 생산되는 단백질. 알츠하이머병만 찾아내는 검사는 아니다
NfL	신경 손상 지표	나이별로 다름*	외상, 혈관질환 등 원인이 무엇이든 신경이 손상되면 증가할 수 있다
아미노산이 각각 42개, 40개인 아밀로이드 베타 비율	뇌의 아밀로이드 축적을 나타내는 지표	>0.170:1 (퀘스트Quest의 검사 기준)	알츠하이머병이 발생하면 이 비율이 감소한다
신-원(피부 생검)	파킨슨병, 루이소체 질환, 다계통 위축의 지표	음성	알파시누클레인 응집체가 있는지 확인하는 검사다

* NfL의 연령대별 정상 범위는 다음과 같다:
20~29세(≤8.4ng/L), 30~39세(≤11.4ng/L), 40~49세(≤15.4ng/L), 50~59세(≤20.8 ng/L), 60~69세(≤28.0ng/L), 70~79세(≤37.9ng/L), 80세 이상(≤51.2ng/L).

표2 인지 기능과 관련이 있는 생화학적·생리학적 검사와 판정 기준

(우리 팀이 개발한 '알츠하이머 종말 프로그램'에서 활용하는 값)

종류	검사	정상 판정 기준	참고 사항
염증, 인지 기능 보호, 혈관질환	hs-CRP	<0.9mg/dL	전신 염증의 지표
	공복 인슐린, 공복 혈당, 당화혈색소, HOMA-IR	각각 3.0 – 5.5μIU/mL, 70~90mg/dL, 4.0~5.3%, <1.3	당 독성과 인슐린 저항성 지표
	체질량지수(BMI)	18.5~25	체중(kg) × 키(m)^2
	허리둘레와 엉덩이 둘레 비율(여성), 허리둘레와 엉덩이 둘레 비율(남성)	각각 <0.85, <0.9	–
	호모시스테인	≤7μmol/L	메틸화, 염증, 해독 상태를 알 수 있다
	비타민 A(레티놀)	38~98mcg/dL	농도가 이보다 높으면 건강에 해로울 수 있다
	비타민 B_6, 비타민 B_9(엽산), 비타민 B_{12}	각각 25~50mcg/L(PP), 10~25ng/mL, 500~1,500 pg/mL	이 범위에서는 메틸화 수준이 개선되고 호모시스테인이 감소한다
	비타민 C, 비타민 D, 비타민 E	각각 1.3~2.5mg/dL, 50~80ng/mL, 12~20mg/L	–
	오메가-6와 오메가-3 비율	1:1~4:1(0.5:1 미만은 출혈이 발생하는 경향이 있으므로 주의해야 함)	염증성 오메가 지방산과 항염성 오메가 지방산의 비율

염증, 인지 기능 보호, 혈관질환	오메가-3 지표	≥10%(ApoE4+), 8~10%(ApoE4-)	항염성 오메가-3 지방산의 세부 비율
	AA와 EPA 비율(아라키돈산과 에이코사펜타엔산의 비율)	<3:1	염증성 AA와 항염성 EPA의 비율
	알부민과 글로불린 비율, 알부민 농도	각각 ≥1.8:1, 4.5~5.4g	염증, 간 건강, 아밀로이드 배출 지표
	LDL-P, 저밀도 LDL, 산화된 LDL	각각 700~1,200 nM, <28mg/dL, <60ng/mL	LDL-P는 LDL 입자를 뜻한다
	총콜레스테롤, HDL 콜레스테롤, 중성지방(TG), TG와 HDL 비율	각각 150~225mg/dL, 50~100mg/dL, 40~90 mg/dL, <1.3	-
	ApoB	40~90mg/dL	여러 아테롬성 입자의 농도를 나타낸다
	CoQ10	1.1~2.2mcg/mL	콜레스테롤 농도에 영향을 받는다
	글루타티온	>250mcg/mL (>814 μM)	주요 항산화물질이자 해독물질
	장 누수, 혈액뇌 장벽 누수, 글루텐 민감성, 자가항체	음성	-
무기질	적혈구-마그네슘	5.2~6.5 mg/dL	혈청의 마그네슘 농도를 측정하는 게 가장 좋다
	구리, 아연	각각 90~110mcg/dL, 90~110mcg/dL	-

무기질	셀레늄	110~150mcg/dL	
	칼륨	4.5~5.5mEq/L	
영양 지원	비타민 D	50~80ng/mL	(25-하이드록시비타민D3 기준)
	에스트라디올, 프로게스테론	각각 80~250pg/mL, 1~20ng/dL(P)	여성에 해당하며 나이에 따라 정상 판정 기준이 다르다
	프레그놀론, 코르티솔(이른 오전에 측정한 값 기준), DHEA-S(여성), DHEA-S(남성)	각각 100~250ng/dL, 10~18 mcg/dL, 100~380mcg/dL, 150~500mcg/dL	나이에 따라 정상 판정 기준이 다르다
	테스토스테론, 유리 테스토스테론	각각 500~1,000ng/dL, 18~26pg/mL	여성에 해당하며 나이에 따라 정상 판정 기준이 다르다
	유리 T3, 유리 T4, 역전환 T3, TSH, 유리 T3와 역전환 T3의 비율, 항갑상선글로불린 항체, 항TPO	각각 3.2~4.2pg/mL, 1.3~1.8ng/dL, <20ng/dL, <2.0mIU/L, >0.02:1, 음성, 음성	리터당 밀리리터 국제단위(mIU/L) = 밀리리터당 마이크로리터 국제단위(μIU)
	BDNF	>90pg/mL	뇌 유래 신경영양인자
독성물질	수은, 납, 비소, 카드뮴	각각 <5mcg/L, <2mcg/dL, <7mcg/L, <2.5mcg/dL	중금속 검사(소변 검사도 활용된다)

독성물질	수은 3중 검사	50번째 백분위 미만	모발, 혈액, 소변 검사로 확인한다
	유기독소(소변)	음성	벤젠, 톨루엔 등 포함
	글리포세이트(소변)	크레아티닌 1그램당 <1.0mcg	제초제 성분
	구리와 아연 비율	0.8~1.2:1	비율이 이보다 높으면 치매와 관련 있다
	C4a, TGF-β1, MMP-9, MSH	각각 <2830ng/mL, <2380pg/mL, 85~332ng/mL, 35~81pg/mL	염증 반응과 관련 있다
	소변 중 곰팡이 독소	음성	흡입, 섭취, 감염으로 노출될 수 있다
	BUN, 크레아티닌	각각<<20mg/dL, <1.0mg/dL	신장 기능을 나타낸다
	AST, ALT	<각각 25U/L, <25U/L	간 손상도를 나타낸다
	VCS(시각 대비 감도 검사)	통과	통과하지 못하는 경우, 생물독소 노출과 관련 있다
	ERMI 검사	<2	건물 내 곰팡이 여부 확인 검사
	HERTSMI-2 검사	<11	독성이 가장 강한 곰팡이가 환경 내에 오염된 상태인지 확인하는 검사

병원체	CD57	세포 60-360개/uL	라임병이 생기면 감소한다
	MARCoNS	음성	다제내성 응고효소음성 포도상구균 검사
	진드기에 붙어 사는 병원체에 대한 항체 검사와 FISH 검사	음성	보렐리아, 바베스 열원충속, 바토넬라, 에르리키아, 아나플라스마를 검사한다
	헤르페스 계열 바이러스에 대한 항체 검사	음성	HSV-1, HSV-2, HHV-6A, EBV, CMV를 검사한다
	클라미디아 폐렴 원인균에 대한 항체 검사	음성	—
신경 생리학적 검사	정량 뇌파 검사에서 알파파의 최고 주파수	8.9~11Hz	인지 기능 저하 시 감소한다. 병의 진행 상태 추적에 유용하다
	P300b 뇌파 유발 반응 검사	<450ms	인지 기능 저하 시 지연된다. 병의 진행 상태 추적에 유용하다
영상 분석	MRI와 뇌 부피 측정	뇌 위축, 혈관질환, 백색질질환, 수두증, 신생물 음성, 기타 병리학적 소견 없음	알츠하이머병 환자는 동맥 스핀 표지 기법을 적용한 MRI 검사가 필요
	원뿔형 엑스선 빔을 이용한 CT	구강 농양 음성	치아 근관 치료를 받았다면 중요한 검사

영상 분석	PET 스캔(아밀로이드 추적 물질)	아밀로이드 음성	–
	PET 스캔(FDG)	포도당 대사 정상	알츠하이머병 환자는 측두엽, 두정엽에서 감소 추세가 나타난다
	PET 스캔(F-DOPA)	DOPA 흡수 정상	파킨슨병 환자는 흡수량이 줄어든다
기타 검사	몬트리올 인지 평가 또는 세인트루이스대학교 정신 상태 검사	28~30	–
	야간 산소포화도	96~98%	피검자가 고도가 높은 지역에 산다면 그 영향이 수치에 나타난다
	수면 분석 (신체 착용 기기로 수집한 데이터)	총수면 7~9시간, 렘수면≥1.5시간, 깊은 수면 ≥1시간	–
	무호흡-저호흡 지수 (AHI)	<5	5를 초과하면 수면무호흡증이다
	구강 DNA 검사	병원체 DNA 음성	포르피로모나스 진지발리스, 트레포네마 덴티콜라 등
	대변 검사	병원균 없음. 또는 장내 미생물군 균형에 이상 없음	–
	면역 검사('이뮤노우 ImmuKnow 검사' 등 ATP 생산 지표인 CD4 기능 확인)	≥525ng/mL	적응면역에 동원되는 도움 세포의 기능을 확인하는 검사

	후생학적 검사(트루다이아그노스틱이 제공하는 검사 등)	신체와 뇌의 생물학적 나이	실제 나이
기타 검사	유전학적 검사(IntellxxDNA, 3x4 Genetics, DNA Life 등에서 제공)	ApoE4, TREM2 돌연변이, LRRK2 돌연변이, 기타 신경퇴행 관련 돌연변이 음성, 독성물질과 염증 감소, 단백질 대사 및 교체 기능에 결함 없음, 과다 응고증 없음, 클로토-VS 유전자의 이형접합	전장유전체 염기서열분석 (업체Nebula, HLI, Sequencing 등에서 제공)

ALT: 알라닌아미노전달효소
AST: 아스파르트산 아미노전달효소
BUN: 혈중 요소 질소
C4a: 보체 성분 4 단백질 절편
CD57: 세포 표면 분화 항원 57
CoQ10: 코엔자임 Q10(유비퀴논)
DHEA-S: 디하이드로에피안드로스테론 황산염
DNA: 디옥시리보 핵산
DOPA: 디하이드록시페닐알라닌
ERMI: 환경 중 곰팡이 상대적 오염도 지표
FISH: 형광물질 제자리 부합법
HERTSMI-2: 곰팡이독소와 염증 유발 물질 발생원의 종류별 건강 영향, 버전 2
HOMA-IR: 인슐린 저항성 항상성 모델 평가
hs-CRP: 고감도 C 반응성 단백질
LDL: 저밀도 지질단백질
MMP-9: 세포 외 기질 금속단백질 분해효소 9
MSH: 멜라닌세포 자극 호르몬
P300b: 300밀리초 시점의 양 전위(사건 관련 전위), 성분 B
PP: 인산 피리독살
T3: 트리요오도티로닌
T4: 티록신
TGF-β1: 전환 성장 인자 베타 1
TPO: 갑상샘 과산화효소
TSH: 갑상샘 자극 호르몬

표3 뇌를 젊게 유지하기 위한 일곱 가지 기본 수칙

수칙	목표	지켜야 하는 이유	참고 사항
식생활	채식 위주, 적당한 케톤 형성을 유도하는 식생활	대사 기능을 유연하게 하고 에너지 공급 최적화, 염증과 독성 물질 최소화	대사증후군은 보통 식생활 개선으로 회복되며 항고혈압제, 스타틴, 당뇨병 치료제가 더 이상 필요 없을 만큼 건강이 회복되는 경우도 많다
운동	유산소 운동과 근력 운동	혈류, 미토콘드리아 기능, 인슐린 민감도, 수면 개선 등 여러 이점	근육량 증가가 목표라면 혈류 제한 밴드 사용을 고려하고 혈류, 산소 공급 개선이 필요하면 운동 산소 요법을 시도한다. 찬물 샤워, 목욕도 미토콘드리아 기능 향상에 좋다
수면	7~8시간, 깊은 수면 ≥ 1시간, 렘수면 ≥1.5시간, 산소포화도 >94%	인지 기능 향상, 해독, 손상 복구, 면역 기능 개선 등 여러 이점	깊은 수면은 해독에, 렘수면과 비렘수면은 기억력에 매우 중요하다
스트레스 관리	연령대별 심박 변이도 최적화 (35세는 >70, 55세는 >65, 65세 이상은 >60)	코르티솔, 혈당, 혈류 개선 등 여러 이점	변연계, 미주신경 긴장도, 면역계 기능 등이 개선된다
뇌 자극	지속적인 개선, 연령대별 기준의 >75번째 백분위수시냅스 형성과 유지	시냅스 형성과 유지	두뇌 훈련, 광 생물 변조, 뇌파를 활용한 자기공명 치료^{MeRT}, 미세전류를 활용하는 기술 등 여러 가지 방법이 있다

해독	무기독소, 유기독소, 생물독소 각각 <50번째 백분위수	에너지 공급에 차질이 생기거나 염증의 영향이 지속될 가능성 감소	사우나, 십자화과 채소 섭취, 숯·벤토나이트 점토 같은 결착 물질을 활용하는 등 여러 가지 방법이 있다
식이보충제 활용	영양소, 호르몬, 영양인자 등을 최적 농도로 유지	필수 요소의 결핍 방지, 생화학적 건강 최적화	표 4 참고

표 4 뇌를 젊게 유지하기 위한 세부 방안 예시

개선 방안	활용 물질	활용 이유	참고 사항
영양 보충 - 비타민	비타민 A	신경가소성 강화, 황반변성 위험성 감소	일반적으로 일일 900 mcg 섭취
	비타민 B_1(티아민)	기억력, 에너지 강화	일반적으로 5~100mg 섭취(벤포티아민으로 일일 150~600mg)
	비타민 B_7(비오틴)	우울증 감소, 피부 개선	일반적으로 일일 50~100mcg 섭취
	메틸-B_{12}, 메틸엽산, 피리독살-5-인산 (P5P)	호모시스테인 감소	과도한 메틸화(COMT 유전자의 돌연변이 등으로 인해) 문제가 있는 사람은 메틸화되지 않은 물질을 이용
	비타민 C	수분 환경(즉 세포막이 없는 환경)에서 항산화물질로 작용	일반적으로 일일 500~1000mg 섭취

영양 보충 - 비타민	비타민 D, K₂	비타민 D는 뇌 건강, 종양 억제, 뼈 기능 보조, 심혈관 기능 개선 등 다양한 효과	비타민 D 복용량이 1,000IU를 초과하면 반드시 비타민 K₂ 100mcg을 함께 섭취
	비타민 E	지질 환경(즉 세포막)에서 항산화 물질로 작용	토코페롤과 토코트리에놀 혼합물로 400~800IU를 섭취
영양 보충 - 무기질	마그네슘 (구연산 마그네슘 magnesium citrate, 마그네슘 글리신산 magnesium glycinate, 트레온산 마그네슘 magnesium threonate, 킬레이트 마그네슘 magnesium chelate의 형태로)	장 운동성 개선, 신경계 안정, 인슐린 민감도 개선 등 여러 메커니즘에 작용	구연산 마그네슘은 변비에 도움이 되며, 트레온산 마그네슘은 뇌 침투성이 우수하다. 일반적으로 일일 500mg 섭취(트레온산 마그네슘은 일일 마그네슘 섭취량 중 150mg)
	아연(피콜린산 아연 zinc picolinate 등의 형태로)	인슐린 분비 증가, 면역계 기능 보조 등 여러 이점	일반적으로 15~50mg 섭취
	아이오딘	갑상샘 기능 지원	다시마 등 해조류에 많다. 권장 섭취량[RDA]은 일일 150mcg
	구리	다양한 효소 기능 보조	아연과 구리는 경쟁적으로 작용하므로 둘 중 한 가지를 과용하지 않도록 주의
	칼륨	심방세동 위험성 감소, 근육과 신경 기능 보조	체내 칼륨 농도가 낮으면 치매 위험성과 관련 있다
	칼슘	뼈 건강	일일 2~25g을 섭취해야 하며 대부분 음식을 통해 섭취

영양 보충 - 무기질	철	산소를 운반하는 혈색소에 필요하며 여러 효소 기능에도 활용	과도하게 공급하면 건강에 해가 되며, 특히 비타민 C와 함께 공급 시 흡수율이 증가하므로 주의
영양 보충 - 허브와 기타 관련 물질	커큐민	항염 물질이며 아밀로이드, 타우 단백질과 강하게 결합	일반적으로 일일 0.5~1.5g 섭취하나, 건강 상태에 따라 일일 10g의 고용량 섭취가 필요할 수 있다
	아쉬와간다 ashwagandha	아밀로이드 제거율 증가, 진정 효과	갑상샘 기능에 방해가 될 수 있다
	바코바 몬니에리 bacopa monnieri	기억력에 필요한 아세틸콜린 증가	일반적으로 식사와 함께 250~500mg 섭취
	홍경천 rhodiola	부신 기능 보조	일반적으로 일일 200~600mg 섭취
	병풀 gotu kola	집중력, 주의력 향상	일반적으로 하루에 500mg씩 2회 섭취
	샹크푸시피 shankhpushpi	기억력, 집중력 보조	일반적으로 일일 250~500mg 섭취
	벨벳콩 mucuna pruriens	도파민 증가	파킨슨병에 많이 쓰인다
	트리팔라 Triphala(아말라키 Amalaki, 하리타키 Haritaki, 비비타키 Bibhitaki 등 세 가지 성분으로 구성)	장 건강에 도움	-
	구두치 tinospora cordifolia	면역 기능 강화	진균감염에 도움이 된다

영양 보충 - 허브와 기타 관련 물질	은행 ginkgo biloba	혈관 기능 강화	알츠하이머병의 단일 치료법으로 적용한 임상 시험은 실패했다
에너지 공급과 뇌 구조 강화	크레아틴	에너지 증가	보통 크레아틴 모노하이드레이트로 복용한다. 일반적으로 일일 5g을 섭취
	니코틴아마이드 리보사이드, 니코틴아마이드 모노뉴클레오티드, 또는 니아신아마이드 niacinamide	NAD^+와 에너지 증가	NAD^+를 정맥 주사로 투여하기도 하며, 이 방법은 항암 화학 요법 후 인지 기능이 저하된(항암 뇌라고도 함) 환자에게 특히 유용하다
	케톤염이나 에스테르, 또는 두 물질의 혼합물	체내 케톤 농도 증가	대부분 체내 케톤 생산량이 증가하면 섭취를 중단한다
	MCT 오일, 코코넛유	체내 케톤 농도 증가	고지질혈증을 앓는 경우 악화할 수 있다
	콜라겐	단백질 합성에 필요한 아미노산 공급	–
	유청 단백질	단백질과 근육 형성에 필요한 아미노산 공급	
	글리신 glycine	단백질 합성 강화	일반적으로 일일 5g을 섭취
	유로리틴 A Urolithin A	미토콘드리아 재생, 에너지 공급 강화	일반적으로 일일 250~1000mg을 섭취
	메틸렌블루 methylene blue	미토콘드리아의 전자 흐름 강화	파킨슨병, 알츠하이머병에 도움이 될 가능성이 있다

에너지 공급과 뇌 구조 강화	운동 산소 요법, 고압 산소 요법	혈류와 산소 공급량 증가	혈관질환자, 외상성 뇌 손상 환자에게 특히 도움
영양 보충 - 해독	S-아세틸 글루타티온 또는 리포솜 글루타티온	해독과 항산화 효과가 있는 글루타티온 증가	독성물질에 다량 노출된 경우 정맥 주사나 비강 투여를 고려한다.
	N-아세틸시스테인 N-acetylcysteine	글루타티온 전구체	일반적으로 500~600 mg씩 하루 1~2회 섭취
	설포라판 sulforaphane	해독 효과가 있는 글루타티온 증가	일반적으로 일일 400 mcg 섭취
	유기농 차전자피, 곤약(구약나물 땅속줄기), 기타 식이섬유	장 미생물군과 해독 강화	식이섬유는 일일 총 30g 이상 섭취
	클로렐라	독성물질과 결합하여 제거	금속 독성 물질 제거에 많이 활용된다
	결착 물질(콜레스티라민cholestyramine, 웰콜welchol, 활성탄, 벤토나이트 점토 등)	다양한 독성 물질과 결합하여 제거	해독 속도가 과도하게 빨라지면 인지 기능이 저하되는 속도도 빨라질 수 있으므로 주의
	핵 인자 적혈구 2 관련 인자 2Nuclear factor erythroid-2 related-factor 2, Nrf2 활성물질	체내 해독 반응 경로 활성화	주기적으로 섭취한다
영양 보충 - 장 건강	프로바이오틱스, 프리바이오틱스, 발효 채소	장내 미생물군 강화	장내 미생물군 다양성이 개선돼 전반적인 건강과 인지 기능이 향상된다

영양 보충 - 장 건강	사카로미세스 보울라디 saccharomyces boulardi	장내 미생물군 강화, 장내 미생물군 불균형과 소장 내 세균 과다 증식 해소	진균류의 영향으로 장내 미생물군 균형이 깨진 경우에 많이 쓰인다
	사골 육수	장 건강 개선	시중에서 구입하거나, 집에서 직접 끓여서 섭취한다
	프로뷰티레이트 pro-butyrate (뷰티르산(낙산염)이 포함된 건강기능식품의 상품명이다—옮긴이)	장 건강, 장과 뇌의 협력에 도움이 된다	낙산염과 같은 포스트바이오틱스는 인지 기능을 강화한다
	아트란틸 Atrantil	소장 내 세균 과다 증식 해소	-
혈당 조절	베르베린	AMP 활성화 단백질 인산화효소 AMPK 활성화	채식 위주의 케톤 생성을 유도하는 식생활을 잘 지키면 대부분 혈당 조절 물질을 추가로 공급할 필요가 없다
	메트포르민	AMPK 활성화	알츠하이머병, 파킨슨병 위험성을 높일 가능성이 있다
	세마글루티드, 터제파타이드	GLP-1 유사체	적게 먹어도 포만감을 느끼게 하므로 체중 감소에 도움이 된다. 알츠하이머병 연구에도 활용된다
	계피, 크롬, 쇠비름, 밀크시슬흰무늬엉겅퀴, 쓴맛이 강한 식물들, 글리신, 호로파 등이 함유된 각종 식이보충제	다양한 체내 메커니즘에 작용	-

혈당 조절	베르가모트	AMPK 활성화	지질 수치를 낮추는 용도로 많이 쓰인다
혈관 건강 최적화	나토키나제 nattokinase · 룸브로키나제 lumbrokinase · 피크노제놀 pycnogenol	혈전 감소	고용량 나토키나제 투여 시 동맥 죽상판이 감소한다는 연구 결과가 있다
	일산화질소(L-아르기닌, 비트즙을 통해 전구체를 공급하거나 실데나필 sildenafil 등의 약물로 공급)	혈관 팽창, 혈류 증가	알츠하이머병 위험성 감소와 관련 있다
	아테로실 hp$^{Arterosil\ hp}$(미국에서 판매되는 건강기능식품의 상품명—옮긴이)	내피세포의 당질 외피 기능 강화	손상된 혈관의 회복에 도움이 된다
	은행잎 추출물 ginkgo biloba	혈류 증가	–
구강 건강	프로바이오틱스가 함유된 치약	구강 미생물군 개선 가능	–
	구강 헹굼 제품 (스텔라라이프, 덴탈시딘 등)	구강 미생물군 개선 가능	–
	구강 세정기	구강 내 음식물 제거와 플라크 형성을 방지하는 데 도움	–
	아말감 충전제 제거	수은 노출 감소	전문 치과의사에게 맡겨야 한다(국제구강의학·독성학회의 자료 참고)

구강 건강	감염된 치아 근관, 농양 제거	염증 감소	감염된 근관을 방치하면 체내 염증이 지속되는 원인이 된다
염증, 면역, 항균 관련	DHA/EPA (오메가-3)	항염 효과	일반적으로 일일 1g을 공급한다
	크릴 오일	항염 효과	오메가-3와 인지질이 모두 포함돼 있다
	레졸빈	오래 지속되는 염증 해소	SPM 액티브$^{SPM\ Active}$와 같은 식이보충제로 공급한다
	변형 처리한 감귤류 펙틴^{pectin}	갈렉틴-3^{Gal-3}의 작용을 억제해서 염증을 막는 효과	펙타솔^{Pectasol}과 같은 식이보충제로 공급한다
	글리신	항염, 단백질 합성에 필요한 아미노산 공급, 혈당 조절 등 여러 메커니즘에 작용	일반적으로 일일 5g을 섭취한다.
	저용량 날트렉손 naltrexone	자가면역 반응 감소	일반적으로 밤에 1~6mg을 섭취한다. 갑상샘 관련 약물 치료 중인 사람은 투여 용량을 줄여야 할 수도 있다
	발라시클로비르 Valacyclovir	헤르페스 바이러스 감염 시, 또는 감염 방지를 위해 사용되는 항바이러스제	대체제로는 아시클로버^{acyclovir}, 라이신^{Llysine}, 모노라우린^{monolaurin} 등이 있다
	아연	면역력 강화	일반적으로 15~50mg을 섭취

염증, 면역, 항균 관련	활성화 6탄당 화합물 AHCC, 트랜스퍼 팩터 플라스믹 Transfer Factor PlasMyc(미국에서 판매되는 건강기능식품 제품명이다—옮긴이), 휴믹산 humic acid, 풀빅산 fulvic acid 등 항바이러스 물질	바이러스를 막는 면역 기능 지원	
	혈장 교환술	항염, 해독	인지 기능에 도움이 되는 것으로 밝혀졌다
	면역글로불린 정맥 주사 IVIG	항염, 면역 기능 강화	–
	수소수	–	효과가 검증되지 않았다
영양 보충 – 기타	콜린(시티콜린 citicoline 또는 알파-글리세로포스포콜린 GPC의 형태로)	기억력에 중요한 신경전달물질인 아세틸콜린 증가	식생활을 통해 일일 450~550mg을 섭취
	후퍼진 A huperzine A	아세틸콜린 분해를 억제하여 기억력 개선 효과	일반적으로 100~200 mcg을 섭취
	커피 열매 추출물	뇌 유래 신경영양인자 증가	일반적으로 100~200 mcg을 공급
	아세틸-L-카르니틴	신경성장인자 증가	일반적으로 500mg을 공급
	포스파티딜세린 phosphatidyl serine	다양한 효과	일반적으로 일일 300~ 800mg을 섭취
	호모타우린 homotaurine	아밀로이드 베타 펩타이드의 소중합체 형성 억제	유망한 물질이며, 특히 ApoE4 유전자가 있는 사람들에게 도움이 될 수 있다

영양 보충 – 기타	플라스마로겐 plasmalogen	세포 지질 막의 주요 성분 증가	알츠하이머병이 발생하면 대폭 감소한다
	퀘르세틴, 피세틴	노화 지연 등 다양한 메커니즘에 관여	노화세포 파괴, 포도당 이용도 개선, 면역계 기능 지원 등 여러 효과가 있다. 일반적으로 퀘르세틴 500mg, 피세틴 300mg을 섭취
	두뇌기능 강화물질 (애니라세탐aniracetam, 피라세탐piracetam, 그 외 비슷한 성분)	글루탐산 수용체 활성화 등 다양한 메커니즘에 관여	연구 결과가 엇갈린다. 일부 연구에서는 효과 입증에 실패했다
생체 동일 호르몬 대체 요법	에스트라디올, 프로게스테론	세포 내 수용체와 결합하여 여러 유전자에 영향을 준다. 인지 기능에 도움이 된다	완경기 여성은 에스트라디올 체내 농도 50~100pg/mL, 프로게스테론의 체내 농도 2~20ng/mL을 목표로 정한다
	테스토스테론	인지 기능, 근육계에 도움이 되며 그 외 다른 효과도 있다	남성은 체내 농도 목표를 500~100ng/dL으로 정한다
	프레그네놀론	성기능과 스트레스 관련 스테로이드 전구체	체내 농도 목표를 100~250ng/dL으로 정한다. 일반적으로 일일 10~100mg을 섭취
	DHEA	스트레스 반응 지원	체내농도 목표를 100~350mcg/dL으로 정한다. 일반적으로 일일 25~100mg을 섭취

생체 동일 호르몬 대체 요법	갑상샘 호르몬	여러 유전자에 영향을 주며 대사와 인지 기능 강화	티록신을 공급할 때보다 식이보충제 아머^{Armour}처럼 여러 갑상샘 호르몬이 혼합된 제품을 이용하면 체내에서 실제 호르몬과 생리적으로 더 비슷하게 작용한다
	멜라토닌	나이가 들면서 감소하는 체내 생산량을 보충	일반적으로 매일 밤 1~3mg 섭취
수면 무호흡증 치료	지속형 양압기, 이중형 양압기	기도 막힘을 방지하여 저산소혈증 예방	환자의 상태에 맞는 최적 조건으로 사용해야 최상의 결과를 얻을 수 있다. 수면 무호흡증 환자의 80퍼센트가 정식 진단을 받지 않는다
	구강 내 장치	턱이 앞으로 나온 상태로 고정하여 기도 막힘 방지	수면 무호흡증이 경미한 단계일 때만 최상의 효과를 얻을 수 있다
	기도 확장 장치	기도를 인위적으로 넓혀서 좁아지지 않게 방지	비보스^{Vivos} 등에서 판매
	수술	기도를 넓히는 수술	목젖 절제술 등
뇌 자극	두뇌 훈련	인지 기능 개선, 인지 기능이 저하될 위험성 감소	브레인 HQ, 엘리베이트^{Elevate} 등과 같은 두뇌 훈련 프로그램이 이용된다
	광 생물 변조	여러 연구에서 인지 기능 개선 효과 확인	뇌파 중 감마파에 가장 큰 영향을 주는 것으로 보인다

뇌 자극	자기 자극	광 생물 변조와 비슷한 효과	경두개 자기 자극, 뇌파를 활용한 자기 공명 치료^{MeRT}, 그 외 관련 기술이 쓰인다
	미세전류	광 생물 변조와 비슷한 효과	
	음향	평가 진행 중	최적 주파수는 40Hz로 추정된다
줄기세포	지방 유래 재생세포^{ADRC}	영양인자, 면역 기능 등 여러 메커니즘에 작용	노화와 여러 신경퇴행 질환에 도움이 된다.
	골수에서 채취한 줄기세포	ADRC와 비슷한 효과	자가이식
	탯줄에서 추출한 줄기세포	ADRC와 비슷한 효과	동종이식
	유도 만능 줄기세포	이론적으로는 수많은 질병의 치료가 가능.	실험 단계이며 계속 발전 중이다
	레이저 활성화 줄기세포	–	*검증되지 않았다
펩타이드	에피탈론, 피네알론, 세레브로리진^{cerebrolysin}, 다부네티드, 싸이모신 알파원, 싸이모신 베타포, 그외 수백 가지	영양공급, 항염증, 재생 효과 등 여러 메커니즘에 관여	잠재성이 크며, 일부는 우수한 효과가 확인됐다. 현재 다양한 펩타이드의 혼합 처방에 대한 FDA의 관리가 점점 더 까다로워지는 추세다

뇌를 젊게 지켜내기

지금까지 이 일을 하면서 증상이 심해진 후에야 찾아오는 사람들을 정말 많이 만났다. 문제를 조기에 포착하고, 문제의 특성을 파악하고, 방지해서 뇌의 노화와 신경퇴행이 가속화하는 비극이 아예 생기지 않게 막을 기회가 그들에게도 주어졌다면, 다들 어떻게든 그 기회를 붙잡으려고 뭐든 했을 것이다. 내가 치료한 환자들 사례를 함께 살펴보면서 중년부터 뇌 건강을 최상으로 유지하는 게 얼마나 중요한지 되새기며 우리에게는 어떤 미래가 펼쳐질지 그려보자.

수전은 인생을 한껏 즐기며 살았다. 파티도 정말 좋아했다. 그러다 35세에 기본적인 뇌 건강 검사를 받았고, ApoE 유전자가 ApoE3, ApoE4 이형접합이라는 사실을(즉, 알츠하이머병에 걸릴 위험성이 있다는 것을) 알게 됐다. 217번째 아미노산이 인산화된 타우 단백질의 농도는 정상 범위였으나, 신경아교원섬유 산성 단백질(뇌 염증과 회복이 진행 중임을 알려주는 지표)의 농도가 약간 높았고 생물학적 나이는 실제 나이보다 조금 많은 39세였다. 인슐린 저항성 항상성 모델 평가 결과는 2.0으로, 인슐린 저항성이 조금 있는 것으로 나타났다. 혈압은 139/90으로 고혈압 기준에 아주 가까웠고, ApoB의 수치는 105였다. 종합하면, 수전은 미국인 8천만 명 이상이 겪고 있는 문제이자 뇌의 조기 노화에 매우 흔한 위험인자인 대사증후군이 시작된 상태였다.

수전은 뇌 노화를 해결할 방안이 양적으로나 질적으로 모두 늘어나고 있다는 사실을 잘 알고 있었다. 그래서 일단 심호흡하고, 크게 걱정하지 말자고 마음을 다잡았다. 우선 채식 위주에 케톤이 적당히 형성되도록 유도하는 식생활을 시작하고 매일 자는 시간을 포함하여 14~15시간씩 단식했다. 곡물, 유제품, 단순 탄수화물은 끊고, 약국에서 일반 의료기기로 판매되는 연속 혈당 측정기를 사서 혈당을 꾸준히 확인했다. 체내 케톤 농도도 베타-하이드록시뷰티르산 농도를 한 달에 한 번씩 측정해서 대체로 0.5~1.5밀리몰 범위가 되도록 관리했다. 일주일에 한두 번은 케톤 형성 식단에서 벗어나 고구마를 식단에 추가하는 등 저항성 전분(장의 아밀라아제로는 분해되지 않고 대장에 자연적으로 존재하는 미생물에 의해 발효되는 전분. 인체 흡수율이 낮고 식이섬유와 비슷하게 기능하여 장 건강에 유익하다고 여겨진다—옮긴이)의 섭취량을 늘렸다.

운동 횟수도 늘려서 매주 5회씩, 유산소 운동과 근력 운동을 모두 실천했다. 근력을 더 빨리 키우고자 혈류 제한 밴드도 사용했다. 이런 노력 끝에 체중이 6.8킬로그램 줄고, 혈압은 118/74로 떨어졌다. 인슐린 저항성 항상성 모델 평가 결과도 1.2로 감소하고, ApoB 수치는 82로 내려갔다. 1년 후에는 신경아교원섬유 산성 단백질 농도도 정상 범위에 들었다. 경미한 수준이던 뇌의 염증이 사라진 것이다.

40세에 받은 뇌 건강 검사에서도 좋은 결과가 나왔다. 생물학적 나이는 35세였고 혈압도 정상에 인슐린 저항성도 없었다. 지질 수치도 좋고, 뇌의 여러 생체지표도 다 정상이었다. 그러나 42세, 43세 그리고 45세에 연이어 코로나19에 걸리는 바람에 몸의 에너지가 전반적으로 줄어든 것이 느껴졌다. 직장에서 받는 스트레스도 심했다. 몸에 착용하는 기기로 수면 상태를 점검한 결과 매일 밤 겨우 6시간밖에 못 자고, 깊은 수면 시간은 20분 정도에 불과한 데다 렘수면 시간도 60분에 그쳤다. 그나마 산소 포화도는 95퍼센트로 괜찮았다. 신경 아교원섬유 산성 단백질 농도가 다시 증가하고, 217번째 아미노산이 인산화된 타우 단백질도 정상 범위를 벗어나기 일보 직전 상태가 되었다. 신경미세섬유 경쇄는 정상이었다. 수전은 일을 며칠 쉬고 삼림욕을 하는 한편 아침마다 마음챙김 명상을 하는 등 스트레스 관리를 시작했다. 그러자 신체 에너지가 회복되고, 깊은 수면 시간도 매일 밤 60분 정도로 늘어났다. 렘수면은 90분 이상, 총 수면 시간도 7시간 이상으로 증가했다. 1년 후 다시 받은 검사에서 신경아교원섬유 산성 단백질 농도와 타우 단백질 농도도 정상으로 회복됐다. 생물학적 나이는 40세였다.

    50세가 된 수전은 생체 동일 호르몬 대체 요법을 시작했고 큰 도움이 된다고 느꼈다. 관상동맥 석회화 검사에서는 위험성이 낮다는 결과가 나왔다. 골밀도도 우수했다. 그러나 55세에 이상한 조짐이 나타났다. 직장에서 업무를 체계적으로 정리하거나 계획을 세우기가 다소 힘들었고, 휴대전화를 새로 바꾼 후에는 새로운 기능들을 예전처럼 빨리 익히지 못했다. 온라인에서 무료로 제공되는 인지 평가를 받았을 때는 정상 범위라고 나왔지만, 수전은 주관적인 인지 기능에 문제가 생겼다고 판단했다. 검사 결과 신경아교원섬유 산성 단백질은 리터당 150나노그램으로 증가하고, 인산화된 타우 단백질 농도로 리터당 0.50나노그램으로 증가한 상태였다. 수전은 겨우 55세에 이런 알츠하이머병 초기 증상이 왜 나타나는지 의아했는데, 신경과 전문의가 곧 원인을 찾아냈다. 소변 검사에서 곰팡이 독소인 트리코테신(독성검은곰팡이가 만드는 독소)과 글리오톡신(누룩곰팡이가 만드는 독소)이 모두 고농도로 검출된 것이다. 그 신경과 전문의는 흔히들 알츠하이머병은 치료할 수 없는 병이라고 여기지만 자신은 수십 명의 환자가 인지 기능이 회복되는 과정을 직접 봤고 특히 주관적인 인지 기능 손상이 초기 단계인 환자들이 그런 경우가 많았다고 설명하며 수전을 안심시켰다. 수전은 리치 슈메이커Ritchie Shoemaker가 개발한 해독 프로그램으로 치료를 받는 한편, 애니 호퍼Annie Hopper가 개발한 '동적 신경 재훈련 시스템dynamic neural retraining system' 치료도 시작했다. 12개월 후에는 건강이 회복됐음을 체감했다. 직장에서 예전처럼 일을 체계적으로 정리하고 계획을 세울 수 있게 되었고 휴대전화나 컴퓨터, 다른 최신 기술도 아무 문제 없이 사용했다. 인산화된 타우 단백질, 신경아교원섬유 산성 단백질 농도도 거의 정상으로 돌아왔다. 2년 후에는 모두 완전한 정상 범위에 들었다. 60세가 된 수전의 생물학적 나이는 49세였고, 스스로도 건강하다고 느꼈다.

이후 10년간, 수전은 채식 위주의 식생활을 잘 지키며 거의 매일 운동했다. 가끔은 운동할 때 산소 요법을 동반하기도 했다. 수면 상태도 계속 추적하고, 스트레스를 관리하려고 가상의 사각형 선을 떠올리는 4단계 호흡법과 명상을 실천했다. 두뇌 훈련도 시작했는데,

몇 개월간 점수가 꾸준히 상승세로 나타났다. 감마파가 방출되는 광생물 변조 장비도 이용하고, 기본적인 해독 방안도 계속 실천했다. 생체 동일 호르몬 대체 요법과 더불어 식이보충제도 몇 가지 섭취했다. 구체적으로는 체내 비타민 D 농도가 밀리리터당 50~80나노그램으로 유지되도록 보충제를 섭취하고(비타민 K_2 백 마이크로그램도 함께), 매일 하루 두 번 식사와 함께 아쉬와간다를 5백 밀리그램씩 섭취했다. DHA/EPA 일일 1그램, 니코틴아미드 리보사이드 일일 250밀리그램, 프로뷰티레이트^{ProButyrate} 6백 밀리그램, 유로리틴 A 5백 밀리그램, 피콜린산 아연 20밀리그램도 섭취했다. 구연산 마그네슘을 복용한 후에는 변비가 생기지 않고 수면의 질도 좋아진다고 느꼈다. 저녁마다 멜라토닌도 1밀리그램씩 복용했다. 장 건강을 확인하기 위한 검사에서는 장 누수는 없었으나 소장 내 세균 과다 증식 문제가 조금 있는 것으로 발견돼 사카로미세스 보울라디와 아트란틸을 몇 주간 복용했다. 70세에 수전의 생물학적 나이는 55세였다. 인산화된 타우 단백질, 신경아교원섬유 산성 단백질 농도도 정상 범위였다. 인지 기능도 여전히 우수하고, 피클볼을 즐기며 가족들과 문자메시지를 주고받는 낙으로 살아갔다(특히 귀여운 동물 영상을 공유하곤 했다).

    80세가 됐을 때, 수전의 담당 의사는 관상동맥 석회화 검사에서 경미한 석회화가 일어난 것을 확인했다. 수전은 곧 혈관 건강에 좋은 3대 방안을 모두 시작했다. 매일 나토키나제를 4천 단위씩 섭취하고, 일산화질소(비트 추출 성분이 함유된 식이보충제로)와 아테로실 hp도 복용했다. 규칙적으로 운동 산소 요법도 실시했다. 그러자 혈관 나이(혈관 탄력성)가 빠르게 감소했다. 망막 검사에서 노화 관련 황반변성의 조짐은 전혀 없었다. 수전은 안과 전문의로부터 자신이 가진 ApoE4 유전자가 알츠하이머병 위험성은 높이지만 망막 변성 위험성은 낮추는 특징이 있다는 설명을 들었다. 그래도 수전은 청색광(블루라이트) 차단 안경을 쓰고, 밤에는 심하게 밝은 조명은 피했다. 85세가 되자 관상동맥 석회화 상태도 좋아졌다. 생물학적 나이는 67세였다.

아흔이 된 수전은 여러 면에서 다소 느려졌지만, 지나온 인생을 떠올리고 가족, 친구들과 함께 보내는 시간을 즐기며 수십 년간 지킨 생활 방식을 그대로 잘 유지했다. 담당 의사도, 수전도 알츠하이머병을 잘 물리쳤다는 결론을 내렸다. 이런 결과를 얻고자 일찍부터 노력하고, 뇌의 노화와 건강이 최상으로 머물도록 꾸준히 관리한 덕분에 치매를 피한 것이다. 뇌에 에너지를 충분히 공급하고 염증과 독성물질 노출을 줄이는 노력은 이후로도 계속했다. 스트레스 관리도 계속하면서 조금이라도 건강에 이상이 느껴지면 바로 도움을 구했다. 99세가 됐을 때, 수전의 친구 하나가 몇 살까지 살고 싶으냐고 물었다. 수전은 이렇게 대답했다. "살아갈 이유가 있는 한은 계속 살고 싶어."

수전의 가족과 친구 사이인 칼턴도 30세부터 노력해서 오랫동안 뇌 기능을 잘 지키고 뇌 수명도 최대한 연장할 수 있었다. 수전과 비슷한 식생활을 따르고, 몸에 착용하는 기기로 수면 상태를 확인하면서 최상으로 유지되도록 관리하고, 일주일에 5일은 운동했다. 스트레스도 최소화하고, 체중도 최적 범위로 유지했다. 칼턴의 혈압은 110/70, 체질량지수는 22, 인슐린 저항성 항상성 모델 평가 결과는 1.0, ApoB 수치는 65, 고감도 C 반응성 단백질 농도는 0.3이었다. 인산화된 타우 단백질과 신경아교원섬유 산성 단백질 농도, 신경미세섬유 경쇄 수치도 모두 정상 범위였다. 30대, 40대에 이어 50대에도 날씬한 체형을 유지했고 5년 주기로 뇌 건강검진을 받았다. 혈압과 인슐린 민감도는 쭉 건강한 범위에 머물렀고 ApoB는 대체로 60~70 범위였다. 관상동맥 석회화 검사 결과도 좋았다. 생물학적 나이는 실제 나이보다 대체로 15년 더 젊게 나왔다.

그러다 57세에 이상한 일이 일어났다. 어느 날 아내가 그에게, 밤에 자는 동안 팔을 마구 휘둘렀다고 말한 것이다. 수면 추적기를 확인해 본 칼턴은 그런 일이 렘수면 단계에 일어났음을 알게 되었고 간밤에 용과 맞서 싸우는 꿈을 꿨던 기억이 났다. 하지만 그런 일이 반복됐다. 세 번째에 이르렀을 때 아내는 그가 휘두른 팔에 맞아 몸에 멍까지 들었다. 소파로 쫓아내겠다는 아내의 호소에 결국 칼턴은 신경과 전문의를 찾아갔고, 렘수면 행동장애라는 진단을 받았다. 미국인 약 3백만 명이 겪는 이 문제에 관해 자료를 뒤져본 후, 칼턴은 파킨슨병이나 루이소체 치매가 진행되는 과정에서 흔히 나타나는 문제이며 특히 파킨슨병의 세 가지 전조 증상 중 하나인 경우가 많다는 것을 알게 되었다. 다른 두 가지 전조 증상은 변비와 후각장애라고 나와 있었는데, 실제로 칼턴은 변비가 좀 있었고 몇 년간 후각이 별로 좋지 않다고 느끼던 참이었다.

칼턴은 파킨슨병과 루이소체 치매에 모두 관련이 있는 단백질인 알파시누클레인 수치를 확인하고자 신-원 피부 생검을 받았다. 몸의 세 부위에서 검사할 피부 조직을 채취해 확인한 결과, 그중 두 부위에서 알파시누클레인이 검출됐다. 너무 놀라고 절망한 칼턴은 의사에게 원인은 무엇인지, 이제 뭘 할 수 있는지 물었다. 그러자 이런 답이 돌아왔다. "원인이 뭐냐고요? 파킨슨병이 원인이죠. 증상이 심해지면 레보도파levodopa와 카비도파carbidopa를 조합해서 처방해 드릴 겁니다. 그때까지 기다리세요. 장기적인 계획은 아무것도 세우지 마시고요."

그 말을 들은 후, 칼턴은 파킨슨병과 루이소체 치매 같은 만성 질환의 근본 원인에 더 관심을 기울이는 다른 의사를 찾아보기로 했다. 새로 만난 의사는 칼턴이 파라콰트, 아크롤레인acrolein, 글리포세이트 같은 농약에 수년간 심하게 노출된 것을 원인으로 지목하면서 특히 독성 화학물질이 다량 폐기된 슈퍼 펀드 지역과 아주 가까이 살고 있는 것도 큰 영향을 줬을 것이라고 했다(칼턴은 그런 사실을 처음 알았다). 엎친 데 덮친 격으로, 유전자 검사 결과 칼턴은 독성물질과 관련된 질병에 취약하다는 사실이 드러났다. 해독에 중요한 역할을 하는 펩타이드인 글루타티온과 관련된 일부 유전자에서 원래 있어야 할 염기가 빠진 결실이 발견됐다. 칼턴은 전반적으로 아주 건강하게 살아왔지만, 그 사이 파괴적인 신경퇴행이 진행되고 있었다. 그대로 두면 뇌의 노화가 촉진되고 결국 목숨도 잃게 될 상황이었다.

의사는 그에게 파킨슨병의 전형적인 운동 증상인 몸의 떨림, 몸이 뻣뻣해지는 증상, 움직임이 느려지거나 불안정해지는 문제나 루이소체 질환의 대표적인 증상인 시각적 환각, 망상, 치매가 나타나기 전에 검사를 받고 이런 사실을 알게 된 건 날아오는 총알을 피한 것과 같다고 말했다. 그리고 그와 상황이 비슷한 사람들은 파킨슨병 환자에서 흔히 나타나는 데설포비브리오속 세균이 발견되는 경우가 많은데, 칼턴의 장내 미생물군 검사 결과를 보면 그렇지 않다고도 알려줬다.

칼턴은 자신의 건강에 해로운 영향을 준 다양한 원인을 해결하기로 마음먹었다. 우선 슈퍼 펀드 지역과 멀리 떨어진 지역으로 이사했다. 체내 글루타티온 농도를 높일 수 있는 조치도 시작하고(처음에는 정맥 주사로 글루타티온을 공급하고, 나중에는 S-아세틸 글루타티온 S-acetyl glutathione을 3백 밀리그램씩 경구 투여했다), 과일과 채소는 유기농으로 골라서 먹었다. 미토콘드리아 수를 늘리고자 피롤로퀴놀린퀴논 pyrroloquinoline quinone 20밀리그램을 복용하는 한편 미토콘드리아의 원활한 교체와 기능 향상을 위해 유로리틴 A 5백 밀리그램도 복용했다. 코엔자임 Q도 5백 밀리그램 복용하고, 규칙적으로 운동하고, 신체 협응 기능을 강화하기 위한 운동도 몇 가지 추가했다. 해독을 촉진할 수 있도록 매주 다섯 번씩 적외선 사우나를 하고, 사우나 직후에는 무독성 카스티야 비누로 샤워했다. 식이섬유 섭취량도 하루 35~40그램으로 늘리고 크로노미터 Cronometer라는 어플리케이션으로 식생활을 관리했다. 식이섬유를 그 목표량만큼 먹으려고 유기농 차전자피도 섭취했다. 방울양배추, 콜리플라워 같은 십자화과 채소를 통해

설포라판 성분도 매일 섭취했다. 수분도 정수한 물로 (과일, 채소로 섭취하는 수분까지 합쳐서) 매일 3~4리터씩 섭취했다.

아직 운동 증상이 나타나지는 않았으므로 티아민, 메틸렌블루, 벨벳콩을 고용량 섭취하는 방안은 미루기로 했지만 그래도 앞으로의 일이 걱정되어, 의사와 지방 유래 줄기세포(자가 이식하는 줄기세포)에 관해 의논했다. 다른 사람의 줄기세포를 이용하면 감염성 인자에 노출될 위험성이 있지만 자기 몸에서 채취한 줄기세포를 재투여하면 그런 위험을 피할 수 있다.

가족들 그리고 담당 의사와 논의한 끝에, 칼턴은 앞으로 오랫동안 신경퇴행 증상 없이 지내려면 지방 유래 줄기세포 이식이 가장 큰 도움이 되리라고 판단했다. 전체적인 과정은 그리 복잡하지 않았다. 자기 몸의 지방 조직을 채취하고, 줄기세포를 1억 개 정도 분리해서 다시 몸에 주사했다. 이때 배양한 줄기세포가 뇌로 더 쉽게 유입되도록 만니톨mannitol로 혈액뇌 장벽을 일시적으로 열었다. 마취 시간은 짧았지만, 그래도 마취제가 몸에서 빨리 배출되도록 글루타티온과 비타민 C를 평소보다 더 많이 복용하고 일주일 내내 사우나도 했다.

이후 10년간 칼턴은 계속해서 해독에 힘썼다. 체내 글루타티온 농도를 최상으로 유지하고, 매주 사우나도 하고, 뇌가 건강하게 나이 들도록 채식 위주의 식생활, 매일 운동하기, 숙면, 스트레스 최소화, 두뇌 훈련 등 기본 원칙도 지켰다. 해독과 미토콘드리아의 에너지 생산을 돕는 식이보충제도 꾸준히 복용했다. 변비는 사라지고 후각도 좋아졌다. 렘수면 행동장애 증상은 일주일에 몇 회 정도로 줄었고 나중에는 일주일에 두 번 정도로 더 좋아졌다. 몇 주에 한 번, 일 년에 한 번 정도로 빈도가 계속 줄다가 간격이 몇 년까지 늘어났다.

칼턴은 오랜 세월 꾸준히 의사와 만나 도움을 받으며 파킨슨병이라는 끔찍한 병을 피하고 건강하게 70세를 맞이했다. 몸이 떨리는 증상도 없고, 파킨슨병의 또 다른 증상인 글자를 점점 작게 쓰는 문제도 나타나지 않았고, 아무 이상 없이 말하고 음식물을 삼킬 수 있었다. 쉽게 넘어지는 증상이나 그 외 파킨슨병의 주요 증상이 전혀 나타나지 않았다. 칼턴은 신-원 생검을 다시 받아보기로 했다. 몸에서 조직을 채취한 세 곳 중 한 곳에서만 미미한 양성 반응이 나왔다. 23년 전, 이 검사를 처음 받았을 때와 비교하면 확연히 좋아진 것이다. 그의 생물학적 나이는 54세였다.

칼턴은 파킨슨병의 가장 초기 증상을 겪었지만, 그 일을 계기로 자신은 독성물질 노출을 반드시 피해야 한다는 것, 유전적으로 해독 기능이 약하므로 지속적으로 이 기능을 강화해야 한다는 것, 건강한 생활 방식을 계속 유지해야 한다는 사실을 확실하게 깨달았다. 또한 파킨슨병의 심각한 증상은 피하더라도 체내 도파민 반응 경로에 경미한 수준, 또는 중간 수준의 문제가 생길 가능성이 다분하다는 것도 알게 됐다. 파킨슨병 증상은 운동 조절과 관련된 주요 반응 경로인 흑질선조체 경로(뇌간의 흑질에서부터 뇌 양쪽 반구 깊숙이 자리한 선조체까지 이어지는 경로)의 도파민이 80퍼센트 정도 소실되기 전까지는 나타나지 않는다. 칼턴의 경우 유전학적으로 이 반응 경로의 도파민이 적게는 10퍼센트나 20퍼센트, 심하면 50퍼센트까지도 줄어들 수 있으므로 뇌 건강을 지키는 조치가 꼭 필요한데, 렘수면 행동장애를 겪은 일이 경고등 역할을 톡톡히 한 덕분에 그의 삶이 바뀌었다.

77세가 된 칼턴은 경동맥 초음파 검사에서 죽상판이 약간 생겨 왼쪽 경동맥이 25퍼센트 좁아졌다는 결과를 받고 나토키나제를 복용하기 시작했다. 나토키나제를 1만 단위씩 복용하면 합병증으로 생길 수 있는 출혈을 피하면서 죽상판을 줄일 수 있다는 연구 결과를 참고하여 매일 6천 단위씩 복용하면서 이후 10년간 죽상판의 상태를 지속적으로 확인했다. 다행히 죽상판은 그 이상 증가하지는 않았고 표면이 매끈한 상태가 유지됐다. 혈류에서 와류의 조짐도 나타나지 않았다.

82세에는 소변을 보기가 다소 힘들어졌다. 검사 결과 전립선 비대증이라는 진단이 나왔고 전립선 특이항원[PSA] 수치는 정상이었다. 의사는 요도 경유 절제술로 전립선을 제거하면 소변 문제가 해결될 것이라고 설명했다. 칼턴은 전신 마취 대신 척추 마취로 수술을 받을 수 있는지 문의했고, 그의 요청대로 수술은 잘 마무리됐다. 수술 당시에 마취과 의사는 척추에 투여한 마취제가 신속히 제거되도록 정맥 주사로 글루타티온도 투여했다. 이후 6개월간 렘수면 행동장애 증상이 두 차례 나타났으나, 그 이상 지속되지는 않았다.

88세가 된 칼턴은 일시적으로 심장이 두근거리는 증상을 느꼈다. 일시적인 심방세동이 일어난 것으로 확인되어 매일 저녁 타우린 천 밀리그램과 함께 전해질인 칼륨 5백 밀리그램, 마그네슘 천 밀리그램을 복용하자 그 증상은 사라졌다. 추가로 확인한 결과, 경미한 수면 무호흡증이 심장 두근거림을 촉발한 것으로 밝혀져서 간단한 구강 장치로 수면 무호흡증도 해결했다.

90대에 이른 칼턴은 아내와 물가를 자주 거닐며 초기에 치료를 시작하지 않았다면 이렇게 편안히 산책을 즐기지도 못했으리라는 생각을 한다. 그는 내게 뇌를 건강하게 지키고 또렷한 정신으로 살 수 있게 해줘서 정말 감사하다고 말했다. "병을 조기에 발견하고, 일찍부터 뇌 건강을 포괄적으로 관리할수록 몸의 떨림이나 머릿속이 혼란스러워지는 증상을 피할 가능성도 더 커지는 것 같습니다. 선생님 덕분에 뇌를 젊게 지켜냈고 제 인생이 바뀌었습니다. 이런 일이 가능하다는 걸 최대한 많은 사람에게 알려야 하지 않겠습니까?"

나는 칼턴의 말에 일리가 있다고 생각했다. 그리고 그렇게 하기로 마음먹었다.

감사의 말

먼저 늘 환자들에게 더 나은 삶을 주려고 노력하는 내 아내 에이다 그리고 우리 소중한 두 딸 타라, 테스에게 감사드린다. 다이애나 메리엄Diana Merriam과 이반시어 재단Evanthea Foundation의 비전과 헌신, 우리와 두 번의 임상시험을 진행하는 내내 보여준 열정과 친절한 안내에 특별한 감사 인사를 전한다. 알츠하이머병 환자들에게 다른 삶을 주고자 최선을 다한 필리스Phyllis와 작고한 짐 이스턴Jim Easton의 노력에도 감사드린다. 더불어 캐서린 겔Katherine Gehl과 제시카 르윈Jessica Lewin, 라이트 로빈슨Wright Robinson, 패트릭 순시옹 박사Dr. Patrick Soon-Shiong, 캐리 싱글턴과 윌 싱글턴Cary and Will Singleton, 더글러스 로젠버그Douglas Rosenberg, 베릴 벅Beryl Buck, 다그마 돌비와 데이비드 돌비Dagmar and David Dolby, 스티븐 D. 베첼 주니어Stephen D. Bechtel Jr., 루신다 왓슨Lucinda Watson, 톰 마셜Tom Marshall과 조지프 드로운 재단Joseph Drown Foundation, 빌 저스티스Bill Justice, 데이브 미첼과 셰일라 미첼Dave and Sheila Mitchell, 조시 버먼Josh Berman, 벤 시지에와 셸리 시지에Ben and Shelly Chigier, 야마다 히데오Hideo Yamada, 제프리 립턴Jeffrey Lipton에게도 감사드린다.

나는 참 운 좋게도 훌륭한 과학자, 의사들과 어울리며 배울 기회를 누렸다. 스탠리 프루시너, 마크 라이튼Mark Wrighton 총장, 로저 스페리Roger Sperry, 로버트 콜린스Robert Collins, 로버트 피시먼Robert Fishman, 로저 사이먼Roger Simon, 비슈와나트 링가파Vishwanath Lingappa, 윌리엄 슈워츠William Schwartz, 케네스 매카티 주니어Kenneth McCarty Jr., J. 리처드 배링거J. Richard Baringer, 닐 래스킨Neil Raskin, 로버트 레이저Robert Layzer, 세이모어 벤저Seymour Benzer, 에르키 루오슬라티Erkki Ruoslahti, 리로이 후드, 마이크 머제니치 교수 등께 감사드린다.

다큐멘터리 〈삶의 기억들 – 알츠하이머병을 되돌리다〉의 도키가와 히데요시Hideyuki Tokigawa 감독, 내레이션을 맡아주신 마이클 부블레Michael Bublé, 촬영 감독 이반 코백Ivan Kovac께도 진심으로 감사드린다.

기능 의학 분야에서 의학과 의료 혁신에 앞장서고 있는 전문가들께도 인사를 전하고 싶다. 제프리 블랜드Jeffrey Bland, 데이비드 펄머터David Perlmutter, 마크 하이먼Mark Hyman, 딘 오니시Dean Ornish, 리치 슈메이커, 닐 네이션, 조지프 피조르노Joseph Pizzorno, 새라 고트프리드Sara Gottfried, 데이비드 존스David Jones, 로버트 러스티그, 패트릭 해너웨이Patrick Hanaway, 테리 월스Terry Wahls, 스티븐 건드리Stephen Gundry, 아리 보즈다니Ari Vojdani, 프루던스 홀, 톰 오브라이언Tom O'Bryan, 크리스 크레서Chris Kresser, 메리 케이 로스, 앤 해서웨이, 캐슬린 툽스Kathleen Toups, 데버라 고든Deborah Gordon, 제럴린 브로스필드Jeralyn Brossfield, 크리스틴 버크Kristine Burke, 질 카너핸Jill Carnahan, 수전 스클라Susan Sklar, 메리 애커리, 순자 슈와이그Sunjya Schweig, 샤론 하우스먼-코헨Sharon Hausman-Cohen, 네이트

버그먼Nate Bergman, 데이비드 하스David Haase, 킴 클로슨 로즌스타인Kim Clawson Rosenstein, 웨스 영버그Wes Youngberg, 크레이그 타니오, 한스 프리크만Hans Frykman, 잰 벤터Jan Venter, 데이브 젠킨스Dave Jenkins, 미키 오쿠노Miki Okuno, 엘로이 보즈다니Elroy Vojdani, 크리스 셰이드Chris Shade, 건강 관리 코치인 케리 러틀랜드와 티모시 러틀랜드Kerry and Timothy Rutland, 주디 벤저민Judy Benjamin, 로빈 알바움Robyn Albaum, 리사 카슨Lisa Carson, 캐런 멜킨Karen Malkin, 에이밀리 에이머스Amylee Amos, 아티 바타비아Aarti Batavia, 테스 브레드슨Tess Bredesen을 비롯해, 이 책에서 소개한 우리 팀의 치료 프로그램과 인지 기능 개선 코스에 참여하고 도움을 주신 미국과 전 세계 10개국의 2천 명 넘는 의사들께 감사드린다. 리코드 프로그램의 알고리즘과 코딩, 보고서 작업을 훌륭하게 맡아주신 아폴로 헬스Apollo Health의 랜스 켈리와 줄리 그레고리Julie Gregory, 오카다 쇼Sho Okada, 빌 리파Bill Lipa, 스콧 그랜트Scott Grant, 라이언 모리시게Ryan Morishige, 엑타 아그라왈Ekta Agrawal, 크리스틴 코워드Christine Coward, 제인 코넬리Jane Connelly, 루시 킴Lucy Kim, 멜리사 매닝Melissa Manning, 캐시 커리Casey Currie, 체이스 케네디Chase Kennedy, 게런 마카리언Gahren Markarian과 팀원들, 그레이 매터스Grey Matters 소속 크레이그 웨스턴Craig Weston, 뎁 가이슬러Deb Geihsler, 하워드 버드Howard Burde, 윌 닐드Will Nields, 라이프시즌스LifeSeasons의 대린 피터슨Darrin Peterson, 야마다 비Yamada Bee의 타카 콘도Taka Kondo께도 감사드린다.

나와 동료들이 나빠진 인지 기능을 되돌릴 방안을 처음 찾을 수 있었던 건 지난 30년간의 연구 덕분이다. 그 과정을 함께 한 브레드슨연구소Bredesen Laboratory의 샤루즈 라비자데Shahrooz Rabizadeh, 패트릭 메흘렌Patrick Mehlen, 바게스 존Varghese John, 람모핸 라오Rammohan Rao, 패트리샤 스필먼Patricia Spilman, 지저스 캄파냐Jesus Campagna, 로웨나 아불렌샤Rowena Abulencia, 케이반 니아지Kayvan Niazi, 리타오 종Litao Zhong, 알렉세이 쿠라킨Alexei Kurakin, 다시 케인Darci Kane, 캐런 폭세이Karen Poksay, 클레어 피터스-리보Clare Peters-Libeu, 비나 테엔다카라Veena Theendakara, 베로니카 갈반Veronica Galvan, 몰리 수삭Molly Susag, 알렉스 마탈리스Alex Matalis와 샌프란시스코대학교 벅연구소Buck Institute for Research, 샌포드번햄프레비스의학발견연구소Sanford Burnham Prebys Medical Discovery Institute, 로스앤젤레스대학교의 동료들에게 깊이 감사드린다. 덧붙여, 뇌 건강을 지키는 정밀의학 프로그램을 설계할 수 있도록 도와주신 퍼시픽신경과학연구소Pacific Neuroscience의 댄 켈리Dan Kelly, 데이비드 메릴David Merrill, 닐 마틴Neil Martin, 그 외 뛰어난 팀원 여러분께도 감사드린다.

수년간 나와 우정을 나누며 의논 상대가 되어준 분들이 있다. 샤루즈 라비자데, 패트릭 메흘렌, 에드윈 에이모스와 크리스 에이모스Edwin and Chris Amos, 마이클 엘러비Michael Ellerby, 데이비드 그린버그David Greenberg, 존 리드John Reed, 가이 살베센Guy Salvesen, 턱 핀치Tuck Finch, 누리아 아사-문트Nuria Assa-Munt, 킴 로즌스타인과 롭 로즌스타인Kim and Rob Rosenstein, 에릭 토어Eric Tore, 캐롤 아돌프슨Carol Adolfson, 야마구치 아카네Akane Yamaguchi, 주디 번스타인과 폴 번스타인Judy and Paul Bernstein, 비벌리 부어먼과 롤댄 부어먼Beverly and Roldan Boorman, 샌디 클레이먼과 할란 클레이먼Sandy and Harlan Kleiman, 필립 브레드슨Philip Bredesen, 안드레이 콘테

Andrea Conte, 데버라 프리먼Deborah Freeman, 피터 로건Peter Logan, 샌디 니콜슨과 빌 니콜슨Sandi and Bill Nicholson, 스티븐 케이 로스와 메리 케이 로스Stephen and Mary Kay Ross, 메리 머캐크런Mary McEachron, 더글러스 그린Douglas Green, 모든 분께 감사드린다.

　마지막으로, 이 책이 완성되기까지 힘써주신 훌륭한 분들께 감사 인사를 전하고 싶다. 글과 편집을 맡아주신 매슈 라플란트Matthew LaPlante, 문학 에이전트 파크앤파인Park & Fine의 존 마스John Maas와 셀레스테 파인Celeste Fine, 에이미스탠튼앤드컴퍼니Amy Stanton & Co. 그리고 플래트론북스Flatiron Books의 편집자 줄리 윌Julie Will께 감사드린다.

후주

1장 젊고 현명한 뇌

1   Lawrence Growbel, "The Remarkable Dr. Feynman: Caltech's Eccentric Richard P. Feynman Is a Nobel Laureate, a Member of the Shuttle Commission, and Arguably the World's Best Theoretical Physicist," *Los Angeles Times*, April 20, 1986, https://www.latimes.com/archives/la-xpm-1986-04-20-tm-1265-story.html.

2   Kat Toups et al., "Precision Medicine Approach to Alzheimer's Disease: Successful Pilot Project," *Journal of Alzheimer's Disease* 88, no. 4 (2022): 1411-1421.

3   Kinga Igloi et al., "Interactions between Physical Exercise, Associative Memory, and Genetic Risk for Alzheimer's Disease," *Cerebral Cortex* 34, no. 5 (2024): bhae205.

4   L. Hood and N. Price, *The Age of Scientific Wellness: Why the Future of Medicine Is Personalized, Predictive, Data-Rich, and in Your Hands* (Harvard University Press, 2023).

5   A. Bonneville-Roussy et al., "Music through the Ages: Trends in Musical Engagement and Preferences from Adolescence through Middle Adulthood," *Journal of Personality and Social Psychology* 105, no. 4 (2013): 703.

6   Blue Cross Blue Shield, "Early-Onset Dementia and Alzheimer's Rates Grow for Younger Americans," February 27, 2020, https://www.bcbs.com/dA%20/bb22aac725/fileAsset/HOA-Early-Onset-Dementia-Alzheimers_2020.pdf.

7   W. R. Powell et al., "Association of Neighborhood-Level Disadvantage with Alzheimer Disease Neuropathology," *JAMA Network Open* 3, no. 6

(2020): e207559.

8   S. Hendriks et al., "Global Prevalence of Young-Onset Dementia: A Systematic Review and Meta-Analysis," *JAMA Neurology* 78, no. 9 (2021): 1080–1090.

9   C. Delaby et al., "Overview of the Blood Biomarkers in Alzheimer's Disease: Promises and Challenges," *Revue Neurologique* 179, no. 3 (2023): 161–172.

10 L. A. Manwell et al., "Digital Dementia in the Internet Generation: Excessive Screen Time during Brain Development Will Increase the Risk of Alzheimer's Disease and Related Dementias in Adulthood," *Journal of Integrative Neuroscience* 21, no. 1 (2022): 28.

11 C. L. Tsai et al., "Differences in Neurocognitive Performance and Metabolic and Inflammatory Indices in Male Adults with Obesity as a Function of Regular Exercise," *Experimental Physiology* 104, no. 11 (2019): 1650–1660.

12 Richard Dawkins, *The Selfish Gene* (Oxford University Press, 2016). (《이기적 유전자》, 리처드 도킨스 지음, 홍영남·이상임 옮김, 을유문화사, 2018).

13 George C. Williams, "Pleiotropy, Natural Selection, and the Evolution of Senescence," *Evolution* 11 (1957): 398–411, republished in *Science of Aging Knowledge Environment* 2001, no. 1 (2001): cp13.

14 Josh Mitteldorf, "What Is Antagonistic Pleiotropy?," Biochemistry (Moscow) 84, no. 12 (2019): 1458–1468.

15 Richard Feynman, *The Character of Physical Law* (BBC, 1965; repr., Cox and Wyman Ltd., 1967). (《물리법칙의 특성》, 리처드 파인만 지음, 안동완 옮김, 해나무, 2016).

16 Bastiaan R. Bloem and Tjitske A. Boonstra, "The Inadequacy of Current Pesticide Regulations for Protecting Brain Health: The Case of Glyphosate and Parkinson's Disease," *Lancet Planetary Health* 7, no. 12 (2023): e948–e949.

17 Burak Yulug et al., "Combined Metabolic Activators Improve Cognitive Functions in Alzheimer's Disease Patients: A Randomised, Double-Blinded, Placebo-Controlled Phase-II Trial," *Translational Neurodegeneration*

12, no. 1 (2023): 4.

18   Jing Yuan et al., "Is Dietary Choline Intake Related to Dementia and Alzheimer's Disease Risks? Results from the Framingham Heart Study," *American Journal of Clinical Nutrition* 116, no. 5 (2022): 1201–1207.

19   Dennis J. Selkoe and John Hardy, "The Amyloid Hypothesis of Alzheimer's Disease at 25 Years," *EMBO Molecular Medicine* 8, no. 6 (2016): 595–608, https://doi.org/10.15252/emmm.201606210.

2장 뇌를 늙게 만드는 것들

1   Raymond D. Palmer, "Three Tiers to Biological Escape Velocity: The Quest to Outwit Aging," *Aging Medicine* 5, no. 4 (2022): 281–286, https://doi.org/10.1002/agm2.12231.

2   M. Ackermann et al., "On the Evolutionary Origin of Aging," *Aging Cell* 6, no. 2 (2007): 235–244.

3   F. William Danby, "Nutrition and Aging Skin: Sugar and Glycation," *Clinics in Dermatology* 28, no. 4 (2010): 409–411.

4   Pouya Saeedi et al., "Global and Regional Diabetes Prevalence Estimates for 2019 and Projections for 2030 and 2045: Results from the International Diabetes Federation Diabetes Atlas, 9th edition," *Diabetes Research and Clinical Practice* 157 (2019): 107843, https://doi.org/10.1016j.diabres.2019.107843.

5   Gary Taubes, "Is Sugar Toxic?," *New York Times Magazine*, April 13, 2011.

6   D. Kellar and S. Craft, "Brain Insulin Resistance in Alzheimer's Disease and Related Disorders: Mechanisms and Therapeutic Approaches," *Lancet Neurology* 19, no. 9 (2020): 758–766.

7   C. B. Amidei et al., "Association between Age at Diabetes Onset and Subsequent Risk of Dementia," *JAMA* 325, no. 16 (2021): 1640–1649.

8   Richard J. Johnson et al., "Could Alzheimer's Disease Be a Maladaptation of an Evolutionary Survival Pathway Mediated by Intracerebral Fructose and Uric Acid Metabolism?," *American Journal of Clinical Nutrition* 117, no. 3 (2023): 455–466, https://doi.org/10.1016/j.ajcnut.2023.01.00.

9   Alejandro Gugliucci, "Formation of Fructose-Mediated Advanced Glycation End Products and their Roles in Metabolic and Inflammatory Diseases," *Advances in Nutrition* 8, no. 1 (2017): 54 – 62, https://doi.org/10.3945/an.116.013912.

10 B. Manivannan et al., "Assessment of Persistent, Bioaccumulative and Toxic Organic Environmental Pollutants in Liver and Adipose Tissue of Alzheimer's Disease Patients and Age-Matched Controls," *Current Alzheimer Research* 16, no. 11 (2019): 1039 – 1049.

11 Jae-Hyun Yang et al., "Loss of Epigenetic Information As a Cause of Mammalian Aging," *Cell* 186, no. 2 (2023): 305 – 326.

12 M. Manikkam et al., "Transgenerational Actions of Environmental Compounds on Reproductive Disease and Identification of Epigenetic Biomarkers of Ancestral Exposures," *PLoS One* 7, no. 2 (2012): e31901.

13 S. C. Burgess and D. J. Marshall, "Adaptive Parental Effects: The Importance of Estimating Environmental Predictability and Offspring Fitness Appropriately," *Oikos* 123, no. 7 (2014): 769 – 776.

14 S. Jiang et al., "Epigenetic Modifications in Stress Response Genes Associated with Childhood Trauma," *Frontiers in Psychiatry* 10 (2019): 808.

15 Germán Alberto Nolasco-Rosales et al., "Aftereffects in Epigenetic Age Related to Cognitive Decline and Inflammatory Markers in Healthcare Personnel with Post-COVID-19: A Cross-Sectional Study," *International Journal of General Medicine* 16 (2023): 4953 – 4964.

16 Natalie C. Silmon de Monerri and Kami Kim, "Pathogens Hijack the 038-133341_Epigenome: A New Twist on Host-Pathogen Interactions," *American Journal of Pathology* 184, no. 4 (2014): 897 – 911.

17 S. Dubey et al., "The Effects of SARS-CoV-2 Infection on the Cognitive Functioning of Patients with Pre-Existing Dementia," *Journal of Alzheimer's Disease Reports* 7, no. 1 (2023): 119 – 128.

18 A. H. Bayat et al., "COVID-19 Causes Neuronal Degeneration and Reduces Neurogenesis in Human Hippocampus," *Apoptosis* 27, nos. 11 – 12 (2022): 852 – 868.

19 Thiruselvam Viswanathan et al., "Structural Basis of RNA Cap Modifica-

tion by SARS-CoV-2," *Nature Communications* 11, no. 1 (2020): 3718, https://doi.org/10.1038/s41467-020-17496-8.

20   Leah S. Richmond-Rakerd et al., "Associations of Hospital-Treated Infections with Subsequent Dementia: Nationwide 30-Year Analysis," *Nature Aging* 4, no. 6 (2024): 1-8, https://doi.org/10.1038/s43587-024-00621-3.

21   P. S. Stein et al., "Serum Antibodies to Periodontal Pathogens Are a Risk Factor for Alzheimer's Disease," *Alzheimer's & Dementia* 8, no. 3 (2012): 196-203.

22   R. Sender, S. Fuchs, and R. Milo, "Revised Estimates for the Number of Human and Bacteria Cells in the Body," *PLoS Biology* 14, no. 8 (2016): e1002533.

23   R. Khan, F. C. Petersen, and S. Shekhar, "Commensal Bacteria: An Emerging Player in Defense against Respiratory Pathogens," *Frontiers in Immunology* 10 (2019): 1203, https://doi.org/10.3389/fimmu.2019.01203.

24   J. A. Gilbert and J. D. Neufeld, "Life in a World without Microbes," *PLoS Biology* 12, no. 12 (2014), https://doi.org/10.1371/journal.pbio.1002020.

25   Andrei B. Borisov, Shi-Kai Huang, and Bruce M. Carlson, "Remodeling of the Vascular Bed and Progressive Loss of Capillaries in Denervated Skeletal Muscle," *Anatomical Record* 258, no. 3 (2000): 292-304, https://doi.org/10.1002/(SICI)1097-0185(20000301)258:3⟨292::AID-AR9⟩3.0.CO;2-N.

26   Sabrina S. Salvatore, Kyle N. Zelenski, and Ryan K. Perkins, "Age-Related Changes in Skeletal Muscle Oxygen Utilization," *Journal of Functional Morphology and Kinesiology* 7, no. 4 (2022): 87, https://doi.org/10.3390/jfmk7040087.

27   Dimitry A. Chistiakov et al., "Mitochondrial Aging and Age-Related Dysfunction of Mitochondria," special issue, *BioMed Research International* (2014), https://doi.org/10.1155/2014/238463.

28   Paolo Tessari, "Changes in Protein, Carbohydrate, and Fat Metabolism with Aging: Possible Role of Insulin," *Nutrition Reviews* 58, no. 1 (2000): 11-19, https://doi.org/10.1111/j.1753-4887.2000.tb01819.x.

29   A. Miller, "Clear Lake Man Finds 'Freedom' from ALS from Cycling," *Des-*

Moines Register, July 4, 2014. Note: Humberg died on September 20, 2021, at his home in Clear Lake, Iowa, surrounded by family and friends, more than fifteen years after his ALS diagnosis.

30 W. Barrie et al., "Elevated Genetic Risk for Multiple Sclerosis Emerged in Steppe Pastoralist Populations," *Nature* 625, no. 7994 (2024): 321–328, https://doi.org/10.1038/s41586-023-06618-z.

31 Tobias V. Lanz et al., "Clonally Expanded B Cells in Multiple Sclerosis Bind EBV EBNA1 and GlialCAM," *Nature* 603, no. 7900 (2022): 321–327, https://doi.org/10.1038/s41586-022-04432-7.

32 Andreas Yiallouris et al., "Adrenal Aging and Its Implications on Stress Responsiveness in Humans," *Frontiers in Endocrinology* 10 (2019): 54, https://doi.org/10.3389/fendo.2019.00054.

3장 늙지 않는 뇌의 특징

1 Juan Fortea et al., "APOE4 Homozygosity Represents a Distinct Genetic Form of Alzheimer's Disease," *Nature Medicine* 30 (2024): 1284–1291, https://doi.org/10.1038/s41591-024-02931-w.

2 David A. Sinclair and Matthew D. LaPlante, *Lifespan: Why We Age—And Why We Don't Have To* (Atria Books, 2019). (《노화의 종말》, 데이비드 A. 싱클레어·매슈 D. 러플랜드 지음, 이한음 옮김, 부키, 2020).

3 Peter Diamandis, "Living to 200 Years Old: Unlocking the Secrets of the Bowhead Whale," Diamandis.com, June 11, 2023, https://www.diamandis.com/blog/bowhead-whale.

4 Michael Keane et al., "Insights into the Evolution of Longevity from the Bowhead Whale Genome," *Cell Reports* 10, no. 1 (2015): 112–122, https://linkinghub.elsevier.com/retrieve/pii/S2211-1247(14)01019-5.

5 Julius Nielsen et al., "Eye Lens Radiocarbon Reveals Centuries of Longevity in the Greenland Shark (Somniosus microcephalus)," *Science* 353, no. 6300 (2016): 702–704, https://www.science.org/doi/abs/10.1126/science.aaf1703.

6 Barry E. Flanary and Gunther Kletetschka, "Analysis of Telomere Length

and Telomerase Activity in Tree Species of Various Life-Spans, and with Age in the Bristlecone Pine Pinus longaeva," *Biogerontology* 6 (2005): 101 – 111, https://doi.org/10.1007/s10522-005-3484-4.

7 A. A. Lisenkova et al., "Complete Mitochondrial Genome and Evolutionary Analysis of Turritopsis dohrnii, the 'Immortal' Jellyfish with a Reversible Life-Cycle," *Molecular Phylogenetics and Evolution* 107 (2017): 232 – 238, https://doi.org/10.1016/j.ympev.2016.11.007.

8 Linda Dieckmann et al., "Characteristics of Epigenetic Aging across Gestational and Perinatal Tissues," *Clinical Epigenetics* 13, no. 1 (2021): 1 – 17, https://doi.org/10.1186/s13148-021-1080-y.

9 D. William Molloy and Timothy I. M. Standish, "A Guide to the Standardized Mini-Mental State Examination," *International Psychogeriatrics* 9, no. S1 (1997): 87 – 94, https://doi.org/10.1017/S1041610297004754.

10 N. Beker et al., "Neuropsychological Test Performance of Cognitively Healthy Centenarians: Normative Data from the Dutch 100-Plus Study," *Journal of the American Geriatrics Society* 67, no. 4 (2019): 759 – 767.

11 Harrison Jones, "Hanover's Iron Man: Les Savino Still Going Strong at 100," *Evening Sun* (Hanover, PA), August 30, 2022, https://www.eveningsun.com/story/news/local/2022/08/30/100th-birthday-hanover-pa-les-savino-celebrated-longevity-hanover-ymca/65461530007/.

12 Kayleigh Johnson, "100-Year-OldMan Refuses to 'Give Up,' Works Out at YMCA Every Day," FOX43, September 7, 2022, https://www.fox43.com/video/news/local/york-county/100-year-old-man-works-out-hanover-ymca-les-savino/521-955e311a-7384-4d8-9fc9-0ea877d21990.

13 Gretchen Cuda Kroen, "At 100 and Recognized as the World's Oldest Practicing Physician, This Cleveland Doctor Is Still Going Strong," Cleveland.com, September 17, 2022, https://www.cleveland.com/news/2022/09/at-100-and-recognized-as-the-worlds-oldest-practicing-physician-this-cleveland-doctor-is-still-going-strong.html.

14 Ester Bloom, "100-Year-Old Sisters Share 4 Tips for Staying Mentally Sharp As You Age—and They Don't Say Crossword Puzzles," CNBC, March 27, 2023, https://www.cnbc.com/2023/03/27/100-year-old-sisters-share-

15 Katherine Schaeffer, "U.S. Centenarian Population Is Projected to Quadruple over the Next 30 Years," Pew Research Center, January 9, 2024, https://www.pewresearch.org/short-reads/2024/01/09/us-centenarian-population-is-projected-to-quadruple-over-the-next-30-years/#:~:text=Centenarians%20around%20the%20world,than%20the%20Census%20Bureau's%20estimate\.

16 Tiia Ngandu et al., "A 2 Year Multidomain Intervention of Diet, Exercise, Cognitive Training, and Vascular Risk Monitoring versus Control to Prevent Cognitive Decline in At-Risk Elderly People (FINGER): A Randomised Controlled Trial," *Lancet* 385, no. 9984 (2015): 2255–2263, https://doi.org/10.1016/S0140-6736(15)60461-5.

17 Andrew Sommerlad et al., "Social Participation and Risk of Developing Dementia," *Nature Aging* 3, no. 5 (2023): 532–545, https://doi.org/10.1038/s43587-023-00387-0.

18 Oliver M. Shannon et al., "Mediterranean Diet Adherence Is Associated with Lower Dementia Risk, Independent of Genetic Predisposition: Findings from the UK Biobank Prospective Cohort Study," *BMC Medicine* 21, no. 1 (2023): 1–13, https://doi.org/10.1186/s12916-023-02772-3.

19 May A. Beydoun, H. A. Beydoun, and Youfa Wang, "Obesity and Central Obesity As Risk Factors for Incident Dementia and Its Subtypes: A Systematic Review and Meta-Analysis," *Obesity Reviews* 9, no. 3 (2008): 204–218, https://doi.org/10.1111/j.1467-789X.2008.00473.x.

20 Soo Borson et al., "Improving Dementia Care: The Role of Screening and Detection of Cognitive Impairment," *Alzheimer's & Dementia* 9, no. 2 (2013): 151–159, https://doi.org/10.1016/j.jalz.2012.08.008.

21 Joseph E. Ebinger et al., "Association of Blood Pressure Variability during Acute Care Hospitalization and Incident Dementia," *Frontiers in Neurology* 14 (2023): 1085885, https://doi.org/10.3389/fneur.2023.1085885.

22 David A. Sbarra, Rita W. Law, and Robert M. Portley, "Divorce and Death: A Meta-Analysis and Research Agenda for Clinical, Social, and Health Psychology," *Perspectives on Psychological Science* 6, no. 5 (2011):

454-474, https://doi.org/10.1177/1745691611414724.

23 M. G. Griswold et al., "Alcohol Use and Burden for 195 Countries and Territories, 1990-2016: A Systematic Analysis for the Global Burden of Disease Study 2016," *Lancet*, 392, no. 10152 (2018): 1015-1035, https://doi.org/10.1016/S0140-6736(18)31310-2.

24 Carl Haub, "How Many People Have Ever Lived on Earth?," *Population Today* 23, no. 2 (1995): 4-5, https://www.safetylit.org/citations/index.php?fuseaction=citations.viewdetails&citationIds[]=citjournalarticle_209327_38.

25 Anthony Medford and James W. Vaupel, "Human Lifespan Records Are Not Remarkable but Their Durations Are," PloS One 14, no. 3 (2019): e0212345, https://doi.org/10.1371/journal.pone.0212345.

26 Vyara Todorova and Arjan Blokland, "Mitochondria and Synaptic Plasticity in the Mature and Aging Nervous System," *Current Neuropharmacology* 15, no. 1 (2017): 166-173, https://doi.org/10.2174/1570159x14666160414111821.

27 Soyon Hong et al., "Complement and Microglia Mediate Early Synapse Loss in Alzheimer Mouse Models," *Science* 352, no. 6286 (2016): 712-716, https://doi.org/10.1126/science.aad8373.

28 Donna Vickroy, "'The Things You Remember': Centenarians Share What It's Like to Be 100," *Chicago Tribune*, October 23, 2017, https://www.chicagotribune.com/2017/10/23/the-things-ou-remember-centenarians-share-what-its-like-to-be-100/.

29 Dylan Loeb McClain, "Yuri Averbakh, Chess's First Centenarian Grandmaster, Dies at 100," *New York Times*, May 9, 2022, https://www.nytimes.com/2022/05/09/sports/yuri-averbakh-dead.html.

30 Peter Doggers, "Yuri Averbakh, the Oldest Living Grandmaster, Turns 100," Chess, February 8, 2022, https://www.chess.com/news/view/yuri-averbakh-100-years.

31 "100 Years Young and Still Going Strong…Thanks to her Nintendo! Pensioner Clocks Up a Century and Put Her Quick Wits Down to Handheld Console," Daily Mail, February 1, 2012, https://www.dailymail.co.uk/

32   Philip Townsend, "Norfolk's Stanley Sacks Is the Oldest Practicing Attorney in the Country," 13newsnow, January 20, 2023, https://www.13newsnow.com/article/features/norfolks-stanley-sacks-oldest-practicing-attorney/291-146cacd2-3497-4060-89c2-66b95dfbb384.

33   Paul Laity, "The 100-Year-Old Couple—Still Married, Still Going Strong," *Guardian*, February 11, 2017, https://www.theguardian.com/lifeandstyle/2017/feb/11/the-100-year-old-couple-still-married-still-going-strong.

34   Jasmin Aline Persch, "At Age 102, This Therapist Is Still Psyched," Today, November 14, 2011, https://www.today.com/news/age-102-therapist-still-psyched-wbna45293812.

35   A. Pawlowski, "At 100, She Loves to Dance the Tush Push, Do Yoga, Eat Chocolate Every Day," *Today*, https://www.today.com/health/womens-health/longevity-advice-dancing-nana-100-years-old-rcna77660.

36   Simona Lattanzi et al., "Blood Pressure Variability Predicts Cognitive Decline in Alzheimer's Disease Patients," *Neurobiology of Aging* 35, no. 10 (2014): 2282–2287, https://doi.org/10.1016/j.neurobiolaging.2014.04.023.

4장 이윤이 지배하는 세상의 위협

1   Cameron Langford, "Fifth Circuit Rejects Lyme Disease Patients' Coverage Denial Conspiracy Claims," Courthouse News Service, November 16, 2023, https://www.courthousenews.com/fifth-circuit-rejects-lyme-disease-patients-coverage-denial-conspiracy-claims.

2   Kaare Christensen et al., "Ageing Populations: The Challenges Ahead," *Lancet* 374, no.9696 (2009): 1196–1208, https://doi.org/10.1016/S0140-6736(09)61460-4.

3   Vasilis Kontis et al., "Future Life Expectancy in 35 Industrialised Countries: Projections with a Bayesian Model Ensemble," *Lancet* 389, no. 10076

4   Dale Bredesen, *The First Survivors of Alzheimer's: How Patients Recovered Life and Hope in Their Own Words* (Avery, 2021).

5   Markku Kurkinen, "Lecanemab (Leqembi) Is Not the Right Drug for Patients with Alzheimer's Disease," *Advances in Clinical and Experimental Medicine* 32, no. 9 (2023): 943 – 947, https://doi.org/10.17219/acem/171379.

6   Dale E. Bredesen et al., "Reversal of Cognitive Decline in Alzheimer's Disease," *Aging* (Albany, NY) 8, no. 6 (2016): 1250, https://doi.org/10.18632/aging.100981.

7   Melody Petersen, "Inside the Plan to Diagnose Alzheimer's in People with No Memory Problems and Who Stands to Benefit," *Los Angeles Times*, February 19, 2024, https://www.latimes.com/science/story/2024-02-14/inside-controversial-plan-to-diagnose-alzheimers-in-people-without-symptoms.

8   Tom Nicholson, "Where Is Painkiller's Richard Sackler Now?," *Esquire*, August 10, 2023.

9   Evan Hughes, "The Pain Hustlers," *New York Times Magazine*, May 2, 2018, https://www.nytimes.com/interactive/2018/05/02/magazine/money-issue-insys-opioids-kickbacks.html.

10 Theodore J. Cicero et al., "The Changing Face of Heroin Use in the United States: A Retrospective Analysis of the Past 50 Years," *JAMA Psychiatry* 71, no.7 (2014): 821 – 826, https://doi.org/10.1001/jamapsychiatry.2014.366.

11 Catherine Shoard, "Back to the Future Day: What Part II Got Right and Wrong about 2015—an A – Z," *Guardian*, October 20, 2015, https://www.theguardian.com/film/filmblog/2015/jan/02/what-back-to-the-future-part-ii-got-right-and-wrong-about-2015-an-a-z.

12 Mark Erickson, "The Science of Doctor Who," in *Doctor Who and Science: Essays on Ideas, Identities and Ideologies in the Series*, ed. Marcus K. Harmes and Lindy A. Orthia (TK McFarland, 2021), 205.

5장 나만의 이유가 있어야 한다

1 Caroline A. Koch, Emilie W. Kjeldsen, and Ruth Frikke-Schmidt, "Vegetarian or Vegan Diets and Blood Lipids: A Meta-Analysis of Randomized Trials," *European Heart Journal* 44, no. 28 (2023): 2609 – 26122, https://doi.org/10.1093/eurheartj/ehad211.

2 Byron J. Hoogwerf, "Statins May Increase Diabetes, but Benefit Still Outweighs Risk," *Cleveland Clinic Journal of Medicine* 90, no. 1 (2023): 53 – 62.

3 Evelyn Medawar et al., "The Effects of Plant-Based Diets on the Body and the Brain: A Systematic Review," *Translational Psychiatry* 9, no. 1 (2019): 226.

4 Seung Hee Lee et al., "Adults Meeting Fruit and Vegetable Intake Recommendations—United States, 2019," *Morbidity and Mortality Weekly Report* 71, no. 1 (2022): 1, https://www.cdc.gov/mmwr/volumes/71/wr/mm7101a1.htm.

5 Alana Rhone et al., "Low-Income and Low-Supermarket-Access Census Tracts, 2010 – 2015," *Economic Information Bulletin* 165 (USDA, Economic Research Service, January 2017).

6 Andrea Carlson and Elizabeth Frazão, "Are Healthy Foods Really More Expensive? It Depends on How You Measure the Price," *Economic Information Bulletin* 96 (USDA, Economic Research Service, May 2012).

7 Martin Loef and Harald Walach, "Midlife Obesity and Dementia: Meta-Analysis and Adjusted Forecast of Dementia Prevalence in the United States and China," *Obesity* 21, no. 1 (2013): E51 – E55.

8 Maria Ly et al., "Neuroinflammation: A Modifiable Pathway Linking Obesity, Alzheimer's Disease, and Depression," *American Journal of Geriatric Psychiatry* (2023): 853 – 856, https://doi.org/10.1016/j.jagp.2023.06.001.

9 Milad Kheirvari et al., "The Changes in Cognitive Function Following Bariatric Surgery Considering the Function of Gut Microbiome," *Obesity Pillars* 3 (2022): 100020.

10 Moein Askarpour et al., "Effect of Bariatric Surgery on Serum Inflammatory Factors of Obese Patients: A Systematic Review and Meta-Analysis," *Obesity Surgery* 29 (2019): 2631 – 2647, https://doi.org/10.1007/s11695-

019-03926-0.

11 Mohammed S. Ellulu et al., "Obesity and Inflammation: The Linking Mechanism and the Complications," *Archives of Medical Science* 13, no. 4 (2017): 851–863.

12 Jefferson W. Kinney et al., "Inflammation as a Central Mechanism in Alzheimer's Disease," *Alzheimer's & Dementia* 4, no. 1 (2018): 575–590.

13 Andrew Steptoe, Mark Hamer, and Yoichi Chida, "The Effects of Acute Psychological Stress on Circulating Inflammatory Factors in Humans: A Review and Meta-Analysis," *Brain, Behavior, and Immunity* 21, no. 7 (2007): 901–912.

14 Michael R. Irwin, Richard Olmstead, and Judith E. Carroll, "Sleep Disturbance, Sleep Duration, and Inflammation: A Systematic Review and Meta-Analysis of Cohort Studies and Experimental Sleep Deprivation," *Biological Psychiatry* 80, no. 1 (2016): 40–52.

15 Armin Imhof et al., "Effect of Alcohol Consumption on Systemic Markers of Inflammation," *Lancet* 357, no. 9258 (2001): 763–767.

16 Priyanka Chatterjee et al., "Evaluation of Anti-Inflammatory Effects of Green Tea and Black Tea: A Comparative in vitro Study," *Journal of Advanced Pharmaceutical Technology & Research* 3, no. 2 (2012): 136.

17 Charles N. Serhan, "Pro-Resolving Lipid Mediators Are Leads for Resolution Physiology," *Nature* 510, no. 7503 (2014): 92–101, https://doi.org/10.1038/nature13479.

18 Sonya R. Hardin, "Cat's Claw: An Amazonian Vine Decreases Inflammation in Osteoarthritis," *Complementary Therapies in Clinical Practice* 13, no. 1 (2007): 25–28, https://doi.org/10.1016/j.ctcp.2006.10.003.

19 Subathra Murugan et al., "The Neurosteroid Pregnenolone Promotes Degradation of Key Proteins in the Innate Immune Signaling to Suppress Inflammation," *Journal of Biological Chemistry* 294, no. 12 (2019): 4596–4607, https://doi.org/10.1074/jbc.RA118.005543.

20 Jiao Wang et al., "Poor Pulmonary Function Is Associated with Mild Cognitive Impairment, Its Progression to Dementia, and Brain Pathologies: A Community-Based Cohort Study," *Alzheimer's & Dementia* 18, no. 12

(2022): 2551–2559.

21 Qing Meng, Muh-Shi Lin, and I-Shiang Tzeng, "Relationship between Exercise and Alzheimer's Disease: A Narrative Literature Review," *Frontiers in Neuroscience* 14 (2020): 131.

22 Camilla Pellegrini et al., "A Meta-Analysis of Brain DNA Methylation across Sex, Age, and Alzheimer's Disease Points for Accelerated Epigenetic Aging in Neurodegeneration," *Frontiers in Aging Neuroscience* 13 (2021): 639428.

23 Gregory M. Fahy et al., "Reversal of Epigenetic Aging and Immunosenescent Trends in Humans," *Aging Cell* 18, no. 6 (2019): e13028, https://doi.org/10.1111/acel.13028.

24 Kara N. Fitzgerald et al., "Potential Reversal of Epigenetic Age Using a Diet and Lifestyle Intervention: A Pilot Randomized Clinical Trial," *Aging* (Albany, NY) 13, no. 7 (2021): 9419, https://doi.org/10.18632/aging.202913.

25 Borut Poljšak et al., "The Central Role of the NAD+ Molecule in the Development of Aging and the Prevention of Chronic Age-Related Diseases: Strategies for NAD+ Modulation," *International Journal of Molecular Sciences* 24, no. 3 (2023): 2959.

26 Oprah Winfrey, "Every Person Has a Purpose," *O, The Oprah Magazine*, October 2009, https://www.oprah.com/spirit/how-oprah-winfrey-found-her-purpose.

27 Hanns Hippius and Gabriele Neundörfer, "The Discovery of Alzheimer's Disease," *Dialogues in Clinical Neuroscience* 5, no. 1 (2003): 101–108, https://doi.org/10.31887/DCNS.2003.5.1/hhippius.

28 Filippo Cieri and Roberto Esposito, "Psychoanalysis and Neuroscience: The Bridge between Mind and Brain," *Frontiers in Psychology* 10 (2019): 465260, https://doi.org/10.3389/fpsyg.2019.01983.

29 Nicholas G. Norwitz et al., "Ketogenic Diet as a Metabolic Treatment for Mental Illness," *Current Opinion in Endocrinology, Diabetes and Obesity* 27, no. 5 (2020): 269–274, https://doi.org/10.1097/MED.0000000000000564.

30 Oleg Yerstein et al., "Benson's Disease or Posterior Cortical Atrophy, Re-

visited," *Journal of Alzheimer's Disease* 82, no. 2 (2021): 493-502.

31 "Posterior Cortical Atrophy," Mayo Clinic, https://www.mayoclinic.org/diseases-conditions/posterior-cortical-atrophy/diagnosis-treatment/drc-20376563.

32 Dale E. Bredesen, "Inhalational Alzheimer's Disease: An Unrecognized—and Treatable— Epidemic," *Aging* (Albany, NY) 8, no. 2 (2016): 304, https://doi.org/10.18632/aging.100896.

33 Sarah E. Jackson, Andrew Steptoe, and Jane Wardle, "The Influence of Partner's Behavior on Health Behavior Change: The English Longitudinal Study of Ageing," *JAMA Internal Medicine* 175, no. 3 (2015): 385-392.

6장 내 상태를 정확히 파악하는 법

1 Shridhara Alva et al., "Feasibility of Continuous Ketone Monitoring in Subcutaneous Tissue Using a Ketone Sensor," *Journal of Diabetes Science and Technology* 15, no. 4 (221): 768-774, https://www.ncbi.nlm.nih.gov/pmc/articles/PMC8252149/.

2 Stephen Cunnane, "Brain Energy Rescue with Ketones Improves Cognitive Outcomes in MCI," *Alzheimer's & Dementia* 18 (2022): e059627, https://doi.org/10.1002/alz.059627.

3 Bing Zhu et al., "HbA1c as a Screening Tool for Ketosis in Patients with Type 2 Diabetes Mellitus," *Scientific Reports* 6, no. 1 (2016): 39687, https://doi.org/10.1038/srep39687.

4 Chochanon Moonla et al., "Continuous Ketone Monitoring Via Wearable Microneedle Patch Platform," *ACS Sensors* 9, no. 2 (2024): 1004-1013, https://doi.org/10.1021/acssensors.3c02677.

5 Johannes Attems and Kurt A. Jellinger, "The Overlap between Vascular Disease and Alzheimer's Disease-Lessons from Pathology," *BMC Medicine* 12 (2014): 1-12, https://doi.org/10.1186/s12916-014-0206-2.

6 D. S. Knopman, "Cerebrovascular Disease and Dementia," special issue, *British Journal of Radiology* 80, no. 2 (2007): S121-S127, https://doi.org/10.1259/bjr/75681080.

7   Wiesje M. van der Flier et al., "Vascular Cognitive Impairment," *Nature Reviews Disease Primers* 4, no. 1 (2018): 1–16, https://doi.org/10.1038/nrdp.2018.3.

8   Jennifer Behbodikhah et al., "Apolipoprotein B and Cardiovascular Disease: Biomarker and Potential Therapeutic Target," *Metabolites* 11, no. 10 (2021): 690, https://doi.org/10.3390/metabo11100690.

9   Sara Kaffashian et al., "Predictive Utility of the Framingham General Cardiovascular Disease Risk Profile for Cognitive Function: Evidence from the Whitehall II Study," *European Heart Journal* 32, no. 18 (2011): 2326–2332, https://doi.org/10.1093/eurheartj/ehr133.

10 Amanda M. Perak et al., "Trends in Levels of Lipids and Apolipoprotein B in US Youths Aged 6 to 19 Years, 1999–2016," *JAMA* 321, no. 19 (2019): 1895–1905, https://doi.org/10.1001/jama.2019.4984.

11 Ian Galea, "The Blood–Brain Barrier in Systemic Infection and Inflammation," *Cellular & Molecular Immunology* 18, no. 11 (2021): 2489–2501, https://doi.org/10.1038/s41423-021-00757-x.

12 Lilly Shanahan, Jason Freeman, and Shawn Bauldry, "Is Very High C-Reactive Protein in Young Adults Associated with Indicators of Chronic Disease Risk?," *Psychoneuroendocrinology* 40 (2014): 76–85, https://doi.org/10.1016/j.psyneuen.2013.10.019.

13 Simona Luzzi et al., "Homocysteine, Cognitive Functions, and Degenerative Dementias: State of the Art," *Biomedicines* 10, no. 11 (2022): 2741, https://doi.org/10.3390/biomedicines10112741.

14 Ahmed Abdelhak et al., "Blood GFAP As an Emerging Biomarker in Brain and Spinal Cord Disorders," *Nature Reviews Neurology* 18, no. 3 (2022): 158–172.

15 Charlotte Johansson et al., "Plasma Biomarker Profiles in Autosomal Dominant Alzheimer's Disease," *Brain* 146, no. 3 (2023): 1132–1140, https://doi.org/10.1093/brain/awac399.

16 Tingting Liu et al., "Cerebrospinal Fluid GFAP Is a Predictive Biomarker for Conversion to Dementia and Alzheimer's Disease-Associated Biomarkers Alterations among de novo Parkinson's Disease Patients: A Prospective

Cohort Study," *Journal of Neuroinflammation* 20, no. 1 (2023): 167.

17 Nicholas J. Ashton et al., "Diagnostic Accuracy of a Plasma Phosphorylated Tau 217 Immunoassay for Alzheimer Disease Pathology," *JAMA Neurology* 81, no. 3 (2024): 255–263, https://doi.org/10.1001/jamaneurol.2023.5319.

18 Matt Vasilogambros, "The NFL's Concussion Cover-Up," *Atlantic*, May 23, 2016.

19 Leah H. Rubin et al., "NFL Blood Levels Are Moderated by Subconcussive Impacts in a Cohort of College Football Players," *Brain Injury* 33, no. 4 (2019): 456–462.

20 Lenise A. Cummings-Vaughn et al., "Veterans Affairs Saint Louis University Mental Status Examination Compared with the Montreal Cognitive Assessment and the Short Test of Mental Status," *Journal of the American Geriatrics Society* 62, no. 7 (2014): 1341–1346, https://doi.org/10.1111/jgs.12874.

7장 뇌가 좋아하는 식생활

1 S. E. Jacobsen and S. Sherwood, *Cultivo de granos andinos en Ecuador: Informe sobre los rubros quinua, chocho y amaranto* (Quito, Ecuador: Centro Internacional de la Papa, 2002), cited in Catherine Greene, "Organic Market Overview" (USDA, Economic Research Service, 2012).

2 Lindsay J. Collin et al., "Association of Sugary Beverage Consumption with Mortality Risk in US Adults: A Secondary Analysis of Data from the REGARDS Study," *JAMA Network Open* 2, no. 5 (2019): e193121, https://doi.org/10.1001/jamanetworkopen.2019.3121.

3 Carrie H. S. Ruxton and Madeleine Myers, "Fruit Juices: Are They Helpful or Harmful? An Evidence Review," *Nutrients* 13, no. 6 (2021): 1815, https://doi.org/10.3390/nu13061815.

4 Belinda S. Lennerz et al., "Behavioral Characteristics and Self-Reported Health Status among 2029 Adults Consuming a 'Carnivore Diet,'" *Current Developments in Nutrition* 5, no. 12 (2021): nzab133, https://doi.

org/10.1093/cdn/nzab133.

5   Serge H. Ahmed, Karine Guillem, and Youna Vandaele, "Sugar Addiction: Pushing the Drug-Sugar Analogy to the Limit," *Current Opinion in Clinical Nutrition & Metabolic Care* 16, no. 4 (2013): 434-439, https://doi.org/10.1097/MCO.0b013e328361c8b8.

6   Barry Reisberg et al., "Clinical Symptoms Accompanying Progressive Cognitive Decline and Alzheimer's Disease," *Alzheimer's Dementia: Dilemmas in Clinical Research* (1985): 19-39.

7   Ramón Estruch et al., "Primary Prevention of Cardiovascular Disease with a Mediterranean Diet," *New England Journal of Medicine* 368, no. 14 (2013): 1279-1290, https://doi.org/10.1056/NEJMoa1200303.

8   Serena Tonstad et al., "Type of Vegetarian Diet, Body Weight, and Prevalence of Type 2 Diabetes," *Diabetes Care* 32, no. 5 (2009): 791-796, https://doi.org/10.2337/dc08-1886.

9   Mary Ann S. Van Duyn and Elizabeth Pivonka, "Overview of the Health Benefits of Fruit and Vegetable Consumption for the Dietetics Professional: Selected Literature," *Journal of the American Dietetic Association* 100, no. 12 (2000): 1511-1521, https://doi.org/10.1016/S00028223(00)00420-X.

10 Ambika Satija and Frank B. Hu, "Plant-Based Diets and Cardiovascular Health," *Trends in Cardiovascular Medicine* 28, no. 7 (2018): 437-441, https://doi.org/10.1016/j.tcm.2018.02.004.

11 Yoko Brigitte Wang et al., "The Association between Diet Quality, Plant-Based Diets, Systemic Inflammation, and Mortality Risk: Findings from NHANES," *European Journal of Nutrition* 62, no. 7 (2023): 2723-2737, https://doi.org/10.1007/s00394-023-03191-z.

12 Kyung Hee Lee, Myeounghoon Cha, and Bae Hwan Lee, "Neuroprotective Effect of Antioxidants in the Brain," *International Journal of Molecular Sciences* 21, no. 19 (2020): 7152, https://doi.org/10.3390/ijms21197152.

13 Nour Yahfoufi et al., "The Immunomodulatory and Anti-Inflammatory Role of Polyphenols," *Nutrients* 10, no. 11 (2018): 1618, https://doi.org/10.3390/nu10111618.

14 Giuseppe Caruso et al., "Polyphenols and Neuroprotection: Therapeu-

tic Implications for Cognitive Decline," *Pharmacology & Therapeutics* 232 (2022): 108013, https://doi.org/10.1016/j.pharmthera.2021.108013.

15 Atul Bali and Roopa Naik, "The Impact of a Vegan Diet on Many Aspects of Health: The Overlooked Side of Veganism," *Cureus* 15, no. 2 (2023), https://doi.org/10.7759/cureus.35148.

16 Hideaki Sato et al., "Protein Deficiency-Induced Behavioral Abnormalities and Neurotransmitter Loss in Aged Mice Are Ameliorated by Essential Amino Acids," *Frontiers in Nutrition* 7 (2020): 510349, https://doi.org/10.3389/fnut.2020.00023.

17 Harris R. Lieberman, "Amino Acid and Protein Requirements: Cognitive Performance, Stress and Brain Function," in Committee on Military Nutrition Research, *The Role of Protein and Amino Acids in Sustaining and Enhancing Performance* (National Academy Press, 1999), 289–307.

18 Yoshitaka Kondo et al., "Moderate Protein Intake Percentage in Mice for Maintaining Metabolic Health during Approach to Old Age," *GeroScience* 45, no. 4 (2023): 2707–2726, https://doi.org/10.1007/s11357-023-00797-3.

19 There are many BMI calculators online, including one from the National Heart, Lung, and Blood Institute: https://www.nhlbi.nih.gov/health/educational/lose_wt/BMI/bmicalc.htm.

20 A. David Smith et al., "Homocysteine-Lowering by B Vitamins Slows the Rate of Accelerated Brain Atrophy in Mild Cognitive Impairment: A Randomized Controlled Trial," *PLoS One* 5, no. 9 (2010): e12244, https://doi.org/10.1371/journal.pone.0012244.

21 Nikolaj Travica et al., "Vitamin C Status and Cognitive Function: A Systematic Review," *Nutrients* 9, no. 9 (2017): 960, https://doi.org/10.3390/nu9090960.

22 Liang Shen and Hong-Fang Ji, "Vitamin D Deficiency Is Associated with Increased Risk of Alzheimer's Disease and Dementia: Evidence from Meta-Analysis," *Nutrition Journal* 14 (2015): 1–5, https://doi.org/10.1186/s12937-015-0063-7.

23 Tom C. Russ et al., "Geographical Variation in Dementia Mortality in Ita-

24 ly, New Zealand, and Chile: The Impact of Latitude, Vitamin D, and Air Pollution," *Dementia and Geriatric Cognitive Disorders* 42, no. 1-2 (2016): 31-41, https://doi.org/10.1159/000447449.

24 Maricruz Sepulveda-Villegas, Leticia Elizondo-Montemayor, and Victor Trevino, "Identification and Analysis of 35 Genes Associated with Vitamin D Deficiency: A Systematic Review to Identify Genetic Variants," *Journal of Steroid Biochemistry and Molecular Biology* 196 (2020): 105516, https://doi.org/10.1016/j.jsbmb.2019.105516.

25 Claudia L. Satizabal et al., "Association of Red Blood Cell Omega-3 Fatty Acids with MRI Markers and Cognitive Function in Midlife: The Framingham Heart Study," *Neurology* 99, no. 23 (2022): e2572-e2582, https://doi.org/10.1212/WNL.0000000000201296.

26 Khawlah Alateeq, Erin I. Walsh, and Nicolas Cherbuin, "Dietary Magnesium Intake Is Related to Larger Brain Volumes and Lower White Matter Lesions with Notable Sex Differences," *European Journal of Nutrition* 62, no. 5 (2023): 2039-2051, https://doi.org/10.1007/s00394-023-03123-x.

27 Maureen M. Black, "The Evidence Linking Zinc Deficiency with Children's Cognitive and Motor Functioning," *Journal of Nutrition* 133, no. 5 (2003): 1473S-1476S, https://doi.org/10.1093/jn/133.5.1473S.

28 Zhe Li et al., "The Important Role of Zinc in Neurological Diseases," *Biomolecules* 13, no. 1 (2022): 28, https://doi.org/10.3390/biom13010028.

29 Cristina Fernández-Portero et al., "Coenzyme Q10 Levels Associated with Cognitive Functioning and Executive Function in Older Adults," *Journals of Gerontology: Series A* 78, no. 1 (2023): 1-8, https://doi.org/10.1093/gerona/glac152.

30 Diana Cardenas, "Let Not Thy Food Be Confused with Thy Medicine: The Hippocratic Misquotation," *e-SPEN Journal* 8, no. 6 (2013): e260-e262, https://doi.org/10.1016/j.clnme.2013.10.002.

31 Martha N. Gardner and Allan M. Brandt, "'The Doctors' Choice Is America's Choice': The Physician in US Cigarette Advertisements, 1930-1953," *American Journal of Public Health* 96, no. 2 (2006): 222-232, https://doi.org/10.2105/AJPH.2005.066654.

32 Erik Peper and Richard Harvey, "Are Food Companies Responsible for the Epidemic in Diabetes, Cancer, Dementia and Chronic Disease and Do Their Products Need to Be Regulated Like Tobacco? Is It Time for a Class Action Suit?," Townsend Letter, January 13, 2024, https://www.townsendletter.com/e-letter26ultraprocessedfoodsandhealthissues/.

33 Natalia Gomes Gonçalves et al., "Association between Consumption of Ultraprocessed Foods and Cognitive Decline," *JAMA Neurology* 80, no. 2 (2023): 142–150, https://doi.org/10.1001/jamaneurol.2022.4397.

34 Virginie Mansuy-Aubert and Yann Ravussin, "Short Chain Fatty Acids: The Messengers from Down Below," *Frontiers in Neuroscience* 17 (2023): 1197759, https://doi.org/10.3389/fnins.2023.1197759.

35 Katie Meyer et al., "Association of the Gut Microbiota with Cognitive Function in Midlife," *JAMA Network Open* 5, no. 2 (2022), https://doi.org/10.1001/jamanetworkopen.2021.43941.

36 Vanessa Ridaura and Yasmine Belkaid, "Gut Microbiota: The Link to Your Second Brain," *Cell* 161, no. 2 (2015): 193–194, https://doi.org/10.1016/j.cell.2015.03.033.

37 Jessica Eastwood et al., "The Effect of Probiotics on Cognitive Function across the Human Lifespan: A Systematic Review," *Neuroscience & Biobehavioral Reviews* 128 (2021): 311–327, https://doi.org/10.1016/j.neubiorev.2021.06.032.

38 Åsa Hammar and Guro Årdal, "Cognitive Functioning in Major Depression—A Summary," *Frontiers in Human Neuroscience* 3 (2009): 728, https://doi.org/10.3389/neuro.09.026.2009.

39 Robert B. McGandy, D. Mark Hegsted, and F. J. Stare, "Dietary Fats, Carbohydrates and Atherosclerotic Vascular Disease," *New England Journal of Medicine* 277, no. 4 (1967): 186–192, https://www.nejm.org/doi/pdf/10.1056/NEJM196707272770405.

40 Cristin E. Kearns, Laura A. Schmidt, and Stanton A. Glantz, "Sugar Industry and Coronary Heart Disease Research: A Historical Analysis of Internal Industry Documents," *JAMA Internal Medicine* 176, no. 11 (2016): 1680–1685, https://doi.org/10.1001/jamainternmed.2016.5394.

41　Anahad O'Connor, "Coca-Cola Funds Scientists Who Shift Blame for Obesity Away from Bad Diets," *New York Times*, August 9, 2015, https://archive.nytimes.com/well.blogs.nytimes.com/2015/08/09/cocacolafundsscientistswhoshiftblameforobesityawayfrombaddiets/.

42　Candice Choi, "How Candy Makers Shape Nutrition Science," Associated Press, June 2, 2016, https://apnews.com/d90190c4a77e470ca0ebd-332f3b049fd.

43　David Merritt Johns and Gerald M. Oppenheimer, "Was There Ever Really a 'Sugar Conspiracy'?," *Science* 359, no. 6377 (2018): 747–750, https://doi.org/10.1126/science.aaq1618.

44　Sebastian Brandhorst et al., "Fasting-Mimicking Diet Causes Hepatic and Blood Markers Changes Indicating Reduced Biological Age and Disease Risk," *Nature Communications* 15, no. 1 (2024): 1309, https://doi.org/10.1038/s41467-024-45260-9.

45　Dara L. James et al., "Impact of Intermittent Fasting and/or Caloric Restriction on Aging-Related Outcomes in Adults: A Scoping Review of Randomized Controlled Trials," *Nutrients* 16, no. 2 (2024): 316, https://doi.org/10.3390/nu16020316.

46　Jip Gudden, Alejandro Arias Vasquez, and Mirjam Bloemendaal, "The Effects of Intermittent Fasting on Brain and Cognitive Function," *Nutrients* 13, no. 9 (2021): 3166, https://doi.org/10.3390/nu13093166.

47　Kirrilly M. Pursey et al., "The Prevalence of Food Addiction As Assessed by the Yale Food Addiction Scale: A Systematic Review," *Nutrients* 6, no. 10 (2014): 4552–4590, https://doi.org/10.3390/nu6104552.

48　Amy L. McKenzie and Shaminie J. Athinarayanan, "Impact of Glucagon-Like Peptide 1 Agonist Deprescription in Type 2 Diabetes in a Real-World Setting: A Propensity Score Matched Cohort Study," *Diabetes Therapy* 15, no. 4 (2024): 843–853, https://doi.org/10.1007/s13300024-015470.

8장 뇌가 좋아하는 운동

1 J. Wilde-Frenz and H. Schulz, "Rate and Distribution of Body Movements during Sleep in Humans," *Perceptual and Motor Skills* 56, no. 1 (1983): 275–283, https://doi.org/10.2466/pms.1983.56.1.275.

2 Dennis Muñoz-Vergara et al., "Prepandemic Physical Activity and Risk of COVID-19 Diagnosis and Hospitalization in Older Adults," *JAMA Network Open* 7, no. 2 (2024): e2355808, https://doi.org/10.1001/jamanetworkopen.2023.55808.

3 Helen Shinru Wei et al., "Erythrocytes Are Oxygen-Sensing Regulators of the Cerebral Microcirculation," *Neuron* 91, no. 4 (2016): 851–862, https://doi.org/10.1016/j.neuron.2016.07.016.

4 Aaron A. Phillips et al., "Neurovascular Coupling in Humans: Physiology, Methodological Advances and Clinical Implications," *Journal of Cerebral Blood Flow & Metabolism* 36, no. 4 (2016): 647–664, https://doi.org/10.1177/0271678X15617954.

5 Michelle E. Watts, Roger Pocock, and Charles Claudianos, "Brain Energy and Oxygen Metabolism: Emerging Role in Normal Function and Disease," *Frontiers in Molecular Neuroscience* 11 (2018): 216, https://doi.org/10.3389/fnmol.2018.00216.

6 Teresa Liu-Ambrose et al., "Aerobic Exercise and Vascular Cognitive Impairment: A Randomized Controlled Trial," *Neurology* 87, no. 20 (2016): 2082–2090, https://doi.org/10.1212/WNL.0000000000003332.

7 Jun Mu, Paul R. Krafft, and John H. Zhang, "Hyperbaric Oxygen Therapy Promotes Neurogenesis: Where Do We Stand?" *Medical Gas Research* 1 (2011): 1–7, https://doi.org/10.1186/2045-9912-1-14.

8 J. Eric Ahlskog et al., "Physical Exercise As a Preventive or Disease-Modifying Treatment of Dementia and Brain Aging," *Mayo Clinic Proceedings* 86, no. 9 (2011): 876–884, https://doi.org/10.4065/mcp.2011.0252.

9 Mark Evans, Karl E. Cogan, and Brendan Egan, "Metabolism of Ketone Bodies during Exercise and Training: Physiological Basis for Exogenous Supplementation," *Journal of Physiology* 595, no. 9 (2017): 2857–2871, https://doi.org/10.1113/JP273185.

10   Stephanie von Holstein-Rathlou, Nicolas Caesar Petersen, and Maiken Nedergaard, "Voluntary Running Enhances Glymphatic Influx in Awake Behaving, Young Mice," *Neuroscience Letters* 662 (2018): 253–258, https://doi.org/10.1016/j.neulet.2017.10.035.

11   Christopher Ingraham, "Actually, You Do Have Enough Time to Exercise, and Here's the Data to Prove It," *Washington Post*, October 30, 2019, https://www.washingtonpost.com/business/2019/10/30/actuallyyoudo-haveenoughtimeexerciseheresdataproveit/.

12   Roland Sturm and Deborah A. Cohen, "Peer Reviewed: Free Time and Physical Activity among Americans 15 Years or Older: Cross-Sectional Analysis of the American Time Use Survey," *Preventing Chronic Disease* 16 (2019), https://doi.org/10.5888/pcd16.190017.

13   Kathryn M. Broadhouse et al., "Hippocampal Plasticity Underpins Long-Term Cognitive Gains from Resistance Exercise in MCI," *NeuroImage: Clinical* 25 (2020): 102182, https://doi.org/10.1016/j.nicl.2020.102182.

14   Zhihui Li et al., "The Effect of Resistance Training on Cognitive Function in the Older Adults: A Systematic Review of Randomized Clinical Trials," *Aging Clinical and Experimental Research* 30 (2018): 1259–1273, https://doi.org/10.1007/s40520-018-0998-6.

15   McKayla J. Niemann et al., "Strength Training and Insulin Resistance: The Mediating Role of Body Composition," *Journal of Diabetes Research* (2020), https://doi.org/10.1155/2020/7694825.

16   Jorge L. Ruas et al., "A PGC-1α Isoform Induced by Resistance Training Regulates Skeletal Muscle Hypertrophy," *Cell* 151, no. 6 (2012): 1319–1331, https://doi.org/10.1016/j.cell.2012.10.050.

17   Gary Sweeney and Juhyun Song, "The Association between PGC-1α and Alzheimer's Disease," *Anatomy & Cell Biology* 49, no. 1 (2016): 1, https://doi.org/10.5115/acb.2016.49.1.1.

18   Elena Volpi, Reza Nazemi, and Satoshi Fujita, "Muscle Tissue Changes with Aging," *Current Opinion in Clinical Nutrition & Metabolic Care* 7, no. 4 (2004): 405–410, https://doi.org/10.1097/01.mco.0000134362.76653.b2.

19 T. N. Ziegenfuss et al., "Effects of an Amylopectin and Chromium Complex on the Anabolic Response to a Suboptimal Dose of Whey Protein," Journal of the International Society of Sports Nutrition 14, no. 1 (2017): 6, https://doi.org/10.53520/jen2021.10394.

20 Gabriel J. Wilson, Jacob M. Wilson, and Anssi H. Manninen, "Effects of Beta-Hydroxy-Beta-Methylbutyrate (HMB) on Exercise Performance and Body Composition across Varying Levels of Age, Sex, and Training Experience: A Review," Nutrition & Metabolism 5 (2008): 1–17, https://doi.org/10.1186/1743-7075-5-1.

21 Regina G. Belz and Stephen O. Duke, "Herbicides and Plant Hormesis," Pest Management Science 70, no. 5 (2014): 698–707, https://doi.org/10.1002/ps.3726.

22 R. Waziry et al., "Effect of Long-Term Caloric Restriction on DNA Methylation Measures of Biological Aging in Healthy Adults from the CALERIE Trial," Nature Aging 3, no. 3 (2023): 248–257, https://doi.org/10.1038/s43587-022-00357-y.

23 David A. Sinclair and Matthew D. LaPlante, Lifespan: Why We Age—and Why We Don't Have To (Atria Books, 2019). 《노화의 종말》, 데이비드 A. 싱클레어·매슈 D. 러플랜트 지음, 이한음 옮김, 부키, 2020).

24 Matthew M. Robinson et al., "Enhanced Protein Translation Underlies Improved Metabolic and Physical Adaptations to Different Exercise Training Modes in Young and Old Humans," Cell Metabolism 25, no. 3 (2017): 581–592, https://doi.org/10.1016/j.cmet.2017.02.009.

25 Khatija Bahdur et al., "Efecto de HIIT en el rendimiento cognitivo y físico," Apunts Medicina de l'Esport 54, no. 204 (2019): 113–117, https://doi.org/10.1016/j.apunts.2019.07.001.

26 Said Mekari et al., "Effect of High Intensity Interval Training Compared to Continuous Training on Cognitive Performance in Young Healthy Adults: A Pilot Study," Brain Sciences 10, no. 2 (2020): 81, https://doi.org/10.3390/brainsci10020081.

27 J. P. Loenneke et al., "Blood Flow Restriction Pressure Recommendations: The Hormesis Hypothesis," Medical Hypotheses 82, no. 5 (2014): 623–626,

https://doi.org/10.1016/j.mehy.2014.02.023.

28 Yudai Takarada et al., "Effects of Resistance Exercise Combined with Moderate Vascular Occlusion on Muscular Function in Humans," *Journal of Applied Physiology* 88, no. 6 (2000): 2097–2106, https://doi.org/10.1152/jappl.2000.88.6.2097.

29 Matthew Futterman, "A Hot Fitness Trend Among Olympians: Blood Flow Restriction," *New York Times*, July 21, 2021.

30 Yudai Takarada et al., "Rapid Increase in Plasma Growth Hormone after Low-Intensity Resistance Exercise with Vascular Occlusion," *Journal of Applied Physiology* 88, no. 1 (2000): 61–65, https://doi.org/10.1152/jappl.2000.88.1.61.

31 Alexander Törpel et al., "Strengthening the Brain—Is Resistance Training with Blood Flow Restriction an Effective Strategy for Cognitive Improvement?," *Journal of Clinical Medicine* 7, no. 10 (2018): 337, https://doi.org/10.3390/jcm7100337.

32 Takeshi Sugimoto et al., "Blood Flow Restriction Improves Executive Function after Walking," *Medicine & Science in Sports & Exercise* 53, no. 1 (2021): 131–138, https://doi.org/10.1249/MSS.0000000000002446.

33 Amir Kargaran et al., "Effects of Dual-Task Training with Blood Flow Restriction on Cognitive Functions, Muscle Quality, and Circulatory Biomarkers in Elderly Women," *Physiology & Behavior* 239 (2021): 113500, https://doi.org/10.1016/j.physbeh.2021.113500.

34 Helen Shinru Wei et al., "Erythrocytes Are Oxygen-Sensing Regulators of the Cerebral Microcirculation," *Neuron* 91, no. 4 (2016): 851–862, https://doi.org/10.1016/j.neuron.2016.07.016.

35 Ling Yan, Ting Liang, and Oumei Cheng, "Hyperbaric Oxygen Therapy in China," *Medical Gas Research* 5 (2015): 1–6, https://doi.org/10.1186/s13618-015-0024-4.

36 Irit Gottfried, Nofar Schottlender, and Uri Ashery, "Hyperbaric Oxygen Treatment—from Mechanisms to Cognitive Improvement," *Biomolecules* 11, no. 10 (2021): 1520, https://doi.org/10.3390/biom11101520.

37 Enya Daynes et al., "Early Experiences of Rehabilitation for Individu-

	als Post-COVID to Improve Fatigue, Breathlessness Exercise Capacity and Cognition—a Cohort Study," *Chronic Respiratory Disease* 18 (2021): 14799731211015691, https://doi.org/10.1177/14799731211015691.
38	Julie Gregory, "My Experience with EWOT," Apollo Health, March 18, 2024, https://www.apollohealthco.com/myexperiencewithewot/.
39	Diogo S. Teixeira et al., "Enjoyment As a Predictor of Exercise Habit, Intention to Continue Exercising, and Exercise Frequency: The Intensity Traits Discrepancy Moderation Role," *Frontiers in Psychology* 13 (2022): 780059, https://doi.org/10.3389/fpsyg.2022.780059.
40	Scott M. Lephart et al., "An Eight-Week Golf-Specific Exercise Program Improves Physical Characteristics, Swing Mechanics, and Golf Performance in Recreational Golfers," *Journal of Strength & Conditioning Research* 21, no. 3 (2007): 860–869.
41	Ashley K. Williams, Jonathan Glen, and Graeme G. Sorbie, "The Effect of Upper Body Sprint Interval Training on Golf Drive Performance," *Journal of Sports Medicine and Physical Fitness* 62, no. 11 (2022): 1427–1434, https://doi.org/10.23736/S0022-4707.22.12944-0.
42	Hyun Ahn, Sea-Hyun Bae, and Kyung-Yoon Kim, "Effects of Left Thigh Blood Flow Restriction Exercise on Muscle Strength and Golf Performance in Amateur Golfers," *Journal of Exercise Rehabilitation* 19, no. 4 (2023): 237, https://doi.org/10.12965/jer.2346302.151.
43	Chen-Yu Chen et al., "Early Recovery of Exercise-Related Muscular Injury by HBOT," *BioMed Research International* (2019), https://doi.org/10.1155/2019/6289380.

9장 회복을 위한 휴식

1	"Percentage of Adults Aged ≥ 18 Years Who Sleep < 7 Hours on Average in a 24-Hour Period, by Sex and Age Group—National Health Interview Survey, United States, 2020," *Morbidity and Mortality Weekly Report* 71, no. 10 (2022): 393, https://doi.org/10.15585/mmwr.mm7110a6.
2	Caroline Schmidt et al., "Progressive Encephalomyelitis with Rigidity

and Myoclonus Preceding Otherwise Asymptomatic Hodgkin's Lymphoma," *Journal of the Neurological Sciences* 291, no. 1-2 (2010): 118-120, https://doi.org/10.1016/j.jns.2009.12.025.3.

3　Howard S. Kirshner, "Primary Progressive Aphasia and Alzheimer's Disease: Brief History, Recent Evidence," *Current Neurology and Neuroscience Reports* 12 (2012): 709-714, https://doi.org/10.1007/s11910-012-0307-2.

4　Till Roenneberg, "How Can Social Jetlag Affect Health?," *Nature Reviews Endocrinology* 19, no. 7 (2023): 383-384, https://doi.org/10.1038/s4157402300851-2.

5　Leah C. Hibel, Evelyn Mercado, and Jill M. Trumbell, "Parenting Stressors and Morning Cortisol in a Sample of Working Mothers," *Journal of Family Psychology* 26, no. 5 (2012): 738, https://doi.org/10.1037/a0029340.

6　Christian Jones et al., "The Impact of Courteous and Discourteous Drivers on Physiological Stress," *Transportation Research Part F: Traffic Psychology and Behaviour* 82 (2021): 285-296, https://doi.org/10.1016/j.trf.2021.08.015.

7　Denise Albieri Jodas Salvagioni et al., "Physical, Psychological and Occupational Consequences of Job Burnout: A Systematic Review of Prospective Studies," *PLoS One* 12, no. 10 (2017): e0185781, https://doi.org/10.1371/journal.pone.0185781.

8　Kjeld Møllgård et al., "A Mesothelium Divides the Subarachnoid Space into Functional Compartments," *Science* 379, no. 6627 (2023): 84-88, https://doi.org/10.1126/science.adc8810.

9　Kenneth I. Hume, Mark Brink, and Mathias Basner, "Effects of Environmental Noise on Sleep," *Noise and Health* 14, no. 61 (2012): 297-302, https://journals.lww.com/nohe/fulltext/2012/14610/effects_of_environmental_noise_on_sleep.6.aspx.

10　Tae-Yoon S. Park et al., "Brain and Eyes of Kerygmachela Reveal Protocerebral Ancestry of the Panarthropod Head," *Nature Communications* 9, no. 1 (2018): 1019, https://doi.org/10.1038/s41467-018-03464-w.

11　Simon Neubauer, Jean-Jacques Hublin, and Philipp Gunz, "The Evolution of Modern Human Brain Shape," *Science Advances* 4, no. 1 (2018): eaao5961, https://doi.org/10.1126/sciadv.aao5961.

12 Richard G. Stevens and Yong Zhu, "Electric Light, Particularly at Night, Disrupts Human Circadian Rhythmicity: Is That a Problem?," *Philosophical Transactions of the Royal Society B: Biological Sciences* 370, no. 1667 (2015): 20140120, https://doi.org/10.1098/rstb.2014.0120.

13 John Marshall, "The Blue Light Paradox: Problem or Panacea," *Points de Vue—International Review of Ophthalmic Optics* (2017).

14 Marin Vogelsang et al., "Prenatal Auditory Experience and Its Sequelae," *Developmental Science* 26, no. 1 (2023): e13278, https://doi.org/10.1111/desc.13278.

15 Thomas Schreiner et al., "Respiration Modulates Sleep Oscillations and Memory Reactivation in Humans," *Nature Communications* 14, no. 1 (2023): 8351, https://doi.org/10.1038/s41467-023-43450-5.

16 Karl A. Franklin and Eva Lindberg, "Obstructive Sleep Apnea Is a Common Disorder in the Population—a Review on the Epidemiology of Sleep Apnea," *Journal of Thoracic Disease* 7, no. 8 (2015): 1311, https://doi.org/10.3978/j.issn.2072-1439.2015.06.11.

17 Nico J. Diederich et al., "Sleep Apnea Syndrome in Parkinson's Disease. A Case-Control Study in 49 Patients," *Movement Disorders* 20, no. 11 (2005): 1413-1418, https://doi.org/10.1002/mds.20624.

18 Omonigho M. Bubu et al., "Obstructive Sleep Apnea, Cognition and Alzheimer's Disease: A Systematic Review Integrating Three Decades of Multidisciplinary Research," *Sleep Medicine Reviews* 50 (2020): 101250, https://doi.org/10.1016/j.smrv.2019.101250.

19 Wei Xu et al., "Sleep Problems and Risk of All-Cause Cognitive Decline or Dementia: An Updated Systematic Review and Meta-Analysis," *Journal of Neurology, Neurosurgery & Psychiatry* 91, no. 3 (2020): 236-244, https://doi.org/10.1136/jnnp-2019-321896.

20 Kevin K. Motamedi, Andrew C. McClary, and Ronald G. Amedee, "Obstructive Sleep Apnea: A Growing Problem," *Ochsner Journal* 9, no. 3 (2009): 149-153, https://www.ochsnerjournal.org/content/9/3/149.full.

21 Jana R. Cooke et al., "Sustained Use of CPAP Slows Deterioration of Cognition, Sleep, and Mood in Patients with Alzheimer's Disease and Obstructive Sleep Apnea: A Preliminary Study," *Journal of Clinical Sleep Medicine* 5, no. 4 (2009): 305-309, https://doi.org/10.5664/jcsm.27538.

22 Atul Malhotra et al., "Tirzepatide for the Treatment of Obstructive Sleep Apnea and Obesity," *New England Journal of Medicine* (2024), http://doi.org/10.1056/NEJMoa2404881.

23 Yi Xie et al., "Effects of Exercise on Sleep Quality and Insomnia in Adults: A Systematic Review and Meta-Analysis of Randomized Controlled Trials," *Frontiers in Psychiatry* 12 (2021): 664499, https://doi.org/10.3389/fpsyt.2021.664499.

24 Nuria Martinez-Lopez et al., "System-Wide Benefits of Intermeal Fasting by Autophagy," *Cell Metabolism* 26, no. 6 (2017): 856-871, https://doi.org/10.4161/auto.6.6.12376.

25 J. F. Pagel and Bennett L. Parnes, "Medications for the Treatment of Sleep Disorders: An Overview," *Primary Care Companion to the Journal of Clinical Psychiatry* 3, no. 3 (2001): 118, https://doi.org/10.4088/pcc.v03n0303.

26 Christopher N. Kaufmann et al., "Declining Trend in Use of Medications for Sleep Disturbance in the United States from 2013 to 2018," *Journal of Clinical Sleep Medicine* 18, no. 10 (2022): 2459-2465, https://doi.org/10.5664/jcsm.10132.

27 Donald Givler et al., "Chronic Administration of Melatonin: Physiological and Clinical Considerations," *Neurology International* 15, no. 1 (2023): 518-533, https://doi.org/10.3390/neurolint15010031.

28 Anahad O'Connor, "Can Magnesium Supplements Really Help You Sleep?," *New York Times*, August 31, 2021, https://www.nytimes.com/2021/08/31/well/mind/magnesium-supplements-for-sleep.html.

29 Clarinda N. Sutanto, Wen Wei Loh, and Jung Eun Kim, "The Impact of Tryptophan Supplementation on Sleep Quality: A Systematic Review, Meta-Analysis, and Meta-Regression," *Nutrition Reviews* 80, no. 2 (2022): 306-316, https://doi.org/10.1093/nutrit/nuab027.

30 Tayebeh Barsam et al., "Effect of Extremely Low Frequency Electromag-

netic Field Exposure on Sleep Quality in High Voltage Substations," *Iranian Journal of Environmental Health Science & Engineering* 9 (2012): 1-7, https://doi.org/10.1186/1735-2746-9-15.

31 E. Díaz-Del Cerro et al., "Improvement of Several Stress Response and Sleep Quality Hormones in Men and Women after Sleeping in a Bed that Protects against Electromagnetic Fields," *Environmental Health* 21, no. 1 (2022): 72, https://doi.org/10.1186/s12940022-00882-8.

32 Madhav Goyal et al., "Meditation Programs for Psychological Stress and Well-Being: A Systematic Review and Meta-Analysis," *JAMA Internal Medicine* 174, no. 3 (2014): 357-368, https://doi.org/10.1001/jamainternmed.2013.13018.

33 Kathleen C. Spadaro et al., "Effect of Mindfulness Meditation on Short-Term Weight Loss and Eating Behaviors in Overweight and Obese Adults: A Randomized Controlled Trial," *Journal of Complementary and Integrative Medicine* 15, no. 2 (2018), https://doi.org/10.1515/jcim-20160048.

34 Heather L. Rusch et al., "The Effect of Mindfulness Meditation on Sleep Quality: A Systematic Review and Meta-Analysis of Randomized Controlled Trials," *Annals of the New York Academy of Sciences* 1445, no. 1 (2019): 5-16, https://doi.org/10.1111/nyas.13996.

35 Tim Gard, Britta K. Hölzel, and Sara W. Lazar, "The Potential Effects of Meditation on Age-Related Cognitive Decline: A Systematic Review," *Annals of the New York Academy of Sciences* 1307, no. 1 (2014): 89-103, https://doi.org/10.1111/nyas.12348.

36 Melanie Curtin, "Neuroscience Reveals 50-Year-Olds Can Have the Brains of 25-Year-Olds If They Do This 1 Thing," *Inc.*, October 23, 2018, https://www.inc.com/melanie-curtin/neuroscienceshowsthat50yearoldscanhavebrainsof25yearoldsiftheydothis.html.

37 Sara W. Lazar et al., "Meditation Experience Is Associated with Increased Cortical Thickness," *Neuroreport* 16, no. 17 (2005): 1893-1897, https://doi.org/10.1097/01.wnr.0000186598.66243.19.

38 Gretchen A. Brenes et al., "The Effects of Yoga on Patients with Mild Cognitive Impairment and Dementia: A Scoping Review," *American Journal of*

Geriatric Psychiatry 27, no. 2 (2019): 188–197, https://doi.org/10.1016/j.jagp.2018.10.013.

39 Peter H. Canter and Edzard Ernst, "The Cumulative Effects of Transcendental Meditation on Cognitive Function—a Systematic Review of Randomised Controlled Trials," *Wiener Klinische Wochenschrift* 115 (2003): 758–766, https://doi.org/10.1007/BF03040500.

40 Jingjing Yang et al., "Tai Chi Is Effective in Delaying Cognitive Decline in Older Adults with Mild Cognitive Impairment: Evidence from a Systematic Review and Meta-Analysis," *Evidence-Based Complementary and Alternative Medicine* (2020), https://doi.org/10.1155/2020/3620534.

41 Chiew Jiat Rosalind Siah et al., "The Effects of Forest Bathing on Psychological Well-Being: A Systematic Review and Meta-Analysis," *International Journal of Mental Health Nursing* 32, no. 4 (2023): 1038–1054, https://doi.org/10.1111/inm.13131.

10장 뇌의 유연성을 자극하는 시도

1 Kat Toups et al., "Precision Medicine Approach to Alzheimer's Disease: Successful Pilot Project," *Journal of Alzheimer's Disease* 88, no. 4 (2022): 1411–1421, http://doi.org/10.3233/JAD-215707.

2 Heather Sandison et al., "Observed Improvement in Cognition during a Personalized Lifestyle Intervention in People with Cognitive Decline," *Journal of Alzheimer's Disease* 94, no. 3 (2023): 993–1004, https://doi.org/10.3233/JAD-230004.

3 Tara John, "Brain Game App Lumosity to Pay 2 Million Fine for 'Deceptive Advertising,'" *Time*, January 6, 2016, https://time.com/4169123/lumosity-2-million-fine/.

4 Glenn E. Smith et al., "A Cognitive Training Program Based on Principles of Brain Plasticity: Results from the Improvement in Memory with Plasticity-Based Adaptive Cognitive Training (IMPACT) Study," *Journal of the American Geriatrics Society* 57, no. 4 (2009): 594–603, https://doi.org/10.1111/j.1532-5415.2008.02167.x.

5   Dale E. Bredesen, "Reversal of Cognitive Decline: A Novel Therapeutic Program," *Aging* (Albany, NY) 6, no. 9 (2014): 707, https://doi.org/10.18632/aging.100690.

6   Michael M. Merzenich et al., "Progression of Change Following Median Nerve Section in the Cortical Representation of the Hand in Areas 3b and 1 in Adult Owl and Squirrel Monkeys," *Neuroscience* 10, no. 3 (1983): 639 – 665, https://doi.org/10.1016/0306-4522(83)90208-7.

7   Jerri D. Edwards et al., "Speed of Processing Training Results in Lower Risk of Dementia," *Alzheimer's & Dementia: Translational Research & Clinical Interventions* 3, no. 4 (2017): 603 – 611, https://doi.org/10.1016/j.trci.2017.09.002.

8   Kat Toups et al., "Precision Medicine Approach to Alzheimer's Disease: Successful Pilot Project," *Journal of Alzheimer's Disease* 88, no. 4 (2022): 1411 – 1421, https://doi.org/10.3233/JAD-215707.

9   Jia You et al., "40-Hz Rhythmic Visual Stimulation Facilitates Attention by Reshaping the Brain Functional Connectivity," *2020 42nd Annual International Conference of the IEEE Engineering in Medicine & Biology Society* (EMBC), Montreal, QC, Canada, 2873 – 2876, https://doi.org/10.1109/EMBC44109.2020.9175356.

10 Diane Chan et al., "Gamma Frequency Sensory Stimulation in Mild Probable Alzheimer's Dementia Patients: Results of Feasibility and Pilot Studies," *PLoS One* 17, no. 12 (2022): e0278412, https://doi.org/10.1371/journal.pone.0278412.

11 Derek J. Hoare, Peyman Adjamian, and Magdalena Sereda, "Electrical Stimulation of the Ear, Head, Cranial Nerve, or Cortex for the Treatment of Tinnitus: A Scoping Review," *Neural Plasticity* (2016), https://doi.org/10.1155/2016/5130503.

12 Sophie M.D.D. Fitzsimmons et al., "Repetitive Transcranial Magnetic Stimulation-Induced Neuroplasticity and the Treatment of Psychiatric Disorders: State of the Evidence and Future Opportunities," *Biological Psychiatry* 95, no. 6 (2023): 592 – 600, https://doi.org/10.1016/j.biopsych.2023.11.016.

13　Debora Buendia et al., "The Transcranial Light Therapy Improves Synaptic Plasticity in the Alzheimer's Disease Mouse Model," *Brain Sciences* 12, no. 10 (2022): 1272, https://doi.org/10.3390/brainsci12101272.

14　Jee Wook Kim et al., "Spouse Bereavement and Brain Pathologies: A Propensity Score Matching Study," *Psychiatry and Clinical Neurosciences* 76, no. 10 (2022): 490–504, https://doi.org/10.1111/pcn.13439.

15　Maria C. Norton et al., "Greater Risk of Dementia When Spouse Has Dementia? The Cache County Study," *Journal of the American Geriatrics Society* 58, no. 5 (2010): 895–900, https://doi.org/10.1111/j.1532-5415.2010.02806.x.

16　Yuan Chang Leong et al., "Conservative and Liberal Attitudes Drive Polarized Neural Responses to Political Content," *Proceedings of the National Academy of Sciences* 117, no. 44 (2020): 27731–27739, https://doi.org/10.1073/pnas.200853011.

17　Noreena Hertz, *The Lonely Century: How to Restore Human Connection in a World That's Pulling Apart* (Crown Currency, 2021). (《고립의 시대》, 노리나 허츠 지음, 홍정인 옮김, 웅진지식하우스, 2021).

18　Eunju Jin and Samuel Suk-Hyun Hwang, "A Preliminary Study on the Neurocognitive Deficits Associated with Loneliness in Young Adults," *Frontiers in Public Health* 12 (2024): 1371063, https://doi.org/10.3389/fpubh.2024.1371063.

19　Jennie Allen, *Find Your People: Building Deep Community in a Lonely World* (WaterBrook, 2022).

20　Marisa G. Franco, *Platonic: How the Science of Attachment Can Help You Make—and Keep—Friends* (Penguin, 2022). (《어른이 되었어도 외로움에 익숙해지진 않아》, 마리사 프랑코 지음, 이종민 옮김, 21세기북스, 2023).

21　Andy Field, *Encounterism: The Neglected Joys of Being in Person* (W. W. Norton, 2023). (《만남들》, 앤디 필드 지음, 임승현 옮김, 필로우, 2023).

22　Oscar Ybarra et al., "Friends (and Sometimes Enemies) with Cognitive Benefits: What Types of Social Interactions Boost Executive Functioning?," *Social Psychological and Personality Science* 2, no. 3 (2011): 253–261, https://doi.org/10.1177/19485506103868.

23 Jamie Waters, " 'The Assignment Made Me Gulp' : Could Talking to Strangers Change My Life?," *Guardian*, July 31, 2021, https://www.theguardian.com/lifeandstyle/2021/jul/31/the-assignment-made-me-gulp-could-talking-to-strangers-change-my-life.

24 Robert Plutchik, "The Nature of Emotions: Human Emotions Have Deep Evolutionary Roots, a Fact That May Explain Their Complexity and Provide Tools for Clinical Practice," *American Scientist* 89, no. 4 (2001): 344–350, https://www.jstor.org/stable/27857503.

25 Holly Elser et al., "Association of Early-, Middle-, and Late-Life Depression with Incident Dementia in a Danish Cohort," *JAMA Neurology* 80, no. 9 (2023): 949–958, https://doi.org/10.1001/jamaneurol.2023.2309.

26 Joe Curran et al., "How Does Therapy Harm? A Model of Adverse Process Using Task Analysis in the Meta-Synthesis of Service Users' Experience," *Frontiers in Psychology* 10 (2019): 347, https://doi.org/10.3389/fpsyg.2019.00347.

11장 독성물질 사이에서 살아남기

1 Ritchie C. Shoemaker, Dennis House, and James C. Ryan, "Defining the Neurotoxin Derived Illness Chronic Ciguatera Using Markers of Chronic Systemic Inflammatory Disturbances: A Case/Control Study," *Neurotoxicology and Teratology* 32, no. 6 (2010): 633–639, https://doi.org/10.1016/j.ntt.2010.05.007.

2 Dale E. Bredesen, "Inhalational Alzheimer's Disease: An Unrecognized—and Treatable—Epidemic," *Aging* (Albany, NY) 8, no. 2 (2016): 304, https://doi.org/10.18632/aging.100896.

3 Jotin Gogoi et al., "Switching a Conflicted Bacterial DTD-tRNA Code Is Essential for the Emergence of Mitochondria," *Science Advances* 8, no. 2 (2022): eabj7307, https://doi.org/10.1126/sciadv.abj7307.

4 Hussein S. Hussein and Jeffrey M. Brasel, "Toxicity, Metabolism, and Impact of Mycotoxins on Humans and Animals," *Toxicology* 167, no. 2 (2001): 101–134, https://doi.org/10.1016/S0300-483X(01)00471-1.

5   J. W. Bennett and M. Klich, "Mycotoxins," *Clinical Microbiology Reviews* 16, no.3 (2003): 497, https://doi.org/10.1128/CMR.16.3.497-516.2003.

6   Diana Pisa et al., "Different Brain Regions Are Infected with Fungi in Alzheimer's Disease," *Scientific Reports* 5, no. 1 (2015): 1-13, https://doi.org/10.1038/srep15015.

7   Xi-Dai Long et al. "Polymorphisms in the Coding Region of X-Ray Repair Complementing Group 4 and Aflatoxin B1-Related Hepatocellular Carcinoma," *Hepatology* 58, no. 1 (2013): 171-181, https://doi.org/10.1002/hep.26311.

8   Rachel Morello-Frosch et al., "Environmental Chemicals in an Urban Population of Pregnant Women and Their Newborns from San Francisco," *Environmental Science & Technology* 50, no. 22 (2016): 12464-12472, https://doi.org/10.1021/acs.est.6b03492.

9   Matthew D. LaPlante, "Families Blame Illnesses on Mold in Their Hill Air Force Base Housing," *Salt Lake Tribune*, April 20, 2007, https://archive.sltrib.com/story.php?ref=/news/ci5710890.

10 John M. Donnelly, "Members Irate As Some Military Tenants' Rights Ignored," *Roll Call*, Oct. 6, 2022, https://rollcall.com/2022/10/06/members-irate-as-some-military-tenants-rights-ignored/.

11 Maryam Vasefi et al., "Environmental Toxins and Alzheimer's Disease Progression," *Neurochemistry International* 141 (2020): 104852, https://doi.org/10.1016/j.neuint.2020.104852.

12 Jovana Kos et al. "Climate Change and Mycotoxins Trends in Serbia and Croatia: A 15-Year Review," *Foods* 13, no. 9 (2024): 1391, https://doi.org/10.3390/foods13091391.

13 Maja Peraica, Darko Richter, and Dubravka Rašić, "Mycotoxicoses in Children," *Archives of Industrial Hygiene and Toxicology* 65, no. 4 (2014): 347-363, https://doi.org/10.2478/10004-1254-65-2014-2557.

14 Wieslaw Jedrychowski et al., "Cognitive Function of 6-Year-Old Children Exposed to Mold-Contaminated Homes in Early Postnatal Period. Prospective Birth Cohort Study in Poland," *Physiology & Behavior* 104, no. 5 (2011): 989-995, https://doi.org/10.1016/j.physbeh.2011.06.019.

15 Barbara De Santis et al., "Role of Mycotoxins in the Pathobiology of Autism: A First Evidence," *Nutritional Neuroscience* 22, no. 2 (2019): 132 – 144, https://doi.org/10.1080/1028415X.2017.1357793.

16 Dylan Goetz, "Flint Lost 20% of Its Population in Past Decade, Census Data Shows," *MLive*, August 13, 2021, https://www.mlive.com/news/flint/2021/08/flint-lost-20-of-its-population-in-past-decade-census-data-shows.html.

17 Dale E. Bredesen et al., "Reversal of Cognitive Decline: 100 Patients," *Journal of Alzheimer's Disease and Parkinsonism* 8, no. 450 (2018): 2161 – 0460, https://doi.org/10.4172/2161-0460.1000450.

18 Kelly M. Bakulski et al., "Heavy Metals Exposure and Alzheimer's Disease and Related Dementias," *Journal of Alzheimer's Disease* 76, no. 4 (2020): 1215 – 1242, https://doi.org/10.3233/JAD-200282.

19 Allison Kite, "'Time Bomb' Lead Pipes Will Be Removed. But First Water Utilities Have to Find Them," *NPR*, July 20, 2022, https://www.npr.org/sections/health-shots/2022/07/20/1112049811/lead-pipe-removal.

20 T. Maphanga, et al., "The Interplay between Temporal and Seasonal Distribution of Heavy Metals and Physiochemical Properties in Kaap River," *International Journal of Environmental Science and Technology* 21 (2024): 6053 – 6064, https://doi.org/10.1007/s13762-023-05401-x.

21 Zhenzhong Zeng et al., "A Reversal in Global Terrestrial Stilling and Its Implications for Wind Energy Production," *Nature Climate Change* 9, no. 12 (2019): 979 – 985, https://doi.org/10.1038/s41558-019-0622-6.

22 Lilian Calderon-Garciduenas et al., "Metals, Nanoparticles, Particulate Matter, and Cognitive Decline," *Frontiers in Neurology* 12 (2022): 794071, https://doi.org/10.3389/fneur.2021.794071.

23 John K. Kodros et al., "Quantifying the Health Benefits of Face Masks and Respirators to Mitigate Exposure to Severe Air Pollution," *GeoHealth* 5, no. 9 (2021): e2021GH000482, https://doi.org/10.1029/2021GH000482.

24 Francine K. Welty, "Omega-3 Fatty Acids and Cognitive Function," *Current Opinion in Lipidology* 34, no. 1 (2023): 12 – 21, https://doi.org/10.1097/MOL.0000000000000862.

25 Diana Echeverria et al., "Chronic Low-Level Mercury Exposure, BDNF

Polymorphism, and Associations with Cognitive and Motor Function," *Neurotoxicology and Teratology* 27, no. 6 (2005): 781–796, https://doi.org/10.1016/j.ntt.2005.08.001.

26   Madeleine H. Milne et al., "Exposure of U.S. Adults to Microplastics from Commonly-Consumed Proteins," *Environmental Pollution* 343 (2024): 123233, https://doi.org/10.1016/j.envpol.2023.123233.

27   Karina Huynh, "Presence of Microplastics in Carotid Plaques Linked to Cardiovascular Events," *Nature Reviews Cardiology* 21, no. 5 (2024): 279, https://doi.org/10.1038/s41569-024-01015-z.

28   Lauren C. Jenner et al., "Detection of Microplastics in Human Lung Tissue Using μFTIR Spectroscopy," *Science of the Total Environment* 831 (2022): 154907, https://doi.org/10.1016/j.scitotenv.2022.154907.

29   Marcus M. Garcia et al., "In Vivo Tissue Distribution of Polystyrene or Mixed Polymer Microspheres and Metabolomic Analysis after Oral Exposure in Mice," *Environmental Health Perspectives* 132, no. 4 (2024): 047005, https://doi.org/10.1289/EHP13435.

30   Lauren Gaspar et al., "Acute Exposure to Microplastics Induced Changes in Behavior and Inflammation in Young and Old Mice," *International Journal of Molecular Sciences* 24, no. 15 (2023): 12308, https://doi.org/10.3390/ijms241512308.

31   Romilly E. Hodges and Deanna M. Minich, "Modulation of Metabolic Detoxification Pathways Using Foods and Food-Derived Components: A Scientific Review with Clinical Application," *Journal of Nutrition and Metabolism* 2015, no. 1 (2015): 760689, https://doi.org/10.1155/2015/760689.

32   Swathi Suresh, Ankul Singh, and Chitra Vellapandian, "Bisphenol A Exposure Links to Exacerbation of Memory and Cognitive Impairment: A Systematic Review of the Literature," *Neuroscience & Biobehavioral Reviews* 143 (2022): 104939, https://doi.org/10.1016/j.neubiorev.2022.104939.

33   Stephen J. Genuis et al., "Human Excretion of Bisphenol A: Blood, Urine, and Sweat (BUS) Study," *Journal of Environmental and Public Health* 2012, no. 1 (2012): 185731, https://doi.org/10.1155/2012/185731.

34   Nikki L. Hill et al., "Patient-Provider Communication about Cognition

and the Role of Memory Concerns: A Descriptive Study," *BMC Geriatrics* 23, no.1 (2023): 342, https://doi.org/10.1186/s12877-023-04053-3.

35 Douglas K. Owens et al., "Screening for Cognitive Impairment in Older Adults: U.S. Preventive Services Task Force Recommendation Statement," *JAMA* 323, no. 8 (2020): 757–763, https://doi.org/10.1001/jama.2020.0435.

36 Hannah T. Neprash et al., "Association of Primary Care Visit Length with Potentially Inappropriate Prescribing," *JAMA Health Forum* 4, no. 3 (2023): e230052, https://doi.org/10.1001/jamahealthforum.2023.0052.

37 Vipin Soni et al., "Effects of VOCs on Human Health," in *Air Pollution and Control*, ed. Nikhil Sharma, Avinash Kumar Agarwal, Peter Eastwood, Tarun Gupta, and Akhilendra P. Singh (Springer, Signapore, 2018), 119–142, https://doi.org/10.1007/978-981-10-7185-0.

38 Jason Kilian and Masashi Kitazawa, "The Emerging Risk of Exposure to Air Pollution on Cognitive Decline and Alzheimer's Disease—Evidence from Epidemiological and Animal Studies," *Biomedical Journal* 41, no. 3 (2018): 141–162, https://doi.org/10.1016/j.bj.2018.06.001.

39 Bin Jiao et al., "A Detection Model for Cognitive Dysfunction Based on Volatile Organic Compounds from a Large Chinese Community Cohort," *Alzheimer's & Dementia* 19, no. 11 (2023): 4852–4862, https://doi.org/10.1002/alz.13053.

40 Lisa L. von Moltke et al., "Cognitive Toxicity of Drugs Used in the Elderly," *Dialogues in Clinical Neuroscience* 3, no. 3 (2001): 181–190, https://doi.org/10.31887/DCNS.2001.3.3/llvonmoltke.

41 Joy N. Hussain, Ronda F. Greaves, and Marc M. Cohen, "A Hot Topic for Health: Results of the Global Sauna Survey," *Complementary Therapies in Medicine* 44 (2019): 223–234, https://doi.org/10.1016/j.ctim.2019.03.012.

42 Paul Knekt et al., "Does Sauna Bathing Protect against Dementia?," *Preventive Medicine Reports* 20 (2020): 101221, https://doi.org/10.1016/j.pmedr.2020.101221.

43 Yigal Erel et al., "Lead in Archeological Human Bones Reflecting Historical

Changes in Lead Production," *Environmental Science & Technology* 55, no. 21 (2021): 14407 – 14413, https://doi.org/10.1021/acs.est.1c00614.

44 Stephanie Than et al., "Cognitive Trajectories during the Menopausal Transition," *Frontiers in Dementia* 2 (2023): 1098693, https://doi.org/10.3389/frdem.2023.1098693.

45 Margit L. Bleecker et al., "The Association of Lead Exposure and Motor Performance Mediated by Cerebral White Matter Change," *Neurotoxicology* 28, no. 2 (2007): 318 – 323, https://doi.org/10.1016/j.neuro.2006.04.008.

12장 미생물과의 공존과 대립

1 Kari E. Murros et al., "*Desulfovibrio* Bacteria Are Associated with Parkinson's Disease," *Frontiers in Cellular and Infection Microbiology* 11 (2021): 652617, https://doi.org/10.3389/fcimb.2021.652617.

2 Sudha B. Singh, Amanda Carroll-Portillo, and Henry C. Lin, "*Desulfovibrio* in the Gut: The Enemy Within?," *Microorganisms* 11, no. 7 (2023): 1772, https://doi.org/10.3390/microorganisms11071772.

3 Vy A. Huynh et al., "*Desulfovibrio* Bacteria Enhance Alpha-Synuclein Aggregation in a *Caenorhabditis Elegans* Model of Parkinson's Disease," *Frontiers in Cellular and Infection Microbiology* 13 (2023): 1181315, https://doi.org/10.3389/fcimb.2023.1181315.

4 Friedrich Leblhuber et al., "The Immunopathogenesis of Alzheimer's Disease Is Related to the Composition of Gut Microbiota," *Nutrients* 13, no. 2 (2021): 361, https://doi.org/10.3390/nu13020361.

5 Selma P. Wiertsema et al., "The Interplay between the Gut Microbiome and the Immune System in the Context of Infectious Diseases throughout Life and the Role of Nutrition in Optimizing Treatment Strategies," *Nutrients* 13, no. 3 (2021): 886, https://doi.org/10.3390/nu13030886.

6 Anne Maczulak, *Allies and Enemies: How the World Depends on Bacteria* (FT Press, 2010).

7 Tatsuya Dokoshi et al., "Dermal Injury Drives a Skin to Gut Axis That Disrupts the Intestinal Microbiome and Intestinal Immune Homeosta-

sis in Mice," *Nature Communications* 15, no. 1 (2024): 3009, https://doi.org/10.1038/s41467-024-47072-3.

8   Katie Meyer et al., "Association of the Gut Microbiota with Cognitive Function in Midlife," *JAMA Network Open* 5, no. 2 (2022): e2143941, https://doi.org/10.1001/jamanetworkopen.2021.43941.

9   Jessica Eastwood et al., "The Effect of Probiotics on Cognitive Function across the Human Lifespan: A Systematic Review," *Neuroscience & Biobehavioral Reviews* 128 (2021): 311–327, https://doi.org/10.1016/j.neubiorev.2021.06.032.

10 Weiai Jia et al., "Association between Dietary Vitamin B1 Intake and Cognitive Function among Older Adults: A Cross-Sectional Study," *Journal of Translational Medicine* 22, no. 1 (2024): 165, https://doi.org/10.1186/s12967-024-04969-3.

11 Mengran Zhang et al., "Biomimetic Remodeling of Microglial Riboflavin Metabolism Ameliorates Cognitive Impairment by Modulating Neuroinflammation," *Advanced Science* 10, no. 12 (2023): 2300180, https://doi.org/10.1002/advs.202300180.

12 Kai Zhang et al., "Association between Dietary Niacin Intake and Cognitive Impairment in Elderly People: A Cross-Sectional Study," *European Journal of Psychiatry* 38, no. 3 (2024): 100233, https://doi.org/10.1016/j.ejpsy.2023.100233.

13 Jingshu Xu et al., "Cerebral Deficiency of Vitamin B5 (d-pantothenic acid; pantothenate) As a Potentially-Reversible Cause of Neurodegeneration and Dementia in Sporadic Alzheimer's Disease," *Biochemical and Biophysical Research Communications* 527, no. 3 (2020): 676–681, https://doi.org/10.1016/j.bbrc.2020.05.015.

14 Hui Xu et al., "Vitamin B6, B9, and B12 Intakes and Cognitive Performance in Elders: National Health and Nutrition Examination Survey, 2011–2014," *Neuropsychiatric Disease and Treatment* 18 (2022): 537–553, https://doi.org/10.2147/NDT.S337617.

15 Athena Enderami, Mehran Zarghami, and Hadi Darvishi-Khezri, "The Effects and Potential Mechanisms of Folic Acid on Cognitive Function:

A Comprehensive Review," *Neurological Sciences* 39 (2018): 1667–1675, https://doi.org/10.1007/s10072-018-3473-4.

16 Shazia Jatoi et al., "Low Vitamin B12 Levels: An Underestimated Cause of Minimal Cognitive Impairment and Dementia," *Cureus* 12, no. 2 (2020), https://doi.org/10.7759/cureus.6976.

17 Ying Zhou et al., "Folate and Vitamin B12 Usual Intake and Biomarker Status by Intake Source in United States Adults Aged ≥ 19 y: NHANES 2007–2018," *American Journal of Clinical Nutrition* 118, no. 1 (2023): 241–254, https://doi.org/10.1016/j.ajcnut.2023.05.016.

18 Ludovico Alisi et al., "The Relationships between Vitamin K and Cognition: A Review of Current Evidence," *Frontiers in Neurology* 10 (2019): 416803, https://doi.org/10.3389/fneur.2019.00239.

19 Stephen S. Dominy et al., "*Porphyromonas Gingivalis* in Alzheimer's Disease Brains: Evidence for Disease Causation and Treatment with Small-Molecule Inhibitors," *Science Advances* 5, no. 1 (2019): eaau3333, https://doi.org/10.1126/sciadv.aau3333.

20 Saori Nonaka, Tomoko Kadowaki, and Hiroshi Nakanishi, "Secreted Gingipains from *Porphyromonas Gingivalis* Increase Permeability in Human Cerebral Microvascular Endothelial Cells through Intracellular Degradation of Tight Junction Proteins," *Neurochemistry International* 154 (2022): 105282, https://doi.org/10.1016/j.neuint.2022.105282.

21 Lindsey Wang et al., "Association of COVID-19 with New-Onset Alzheimer's Disease," *Journal of Alzheimer's Disease* 89, no. 2 (2022): 411–414, https://doi.org/10.3233/JAD-220717.

22 Christian Zanza et al., "Cytokine Storm in COVID-19: Immunopathogenesis and Therapy," *Medicina* 58, no. 2 (2022): 144, https://doi.org/10.3390/medicina58020144.

23 Elisa Gouvea Gutman et al., "Long COVID: Plasma Levels of Neurofilament Light Chain in Mild COVID-19 Patients with Neurocognitive Symptoms," *Molecular Psychiatry* 29 (2024): 3106–3116, https://doi.org/10.1038/s41380-024-02554-0.

24 Steven Lehrer and Peter H. Rheinstein, "Vaccination Reduces Risk of Alz-

heimer's Disease, Parkinson's Disease, and Other Neurodegenerative Disorders," *Discovery Medicine* 34, no. 172 (2022): 97–101, https://www.discoverymedicine.com/Steven-Lehrer/2022/10/vaccination-reduces-risk-alzheimers-disease-parkinsons-disease-neurodegeneration/.

25 Jeffrey F. Scherrer et al., "Lower Risk for Dementia Following Adult Tetanus, Diphtheria, and Pertussis (Tdap) Vaccination," *Journals of Gerontology: Series A* 76, no. 8 (2021): 1436–1443, https://doi.org/110.1093/gerona/glab115.

26 Jee Hoon Roh et al., "A Potential Association between COVID-19 Vaccination and Development of Alzheimer's Disease," *QJM: An International Journal of Medicine* (2024): hcae103, https://doi.org/10.1093/qjmed/hcae103.

27 Muazzam Nasrullah et al., "Factors Associated with Condom Use among Sexually Active U.S. Adults, National Survey of Family Growth, 2006–2010 and 2011–2013," *Journal of Sexual Medicine* 14, no. 4 (2017): 541–550, https://doi.org/10.1016/j.jsxm.2017.02.015.

28 Kim Tingley, "Why Are Sexually Transmitted Infections Surging?," *New York Times Magazine*, May 17, 2022, https://www.nytimes.com/2022/05/17/magazine/sexually-transmitted-infections-surging.html.

29 Avinash Rao et al., "Neurosyphilis: An Uncommon Cause of Dementia," *Journal of the American Geriatrics Society* 63, no. 8 (2015), https://doi.org/10.1111/jgs.13571.

30 Ruth F. Itzhaki et al., "Microbes and Alzheimer's Disease," *Journal of Alzheimer's Disease* 51, no. 4 (2016): 979–984, https://doi.org/10.3233/JAD-160152.

31 Katharine S. Walter et al., "Genomic Insights into the Ancient Spread of Lyme Disease across North America," *Nature Ecology & Evolution* 1, no. 10 (2017): 1569–1576, https://doi.org/10.1038/s41559-017-0282-8.

32 German Bersalli, Tim Trondle, and Johan Lilliestam, "Most Industrialised Countries Have Peaked Carbon Dioxide Emissions during Economic Crises through Strengthened Structural Change," *Communications Earth &*

33 M. T. Dvorak et al., "Estimating the Timing of Geophysical Commitment to 1.5 and 2.0 C of Global Warming," *Nature Climate Change* 12, no. 6 (2022): 547 – 552, https://doi.org/10.1038/s41558-022-01372-y.

34 Jennifer M. Coughlin et al., "Imaging Glial Activation in Patients with Post-Treatment Lyme Disease Symptoms: A Pilot Study Using [11 C] DPA-713 PET," *Journal of Neuroinflammation* 15 (2018): 1 – 7, https://doi.org/10.1186/s12974-018-1381-4.

35 Sumadhya D. Fernando, Chaturaka Rodrigo, and Senaka Rajapakse, "The 'Hidden' Burden of Malaria: Cognitive Impairment Following Infection," *Malaria Journal* 9 (2010): 336, https://doi.org/10.1186/1475-2875-9-366.

36 Apoorva Mandavilli, "At Long Last, Can Malaria Be Eradicated?," *New York Times*, October 4, 2022, https://www.nytimes.com/2022/10/04/health/malaria-vaccines.html.

37 "Editorial: Microbiology by Numbers," *Nature Reviews Microbiology* 9, no. 628 (2011), https://doi.org/10.1038/nrmicro2644.

38 Rino Rappuoli et al., "Save the Microbes to Save the Planet. A Call to Action of the International Union of the Microbiological Societies (IUMS)," *One Health Outlook* 5, no. 1 (2023): 5, https://doi.org/10.1186/s42522-023-00077-2.

39 David A. Sinclair and Matthew D. LaPlante, *Lifespan: Why We Age—and Why We Don't Have To* (Atria Books, 2019). (《노화의 종말》, 데이비드 A. 싱클레어·매슈 D. 러플랜트 지음, 이한음 옮김, 부키, 2020).

13장 미리 보는 뇌 건강의 미래

1 Jared M. Campbell, "Supplementation with NAD+ and Its Precursors to Prevent Cognitive Decline across Disease Contexts," *Nutrients* 14, no. 15 (2022): 3231, https://doi.org/10.3390/nu14153231.

2 Matilde Nerattini et al., "Systematic Review and Meta-Analysis of the Effects of Menopause Hormone Therapy on Risk of Alzheimer's Disease and

Dementia," *Frontiers in Aging Neuroscience* 15 (2023): 1260427, https://doi.org/10.3389/fnagi.2023.1260427.

3   Yu Jin Kim et al., "Menopausal Hormone Therapy and Risk of Neurodegenerative Diseases: Implications for Precision Hormone Therapy," *Alzheimer's & Dementia: Translational Research & Clinical Interventions* 7, no. 1 (2021): e12174, https://doi.org/10.1002/trc2.12174.

4   Karen K. Ryan and Randy J. Seeley, "Food As a Hormone," *Science* 339, no. 6122 (2013): 918–919, https://doi.org/10.1126/science.123406.

5   Anthony C. Hackney and Amy R. Lane, "Exercise and the Regulation of Endocrine Hormones," *Progress in Molecular Biology and Translational Science* 135 (2015): 293–311, https://doi.org/10.1016/bs.pmbts.2015.07.001.

6   Dun-Xian Tan, "Editorial [Hot Topic: Melatonin and Brain (Guest Editor: Dun-Xian Tan)]," *Current Neuropharmacology* 8, no. 3 (2010): 161, https://doi.org/10.2174/157015910792246263.

7   Dewan Md Sumsuzzman et al., "Neurocognitive Effects of Melatonin Treatment in Healthy Adults and Individuals with Alzheimer's Disease and Insomnia: A Systematic Review and Meta-Analysis of Randomized Controlled Trials," *Neuroscience & Biobehavioral Reviews* 127 (2021): 459–473, https://doi.org/10.1016/j.neubiorev.2021.04.034.

8   Laura D. Baker et al., "Effects of Growth Hormone–Releasing Hormone on Cognitive Function in Adults with Mild Cognitive Impairment and Healthy Older Adults: Results of a Controlled Trial," *Archives of Neurology* 69, no. 11 (2012): 1420–1429, https://doi.org/10.1001/archneurol.2012.1970.

9   Bu B. Yeap and Leon Flicker, "Testosterone, Cognitive Decline and Dementia in Ageing Men," *Reviews in Endocrine and Metabolic Disorders* 23, no. 6 (2022): 1243–1257, https://doi.org/10.1007/s11154-022-09728-7.

10 Trey Sunderland et al., "Reduced Plasma Dehydroepiandrosterone Concentrations in Alzheimer's Disease," *Lancet* 334, no. 8662 (1989): 570, https://doi.org/10.1016/S0140-6736(89)90700-9.

11 Yi Zhu et al., "Orally-Active, Clinically-Translatable Senolytics Restore α-Klotho in Mice and Humans," *Lancet* 77 (2022), https://www.thelancet.

com/journals/ebiom/article/PIIS2352-3964(22)00096-2/fulltext.

12 Xiaojin Sun et al., "AngIV-Analog Dihexa Rescues Cognitive Impairment and Recovers Memory in the APP/PS1 Mouse via the PI3K/AKT Signaling Pathway," *Brain Sciences* 11, no. 11 (2021): 1487. https://doi.org/10.3390/brainsci11111487.

13 Alaeddine Djillani et al., "Shortened Spadin Analogs Display Better TREK-1 Inhibition, *In Vivo* Stability and Antidepressant Activity," *Frontiers in Pharmacology* 8 (2017): 643. https://doi.org/10.3389/fphar.2017.00643.

14 G. V. Karantysh et al., "Effect of Pinealon on Learning and Expression of NMDA Receptor Subunit Genes in the Hippocampus of Rats with Experimental Diabetes," *Neurochemical Journal* 14, no. 3 (2020): 314–320. https://doi.org/10.1134/S181971242003006X.

15 Tetsuo Shoji et al., "Clinical Availability of Serum Fructosamine Measurement in Diabetic Patients with Uremia: Use As a Glycemic Index in Uremic Diabetes," *Nephron* 51, no. 3 (1989): 338–343. https://doi.org/10.1159/000185319.

16 Asimina Dominari et al., "Thymosin Alpha 1: A Comprehensive Review of the Literature," *World Journal of Virology* 9, no. 5 (2020): 67. http://doi.org/10.5501/wjv.v9.i5.67.

17 Ye Xiong et al., "Neuroprotective and Neurorestorative Effects of Thymosin β4 Treatment Following Experimental Traumatic Brain Injury," *Annals of the New York Academy of Sciences* 1270, no. 1 (2012): 51–58. https://doi.org/10.1111/j.1749-6632.2012.06683.x.

18 Adam L. Boxer et al., "Davunetide in Patients with Progressive Supranuclear Palsy: A Randomised, Double-Blind, Placebo-Controlled Phase 2/3 Trial," *Lancet Neurology* 13, no. 7 (2014): 676–685. https://doi.org/10.1016/S1474-4422(14)70088-2.

19 Dale E. Bredesen, "Reversal of Cognitive Decline: A Novel Therapeutic Program," *Aging* (Albany, NY) 6, no. 9 (2014): 707. https://doi.org/10.18632/aging.100690.

20 Bin Xue et al., "Brain-Derived Neurotrophic Factor: A Connecting Link Between Nutrition, Lifestyle, and Alzheimer's Disease," *Frontiers in Neuro-*

science 16 (2022): 925991, https://doi.org/10.3389/fnins.2022.925991.

21 Fernando Gomez-Pinilla et al., "Voluntary Exercise Induces a BDNF-Mediated Mechanism That Promotes Neuroplasticity," *Journal of Neurophysiology* 88, no. 5 (2002): 2187 – 2195, https://doi.org/10.1152/jn.00152.2002.

22 Chun Chen et al., "Optimized TrkB Agonist Ameliorates Alzheimer's Disease Pathologies and Improves Cognitive Functions via Inhibiting Delta-Secretase," *ACS Chemical Neuroscience* 12, no. 13 (2021): 2448 – 2461, https://doi.org/10.1021/acschemneuro.1c00181.

23 Jennifer L. Robinson et al., "Neurophysiological Effects of Whole Coffee Cherry Extract in Older Adults with Subjective Cognitive Impairment: A Randomized, Double-Blind, Placebo-Controlled, Cross-Over Pilot Study," *Antioxidants* 10, no. 2 (2021): 144, https://doi.org/10.3390/antiox10020144.

24 Helga Eyjolfsdottir et al., "Targeted Delivery of Nerve Growth Factor to the Cholinergic Basal Forebrain of Alzheimer's Disease Patients: Application of a Second-Generation Encapsulated Cell Biodelivery Device," *Alzheimer's Research & Therapy* 8 (2016): 30, https://doi.org/10.1186/s13195-016-0195-9.

25 Chang-Hun Chae and Hyun-Tae Kim, "Forced, Moderate-Intensity Treadmill Exercise Suppresses Apoptosis by Increasing the Level of NGF and Stimulating Phosphatidylinositol 3-Kinase Signaling in the Hippocampus of Induced Aging Rats," *Neurochemistry International* 55, no. 4 (2009): 208 – 213, https://doi.org/10.1016/j.neuint.2009.02.024.

26 Thulasi Ramani et al., "Cytokines: The Good, the Bad, and the Deadly," *International Journal of Toxicology* 34, no. 4 (2015): 355 – 365, https://doi.org/10.1177/1091581815584918.

27 Andrew J. Westwood et al., "Insulin-Like Growth Factor-1 and Risk of Alzheimer Dementia and Brain Atrophy," *Neurology* 82, no. 18 (2014): 1613 – 1619, https://doi.org/10.1212/WNL.0000000000000382.

28 William B. Zhang et al., "The Antagonistic Pleiotropy of Insulin-Like Growth Factor 1," *Aging Cell* 20, no. 9 (2021): e13443, https://doi.org/10.1111/acel.13443.

29   Zhi Cao et al., "Circulating Insulin-Like Growth Factor-1 and Brain Health: Evidence from 369,711 Participants in the UK Biobank," *Alzheimer's Research & Therapy* 15, no. 1 (2023): 140, https://doi.org/10.1186/s13195-023-01288-5.

30   Sriram Gubbi et al., "40 YEARS of IGF1: IGF1: The Jekyll and Hyde of the Aging Brain," *Journal of Molecular Endocrinology* 61, no. 1 (2018): T171 – T185, https://doi.org/10.1530/JME-18-0093.

31   Asma Kazemi et al., "Effect of Calorie Restriction or Protein Intake on Circulating Levels of Insulin Like Growth Factor I in Humans: A Systematic Review and Meta-Analysis," *Clinical Nutrition* 39, no. 6 (2020): 1705 – 1716, https://doi.org/10.1016/j.clnu.2019.07.030.

32   Sumonto Mitra et al., "Increased Endogenous GDNF in Mice Protects against Age-Related Decline in Neuronal Cholinergic Markers," *Frontiers in Aging Neuroscience* 13 (2021): 714186, https://doi.org/10.3389/fnagi.2021.714186.

33   Alan L. Whone et al., "Extended Treatment with Glial Cell Line-Derived Neurotrophic Factor in Parkinson's Disease," *Journal of Parkinson's Disease* 9, no. 2 (2019): 301 – 313, https://doi.org/10.3233/JPD-191576.

34   Peng Chen et al., "Basic Fibroblast Growth Factor (bFGF) Protects the Blood – Brain Barrier by Binding of FGFR1 and Activating the ERK Signaling Pathway after Intra-Abdominal Hypertension and Traumatic Brain Injury," *Medical Science Monitor: International Medical Journal of Experimental and Clinical Research* 26 (2020): e922009 – 1, https://doi.org/10.12659/MSM.922009.

35   Justin T. Rogers et al., "Reelin Supplementation Enhances Cognitive Ability, Synaptic Plasticity, and Dendritic Spine Density," *Learning & Memory* 18, no. 9 (2011): 558 – 564, https://doi.org/10.1101/lm.2153511.

36   Francisco Lopera et al., "Resilience to Autosomal Dominant Alzheimer's Disease in a Reelin-COLBOS Heterozygous Man," *Nature Medicine* 29, no. 5 (2023): 1243 – 1252, https://doi.org/10.1038/s41591-023-02318-3.

37   Hansruedi Mathys et al., "Single-Cell Atlas Reveals Correlates of High Cognitive Function, Dementia, and Resilience to Alzheimer's Disease Pa-

thology," *Cell* 186, no. 20 (2023): 4365–4385, https://doi.org/10.1016/j.cell.2023.08.039.

38 Hansruedi Mathys et al., "Single-cell Multiregion Dissection of Alzheimer's Disease," *Nature* 632 (2024): 858–868, https://doi.org/10.1038/s41586-024-07606-7.

39 Miguel Ramalho-Santos and Holger Willenbring, "On the Origin of the Term 'Stem Cell,'" *Cell Stem Cell* 1, no. 1 (2007): 35–38, https://doi.org/10.1016/j.stem.2007.05.013.

40 Samantha Lyons, Shival Salgaonkar, and Gerard T. Flaherty, "International Stem Cell Tourism: A Critical Literature Review and Evidence-Based Recommendations," *International Health* 14, no. 2 (2022): 132–141, https://doi.org/10.1093/inthealth/ihab050.

41 Dominique S. McMahon, "The Global Industry for Unproven Stem Cell Interventions and Stem Cell Tourism," *Tissue Engineering and Regenerative Medicine* 11 (2014): 1–9, https://doi.org/10.1007/s13770-013-1116-7.

42 Xin-Yu Liu, Lin-Po Yang, and Lan Zhao, "Stem Cell Therapy for Alzheimer's Disease," *World Journal of Stem Cells* 12, no. 8 (2020): 787, https://doi.org/10.4252%2Fwjsc.v12.i8.787.

43 Priyanka Mishra et al., "Rescue of Alzheimer's Disease Phenotype in a Mouse Model by Transplantation of Wild-Type Hematopoietic Stem and Progenitor Cells," *Cell Reports* 42, no. 8 (2023), https://doi.org/10.1016/j.celrep.2023.11295.

44 Maurizio A. Leone et al., "Phase I Clinical Trial of Intracerebroventricular Transplantation of Allogeneic Neural Stem Cells in People with Progressive Multiple Sclerosis," *Cell Stem Cell* 30, no. 12 (2023): 1597–1609, https://doi.org/10.1016/j.stem.2023.11.001.

45 Petrou Panayiota et al., "Effects of Repeated Autologous Mesenchymal Stem Cells Transplantation on Cognition and Serum Biomarkers in Progressive Multiple Sclerosis: Interim Analysis of an Open Label Extension Trial," *Multiple Sclerosis Journal* 29 (2023): 1066–1067.

46 Abigail Beaney, "Alzheimer's Trial Doses Patients with Stem Cell Treatment Directly to Brain," Clinical Trials Arena, April 4, 2024, https://www.

clinicaltrialsarena.com/news/alzhimers-trial-stem-cells-directly-brain/.

47   Yuancheng Lu et al., "Reprogramming to Recover Youthful Epigenetic Information and Restore Vision," *Nature* 588 (2020): 124–129. https://doi.org/10.1038/s41586-020-2975-4.

48   Jae-Hyun Yang et al., "Loss of Epigenetic Information As a Cause of Mammalian Aging," *Cell* 186, no. 2 (2023): 305–326. https://doi.org/10.1016/j.cell.2022.12.027.

49   Jae-Hyun Yang et al., "Chemically Induced Reprogramming to Reverse Cellular Aging," *Aging* (Albany, NY) 15, no. 13 (2023): 5966–5989. https://doi.org/10.18632/aging.204896.

옮긴이 제효영

성균관대학교 유전공학과와 성균관대학교 번역대학원을 졸업했다. 옮긴 책으로《책을 쓰는 과학자들》,《몸은 기억한다》,《버자이너》,《펭귄들의 세상은 내가 사는 세상이다》,《가족을 끊어내기로 했다》 등이 있다.

늙지 않는 뇌

첫판 1쇄 펴낸날 2025년 11월 19일
5쇄 펴낸날 2025년 12월 29일

지은이 데일 브레드슨
발행인 조한나
책임편집 정현
편집기획 김교석 문해림 김유진 김하영 박혜인 함초원
디자인 한승연 성윤정
마케팅 문창운 백윤진 김민영
회계 양여진 김주연

펴낸곳 (주)도서출판 푸른숲
출판등록 2003년 12월 17일 제2003-000032호
주소 서울특별시 마포구 토정로 35-1 2층, 우편번호 04083
전화 02)6392-7871, 2(마케팅부), 02)6392-7873(편집부)
팩스 02)6392-7875
홈페이지 www.prunsoop.co.kr
페이스북 www.facebook.com/prunsoop   **인스타그램** @prunsoop

ⓒ푸른숲, 2025
ISBN 979-11-7254-088-3 (03400)

* 잘못된 책은 구입하신 서점에서 바꾸어 드립니다.
* 본서의 반품 기한은 2030년 12월 31일까지입니다.